GRUNDLAGEN DER SYNTHESE VON POLYMEREN

GRUNDLAGEN DER SYNTHESE VON POLYMEREN

von

PROF. DR. RER. NAT. HABIL. JOACHIM ULBRICHT

Technische Hochschule „Carl Schorlemmer“
Leuna—Merseburg

Mit 59 Abbildungen und 39 Tabellen

AKADEMIE-VERLAG · BERLIN

1978

Als Lehrbuch für die Ausbildung an Universitäten und Hochschulen der DDR anerkannt.
Berlin, August 1977 Minister für Hoch- und Fachschulwesen

Erschienen im Akademie-Verlag, 108 Berlin, Leipziger Straße 3—4

Lizenznummer: 202 · 100/494/78
Einband und Schutzumschlag: Karl Salzbrunn
Gesamtherstellung: VEB Druckhaus „Maxim Gorki", 74 Altenburg
Bestellnummer: 762 431 2 (6419) · LSV 1274
Printed in GDR
DDR 25,00 M

Vorwort

Die Bedeutung, die die Synthese organischer Polymerer während der letzten Jahrzehnte in Wissenschaft und Technik gewonnen hat, wird in zunehmendem Maße auch bei der Ausbildung von Naturwissenschaftlern und Ingenieuren an den Universitäten und Hochschulen berücksichtigt. Verschiedene Fachrichtungen erfordern vertiefte Kenntnisse auf diesem Gebiet, die durch spezielle Vorlesungen, Übungen und Praktika vermittelt werden. Das vorliegende Buch soll diese Bemühungen unterstützen. Es will dem Interessierten das Eindringen in das weitläufige und ständig im Fluß befindliche Gebiet erleichtern. Da es die Grundlagen der Synthese von Polymeren behandelt, wendet es sich in erster Linie an den Chemiker, in dessen Händen die Herstellung dieser Stoffe liegt. Aber auch Ingenieuren, die sich mit der Verarbeitung und dem Einsatz von Polymeren beschäftigen, will es mit den Syntheseprinzipien und den grundlegenden Stoffeigenschaften, die durch den Herstellungsprozeß beeinflußt werden, vertraut machen.

Der Inhalt dieses Buches entspricht im wesentlichen dem derzeitigen Stand einer Vorlesung, die an der Technischen Hochschule „Carl Schorlemmer" Leuna-Merseburg seit mehr als zehn Jahren den Studenten des 6. und 7. Semesters im Rahmen einer vertieften Ausbildung auf dem Gebiet der makromolekularen Chemie vorgetragen wird. Die dabei dargelegten neueren Entwicklungstendenzen dienten darüberhinaus als Basis für weitergehende Vorlesungen innerhalb von Fortbildungsveranstaltungen für bereits in der Praxis tätige Chemiker und Ingenieure.

Einleitend werden die Grundbegriffe zum Verständnis der Syntheseprinzipien dargelegt, wobei neben der Struktur der Makromoleküle auch ihr Zusammenhang mit den Polymereigenschaften in begrenztem Umfang behandelt wird. Die Vielzahl der Synthesereaktionen wird im wesentlichen nach mechanistischen Gesichtspunkten eingeteilt. Es wird zwischen Kettenwachstums- und Stufenwachstumsreaktionen sowie Reaktionen an Polymeren unterschieden, die in drei getrennten Teilen behandelt sind. Die thermodynamischen und kinetischen Voraussetzungen der Synthesemethoden, die Reaktionsmechanismen einschließlich ihrer Elementarreaktionen, die Bedingung der Reaktionsdurchführung und die Struktur der entstehenden Polymeren werden dargestellt und an charakteristischen Beispielen erläutert. Wenn möglich, werden solche Synthesen bevorzugt, die bereits Eingang in die industrielle Praxis gefunden haben.

Bei der Stoffauswahl ist natürlich eine Beschränkung notwendig, denn das zu Vermittelnde muß überschaubar bleiben, die Vielfalt der Erscheinungen zusammengefaßt und die grundlegenden Zusammenhänge in einheitlicher Form dargestellt werden. Wenn der Autor daher auch bestrebt war, eine möglichst gleichmäßige Wichtung der einzelnen Teilabschnitte vorzunehmen, so sind doch diejenigen seines eigenen Arbeitsgebietes stärker betont worden, weil diese auf Grund der praktischen Erfahrung wissenschaftlich eingehender durchdrungen und daher didaktisch besser aufzuarbeiten waren. Infolgedessen nimmt der Teil der Kettenwachstumsreaktionen einen vergleichsweise breiten Raum ein.

Um dem Leser ein weites Vorstoßen in die behandelten Gebiete zu erleichtern, sind den einzelnen Teilen Literaturhinweise angefügt. Sie beschränken sich hauptsächlich auf Monographien und Übersichtsartikel, durch die leicht die Originalarbeiten zugänglich sind. Das angegebene Zahlenmaterial, vor allem die kinetischen und thermodynamischen Größen, wurden im wesentlichen dem „*Polymer-Handbook*", 2. Aufl., Wiley, New York 1975 entnommen und das internationale Einheitensystem (SI) benutzt.

Für die Unterstützung bei der Ausarbeitung des Manuskriptes sowie für viele anregende Diskussionen bin ich meinen Mitarbeitern, vor allem den Herren *Dr. Giesemann* und *Dr. Höring* zu großem Dank verpflichtet. Außerdem möchte ich mich für kritische und fördernde Hinweise bei Herrn *Prof. Dr. Heublein* (Jena), Herrn *Prof. Dr. Reinisch* (Teltow) und Frau *Prof. Dr. Schröder* (Merseburg) sowie beim Verlag für hilfreiche und entgegenkommende Zusammenarbeit bedanken.

Merseburg, im April 1976 *Joachim Ulbricht*

Inhalt

Teil I: Allgemeine Grundlagen

1. Einleitung

Die Grundlagen der Synthese von Polymeren leiten sich aus der makromolekularen Chemie ab, die auch als Chemie der Polymeren bezeichnet wird. Unter Polymeren versteht man sehr große Moleküle, zusammengesetzt aus Hunderten von Atomen. Die Größe dieser Makromoleküle ist nicht streng begrenzt, denn der Übergang von den niedermolekularen zu den hochmolekularen Verbindungen ist fließend. In Abhängigkeit von der Molekülstruktur treten beim Überschreiten einer bestimmten Molekülgröße chemische und physikalische Eigenschaften auf, die diese Stoffe für besondere Einsatzzwecke, z. B. als Werkstoffe geeignet machen. Die Größe, der komplizierte Aufbau und die besonderen Eigenschaften der Polymeren erfordern spezielle Arbeitsmethoden und theoretische Vorstellungen. Die makromolekulare Chemie behandelt daher im Rahmen der allgemeingültigen Gesetze, Begriffe und Methoden der Chemie die Besonderheiten, die durch die große Anzahl der in einem Molekül chemisch gebundenen Atome bedingt sind.

Die Synthese der Polymeren erfolgt im allgemeinen aus niedermolekularen Verbindungen, daneben auch durch chemische Umwandlung bereits vorgebildeter Makromoleküle. Polymere können anorganischer oder organischer Natur sein. Da von allen Elementen der Kohlenstoff auf Grund seiner Elektronenkonfiguration für die Polymerensynthese besonders geeignet ist, werden die Syntheseprinzipien fast ausschließlich an organischen Verbindungen dargestellt. In den vergangenen Jahrzehnten hat die wissenschaftliche Durchdringung dieses Gebietes starke Impulse durch die Entwicklung von Syntheseverfahren im industriellen Maßstab erhalten. Dabei stand am Anfang die chemische Umwandlung polymerer Naturstoffe und zwar nicht nur als Verfahren zur technischen Erzeugung neuer Polymerer, sondern auch als Methode zur Konstitutionsermittlung hochmolekularer Verbindungen. Dadurch wurden zugleich die Voraussetzungen für eine systematische Erforschung der Synthesemöglichkeiten von Polymeren aus niedermolekularen Ausgangsstoffen und der dazu gehörigen wissenschaftlichen Grundlagen geschaffen.

1.1. Synthetische Polymere

Synthetische Polymere werden heute in immer zunehmendem Maße großtechnisch produziert. Seit etwa der Mitte unseres Jahrhunderts hat sich in allen Industriestaaten eine stürmische Aufwärtsentwicklung auf diesem Gebiet vollzogen.

Sie beruht darauf, daß die Polymeren als Werkstoffe in nahezu allen Wirtschaftsbereichen eingesetzt werden können. Sie zeichnen sich durch hohe Gebrauchseigenschaften und vielseitige Anwendungsmöglichkeiten aus. Sie sind leicht verarbeitbar und ermöglichen rationelle Fertigungsverfahren. Sie erlauben teilweise völlig neuartige technische Lösungen und wirken daher befruchtend auf viele Industriezweige. Der wissenschaftlich-technische Fortschritt ist deshalb unmittelbar mit der Produktion synthetischer Polymerer verknüpft. Da sie in so hohem Maße die gesellschaftlichen Bedürfnisse befriedigen, wird ihnen bei der planmäßigen Entwicklung der Volkswirtschaft in den sozialistischen Staaten besondere Aufmerksamkeit geschenkt.

Für den Aufschwung der Produktion von synthetischen Polymeren in den letzten Jahrzehnten waren bestimmte wissenschaftliche und technische Voraussetzungen notwendig. Die grundlegenden Vorstellungen über die Struktur der Makromoleküle entwickelte um 1926 der Chemiker H. STAUDINGER. Sie waren der Ausgangspunkt für eine gezielte und technisch rationell durchführbare Synthese von Polymeren. Zwar hatte bereits knapp ein Jahrhundert vorher REGNAULD im Laboratorium durch Lichteinwirkung auf Vinylchlorid ein weißes Pulver erhalten, das, wie man heute weiß, Polyvinylchlorid war, und seit 1910 hatte BAEKELAND die ersten vollsynthetischen Phenol-Formaldehyd-Harze im technischen Maßstab produziert. Aber erst die Erkenntnis STAUDINGERS, daß es sich bei diesen organischen Stoffen mit den besonderen Eigenschaften, wie z. B. dem kolloiden Lösungsverhalten, um sehr große Moleküle handelt, die durch kovalente Bindungen zusammengehalten werden, war das feste wissenschaftliche Fundament, auf dem die weitere Entwicklung, vor allem aber auch die künftige technische Produktion fußte. Obwohl er seine theoretische Vorstellungen durch exakte experimentelle Beweisführung stützte, haben sich seine bahnbrechenden Ideen nur allmählich durchgesetzt.

Für die Produktion der Polymeren war andererseits erforderlich, daß die für die Synthese notwendigen Ausgangsmaterialien, nämlich die Monomeren, in ausreichenden Mengen zur Verfügung standen. Das erforderte einen entsprechenden Entwicklungsstand der Petrolchemie bzw. der Acetylenchemie. Es mußten weiterhin neuartige Verarbeitungsprozesse für die Polymeren entwickelt werden, die sich durch eine hohe Produktivität auszeichnen, wie das Spritzguß- oder das Extrusionsverfahren. Durch systematische Untersuchungen der Aufbaureaktionen von Makromolekülen gelangte man zu neuen Herstellungstechnologien, von denen als Beispiel die Hoch- und Niederdruckpolymerisation des Äthylens erwähnt seien. Die Zahl der Polymeren mit unterschiedlichen Eigenschaften erweiterte sich auf diese Weise immer mehr. Dieser Prozeß ist bis heute noch nicht abgeschlossen.

Einige in der Anfangsphase der großtechnischen Produktion entwickelte Polymeren haben in ihrem Produktionsvolumen inzwischen solche Dimensionen gewonnen, daß man sie als Massenpolymere bezeichnet, wie z. B. Polyäthylen, Polyvinylchlorid und Polystyrol. Eine weitere Gruppe mit geringerem Produktionsumfang sind die Konstruktionspolymeren, die sich besonders für die Werkstoffsubstitution eignen, wie die Polyamide, Polyurethane, Polyesterharze und andere. In der neueren Zeit werden Spezialpolymere für besondere Anwendungszwecke in relativ kleinen Mengen erzeugt. Die Herstellung temperaturbeständiger Polymerer oder Polymerer für optische oder medizinische Zwecke setzt wesentliche theoretische Kenntnisse über den Zusammenhang von Molekülstruktur und den Eigenschaften der Polymeren voraus, die nur durch ein ständiges Fortschreiten der Polymerwissenschaften, zu denen man die Chemie, Physik und Werkstoffwissenschaften der Polymeren rechnet, erarbeitet werden konnten.

1.2. Natürliche Polymere

Natürliche Polymere oder Biopolymere bilden die Grundlage aller lebenden Organismen. Das Leben selbst beruht auf der Bildung, der Umwandlung und dem Abbau natürlicher Polymerer. Ihre ungewöhnliche Bedeutung und ihre weite Verbreitung sind letztlich die Folge der außerordentlichen Größe und Kompliziertheit dieser Moleküle, die gleichzeitig die Voraussetzung der Vielfalt des Lebens ist. Die Natur ist in der Lage, diese komplizierten Makromoleküle hochspezifisch und reproduzierbar herzustellen.

Man gliedert die Biopolymeren nach ihren Grundbausteinen in Polyisoprene, Polysaccharide, Polypeptide bzw. Proteine und Polynukleotide. Neben dem Naturkautschuk, dem 1,4-cis-Polyisopren, haben von den Polysacchariden im wesentlichen nur die Cellulose und ihre Umwandlungsprodukte für die technisch-industrielle Produktion Bedeutung, während die Proteine und die Polynukleotide bevorzugtes Untersuchungsgebiet der Biochemie und der Molekularbiologie sind. Letztere haben wichtige Erkenntnisse über die in der Natur reversibel ablaufenden Umwandlungsprozesse von monomeren Ausgangsprodukten in hochspezifisch und biologisch aktive Makromoleküle erbracht, die nachzuvollziehen auf nicht biologischem Wege bis heute nur bruchstückweise gelungen ist.

Der biochemische Aufbau von Makromolekülen unterscheidet sich in einigen charakteristischen Merkmalen von den heute praktizierten technischen Synthesen. Biochemische Reaktionen sind im allgemeinen Gleichgewichtsreaktionen, die durch Biokatalysatoren, den Enzymen, eingestellt werden. Dabei werden nach dem Kondensationsprinzip Heteroketten aufgebaut, das sind aus verschiedenen Atomen bestehende Molekülketten. Biopolymere enthalten neben dem Kohlenstoff im wesentlichen Sauerstoff, Stickstoff und Phosphor als Kettenatome. Auch die nur aus Kohlenstoff bestehenden Isoketten des Naturkautschuks werden nicht durch Polymerisation des Isoprens, sondern durch Kondensation von Phosphorsäureestern dieses Monomeren in der Pflanze synthetisiert. Die Bioreaktionen gehen in einem engen Temperaturbereich, nämlich bei Normaltemperatur, vor sich. Dabei ist die Reaktionsgeschwindigkeit, gemessen an technischen Prozessen, relativ gering, wenn man z. B. an die Synthese von Cellulose aus den einfachsten natürlichen Grundbausteinen H_2O und CO_2 denkt. Dafür stehen der Natur riesige Reaktionsräume zur Verfügung.

Ein auffallendes Kennzeichen der biochemischen Synthese ist der hohe Grad an struktureller Ordnung der erzeugten Polymeren. Ihre Stereospezifität ist quantitativ, wie beispielsweise die Cellulose und Amylose zeigt, bei denen sämtliche Glykosebausteine entweder β- oder α-glykosidisch verknüpft sind. Das gleiche gilt für die cis- bzw. trans-Struktur der Isoprenbausteine des Naturkautschuks bzw. der Guttapercha. Die die Biosynthese katalysierenden Enzyme arbeiten streng stereoselektiv, d. h. sie wählen aus einem Gemisch ein Diastereomeres für die Synthese aus. Einen ähnlichen Effekt kennt man lediglich bei der koordinativen Polymerisation.

Besonders beeindruckend ist die exakte Reproduzierbarkeit von Sequenzen unterschiedlicher Grundbausteine in den Proteinen und Polynukleotiden, die die Grundlage der Vererbung sind. Über zahllose Generationen werden komplizierte Makromoleküle mit genau der gleichen Konstitution und Konfiguration aus den verschiedensten Grundbausteinen immer wieder aufgebaut. Ein vergleichbares Syntheseprinzip auf nicht-biologischem Wege ist bis heute noch nicht entwickelt. Betrachtet man von diesem Gesichtspunkt aus die heute in der Technik angewandten Syntheseverfahren von Polymeren, so erkennt man, daß diese unspezifisch und von einem vergleichsweise geringen Grad der Reproduzierbarkeit sind.

2. Grundbegriffe

2.1. Makromolekül

Makromoleküle sind chemische Verbindungen, die durch kettenförmige Anordnung einer sehr großen Anzahl von Atomen zustande kommen. Bei organischen Makromolekülen, die hier behandelt werden, sind die Atome durch kovalente Bindungen verknüpft. Eine Ausnahme bilden die Koordinationspolymeren, bei denen Metallatome, über koordinative Bindungen mit organischen Liganden verbunden, in die Molekülkette eingebaut sind. Unter einer makromolekularen oder hochmolekularen Verbindung versteht man nicht nur ein einzelnes Makromolekül sondern auch eine makroskopisch erfaßbare Menge dieser Moleküle. Hochmolekulare Verbindungen bilden sich durch chemische Reaktionen aus niedermolekularen Verbindungen. Letztere bezeichnet man als Monomere[1]), von denen sich eine Vielzahl zu einer hochmolekularen Verbindung, einem Polymeren[2]) zusammenschließen. Ein aus wenigen Monomeren gebildetes Molekül nennt man Oligomeres[3]). Polymere durch Polymerisation gewonnen sind Polymerisate, durch Polykondensation erzeugte sind Polykondensate.

Die kettenförmig im Polymeren verknüpften Monomeren bezeichnet man als Grundbausteine.

$$3n\,\underset{\displaystyle Cl}{CH_2{=}\overset{}{CH}} \rightarrow \left[CH_2{-}\underset{\displaystyle Cl}{CH}{-}CH_2{-}\underset{\displaystyle Cl}{CH}{-}CH_2{-}\underset{\displaystyle Cl}{CH}\right]_n$$

[1]) mono (griech.) = ein..., allein; meros (griech.) = der Teil

[2]) polys (griech.) = viel, zahlreich. Die Bezeichnung: Hochpolymere (engl. high polymers) ist demnach sprachlich eine Tautologie wie z. B. großer Riese oder neu renoviert.

[3]) oligos (griech.) = wenig

Im hier dargestellten Fall des Polyvinylchlorids ist das Monomere das Vinylchlorid $CH_2{=}CHCl$ und der Grundbaustein das Kettenglied $-CH_2-CHCl-$. Aus der Struktur der gebildeten Makromoleküle leitet sich die kleinste periodisch wiederkehrende Struktureinheit ab. Beim Polyvinylchlorid ist die Struktureinheit identisch mit dem Grundbaustein, während sie beim Polyäthylen kleiner und beim Polyamid 66 größer ist.

Monomeres	Grundbaustein	Struktureinheit
$CH_2{=}CHCl$	$-CH_2-CHCl-$	$-CH_2-CHCl-$
$CH_2{=}CH_2$	$-CH_2-CH_2-$	$-CH_2-$
$\left\{\begin{array}{l} H_2N(CH_2)_6NH_2 + \\ HOOC(CH_2)_4COOH \end{array}\right\}$	$\left\{\begin{array}{l} -NH(CH_2)_6NH- \\ -CO(CH_2)_4CO- \end{array}\right\}$	$\begin{array}{l} -NH-(CH_2)_6-NH \\ \qquad\qquad\qquad\quad \vert \\ -CO-(CH_2)_4-C{=}O \end{array}$

2.2. *Polymerisationsgrad*

Die Zahl der in einem Makromolekül vereinigten Grundbausteine heißt Polymerisationsgrad. Im strengen Sinne ist diese Bezeichnung nur für Polymere anwendbar, die durch Polymerisation gewonnen worden sind, während die durch Polykondensation erzeugten einen Polykondensationsgrad haben. Dieser Unterschied wird im folgenden nicht getroffen, weil der Polymerisationsgrad als eine strukturelle, nicht vom Syntheseweg abhängige Größe betrachtet werden soll.

Obwohl das Anfangs- und Endglied der Makromoleküle eine mehr oder weniger von den Grundbausteinen abweichende Struktur besitzen muß, wird diese Differenz im Polymerisationsgrad nicht berücksichtigt. Das ist berechtigt, weil bei Makromolekülen der Polymerisationsgrad stets sehr viel größer als eins und somit das Anfangs- und Endglied gegenüber der großen Anzahl der Grundbausteine vernachlässigbar ist. In vielen Fällen kann man diesen Strukturunterschied wegen der geringen Konzentration der Endgruppen analytisch noch nicht erfassen.

Den Polymerisationsgrad erhält man aus der experimentell zugänglichen relativen Molekülmasse des Polymeren kurz Molmasse genannt. Dabei ergibt sich der Polymerisationsgrad P aus dem Verhältnis der Molmasse des Polymeren M zu der des Grundbausteins M_0:

$$P = M/M_0$$

Enthalten die Makromoleküle verschiedene Grundbausteine, so müssen ihre Anteile bestimmt werden, um zum Polymerisationsgrad zu gelangen.

2.3. *Molmasse*

Die Molmasse eines Polymeren, angegeben in g/mol, unterscheidet sich von der der niedermolekularen Verbindungen dadurch, daß nicht alle in einer Verbindung vorhandenen Moleküle gleich groß sind. Daher sind Polymere in bezug auf ihre Molmassen uneinheitlich. Makromoleküle gleicher chemischer Zusammensetzung, aber unterschiedlicher Molmasse nennt man Polymerhomologe. Eine hochmolekulare Verbindung ist im allgemeinen ein Gemisch von Polymerhomologen und daher polymolekular. Die Ursache dieser Uneinheitlichkeit beruht auf dem Syntheseprozeß, der statistischen Gesetzen in der Art unterliegt, daß die gebildeten Makromoleküle unterschiedliche Größe und daher unterschiedliche Molmassen haben, die um einen statistischen Mittelwert, der mittleren Molmasse, streuen. Nur in bestimmten Fällen, auf die später eingegangen wird, gelingt es, in bezug auf die Molmassen einheitliche Polymere herzustellen. An dieser Stelle muß darauf verwiesen werden, daß demgegenüber viele Biopolymere polymereinheitlich sind.

Durch die mittlere Molmasse kann ein Polymeres nicht eindeutig gekennzeichnet werden, da sich verschiedene Polymere bei gleicher mittlerer Molmasse in den Massenverhältnissen der Polymerhomologen unterscheiden können. Die massenmäßige Verteilung von Polymerhomologen eines Polymeren stellt man durch die Molmassenverteilungsfunktion dar.

Zur Darstellung dieser Verteilungsfunktionen (differentiale Massenverteilung) wird der Massenanteil w_i des Polymeren der Molmasse M_i gegen die Molmasse aufgetragen.

Verteilungskurven können enger und breiter sein, sie können auch mehrere Maxima aufweisen. Je breiter und unsymmetrischer sie sind, um so uneinheitlicher ist das Polymere.

Um eine Verteilungskurve zu erhalten, muß man das Gemisch in seine einzelnen Polymerhomologen zerlegen. Je größer die Polymerhomologen sind, um

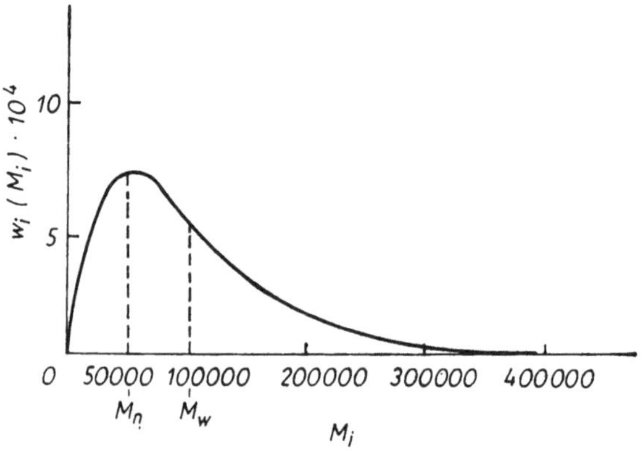

Abb. (2–1): Differentiale Massenverteilungskurve.

so geringer ist der Eigenschaftsunterschied, wenn diese Polymerhomologen um einen oder nur wenige Grundbausteine differieren. Experimentell teilt man deshalb ein Gemisch von Polymerhomologen in Fraktionen auf, wobei jede Fraktion eine engere Verteilung als das ursprüngliche Polymere hat. Durch Wiederholung dieses Vorganges erhält man hinreichend enge Fraktionen, aus denen man eine Verteilungskurve ableiten kann. Dieses als Fraktionierung bezeichnete Verfahren ist apparativ und zeitmäßig relativ aufwendig, so daß man sich oft mit der Charakterisierung des Polymeren durch einen Mittelwert der Molmasse begnügt.

Bei den in der Praxis angewandten Meßmethoden erfolgt die Mittelwertsbildung unterschiedlich. Hängt die Meßgröße von der Anzahl der Moleküle der einzelnen Polymerhomologen ab, z. B. bei osmometrischen Verfahren, so erhält man das Zahlenmittel M_n:

$$M_n = \frac{\sum n_i M_i}{\sum n_i}$$

wobei n_i die Zahl der Moleküle mit der Molmasse M_i ist. Ist die Meßgröße von der Masse der Moleküle $w_i = n_i \cdot M_i$ abhängig, so betrachtet man das Massenmittel M_w:

$$M_w = \frac{\sum w_i M_i}{\sum w_i} = \frac{\sum n_i M_i^2}{\sum n_i M_i}$$

Neben den genannten Mittelwerten der Molmassen existieren noch andere, auf die hier nicht eingegangen werden kann.

Da bei der Summierung im Falle des Massenmittels die großen Moleküle ihrer größeren Masse wegen stärker eingehen, gilt $M_w > M_n$. Sind alle Moleküle gleich groß, liegt also ein molmasseneinheitliches Polymeres vor, so ist $M_w = M_n$. Je uneinheitlicher ein Polymeres ist, um so mehr weicht der Quotient M_w/M_n von 1 ab. Die Uneinheitlichkeit $U_{w,n}$ ist daher definiert:

$$U_{w,n} = (M_w/M_n) - 1$$

Da der Polymerisationsgrad sich aus den Molmassen ableitet, unterscheidet man auch entsprechende Mittelwerte des Polymerisationsgrades. Für die folgenden Betrachtungen, die sich mit den Synthesen der Polymeren, der Stöchiometrie und der Kinetik dieser Reaktionen beschäftigen, ist in erster Linie der Zahlenmittelwert des Polymerisationsgrades P_n von Bedeutung.

2.4. *Nomenklatur der Makromoleküle*

Die konventionelle Nomenklatur makromolekularer Verbindungen hat sich empirisch entwickelt. Dabei legt man zur Benennung des Polymeren entweder den Namen des Monomeren, aus dem das Polymere hergestellt wird, oder den Namen des Grundbausteins, aus dem das Polymere besteht, zugrunde und verbindet diesen mit der Vorsilbe „Poly". Nach der ersten Art sind die Bezeichnungen Polystyrol, Polyacrylnitril, Polybutadien u. a. gebildet. Dabei ist es nicht notwendig, daß es das entsprechende Monomere tatsächlich gibt, wie der Polyvinylalkohol zeigt, denn der monomere Vinylalkohol ist nicht existent. Beispiele für die nach den Grundbausteinen benannten Verbindungen sind das Polyäthylenterephthalat oder das Polyphenylenoxid. Obwohl in den meisten Fällen Monomeres und Grundbaustein weitgehend identisch sind, ergeben sich gelegentlich für das gleiche Polymere verschiedene Namen, z. B. Polyformaldehyd und Polyoxymethylen, Polycaprolaktam und Polyaminocapronsäure.

Tabelle (2–1): Konventionelle Nomenklatur

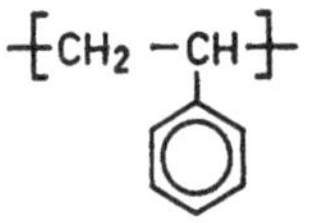	Polystyrol
$-[CH_2-CH(CN)]-$	Polyacrylnitril
$-[CH_2-CH(CH=CH_2)]-$ $-[CH_2-CH=CH-CH_2]-$	Polybutadien
$-[CH_2-CH(OH)]-$	Polyvinylalkohol
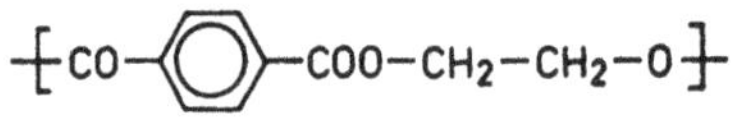	Polyäthylenterephthalat
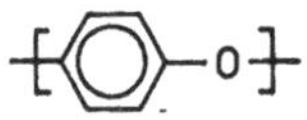	Polyphenylenoxid
$-[CH_2-O]-$	Polyformaldehyd = Polyoxymethylen
$-[NH-(CH_2)_5-CO]-$	Polycaprolaktam = Polyaminocapronsäure

Anmerkung: An den Klammern der Formeln wird hier und im folgenden der Index n weggelassen, der den Polymerisationsgrad angibt, wobei im allgemeinen $n > 100$ ist.

Mit fortschreitender Kenntnis der Synthesemethoden hat man im Laufe der Zeit immer kompliziertere Makromoleküle aufgebaut. Es machte sich deshalb erforderlich, eine systematische Nomenklatur zu entwickeln, die an die der organischen Chemie anschließt. Diese Nomenklatur geht von den sich im Makromolekül wiederholenden, in ihrer Konstitution gleichartigen Einheiten, von den sog. Struktureinheiten aus. Diese werden mit der Vorsilbe „Poly" versehen. Die Benennung der Struktureinheiten, die unabhängig vom Syntheseweg sein soll,

folgt den international festgesetzten Richtlinien zur Nomenklatur organischer Verbindungen. Bei kompliziert aufgebauten Struktureinheiten kann sich eine Aufgliederung in Untereinheiten notwendig machen. Für ihre Reihenfolge in einer Struktureinheit ist nachstehende Rangordnung festgelegt:
Heterocyclische Ringe, Ketten mit Heteroatomen, carbocyclische Ringe und Ketten, die nur aus Kohlenstoffatomen bestehen.

Sie gilt sinngemäß auch für die in einfachen Einheiten enthaltenen Heteroatome, Doppelbindungen und Kettensubstituenten. Nachstehend wird diese Nomenklatur an einfachen Beispielen dargelegt:

Tabelle (2–2): Systematische Nomenklatur

Strukturelement	systematisch	konventionell
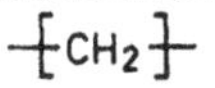	Poly(methylen)	Polyäthylen
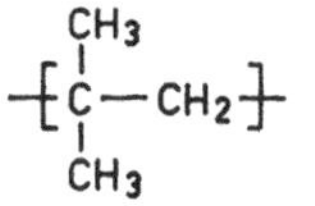	Poly(1,1-dimethyl-äthylen)	Polyisobutylen
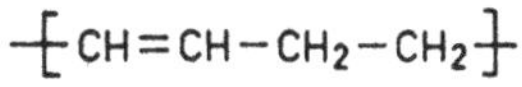	Poly(1-butylen)	1,4-Polybutadien
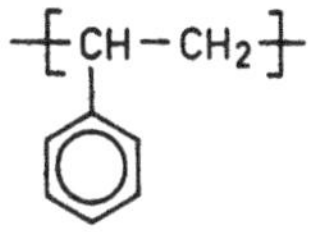	Poly(1-phenyläthylen)	Polystyrol
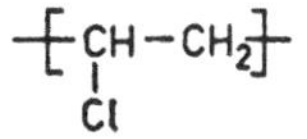	Poly(1-chloräthylen)	Polyvinylchlorid
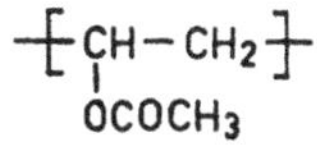	Poly(1-acetoxyäthylen)	Polyvinylacetat
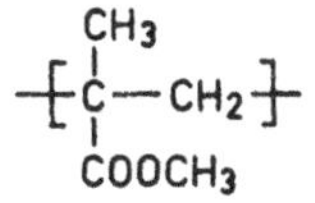	Poly[1-(methoxy-carbonyl)-1-methyläthylen]	Polymethylmethacrylat
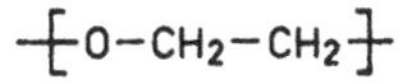	Poly(oxyäthylen)	Polyäthylenoxid
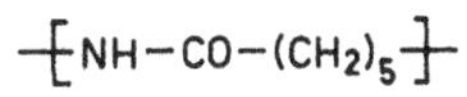	Poly[imino(1-oxohexamethylen)]	Polycaprolaktam

Diese systematische Nomenklatur setzt sich bei einfachen Polymeren nur zögernd durch. So ist es heute noch völlig ungewohnt für Polyvinylchlorid Polychloräthylen zu sagen. Die internationale Nomenklaturkommission hat daher für eine Reihe einfacher Polymerer bestimmte Trivialnamen, die sich auch in der Wissenschaft eingebürgert haben, noch zugelassen. Sie werden in den folgenden Ausführungen benutzt. Wenngleich eine systematische Nomenklatur dem Anfänger das Eindringen in ein neues Wissensgebiet erleichtert, so gibt andererseits die konventionelle Nomenklatur der Polymeren in vielen Fällen Hinweise auf den beschrittenen Syntheseweg. Man erkennt das beim Vergleich der letzten in Tabelle (2–1) und (2–2) aufgeführten Formeln und den daraus abgeleiteten Bezeichnungen.

3. Bildungsmechanismen der Makromoleküle

3.1. Voraussetzungen

Damit bei einer Reaktion aus niedermolekularen Monomeren Makromoleküle gebildet werden, müssen von vornherein bestimmte Bedingungen erfüllt sein, die sowohl die Konstitution der Monomeren als auch die Thermodynamik und die Kinetik dieser Aufbaureaktionen betreffen.

Hinsichtlich der Konstitution des Monomeren ist erforderlich, daß dieses Molekül mindestens bifunktionell reagieren kann. Nur wenn es mindestens zwei monofunktionelle Gruppen oder eine bi- oder höherfunktinelle Gruppe enthält, können sich Makromoleküle bilden:

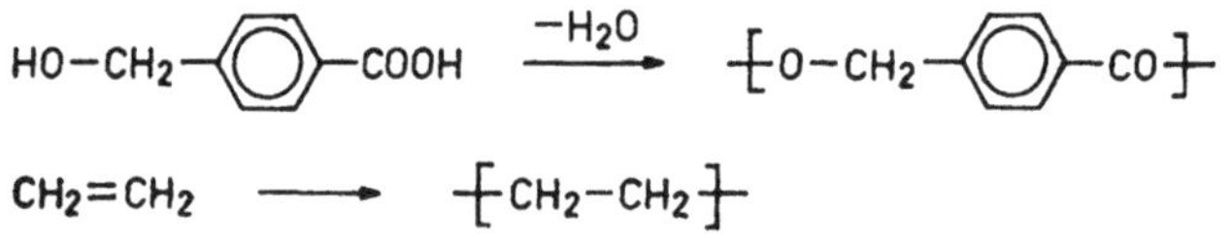

Vom thermodynamischen Standpunkt aus betrachtet man die Aufbaureaktion im Gleichgewicht mit der Abbaureaktion stehend. Dabei unterscheidet man im wesentlichen zwei Reaktionsmöglichkeiten:

$$\text{Monomeranlagerung} \quad P_n + M \rightleftharpoons P_{n+1}$$

$$\text{Kettenverknüpfung} \quad P_n + P_m \rightleftharpoons P_{n+m}$$

Beide Reaktionen sind nur dann Gleichgewichtsreaktionen, wenn keine irreversiblen Schritte, wie z. B. die radikalische Abbruchreaktion, eintreten. Diese Gleichgewichte führen zur Bildung von Polymeren, wenn ihre freie Enthalpie ΔG_p negativ ist. Da beim Kettenaufbau durch Monomeranlagerung die im allgemeinen in flüssiger oder gasförmiger Phase vorliegenden Monomeren von einem ungeordneten in einen durch die Kettenstruktur bedingten geordneten Zustand übergehen, nimmt die Entropie des Reaktionssystems ab. Dadurch wird bei der Polymeraufbaureaktion die Entropieänderung ΔS_p negativ. Wegen des 2. Hauptsatzes der Thermodynamik

$$\Delta G_p = \Delta H_p - T\Delta S_p$$

muß demgemäß die Reaktionsenthalpie ΔH_p in Abhängigkeit von der Reaktionstemperatur T bestimmte Werte annehmen, damit die obigen Gleichgewichte nach rechts verschoben werden und sich Makromoleküle bilden (vgl. Abschn. 6.2.).

Die kinetische Voraussetzung für die Aufbaureaktion ist eine hinreichende Reaktivität der funktionellen Gruppen der Monomeren, die häufig erst durch eine entsprechende Aktivierung erreicht wird. Weiterhin ist es notwendig, daß die kettenaufbauenden Reaktionen sehr viel häufiger eintreten als diejenigen, die diese Aufbaureaktion unterbrechen.

Bei vielen Reaktionen sind die vorstehenden Voraussetzungen erfüllt. Diese zur Bildung von Makromolekülen führenden Reaktionen bezeichnet man als Polyreaktionen. Ihr gemeinsames Merkmal ist das Wachstum zum Makromolekül. Man teilt deshalb die Polyreaktionen nach dem Mechanismus der Wachstumsreaktion ein und unterscheidet im kinetischen Sinne Kettenwachstumsreaktionen und Stufenwachstumsreaktionen.

3.2. Kettenwachstumsreaktion

Bei der Kettenwachstumsreaktion lagert sich das Monomere M an ein aktives Zentrum $P_n{}^*$ an, wobei dieses erhalten bleibt:

$$P_n{}^* + M \rightarrow P_nM^*$$

Dieses aktive Zentrum können Radikale, Ionen oder Komplexverbindungen sein. Sie werden bei Reaktionsbeginn in das das Monomere enthaltene System eingebracht, meist durch eine spezielle Reaktion (Startreaktion). Mit diesen aktiven Zentren reagieren die Monomeren um Größenordnungen schneller als mit sich selbst. Daher beginnt normalerweise ein Monomeres von sich aus kein Kettenwachstum. Da bei der Monomeranlagerung das aktive Zentrum erhalten bleibt, laufen in rascher Folge eine Vielzahl von Anlagerungsreaktionen ab. Das Kettenwachstum zum Makromolekül erfolgt meist innerhalb von Sekunden. Es geht so lange vor sich, bis entweder alles Monomere verbraucht ist oder das aktive Zentrum vernichtet wird (Abbruchreaktion). Nach letzterem kann kein erneutes Wachstum erfolgen.

Beispiel 1: Polyäthylen aus Äthylen

$$CH_2{=}CH_2 \xrightarrow{R\cdot} \text{+}CH_2{-}CH_2\text{+}$$

Beispiel 2: Polymethylen aus Diazomethan

$$CH_2N_2 \xrightarrow{BF_3} \text{+}CH_2\text{+} + N_2$$

3.3. Stufenwachstumsreaktion

Bei der Stufenwachstumsreaktion können nicht nur die Monomeren mit bereits gebildeten Oligomeren oder Polymermolekülen reagieren, sondern letztere durch Kettenverknüpfung auch untereinander. Alle funktionellen Gruppen der im System vorhandenen Moleküle haben die gleiche Reaktivität und folglich alle Reaktionen gleiche Geschwindigkeit bei gleicher Aktivierungsenergie. Deshalb stehen alle Reaktionen miteinander im Gleichgewicht.

Der Reaktionsbeginn ist eine willkürliche Kombination zweier Monomerer

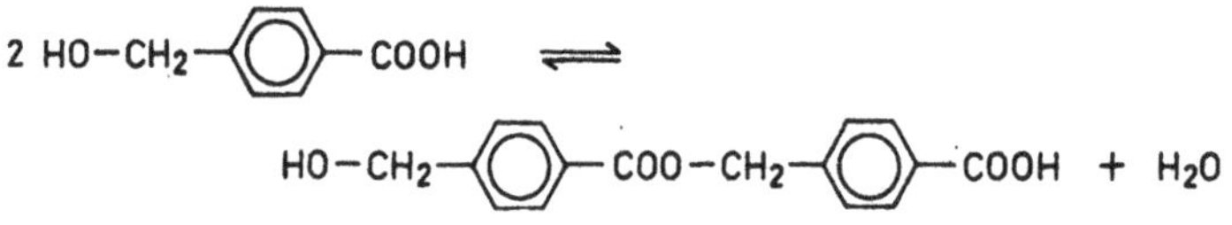

Die entstandenen Dimeren können mit Monomeren zu Trimeren oder untereinander zu Tetrameren reagieren und diese weiter zu Oligomeren und Polymeren.

Monomeres	+ Monomeres	⇌	Dimeres
Dimeres	+ Monomeres	⇌	Trimeres
Dimeres	+ Dimeres	⇌	Tetrameres
Trimeres	+ Monomeres	⇌	Tetrameres
Trimeres	+ Dimeres	⇌	Pentameres

allgemein: n-meres + m-meres ⇆ $(n + m)$meres

Da diese Reaktionen gleicher Geschwindigkeit meist relativ langsam verlaufen, wachsen viele Makromoleküle gleichzeitig bei stetig zunehmendem Polymerisationsgrad.

Beispiel 3: Polyäthylenterephthalat aus Terephthalsäure und Glykol

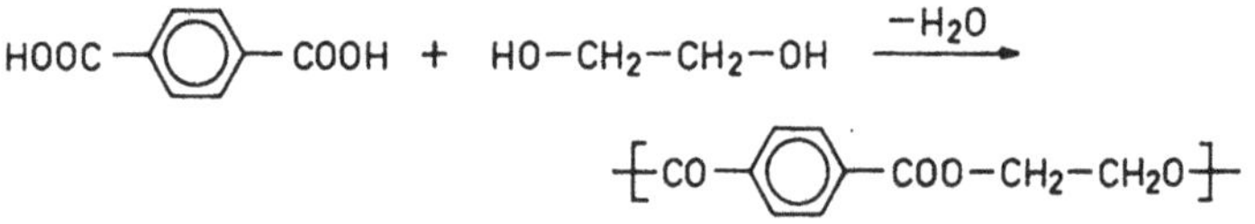

Beispiel 4: Polyurethan aus 1,4-Butandiol und 1,6-Hexandiisocyanat

$$HO{-}(CH_2)_4{-}OH + O{=}C{=}N{-}(CH_2)_6{-}N{=}C{=}O \longrightarrow$$

$$\text{-}\!\!\left[O{-}(CH_2)_4{-}O{-}CO{-}NH{-}(CH_2)_6{-}NH{-}CO\right]\!\!\text{-}$$

Beispiel 5: Polyphenylenoxid aus 2,6-Dimethylphenol

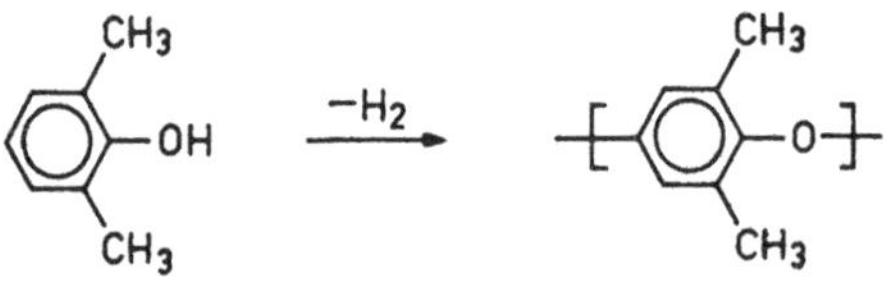

Den Unterschied zwischen Ketten- und Stufenwachstumsreaktionen erkennt man deutlich, wenn man den Energieinhalt des Makromoleküls nach jedem Anlagerungsschritt des Monomeren betrachtet. Bei der Stufenreaktion wird nach jeder Anlagerung das Energieniveau des Grundzustandes wieder erreicht. Bei der Kettenreaktion hingegen wird bei Reaktionsbeginn ein aktiver Zustand geschaffen, dessen Energieniveau höher als der Grundzustand ist. Nach jeder Monomeranlagerung wird lediglich dieser Zwischenzustand und erst am Ende der Kettenreaktion der Grundzustand wieder eingenommen.

Daher sind die Zwischenprodukte der Stufenwachstumsreaktion zum Unterschied von denen der Kettenwachstumsreaktion in vielen Fällen präparativ isolierbar. Abb. (3-1)

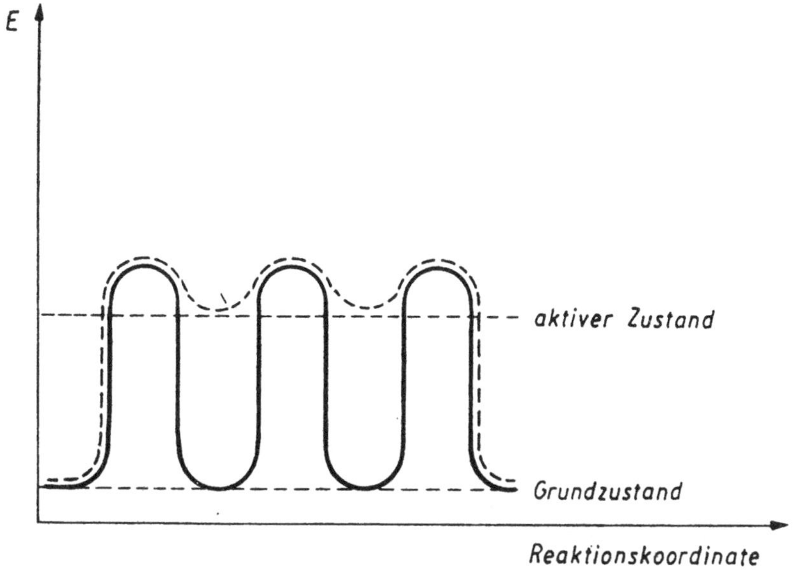

Abb. (3-1): Schematische Darstellung des Energieinhalts E des Zwischenzustandes bei der Stufenwachstumsreaktion (———) und der Kettenwachstumsreaktion (– – – – – –).

Auch der zeitliche Reaktionsablauf zeigt einen bemerkenswerten Unterschied. In beiden Fällen nimmt zwar die gebildete Polymermenge mit der Zeit zu, aber beim Stufenwachstum beruht diese Zunahme auf dem Anstieg des Polymerisationsgrades der Makromoleküle. Beim radikalischen Kettenwachstum hingegen wird diese Zunahme durch den Anstieg der Zahl der Makromoleküle gleichen Polymerisationsgrades bewirkt, weil das Wachstum eines individuellen Makromoleküls meistens schon innerhalb von Sekunden beendet ist. Daher wird der endgültige Polymerisationsgrad bereits in der Anfangsphase der Reaktion erreicht. Abb. (3–2)

Die Einteilung der Polyreaktion auf Grund kinetischer Merkmale in Ketten- und Stufenwachstum wird im folgenden benutzt. In der deutschsprachigen Literatur ist es üblich, zwischen Polykondensation, Polyaddition und Polymerisation zu unterscheiden. Bei der Polykondensation werden Monomere unter Elimi-

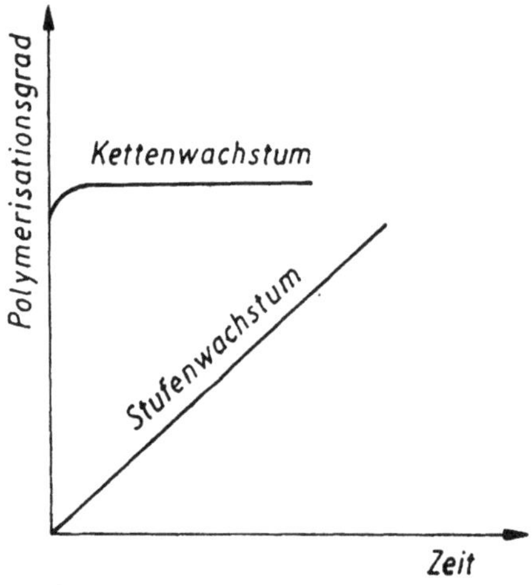

Abb. (3–2): Schematische Darstellung der zeitlichen Änderung des Polymerisationsgrades in der Anfangsphase einer radikalischen Kettenwachstumsreaktion im Vergleich zu einer Stufenwachstumsreaktion.

nierung niedermolekularer Spaltprodukte (Beispiel 3), bei der Polyaddition ohne Abspaltung (Beispiel 4) nach einem Stufenwachstumsmechanismus in Polymere überführt, während bei der Polymerisation Makromoleküle nach einem Kettenwachstumsmechanismus gebildet werden (Beispiel 1 und 2). Aus diesem Grund werden die Begriffe Polymerisation und Kettenwachstum sowie Polykondensation und Stufenwachstum oft synonym benutzt.

In der angelsächsischen Literatur wird jede Reaktion als „polymerization“ bezeichnet, bei der Monomere in Polymere umgewandelt werden, und zwischen „addition-“ und „condensation-polymerization“ unterschieden. Die Empfehlung der internationalen Nomenklaturkommission, diese Definitionen allgemein zu benutzen, hat sich bisher nicht durchgesetzt.

4. Struktur der Makromoleküle

Durch Polyreaktionen lassen sich Makromoleküle unterschiedlicher Struktur erzeugen, deren Charakterisierung wie bei den niedermolekularen Verbindungen die Kenntnis der Konstitution, der Konfiguration und der Konformation erfordert. Die Konstitution beschreibt neben dem bereits behandelten Polymerisationsgrad der Moleküle die durch die Verknüpfung der Grundbausteine bedingte Struktur der Makromoleküle sowie die Art und Anordnung dieser Grundbausteine. Die Konfiguration informiert über die räumliche Anordnung der Substituenten um die Atome der Molekülkette und die Konformation über die bevorzugte Lage dieser Atome und Substituenten auf Grund der Drehbarkeit der Einfachbindung. Da die Konformation eines Makromoleküls nicht allein durch den Bildungsmechanismus, sondern auch von seiner Umgebung abhängt, falls man nicht das isoliert gedachte Molekül betrachtet, wird nachstehend nur die Konstitution und die Konfiguration behandelt.

4.1. Konstitution der Makromoleküle

Die bei einer Polyreaktion vorhandenen Anteile der di- und höherfunktionellen Monomeren sowie die dabei ablaufenden Nebenreaktionen bestimmen die Kettenform der entstehenden Polymeren, die man in lineare, verzweigte und vernetzte Makromoleküle einteilt.

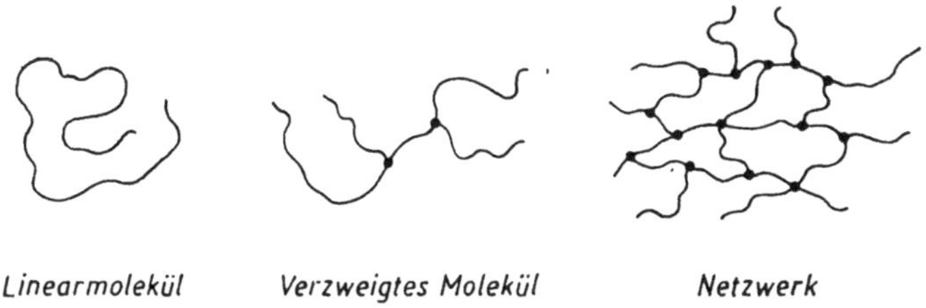

Abb. (4–1): Lineare, verzweigte und vernetzte Makromoleküle.

Lineare Makromoleküle:

Die einfachste Kettenform ist das lineare Makromolekül, das durch Verknüpfung bifunktioneller Monomerer entsteht. Es ist linear im Sinne von unverzweigt, denn keines seiner Grundbausteine ist mit mehr als zwei Nachbarn verbunden. Wegen der freien Drehbarkeit kann es eine Vielzahl von Konformationen einnehmen, wobei es im gelösten und teilweise auch im geschmolzenen Zustand bevorzugt verknäuelt vorliegt. Es ist in geeigneten Lösungsmitteln löslich und in den meisten Fällen durch Wärme reversibel in den plastischen oder geschmolzenen Zustand überführbar.

Verzweigte Markomoleküle:

Makromoleküle mit Seitenketten bezeichnet man als verzweigte Moleküle. In ihnen sind einzelne Kettenbausteine mit mehr als zwei Nachbarn verbunden, die somit die Verknüpfungsstellen der Ketten bilden. Die Seitenketten, die kleiner als die Hauptkette sind, können aus wenigen oder auch aus vielen Grundbausteinen bestehen, so daß man zwischen Kurz- und Langkettenverzweigung unterscheidet. Diese können selbst wieder verzweigt sein.

Kettenverzweigungen entstehen häufig durch Nebenreaktionen, sie können aber auch absichtlich erzeugt werden. Polymere aus Monomeren mit großen Substituenten rechnet man nicht zu den verzweigten Molekülen, wie z. B. Polyvinylstearat, obwohl sie den kurzkettenverzweigten Molekülen sehr ähnlich sein können.

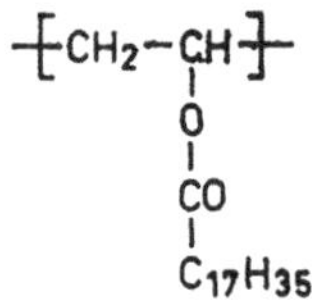

Ein verzweigtes Makromolekül wird durch die Zahl und den Abstand der Verknüpfungsstellen sowie die Länge von Haupt- und Seitenketten bestimmt. Da diese Größen meist uneinheitlich sind, bereitet die Charakterisierung verzweigter Makromoleküle heute noch beträchtliche Schwierigkeiten, zumal die Verzweigungsstellen analytisch schwer erfaßbar sind. Wie die Linearmoleküle sind sie in entsprechenden Lösungsmitteln löslich und meist schmelz- bzw. plastifizierbar, sie zeigen aber eine bedeutend geringere Neigung zur Kristallisation.

Vernetzte Makromoleküle:

Werden lineare oder verzweigte Makromoleküle miteinander verknüpft, so entstehen vernetzte Polymere, falls die Moleküle an mehr als zwei Stellen verbunden sind. Sie bilden sich bei Polyreaktionen, an denen neben di- auch tri- und höherfunktionelle Monomere teilnehmen, oder durch Vernetzungsreaktionen von Linearmolekülen. Dabei entstehen im allgemeinen dreidimensionale Netzwerke. Da diese praktisch aus einem einzigen Molekül bestehen, ist ihre Charakterisierung durch die Molmasse nicht sinnvoll. Sie werden deshalb durch die Netzkettenlänge, den Vernetzungsgrad und die Vernetzungsart beschrieben. Die Netzkettenlänge ist die Zahl der Kettenglieder zwischen den Verknüpfungsstellen, der Vernetzungsgrad oder die Vernetzungsdichte ist das Verhältnis der vernetzten zu den insgesamt vorhandenen Grundbausteinen. Die Verknüpfungen können aus den gleichen Kettenatomen wie die vernetzten Moleküle bestehen oder auch aus anderen, wie z. B. bestimmte Elaste, die als polymere ungesättigte Kohlenwasserstoffe durch Schwefelbrücken verknüpft sind.

Vernetzte Polymere sind unlöslich, unschmelzbar und amorph. Sie können daher nicht thermoplastisch oder aus Lösung verarbeitet werden. Bei nicht zu großer Vernetzungsdichte können die Netzketten durch geeignete Lösungsmittel solvatisiert werden, so daß diese Polymere quellen. Gequollene Netzwerke bezeichnet man als Gele. Das Ausmaß der Quellung ist natürlich von der Vernetzungsdichte abhängig, die auf diesem Wege analytisch bestimmbar ist.

Dreidimensionale Netzwerke, vor allem ungeordnete, sind relativ leicht zu synthetisieren, während zweidimensionale Netzwerke, wie z. B. der künstliche Graphit, der ein Schichtgitter bildet, bedeutend schwerer zugänglich sind, weil die

Kettenverknüpfung nur über das planare sp^2-Kohlenstoffatom erfolgen darf. Die einfachste Form einer solchen Vernetzung sind die Leiterpolymeren, bei denen zwei lineare Ketten durch Brückenbindungen, die wie Leitersprossen angeordnet sind, zusammengehalten werden. Sie zeichnen sich durch eine starre Molekülform aus und haben wegen ihrer Temperatur- und Strahlungsbeständigkeit sowie ihrer elektrischen Leitfähigkeit Bedeutung gewonnen.

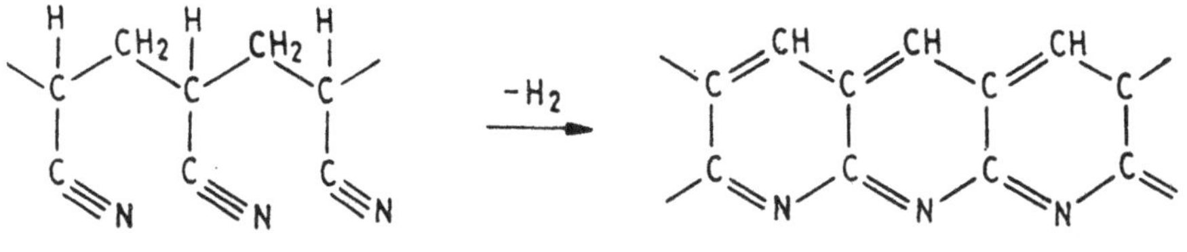

Abb. (4–2): Leiterpolymeres aus Polyacrylnitril.

Art und Anordnung der Grundbausteine:

Makromoleküle, die aus einer einzigen Art von Grundbausteinen bestehen, bezeichnet man als Homopolymere, wobei geringfügige strukturelle Abweichungen einzelner Bausteine, wie Endgruppen oder Verzweigungen, vernachlässigt werden. Copolymere sind aus verschiedenen Grundbausteinen zusammengesetzte Makromoleküle. Enthalten sie zwei, drei oder vier verschiedene Monomerarten, so nennt man sie Bi-, Ter- oder Quarterpolymere, bei einer noch größeren Anzahl Multipolymere. Im allgemeinen setzt man den Begriff Bipolymeres und Copolymeres gleich, obwohl der letztere der Oberbegriff des ersteren ist.

Die in der älteren deutschen Literatur benutzte Bezeichnung Mischpolymeres für Copolymeres sollte nicht mehr benutzt werden, um eine Verwechslung mit der Polymermischung zu vermeiden, die eine physikalische Mischung verschiedener Homo- und/oder Copolymerer ist und gelegentlich auch Compound oder Polyblend benannt wird.

Copolymere können ebenso wie Homopolymere als lineare, verzweigte oder vernetzte Makromoleküle auftreten.

Ist ein Copolymeres aus den Grundbausteinen A und B zusammengesetzt (Bipolymeres!), so unterscheidet man nach der Anordnung der Grundbausteine in der Molekülkette statistische Copolymere bei unregelmäßiger und alternierende Copolymere bei abwechselnder Anordnung der beiden Grundbausteine.

$-ABABBABAABAAABABB-$ statistisches Copolymeres

$-ABABABABABABABABAB-$ alternierendes Copolymeres

Bei Blockcopolymeren sind längere Folgen des Bausteins A mit denen des Bausteins B verknüpft, während Pfropfcopolymere verzweigte Makromoleküle sind, bei denen die Hauptkette aus dem Baustein *A* und die Seitenkette aus dem Baustein *B* besteht.

```
—AAAAAAAAABBBBBBBBAAAAAAAAAA—  Blockcopolymeres
—AAAAAAAAAAAAAAAAAAA—          Pfropfcopolymeres
     B        B
      B        B
       B        B
                 B
                  B
```

Hinsichtlich der Anordnung der Grundbausteine bestehen zwischen den statistischen, alternierenden und Blockcopolymeren fließende Übergänge. Um diese zu erfassen, bezeichnet man die Anzahl der gleichen miteinander verknüpften Bausteine als Sequenz- oder Blocklänge und definiert eine Blockzahl des Copolymeren, die die mittlere Anzahl der Blöcke pro 100 Monomerbausteine angibt.

$$\text{Blockzahl} = \frac{\text{Summe der Bindungen zwischen ungleichen Grundbausteinen} \cdot 100}{\text{Summe der Bindung zwischen allen Grundbausteinen}}$$

Die Synthese der Copolymeren unterliegt ebenso wie die der Homopolymeren statistischen Gesetzen. Daher sind die Molmassen der dabei gebildeten Makromoleküle im allgemeinen uneinheitlich. Bei den Copolymeren kommt außerdem noch eine Uneinheitlichkeit der Zusammensetzung und der Blocklänge hinzu, die sogenannte konstitutive Uneinheitlichkeit. Sie beruht darauf, daß ein Copolymeres mit einer mittleren Zusammensetzung des Gesamtpolymeren aus Makromolekülen unterschiedlicher Zusammensetzung bestehen kann. Das gleiche gilt für die Blocklänge. Für die vollständige Charakterisierung eines Copolymeren sind deshalb eine ganze Reihe von analytischen Informationen notwendig.

4.2. Konfiguration der Makromoleküle

Die Konfiguration gibt die räumliche Anordnung der Atome und Substituenten zueinander in einer Molekülkette an. Makromoleküle gleicher Konstitution können daher sich in bezug auf die Konfiguration unterscheiden. Die Ursache dieser räumlichen Isomerie beruht auf der tetraedrischen Substituentenanordnung am sp^3-Kohlenstoffatom und auf der planaren Substituentenanordnung des eine Doppelbindung tragenden sp^2-Kohlenstoffatoms. Diese Atome können zu Stereoisomeriezentren werden. Ihre Anordnung in der Hauptkette eines Makromoleküls bezeichnet man als Taktizität[1]) und ein Polymeres mit geordneter Struktur der Stereoisomeriezentren seiner Hauptkette als taktisches Polymeres. Es entsteht durch eine stereospezifische Polyreaktion.

[1]) taktos (griech.) = festgesetzt, angeordnet

Taktische Polymere:

Ein tetraedrisches Kohlenstoffatom wird dann zu einem Stereoisomeriezentrum, wenn seine vier Substituenten unterschiedlich sind. Es können sich dann bei gleicher Konstitution zwei verschiedene räumliche Anordnungen ausbilden, die spiegelbildlich sind. Bei niedermolekularen Verbindungen bewirken diese Asymmetriezentren optische Aktivität.

Auch Makromoleküle, die aus Vinylmonomeren aufgebaut sind, enthalten pro Grundbaustein ein Asymmetriezentrum, weil die in nachstehender Formel mit einem Stern versehenen Kohlenstoffatome bei endlicher Molekülgröße vier verschiedene Substituenten tragen.

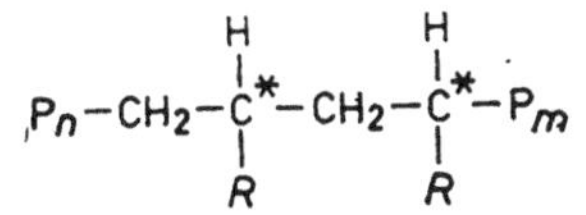

Zum Unterschied von den niedermolekularen Verbindungen sind diese Kohlenstoffatome nicht optisch aktiv. Man nennt sie daher pseudoasymmetrisch.

Die fehlende optische Aktivität beruht darauf, daß die zwei kettenförmigen Substituenten in Nachbarschaft zum asymmetrischen Zentrum die gleichen Kettenglieder haben, während der strukturelle, in der Zahl dieser Glieder liegende Unterschied so weit vom Zentrum entfernt ist, daß er keinen Einfluß auf die Drehung der Ebene des polarisierten Lichtes hat.

Echte asymmetrische Kohlenstoffatome mit optischer Aktivität treten bei entsprechend asymmetrischer Struktur der Grundbausteine auf, wobei diese Asymmetrie in der Molekülkette oder in einem Substituenten liegen kann.

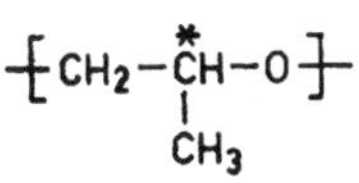

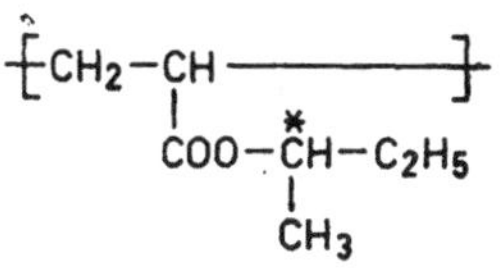

Die Taktizität von Polymeren, die auf der regelmäßigen Folge pseudoasymmetrischer Kohlenstoffatome in der Molekülkette beruht, stellt man formelmäßig in der Weise dar, daß man die räumliche Anordnung der Kette auf die Papierebene projiziert.

Am deutlichsten erkennt man die tetraedrische Struktur der Kohlenstoffatome des Makromoleküls in der sogenannten NATTA-Projektion. Dabei wird die Kohlenstoffkette willkürlich in Zick-Zack-Form auf der Papierebene ausgebreitet. Dann stehen von den übrigen zwei Substituenten eines betrachteten Kohlenstoffatoms der eine oberhalb und der andere unterhalb der Papierebene, was man durch keilförmige bzw. punktierte Striche andeutet. Haben alle pseudoasymmetrischen Kohlenstoffatome eines Vinylpolymeren gleiche sterische Anordnung, dann stehen sämtliche Substituenten *R* oberhalb oder unterhalb der

Ebene. Diese Struktur nennt man isotaktisch[1]). Ändert sich die sterische Anordnung dieses Substituenten alternierend, so liegt eine syndiotaktische[2]) Struktur vor. Die Substituenten *R* befinden sich abwechselnd oberhalb und unterhalb der Ebene. Zum Unterschied zu dieser regelmäßigen taktischen Anordnung bezeichnet man eine statistische Verteilung des Substituenten *R* ober- und unterhalb der Ebene als ataktisch.

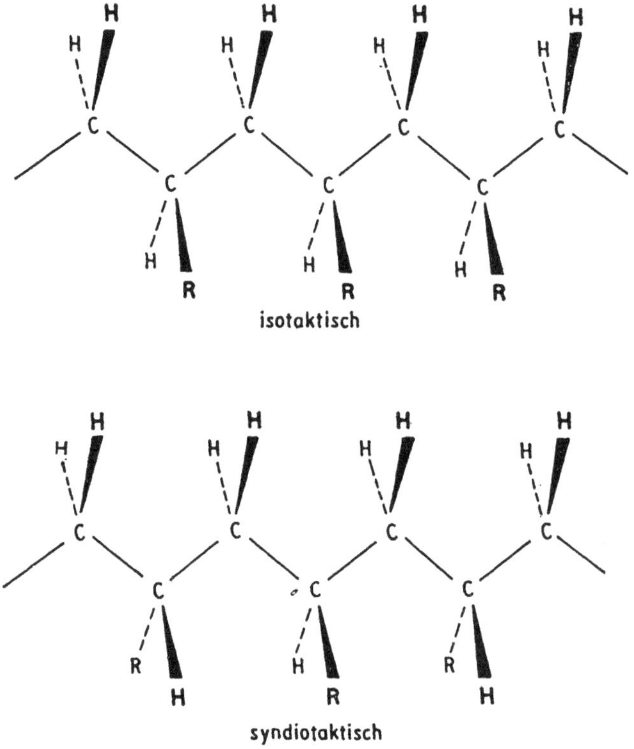

Abb. (4–3): NATTA-Projektion taktischer Vinylpolymerer.

Es muß betont werden, daß die Darstellung dieser taktischen Strukturen in der hier angegebenen Weise nur dann gültig ist, wenn in der Kette symmetrische ($-CH_2-$) mit pseudoasymmetrischen Kohlenstoffatomen ($-CH$*R*$-$) abwechseln, wie das bei den Vinylpolymeren der Fall ist.

Eine weitere Darstellung, die die räumliche Anordnung gut ausdrückt, ist die NEWMAN-Projektion. Dabei werden jeweils zwei hintereinander liegende Kohlen-

[1]) isos (griech.) = gleich
[2]) syn (griech.) = zusammen; dio (griech.) = zwei

stoffatome in gestaffelter Konformation zur Deckung gebracht, die aus Gründen der Anschaulichkeit durch eine dazwischen gelegte Scheibe getrennt sind. Man sieht dann schräg von oben auf die gestreckt angeordnete Kohlenstoffkette. Nachstehend ist die NEWMAN-Projektion von drei syndiotaktisch angeordneten Bausteinen eines Vinylpolymeren angegeben.

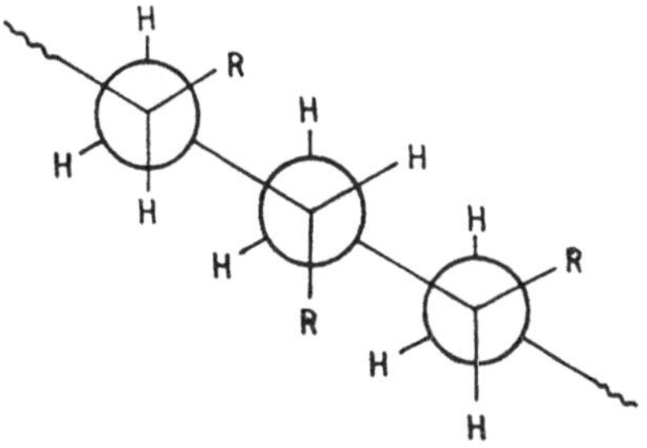

Abb. (4–4): NEWMAN-Projektion eines syndiotaktischen Kettenabschnitts.

Oft benutzt, aber räumlich weniger anschaulich ist die FISCHER-Projektion. Dabei wird ein Kohlenstoff-Tetraeder mit einer Kante, deren zwei Ecken je ein Atom bzw. Substituenten trägt, so auf die Papierebene gelegt, daß das zentral angeordnete Kohlenstoffatom über der Mitte dieser Kante steht. Dieses wird ebenso wie die in den restlichen zwei Ecken sitzenden Atome senkrecht auf die Papierebene projiziert.

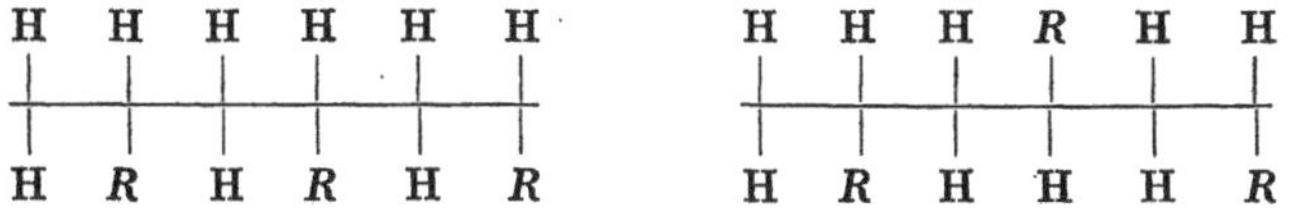

isotaktisch syndiotaktisch

FISCHER-Projektion

Die bisher behandelten Vinylpolymeren besitzen in jedem Grundbaustein nur ein Asymmetriezentrum. Es gibt aber auch Polymere mit zwei Isomeriezentren pro Grundbaustein. Das ist dann der Fall, wenn jedes Kohlenstoffatom der Molekülkette zwei verschiedene Substituenten trägt.

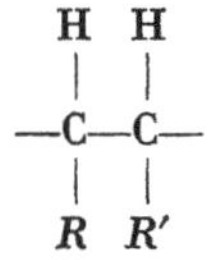

Man bezeichnet taktische Polymere dieser Art als ditaktisch und benutzt für sie die in der niedermolekularen organischen Chemie übliche „threo-erythro"-Terminologie. Dabei wird zwischen threo-diisotaktisch und erythro-diisotaktisch sowie threo-disyndiotaktisch und erythro-disyndiotaktisch unterschieden. Nachstehend sind die beiden erstgenannten Anordnungen in der FISCHER-Projektion dargestellt.

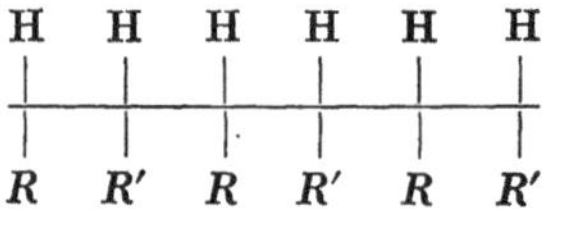

erythro-diisotaktisch

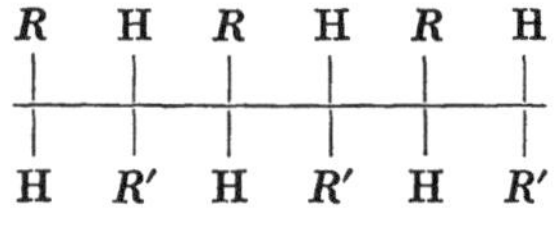

threo-diisotaktisch

Makromoleküle, bei denen sämtliche Grundbausteine die gleiche taktische Anordnung aufweisen, kommen relativ selten vor. Meist ist eine mehr oder weniger große Anzahl der Stereoisomeriezentren irregulär eingebaut. Daher ist es notwendig, diese konfigurative Uneinheitlichkeit zu erfassen. Man gibt deshalb die Taktizität in relativen Anteilen der im Polymeren vorkommenden Triaden an, wobei eine Triade die Folge dreier benachbarter Isomeriezentren ist, bei den Vinylpolymeren also die Folge dreier Grundbausteine. Da jedes Stereoisomeriezentrum in zwei unterschiedlichen Formen auftreten kann, nachstehend mit *a* und *b* bezeichnet, existieren folgende Triaden, die sich in der Folge der Isomeriezentren und daher auch in deren Verknüpfungsart unterscheiden:

aaa = *bbb* = isotaktische Triade mit 2 isotaktischen Verknüpfungen (*ii*)

aba = *bab* = syndiotaktische Triade mit 2 syndiotaktischen Verknüpfungen (*ss*)

abb = *baa* = heterotaktische Triade mit einer isotaktischen und einer syndiotaktischen Verknüpfung (*is*)

Der relative Anteil der drei Triaden eines Polymeren, z. B. in Molprozent X angegeben, muß summiert den Wert 1 ergeben.

$$X_{ii} + X_{ss} + X_{is} = 1$$

Wechseln längere Sequenzen der einen Triade mit denen einer anderen ab, so bezeichnet man diese Verbindung als Stereoblockpolymere.

Neben der auf der Asymmetrie tetraedrischer Kohlenstoffatome beruhenden Stereoisomerie, existiert eine weitere, die durch die unterschiedlichen Anordnungsmöglichkeiten der Substituenten an einer Kohlenstoffdoppelbindung verursacht und als „cis-trans"-Isomerie bezeichnet wird. Ist nämlich eine Doppelbindung in eine Molekülkette eingebaut, so kann die Kettenverknüpfung in cis- oder trans-Stellung erfolgen.

Man unterscheidet daher cis-taktische und trans-taktische Polymere, wenn alle Doppelbindungen in cis- oder trans-Gruppierungen vorliegen.

Diese Stereoisomerie spielt bei Polydienen eine wichtige Rolle, bei denen meist der prozentuale Gehalt an cis- und trans-Einheiten neben den anderen im Polymeren vorkommenden Strukturen angegeben wird. Er ist meist ohne größere Schwierigkeiten IR-spektroskopisch erfaßbar.

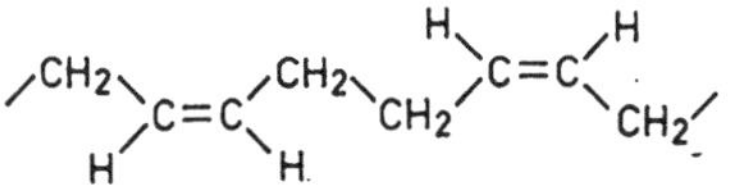

cis-taktisch

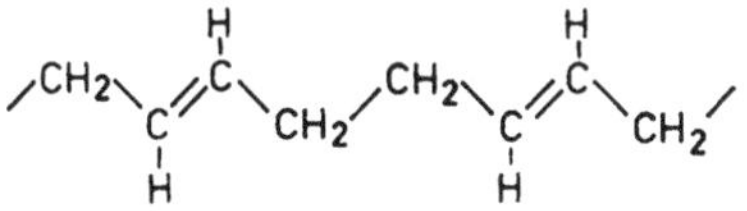

trans-taktisch

Zum Abschluß dieses Kapitels über die Konfiguration von Makromolekülen soll noch einmal auf die auch in der niedermolekularen Chemie gültige Gesetzmäßigkeit hingewiesen werden, daß die Umwandlung einer Konfiguration in eine andere nur durch Lösen und Neuknüpfen zweier chemischer Bindungen erfolgen kann. Diese Manipulation, am Modell leicht durchführbar, erfordert in der Praxis eine chemische Reaktion an den entsprechenden Stereoisomeriezentren des Makromoleküls.

Drehungen des Moleküls um die Kohlenstoffeinfachbindung unter Erhalt des Tetraederwinkels verändern die Konformation, nicht aber die Konfiguration. Konformationsänderungen der Makromoleküle werden häufig bereits durch Wärmeeinwirkung oder anderer physikalischer Kräfte auf das Polymere bewirkt, ohne daß die chemische Struktur der Moleküle beeinflußt wird.

5. Molekülstruktur und Eigenschaften

im allgemeinen werden Polymere mit der Absicht erzeugt, sie in geeigneter Form zum praktischen Einsatz zu bringen. Daher muß man schon bei der Synthese über die nachfolgenden Verarbeitungsprozesse und Anwendungsmöglichkeiten Überlegungen anstellen. Bestimmte Einsatzgebiete erfordern spezielle Stoffeigenschaften, die sich letztlich aus der Molekülstruktur ableiten. Infolgedessen ist die Kenntnis der Zusammenhänge zwischen Molekülstruktur, übermolekularer Struktur, Werkstoffeigenschaften und Anwendungs- und Einsatzmöglichkeiten notwendig. Der Beschreibung der unterschiedlichen Synthesewege von Makromolekülen wird deshalb im folgenden ein kurzer Überblick über die grundlegenden Zusammenhänge von Molekülstruktur und Eigenschaften der Polymeren vorangestellt.

5.1. Übermolekulare Strukturen

Die verarbeitungs- und anwendungstechnischen Eigenschaften eines polymeren Feststoffes sind durch seine übermolekulare Struktur bedingt, die wiederum von der Molekülstruktur abhängt. Die Makromoleküle lagern sich im Feststoff, aber auch in der Schmelze und konzentrierten Lösung zu Molekülverbänden zusammen. Dabei können chemisch einheitliche Makromoleküle unterschiedliche übermolekulare Strukturen ausbilden. Man unterscheidet deshalb zwischen der Molekülstruktur (= Mikrostruktur, chemische Struktur) und übermolekularer Struktur (= Makrostruktur, physikalische Struktur, Textur). Letztere beschreibt die gegenseitige Anordnung der Makromoleküle im Molekülverband, die dadurch bedingte Kettenkonformation, die Molekülorientierung, die Ausbildung geordneter oder kristalliner Bereiche und andere morphologische Strukturen. Es ist das bevorzugte Untersuchungsgebiet der Physiker und Werkstoffwissenschaftler.

Die Zusammenlagerung der Makromoleküle zu Verbänden wird in erster Linie durch die sich zwischen den Molekülen ausbildenden Kohäsionskräfte bewirkt, die man in Dispersionskräfte, Dipolwechselwirkungskräfte und Wasserstoffbrückenbindung untergliedert. Es können aber auch ionische und kovalente Bindungen auftreten (Ionomere, vernetzte Polymere). Die Art der zwischenmolekularen Wechselwirkung ist von der Konstitution der Makromoleküle abhängig. Da einige die übermolekulare Struktur bedingende Parameter temperaturabhängig sind, kann man die Makrostruktur zum Unterschied von der Mikrostruktur durch die Temperatur beeinflussen, was für die Verarbeitung von Polymeren von außerordentlicher Bedeutung ist.

5.2. Kristallinität der Polymeren

Ein kristalliner Stoff ist durch die regelmäßige Anordnung seiner Bausteine in einem Kristallgitter gekennzeichnet (z. B. NaCl). Beim Durchstrahlen mit Röntgenstrahlung ergeben sich deshalb scharfe Beugungsbilder. Ein amorpher Stoff hingegen weist eine völlig unregelmäßige Bausteinanordnung auf, ergibt diffuse Röntgenbilder und ist isotrop. Der physikalische Zustand hochmolekularer Stoffe liegt zwischen diesen beiden Grenzfällen, einem der beiden mehr oder weniger angenähert. Auch hochkristalline Polymere zeigen im Röntgendiagramm neben scharfen zusätzlich diffuse Reflexe. Aus diesem und anderen experimentellen Ergebnissen hat man im wesentlichen zwei Modellvorstellungen über den morphologischen Aufbau polymerer Stoffe entwickelt. Bei der einen existieren im Feststoff zwei getrennte Phasen — eine kristalline oder geordnete und eine amorphe oder ungeordnete — und bei der anderen stellt man sich einen einphasigen Kristall mit Fehlstellen vor.

Beim 2-Phasenmodell, das auch Fransenmizelle genannt wird, liegen die Makromoleküle in kleinen kristallinen Bereichen geordnet vor (z. B. parallel). Dazwischen befinden sich amorphe Bereiche, in denen die Moleküle ungeordnet (z. B. verknäult) sind. Wesentlich ist dabei, daß ein Makromolekül mehreren kristallinen und amorphen Bereichen angehören kann, in dem es sich durch diese hindurchzieht (Abb. 5–1). Die kleinen kristallinen Bereiche werden als Kristallite bezeichnet.

Besteht mehr als die Hälfte des Polymeren aus Kristallen, dann können diese

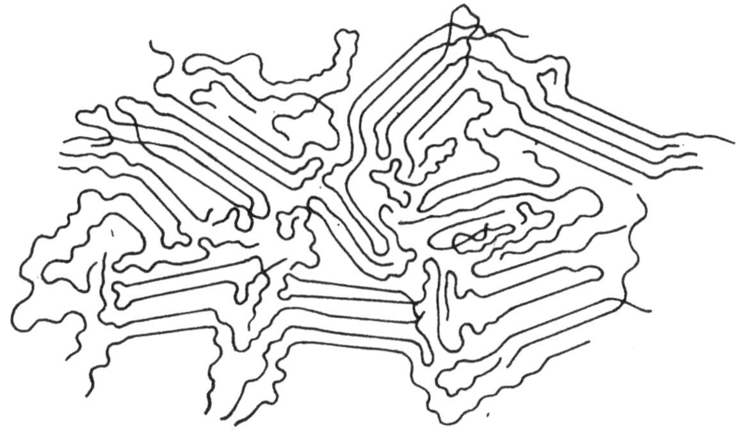

Abb. (5–1): 2-Phasenmodell (Fransenmizelle).

sich nicht willkürlich zueinander orientieren, sondern müssen sich zu größeren Kristallverbänden, durch Fehlordnungsbereiche unterbrochen, zusammenlagern. Dadurch entstehen übergeordnete Strukturen, z. B. Sphärolithe und Fibrillen.

Hochkristalline Polymere, die sich aus stark verdünnten Lösungen von Polyäthylen oder Polyoxymethylen als lamellenförmige Einkristalle abscheiden, lassen sich nicht mit vorstehendem Modell erklären. Da die Makromoleküle zueinander parallel und senkrecht zur Oberfläche der Lamellen gelagert sind, ihre Größe aber die Lamellenhöhe übersteigt, müssen die Moleküle gefaltet und so

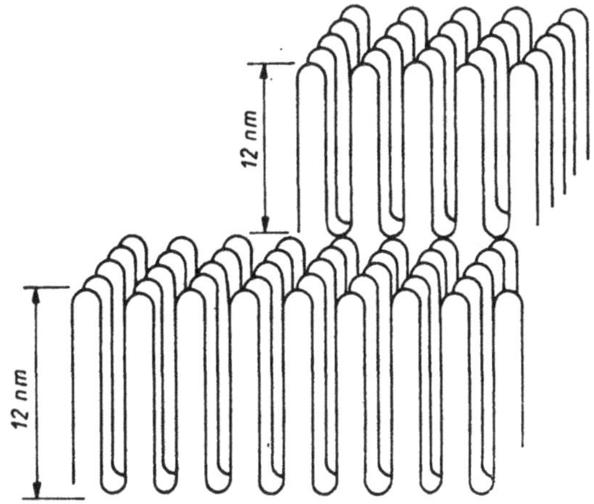

Abb. (5–2): Lamellenmodell.

angeordnet sein, daß sich terrassenförmige Schichten bilden. Man bezeichnet dieses einphasige Modell als Lamellenmizelle. Diese polymeren Einkristalle zeigen röntgenographisch, mehr oder weniger ausgeprägt, ungeordnete Bereiche, die man auf die Faltungsbögen der Polymerketten und andere Kettendefekte zurückführt.

Daneben bestehen noch einige andere Einphasenmodelle, wie z. B. der sog. Parakristall, auf die hier nicht näher eingegangen werden kann.

Bei der quantitativen Bestimmung der Kristallinität erfaßt man eine Verteilungsfunktion von Bereichen unterschiedlicher Ordnung. Da man bisher meistens nicht den mit einem Meß- bzw. Auswerteverfahren erfaßbaren Ordnungsgrad kennt, ist die Kristallinitätsbestimmung von der Meßmethode abhängig (Röntgen-, Dichte-, Infrarot-Kristallinität).

Molekülstruktur und Kristallinität

Damit ein Polymeres kristallisiert, müssen seine Grundbausteine sich in ein Gitter einordnen. Dazu ist eine hinreichende Regularität der Molekülstruktur notwendig. Sie ist besonders leicht beim Polyäthylen erkennbar, weil jedes Kohlenstoffatom der Kette mit zwei Wasserstoffatomen verknüpft ist und sich dadurch die gleiche symmetrische Anordnung laufend wiederholt.

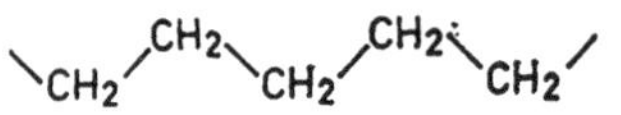

Polyäthylen zeigt ebenso wie Polytetrafluoräthylen (Teflon) große Kristallisationsneigung. Auch Vinylidenpolymere mit nicht zu großen Substituenten kristallisieren wegen ihres symmetrischen Baues im allgemeinen gut (Vinylidenchlorid). Bei Vinylpolymeren ist die für die Kristallisation notwendige Regularität der Kette nur bei hinreichender Taktizität ihrer Bausteine vorhanden. Auch Polymere mit kompliziert gebauten Grundbausteinen kristallisieren, wenn diese sterisch regelmäßig verknüpft sind, wie es von der Cellulose mit den 1,4-β-glykosidisch verbundenen D-Glykosebausteinen bekannt ist (siehe Abschnitt 15.2.3.). Starke Irregularitäten in der Kettenstruktur, z. B. Verzweigungen, setzen die Kristallisationsfähigkeit des Polymeren herab.

Die Regularität der Kettenstruktur ist eine notwendige, aber nicht hinreichende Voraussetzung zur Kristallisation. Es ist außerdem erforderlich, daß die Kette sich in eine dafür günstige Konformation einstellt, deren Art von der Molekülstruktur abhängt. Einige Polymere, wie das Polyäthylen, ordnen sich im Kristall in einer all-trans-Konfiguration (= Zickzack-Form) an, andere, wie die meisten isotaktischen Vinylpolymeren, bilden Helixstrukturen, wobei die Kette eine derartige Schraubenform annimmt, daß die Substituenten von der Schraubenachse weg nach außen gerichtet sind.

Damit die Makromoleküle die für die Kristallisation notwendige Konformation einnehmen können, müssen die Ketten durch Schwingungen und Rotation hinreichend beweglich sein und genügend Zeit haben, um in die Gitterplätze einzuschwingen. Der Kristallisationsvorgang ist daher temperatur- und zeitabhängig. Bei manchen Polymeren läßt sich die Kristallinität durch Wärmebehandlung erhöhen, weil diese die Kettenbeweglichkeit anregt (Tempern). Andererseits begünstigt schnelles Abschrecken von Schmelzen die Bildung amor-

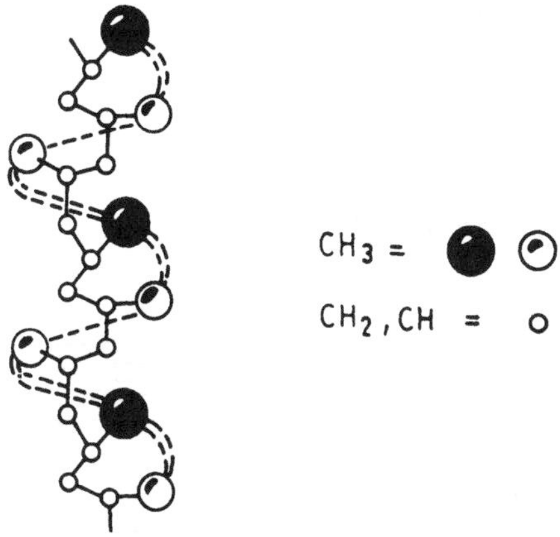

Abb. (5–3): Schraubenförmige Anordnung des isotaktischen Polypropylens (Helix-Struktur).

pher Strukturen. Beim Verstrecken von Fasern und Folien nutzt man unter geeigneten Bedingungen mechanische Kräfte zur Orientierung von Ketten und/oder Kristalliten in Verstreckrichtung, was zur Erhöhung von Kristallinität und damit der Reißfestigkeit führt, die für den praktischen Einsatz von Fasern und Folien unbedingt erforderlich ist.

5.3. *Kautschukelastizität der Polymeren*

Amorphe Polymere können bei geringer Wechselwirkung zwischen den Makromolekülen kautschukelastisch sein, so daß sie schon durch Einwirken geringer Kräfte sich stark deformieren. Beim Anlegen einer Spannung dehnt sich ein solcher kautschukelastischer Körper um ein Vielfaches seiner ursprünglichen Größe aus. Die Molekülketten gleiten dabei aneinander ab und gehen von einem geknäuelten in einen gestreckten Zustand über. Damit jedoch ein zu weitgehendes Abgleiten vermieden wird, das zum Formverlust und schließlich zum Zerreißen des Körpers führt, müssen die Makromoleküle schwach vernetzt sein. Im allgemeinen geschieht das durch kovalente Bindung, z. B. beim Gummi durch Schwefelbrücken. Aber auch auf ionischen Bindungen beruhende Vernetzungsstellen sind bekannt (Ionomere). Beim Aufheben der angelegten Spannung nimmt das Polymere wieder seine ursprüngliche Form an. Die Rückstellkraft beruht auf dem beim Entspannen auftretenden Entropiegewinn, denn die Makromoleküle gehen von dem gestreckten und orientierten in den geknäuelten und unorientierten, folglich auch entropiereicheren Zustand über. Daher bezeichnet man die Kautschukelastizität auch als Entropieelastizität.

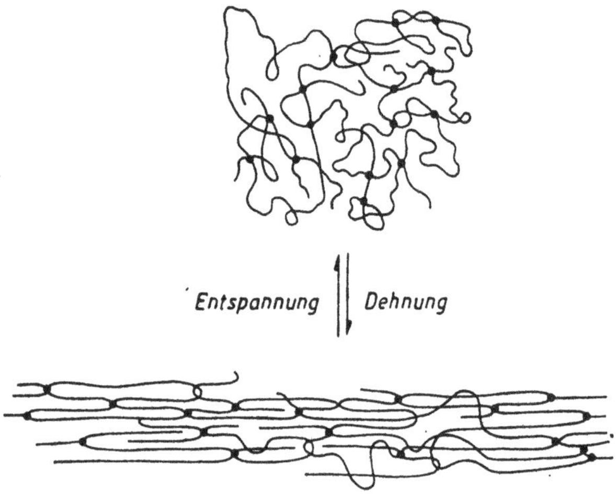

Abb. (5–4): Umwandlung eines vernetzten Polymeren vom entspannten (verknäuelten) in den gedehnten (orientierten) Zustand.

Molekülstruktur und Kautschukelastizität

Die Kautschukelastizität beruht auf der Beweglichkeit der Molekülketten bzw. der Kettenabschnitte zwischen den Vernetzungsstellen. Daher darf die Drehbarkeit der Kette weder durch voluminöse Substituenten oder andere kettenversteifende Strukturelemente noch durch zu starke zwischenmolekulare Kräfte behindert sein. Typische, bei Normaltemperatur kautschukelastische Polymere sind schwach vernetzte, lineare Kohlenwasserstoffe, die nur Dispersionskräfte ausbilden können und die im unbelasteten Zustand keine Kristallisationsneigung zeigen. Letzteres erreicht man durch irreguläre Anordnung der Kettenbausteine (z. B. Äthylen-Propylen-Copolymere) oder durch all-cis-Anordnung von Polyenen (z. B. 1,4-cis-Polybutadien).

5.4. Thermisches Verhalten der Polymeren

Kristalline Stoffe gehen bei einem genau erfaßbaren Schmelzpunkt vom festen in den flüssigen Zustand über. Dieser reversible Vorgang ist mit einer sprunghaften Enthalpie- und Volumenänderung verbunden. Dagegen wandeln sich amorphe Stoffe bei Wärmezufuhr allmählich von einem harten glasartigen in einen weichen Zustand um. Bei einer bestimmten Temperatur ändert sich der Temperaturkoeffizient von Enthalpie und Volumen. Diese Temperatur wird als Glas- oder Einfriertemperatur bezeichnet. Makromolekulare Stoffe zeigen bei weitgehend amorpher Struktur eine Glastemperatur, wenn sie aber zusätzlich noch kristalline Bereiche aufweisen, auch eine Schmelztemperatur, die jedoch in Abhängigkeit vom Ausmaß der Kristallinität ein mehr oder weniger breites Temperaturintervall überstreicht.

Das thermische Verhalten von Polymeren läßt sich durch die molekulare Beweglichkeit erklären. Unterhalb der Glastemperatur ist die Molekülbeweglichkeit weitgehend eingeschränkt, und zwar sind die Freiheitsgrade im Nichtgleichgewicht eingefroren. Bei Wärmezufuhr beginnen sich bei der Glastemperatur Kettensegmente zu bewegen, weil durch die thermische Anregung die zwischenmolekularen Kräfte, vor allem in den ungeordneten Bereichen, teilweise überwunden werden. Es setzt die sogenannte „mikro-BROWNsche Bewegung" ein.

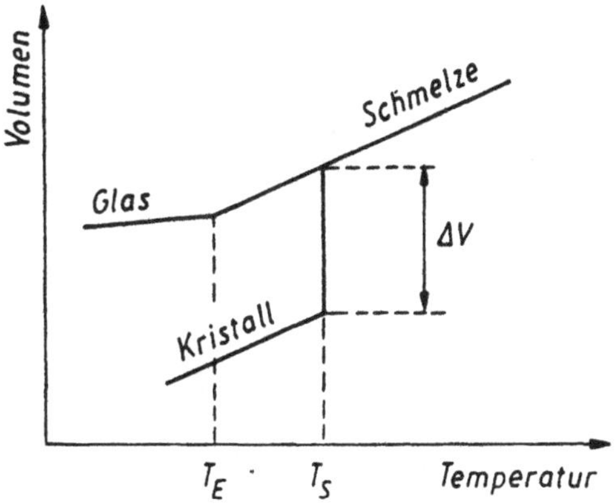

Abb. (5–5): Änderung des spezifischen Volumens von amorphen und kristallinen Polymeren mit der Temperatur.

T_E = Einfriertemperatur
T_S = Schmelztemperatur

Dabei sind die Makromoleküle als Ganzes an einzelnen Haftpunkten noch miteinander verbunden, besonders in den kristallinen Bereichen. Ein oberhalb der Glastemperatur befindliches Polymeres verhält sich bei kurzzeitiger Krafteinwirkung kautschukelastisch, weil die Haftstellen wie Vernetzungspunkte wirken. Bei hinreichend langer Deformation können jedoch so weitgehende Platzwechselvorgänge zwischen den Molekülen und auch den Haftstellen erfolgen, daß bei beendigter Krafteinwirkung das Polymere nicht mehr vollständig seine ursprüngliche Form zurückgewinnt. Den durch Platzwechsel bedingten Spannungsausgleich bezeichnet man als Relaxation[1]). Oberhalb der Glastemperatur befinden sich unvernetzte Polymere im viskoelastischen Zustand, weil diese Elastizität teilweise mit irreversiblen Fließvorgängen verbunden ist im Unterschied zum reversiblen kautschuk- bzw. entropieelastischen Zustand.

Beim weiteren Erwärmen eines Polymeren oberhalb seiner Glastemperatur nehmen die Haftstellen zwischen den Ketten ständig ab, bis sie vollständig aufgehoben sind. Bei kristallinen Polymeren bricht dann auch die Kristallitstruktur

) re axare (lat.) = lösen, nachlassen, entspannen

zusammen, was gut mit polarisiertem Licht zu beobachten ist. Die Makromoleküle sind als Ganzes frei beweglich (= „makro-BROWNsche Bewegung"). Die Temperatur, bei der diese Bewegung einsetzt, bezeichnet man bei amorphen Polymeren als Fließtemperatur, bei kristallinen Polymeren als Schmelztemperatur. Darüber befinden sich die Polymeren in einem plastischem Zustand, bei dem jede Deformation irreversible Verformung bewirkt. Da auch dann die zwischenmolekularen Kräfte nicht völlig verschwunden sind, bestehen noch gewisse Ordnungsstrukturen in polymeren Schmelzen, die beim erneuten Abkühlen als Kristallitkeime wirken können.

Molekülstruktur und thermisches Verhalten

Die Umwandlungstemperaturen werden durch das Ausmaß der Kettenbeweglichkeit bestimmt, also von der Fähigkeit der Atome oder Atomgruppen um die Kohlenstoffachse des Makromoleküls zu rotieren.

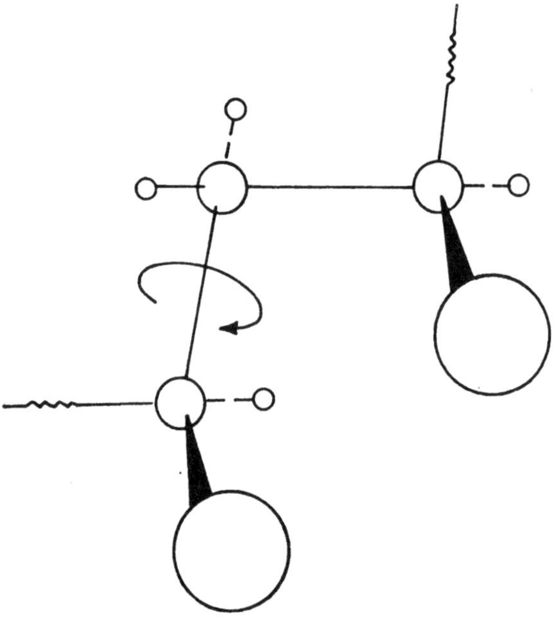

Abb. (5–6): Rotation um die Kohlenstoff-Kohlenstoff-Bindung.

Je stärker die Rotation eingeschränkt ist, um so geringer ist die Kettenbeweglichkeit. Sie wird einerseits durch die sterische Behinderung und andererseits durch die zwischenmolekularen Kräfte beeinflußt. Große, sperrige Substituenten an der Kette erschweren die Rotation und damit die Kettenbeweglichkeit, so daß ein Kettenversteifungseffekt bewirkt wird. Das gleiche verursachen in die Kette eingebaute aromatische Ringe und andere mesomeriefähige Systeme, wie konjugierte Doppelbindungen. Auch starke Wechselwirkungskräfte zwischen den Makromolekülen beschränken die Drehbarkeit. Ist diese Wechselwirkung hingegen völlig aufgehoben, wie in stark verdünnten Polymerlösungen, so sucht das Makromolekül durch Rotation seine thermodynamisch günstigste Konformation einzunehmen, nämlich die statistische Knäuelform. Im polymeren Feststoff dagegen wird die Konformation der Ketten wesentlich durch die benachbarten Makromoleküle und den von ihnen ausgehenden Kräften bestimmt.

Der Schmelzpunkt T_s eines kristallinen Stoffes ist thermodynamisch durch das Verhältnis von Schmelzenthalpie ΔH_s zu Schmelzentropie ΔS_s gegeben:

$$T_s = \frac{\Delta H_s}{\Delta S_s}$$

Daraus folgt, daß auch bei kristallinen Polymeren die Schmelztemperatur um so höher liegen muß, je kleiner die Entropieänderung bei der Phasenumwandlung ist. Das bedeutet, daß beim Übergang vom festen Polymeren in die Schmelze für die Kettenglieder der Makromoleküle nur wenig verschiedene Anordnungsmöglichkeiten vorhanden sein dürfen, was bei steifen Ketten der Fall ist. Den durch *p*-substituierte aromatische Kettenglieder bewirkte Kettenversteifungseffekt auf die Schmelztemperatur T_s zeigt Tabelle (5–1):

Tabelle (5–1): Einfluß der Kettenversteifung auf die Schmelztemperatur T_s verschiedener Polymerer

		T_s [°C]
Polyäthylen	$-[CH_2-CH_2]-$	135
Poly-p-xylylen	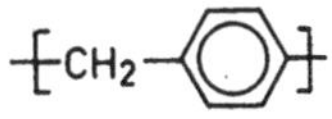	308
Poly-p-phenylen	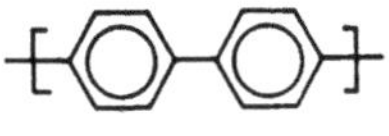	> 500

Der Einfluß der zwischenmolekularen Kräfte spiegelt sich in der Schmelzenthalpie ΔH_s wider, wenngleich man dabei nicht streng den Effekt der sterischen Hinderung eliminieren kann. Je größer die zwischenmolekulare Wechselwirkung ist, um so höher liegt der Schmelzpunkt. In der folgenden Tabelle ist dieser Zusammenhang gezeigt, wobei als Maß für die zwischenmolekularen Kräfte der Löslichkeitsparameter δ angegeben ist, der über die Kohäsionsenergiedichte aus thermodynamischen Daten zugänglich ist (Tab. (5–2)).

Die Glastemperatur wird von analogen Struktureinflüssen wie die Schmelztemperatur bestimmt, da beide Umwandlungen durch die Kettenbeweglichkeit der Makromoleküle verursacht werden. Deshalb stehen beide Temperaturen eines Polymeren in einem bestimmten Verhältnis zueinander, dessen Wert bei symmetrisch gebauten Polymeren häufig ungefähr bei 0,5 liegt (Tab. (5–3)).

Tabelle (5–2): Einfluß zwischenmolekularer Kräfte auf die Schmelztemperatur T_s verschiedener Polymerer

		Löslichkeits-parameter δ $[(J/m^3)^{1/2}] \cdot 10^{-3}$	T_s [°C]
Polyäthylen	$-[CH_2-CH_2]-$	16,2	135
Polyvinyliden-chlorid	$-[CH_2-CCl_2]-$	25,0	190
Polyvinyl-alkohol	$-[CH_2-CHOH]-$	47,8	265 (syndiotaktisch)

Tabelle (5–3): Schmelz- und Glastemperatur verschiedener Polymerer

		T_s [°C]	T_g [°C]	T_g/T_s [K/K]
Polyäthylen	$-[CH_2-CH_2]-$	135	−70	0,50
Polyoxy-methylen	$-[CH_2-O]-$	181	−50	0,49
Polyvinyliden-chlorid	$-[CH_2-CCl_2]-$	198	−17	0,54

5.5. *Molmasse und Eigenschaften von Polymeren*

Bekanntlich fehlen den niedermolekularen organischen Stoffen die Eigenschaften, die für den Werkstoffeinsatz erforderlich sind. Diese erlangen sie erst bei hinreichend großen Molmassen, die etwa bei 10^4 bis 10^5 liegen. Die Änderung der Eigenschaften mit steigender Molmasse beruht hauptsächlich darauf, daß mit zunehmender Zahl der Grundbausteine im Makromolekül auch die Wechselwirkung zwischen den Ketten wächst. Dadurch wird z. B. bei mechanischer Belastung das Abgleiten der Ketten voneinander erschwert, was eine Festigkeitszunahme bewirkt. Bei weiterem Anstieg der Molmasse ändern sich die Festigkeit, die Glastemperatur und andere Eigenschaftsparameter unwesentlich, während wieder andere, wie z. B. die Viskosität der Schmelze oder der Lösung, weiterhin zunehmen (Abb. (5–7)).

Die Konstanz der Glastemperatur bei großen Molmassen wird auf Grund der im vorigen Abschnitt entwickelten Vorstellung über die Kettenbeweglichkeit verständlich. Das Einsetzen der „mikro-BROWNschen“ Bewegung vollzieht sich schrittweise durch Platzwechselvorgänge kurzer Kettenabschnitte. Ist das Makromolekül kleiner als dieser Kettenabschnitt, so nimmt mit steigender Molmasse die Glastemperatur so lange zu, bis die Größe dieser Abschnitte überschritten wird. Bei weiterem Anstieg der Molmasse muß dann die Zahl der Ab-

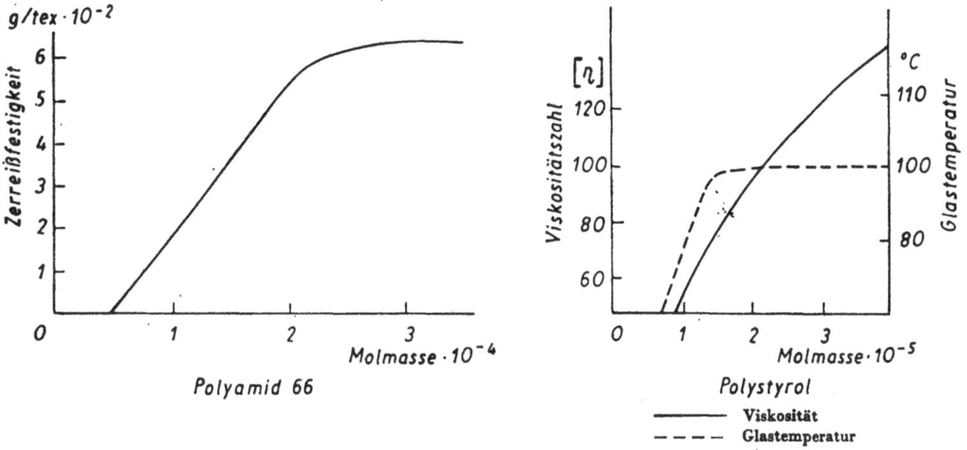

Abb. (5–7): Eigenschaften verschiedener Polymerer in Abhängigkeit von der Molmasse.

(1 tex = 1 g/km: Maß für die Fadenfeinheit, angegeben in auf die Länge bezogener Masseneinheit.)

schnitte zunehmen, was sich aber nicht auf die Glastemperatur auswirkt. Aus der Abhängigkeit der Glastemperatur von der Molmasse kann man daher auf die Größe der Abschnitte schließen.

Bei jeder Synthese von Polymeren ist man im allgemeinen bestrebt, Molmassen zu erreichen, die den verarbeitungs- und anwendungstechnischen Erfordernissen entsprechen. Liegen sie zu niedrig, so besitzen die Polymeren unbefriedigende Eigenschaften (geringe Festigkeit, lösliche Anteile u. a.). Andererseits vermeidet man auch zu große Molmassen, weil die dann auftretenden großen Viskositäten der Schmelze oder der Lösung Schwierigkeiten bei der Verarbeitung bereiten. Welche Molekülgröße bei den verschiedenen Polymeren erforderlich ist, hängt neben der Kettenbeweglichkeit von der Art der zwischenmolekularen Kräfte ab, die durch die Struktur der Grundbausteine bestimmt wird. Da diese Kräfte von den Wasserstoffbrückenbindungen über die Dipolwechselwirkung zu den Dispersionskräften abnehmen, wie auch aus den Zahlenwerten der Kohäsions-

Tabelle (5–4): Zwischenmolekulare Wechselwirkung und Molmassen technisch erzeugter Polymerer

Polymeres	Zwischenmolekulare Wechselwirkung	Löslichkeits-parameter δ $[(J/m^3)^{1/2}] \cdot 10^{-3}$	Technisch erzeugte Molmassen M_n [g/mol]
Polyamid 66	H-Brücken	27,8	10000
Polyvinyl-chlorid	Dipolkräfte	19,6	40000
Polystyrol	Dispersionskräfte	17,4	100000 bis 300000

energiedichte in Tabelle (5–4) hervorgeht, steigen die ebenfalls angegebenen Molmassen der Polymeren an, die für den technischen Einsatz notwendig sind.

Bei der Herstellung von Polymeren entstehen im allgemeinen polymerhomologe Gemische, die hinsichtlich der Molmasse uneinheitlich sind. Daher werden die Eigenschaften der Polymeren auch von der Uneinheitlichkeit beeinflußt. Beträchtliche Mengen niedermolekularer Anteile verschlechtern die mechanischen Eigenschaften, während sehr hochmolekulare Anteile die Verarbeitung erschweren. Man wird daher bei der technischen Polymererzeugung zu große Uneinheitlichkeiten zu vermeiden suchen. Andererseits ist es nicht immer das Ziel, eine möglichst kleine Uneinheitlichkeit zu erreichen, weil manche anwendungstechnische Zwecke ein bestimmtes ausgewogenes Verhältnis von nieder- und hochmolekularen Anteilen erfordern. So kann z. B. ein gewisser niedermolekularer Anteil wie ein Weichmacher wirken und dadurch die Verarbeitung der Polymeren erleichtern.

5.6. *Einteilung der Polymeren in Plaste, Elaste und Fasern*

Es ist üblich, die Polymeren ihrer Anwendung entsprechend in Plaste, Elaste und Fasern einzuteilen. Dabei läßt man die Lacke und Klebstoffe außer Betracht, weil sie meist als Vorstufen von Polymeren (Präpolymere) zum Einsatz kommen und sich erst danach in Makromoleküle umwandeln, so daß ihre Zugehörigkeit zu den Polymeren nicht ohne weiteres ersichtlich ist. Die verschiedenen Anwendungsgebiete der Polymeren beruhen auf ihren unterschiedlichen mechanischen und rheologischen Eigenschaften.

Zu den Plasten rechnet man die Thermoplaste und Duromeren[1]), letztere unkorrekt auch als Duroplaste bezeichnet. Die Thermoplaste sind amorphe oder teilkristalline unvernetzte Polymere, aus linearen Ketten aufgebaut, die keine oder nur geringe, meist kurze Verzweigungen enthalten. Ihre Gebrauchstemperatur liegt unterhalb der Glastemperatur. Die Verarbeitung erfolgt oberhalb der Schmelztemperatur bzw. in der Nähe der Fließtemperatur, oft teilweise noch im viskoelastischen Zustand. Sie können wiederholt verformt werden. Nach der Verarbeitung sollen die erzeugten Formstoffe amorph und isotrop sein und möglichst keine Orientierung zeigen. Zu den Thermoplasten gehören: Polyäthylen, Polypropylen, Polyvinylchlorid, Polystyrol, Polymethylmethacrylat u. a.

Zur Erzeugung von Duromeren werden lineare, verzweigte oder schwach vernetzte, relativ niedermolekulare Präpolymere unter Wärmezufuhr und gleichzeitiger Formgebung stark vernetzt (Härtung). Danach können Duromere nicht erneut verformt werden, sondern sind nur noch spanabhebend bearbeitbar. Wegen des gebildeten 3-dimensionalen Netzwerkes sind die Duromeren hart, amorph, unschmelzbar und daher auch wärmeformbeständig. Sie gehören zu den ältesten synthetisch erzeugten Polymeren, weshalb man sie entsprechend des früheren Sprachgebrauchs als Harze bezeichnet. Typische Vertreter sind die Phenol-, Harnstoff-, Melamin-, Epoxid- und Polyester-Harze.

[1]) durus (lat.) = hart

Elaste, auch Elastomere genannt, besitzen kautschukelastische Eigenschaften. Diese amorphen Polymeren, die durch geringe Spannung reversibel gedehnt werden können, müssen, wie bereits ausgeführt, große Kettenbeweglichkeit aufweisen. Deshalb liegt ihre Glastemperatur weit unterhalb der Gebrauchstemperatur. Für Reifenkautschuk sind Glastemperaturen von etwa —80 °C und darunter erforderlich. Die für die Formbeständigkeit notwendige Vernetzung muß zum Unterschied von den Duromeren, sehr gering sein, damit hinreichend lange Kettenabschnitte beweglich sind. In der Technik werden dazu meistens lineare, ungesättigte Kohlenwasserstoffe mit Schwefel behandelt (Vulkanisation). Auch hier erfolgt die Formgebung vor oder während der Vernetzung. Ein Elastomeres vor der Vernetzung wird gelegentlich als Kautschuk, danach als Gummi bezeichnet. Zu den wichtigsten Elasten gehören: 1,4-cis-Polybutadien, 1,4-cis-Polyisopren, Buna S (Butadien-Styrol-Copolymeres), APT-Kautschuk (Äthylen-Propylen-Terpolymeres), Butylkautschuk (Isobutylen-Isopren-Copolymeres).

Für Fasern, die große Reißfestigkeit aufweisen müssen, werden kristalline oder hochorientierte Polymere eingesetzt. Dazu sind lineare Moleküle hinreichender Molmassen mit relativ starken zwischenmolekularen Kräften erforderlich, die aus der Schmelze oder Lösung zu Fäden versponnen und anschließend verstreckt werden können. Bei letzterem orientieren sich die Moleküle längs der Faserachse, wodurch die Kristallinität zunimmt und die für Fasern erforderliche Reißfestigkeit erzeugt wird. Für den Einsatz von Textilfasern werden Schmelztemperaturen von über 200 °C und Glastemperaturen von etwa 50—80 °C gefordert. Um ein unbeabsichtigtes Verstrecken der synthetischen Fasern beim Waschen und Reinigen, das mit einer mechanischen Belastung verbunden ist, zu vermeiden, muß dieser Prozeß unterhalb der Glastemperatur durchgeführt werden (handwarm!). Die wichtigsten faserbildenden Polymeren sind: Polyamide, Polyester, Polyacrylnitril und Cellulose.

Nicht alle Polymeren lassen sich in dieses Schema einordnen, denn es bestehen fließende Übergänge zwischen den hier aufgeführten Gruppen. So werden heute einige Faserpolymere wie Polyamide und Polyester in Anwendungsgebieten der Plaste eingesetzt. Durch Kombination der die Eigenschaften bestimmenden Strukturparameter in Blockcopolymeren hat man neue Polymere entwickelt, die zwischen den Gruppen des obigen Schemas stehen, wie die elastischen Fasern (siehe: Polyurethane, Abschn. 14.1.2.) und die thermoplastischen Elaste (siehe: Styrol-Butadien-Blockcopolymere, Abschn. 9.2.5.).

Literatur zum Teil I

Abschnitt 1:

Lehrbücher und allgemeine Literatur zur makromolekularen Chemie

B. Philipp, G. Reinisch: *Grundlagen der makromolekularen Chemie*, Akademie-Verlag, Berlin 1976

F. Runge †, E. Taeger: *Einführung in die Chemie und Technologie der Kunststoffe*, Akademie-Verlag, Berlin 1976

F. Kasper, K. Gärtner: *Synthetische Hochpolymere*, VEB Deutscher Verlag der Wissenschaften, Berlin 1976
M. Rätzsch, M. Arnold: *Hochpolymere und ihre Herstellung*, VEB Fachbuch-Verlag, Leipzig 1973
H. G. Elias: *Makromoleküle*, Hüthig u. Wepf-Verlag, Basel 1971
G. Henrici-Olivé, S. Olivé: *Polymerisation*, Verlag Chemie, Heidelberg 1969
A. A. Strepichejew, W. A. Derewizkaja: *Grundlagen der Chemie der hochmolekularen Verbindungen* (Übersetzung aus dem Russischen), Akademische Verlagsgesellschaft, Leipzig 1965
R. Houwink, A. J. Staverman (Hrsg.): *Chemie und Technologie der Kunststoffe*, Akademische Verlagsgesellschaft, Leipzig 1962 (3 Bände)
B. Vollmert: *Grundriß der makromolekularen Chemie*, Springer-Verlag, Berlin 1962
B. A. Dolgoplosk: *Chemie und Technologie hochmolekularer Verbindungen* (russisch), Itogi Chimija i Techniki, Moskau 1974
F. W. Billmeyer: *Textbook of Polymer Science*, Interscience-Verlag, New York 1971
S. E. Bresler, B. L. Erussalimskii: *Physik und Chemie der Makromoleküle* (russisch), Verlag Nauka, Moskau 1965
I. K. Stille: *Introduction to the Polymer Chemistry*, Interscience-Verlag, New York 1962

Handbücher

J. Brandrup, E. H. Immergut (Hrsg.): *Polymer Handbook*, Interscience-Verlag, New York 1975
V. A. Kargin, M. S. Akutin, E. V. Vonskii u. a. (Hrsg.): *Enzyklopädie der Polymere* (russisch), Verlag Sowjetskaja Enziklopedija, Moskau 1972 ff. (3 Bände vorges.)
H. Mark, N. G. Gaylord, N. M. Bilakes (Hrsg.): *Encyclopedia of Polymer Science and Technology*, Interscience-Verlag, New York 1966 ff. (16 Bände)
R. Vieweg (Hrsg.): *Kunststoff-Handbuch*, C. Hanser-Verlag, München 1963 ff. (12 Bände)

Abschnitt 2:

H. G. Elias, R. Bareiso, J. G. Watterson: Mittelwerte des Molekulargewichts und andere Werte, Adv. Polym. Sci **11** (1973), 111
L. H. Peebles: *Molecular Weight Distributions in Polymers*, Interscience-Verlag, New York 1971
S. R. Rafikov, S. Pavolva, I. I. Tverdikhlava: *Bestimmung des Molekulargewichts und der Polydispersität von Hochpolymeren* (russisch), Verlag Akademii Nauka SSSR, Moskau 1963
G. M. Guzman: Fractionation of High Polymers, Progress in High Polymers **1** (1961), 113
G. Meyerhoff: Die viskosimetrische Molekulargewichtsbestimmung von Polymeren, Fortschr. Hochpolym. Forsch. **3** (1961), 59
W. E. Eskin: *Lichtstreuung von Polymerlösungen*, Verlag Nauka, Moskau 1973
IUPAC-Macromolecular Division: Nomenclature of Regular Single-Strand Organic Polymers, IUPAC-Information Bulletin Nov. 1972

Abschnitt 3:

P. E. M. Allen, C. R. Patrick: *Kinetics and Mechanism of Polymerization Reactions*, Interscience-Verlag, New York 1974
S. R. Sandler, W. Karo: *Polymer Syntheses*, Academic Press, London 1974
G. Odian: *Prinziples of Polymerization*, Mc Graw-Hill Verlag, New York 1970
R. W. Lenz: *Organic Chemistry of Synthetic High Polymers*, Interscience-Verlag, New York 1967

A. A. Berlin, C. A. Volfson: *Kinetische Methoden der synthetischen Polymeren* (russisch), Verlag Chimija, Moskau 1965
I. P. Losev, E. B. Trostjanskaja: *Chemie der synthetischen Polymeren* (russisch), Verlag Chimija, Moskau 1964
G. M. Burnett: *Mechanism of Polymer Reactions*, Interscience-Verlag, New York 1954
P. J. Flory: *Principles of Polymer Chemistry*, Cornell University Press Ithaco, N. Y. 1953
E. A. Collins, J. Bares, F. W. Billmeyer: *Experiments in Polymer Science*, Interscience-Verlag, New York 1973
D. Braun, H. Cherdron, W. Kern: *Praktikum der makromolekularen Chemie*, Hüthig-Verlag, Heidelberg 1966
I. P. Losev, O. Ja. Fedotova: *Praktikum der Chemie hochmolekularer Verbindungen* (Übersetzung aus dem Russischen), Akademische Verlagsgesellschaft Leipzig 1962

Abschnitt 4:

M. L. Miller: *The Structure of Polymers*, Reinhold-Verlag New York 1968
A. A. Tager: *Physikalische Chemie der Polymeren* (russisch), Verlag Chimija, Moskau 1968
B. Ke (Hrsg.): *Newer Methods of Polymer Characterization*, Interscience-Verlag, New York 1964
W. H. Zvetkov, W. E. Eskin, S. Ja. Frenkel: *Struktur der Makromoleküle in Lösung* (russisch), Verlag Nauka, Moskau 1964
V. A. Grecanovskii: *Verzweigung an Polymerketten* (russisch) Usspech. Chim. **38** (1969), 2194
M. W. Volkenstein: *Konfigurationsstatistik von Polymerketten* (russisch), Verlag Akademie Nauk SSSR, Moskau 1959
J. Dechant: *Ultrarotspektroskopische Untersuchungen an Polymeren*, Akademie-Verlag, Berlin 1972
D. O. Hummel: *Infrared Spectra of Polymers in the Medium and Long Wavelength Regios*, Interscience-Verlag, New York 1966
E. Schröder: *Ausgewählte Methoden der Plastanalytik*, Akademie-Verlag, Berlin 1976

Abschnitt 5:

H. V. Boering: *Structure and Properties of Polymers*, Thieme-Verlag, Stuttgart 1973
L. Mandelkern: *An Introduction to Macromolecules*, Springer-Verlag, New York 1972
A. V. Tobolsky, H. F. Mark: *Polymer Science and Materials*, Interscience-Verlag, New York 1971
V. F. Gul: *Struktur und Festigkeit von Polymeren* (russisch), Verlag Chimija, Moskau 1971
W. W. Korschak: *Chemischer Bau und Temperaturcharakteristik von Polymeren* (russisch), Verlag Nauka, Moskau 1970
K. A. Wolf: *Struktur und physikalisches Verhalten der Kunststoffe*, Springer-Verlag, Berlin 1962
F. Bueche: *Physical Properties of Polymers*, Interscience-Verlag, New York 1962
W. Holzmüller, K. Altenburg: *Physik der Kunststoffe*, Akademie-Verlag, Berlin 1961
H. A. Stuart: *Die Physik der Hochpolymeren*, Springer-Verlag, Berlin 1952/56 (4 Bände)

Teil II: Kettenwachstumsreaktionen

6. Grundlagen des Kettenwachstums

6.1. Kinetische Grundlagen

Unter Kettenwachstumsreaktionen versteht man Polyreaktionen, bei denen das Makromolekül durch eine Kettenreaktion entsteht. Sie setzt sich aus einer Folge von Elementarreaktionen zusammen, wobei hochreaktive Zwischenprodukte als Reaktionsträger auftreten. Diese können Radikale, Ionen oder Komplexverbindungen sein.

Jede Kettenreaktion besteht aus mindestens 3 Teilreaktionen, nämlich die der Bildung, der Fortpflanzung und der Vernichtung der aktiven Zwischenprodukte. Die erste Elementarreaktion, bei der aus einer Vorstufe A das aktive Zwischenprodukt R^* gebildet wird, nennt man Startreaktion:

$$A \rightarrow R^*$$

Für den Aufbau von Makromolekülen ist es notwendig, daß die anschließende Kettenfortpflanzungsreaktion zu einer Vergrößerung des ursprünglichen, aktiven Zwischenproduktes führt. Das erfordert die Anlagerung des Monomeren M an R^*, wobei der reaktive Zustand* am gleichen Molekül erhalten bleibt. Diese Reaktion wird als Wachstumsreaktion bezeichnet:

$$R^* + M \rightarrow RM^*$$

Es ist aber auch möglich, daß der reaktive Zustand auf ein anderes im System vorhandenes Molekül X übertragen wird, so wie es von der Kettenfortpflanzung der Chlorknallgasreaktion bekannt ist. Man nennt diese Reaktion, bei der das ursprüngliche aktive Zwischenprodukt zum inaktiven Molekül R und das vorher inaktive Molekül X zum neuen aktiven Zwischenprodukt X^* wird, das die gleichen Reaktionen wie R^* eingehen kann, Übertragungsreaktion:

$$R^* + X \rightarrow R + X^*$$

Der letzte Teilschritt einer Kettenreaktion ist die Vernichtung der aktiven Zwischenprodukte unter Bildung inaktiver Substanzen. Er wird als Abbruchreaktion bezeichnet:

$$R^* \rightarrow \text{inaktive Produkte}$$

Damit bei einer solchen Kettenreaktion Makromoleküle entstehen, ist es erforderlich, daß sich die Wachstumsreaktion sehr oft wiederholt:

$$RM^* + M \rightarrow RMM^*$$
$$RMM^* + M \rightarrow RMMM^*$$
usw.

oder einfacher formuliert, indem man $RM^* = P_1^*$ setzt:

$$P_1^* + M \rightarrow P_2^*$$
$$P_2^* + M \rightarrow P_3^*$$
usw.

allgemein: $P_n^* + M \rightarrow P_{n+1}^*$

Die Bildung von Makromolekülen erfordert die kinetische Bedingung, daß die Wachstumsreaktion sehr viel häufiger als die Übertragungs- und Abbruchreaktion eintritt. Die Größe eines Makromoleküls wird durch die Zahl der aufeinanderfolgenden Wachstumsreaktionen eines aktiven Zwischenproduktes bestimmt, wobei diese Zahl identisch ist mit dem Polymerisationsgrad P_n des sich bildenden Makromoleküls.

Die Folge aller Reaktionen, die zwischen Start- und Abbruchreaktion ablaufen, heißt die kinetische Kettenlänge $\varkappa$. Falls keine Übertragungsreaktion eintritt, ist sie gleich dem Polymerisationsgrad des dabei entstandenen Makromoleküls. Erfolgen eine oder mehrere Übertragungsreaktionen, dann wird der Polymerisationsgrad kleiner als die kinetische Kettenlänge, weil das Wachstum eines individuellen Makromoleküls durch diese Übertragungsreaktion unterbrochen wird.

Ohne Übertragungsreaktion: $\varkappa = P_n$

mit Übertragungsreaktion: $\varkappa > P_n$

Bei dieser Betrachtung muß man sich darüber klar sein, daß die kinetische Kette oder Reaktionskette eine Folge von Elementarreaktionen und somit eine kinetische Größe ist, während das bei dieser Reaktion entstehende Makromolekül eine Molekülkette, also eine Folge aneinandergereihter Grundbausteine und damit ein Strukturbegriff ist.

Eine weitere kinetische Bedingung für die Kettenwachstumsreaktion ist die Aktivierungsfähigkeit des Monomeren. Es ist erforderlich, daß das Monomere in den für den Reaktionsablauf notwendigen reaktiven Zustand überführt werden kann. Dabei ist es von der Struktur des Monomeren abhängig, über welche Zwischenprodukte die Kettenreaktion abläuft. Nach der Art der Zwischenprodukte unterscheidet man radikalische, ionische und koordinative Polymerisation.

Zur Kettenwachstumsreaktion geeignet sind Monomere, die bei entsprechender Aktivierung durch Öffnen von Mehrfachbindungen oder Spaltung von σ-Bindungen ringförmiger Monomerer Makromoleküle bilden können. Unter den Mehrfachbindungen haben die olefinische Doppelbindung >C=C< und die Carbonylgruppe >C=O besondere Bedeutung, aber auch Kohlenstoffdreifachbindungen sowie Mehrfachbindungen zwischen Kohlenstoff und Heteroatomen wie Stickstoff sind zur Kettenreaktion befähigt. σ-Bindungen von Ringen werden dann leicht geöffnet, wenn sie sich zwischen Kohlenstoff und einem Heteroatom befinden. σ-Bindungen zwischen Kohlenstoffatomen lassen sich, wie die Cycloalkane zeigen, nur schlecht polymerisieren. Für die Aktivierung einer Bindung für die Polymerisation sind offensichtlich die Polarität dieser Bindung, aber auch die Stabilität der dabei entstehenden Zwischenprodukte bedeutungsvoll.

Die olefinische π-Bindung läßt sich sowohl homolytisch als auch heterolytisch öffnen:

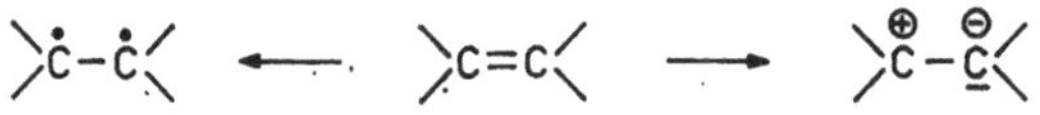

Alkene kann man daher durch Radikale, Ionen und Komplexverbindungen polymerisieren. Über welche dieser Zwischenprodukte die Kettenreaktion bevorzugt verläuft, ist abhängig von der Art der Substituenten an der Doppelbindung, weil diese die Bindung polarisieren und die Zwischenprodukte stabilisieren. Die meisten Alkene kann man, falls sterisch möglich, mittels Radikale polymerisieren. Dabei stabilisieren die Substituenten besonders dann den radikalischen Zwischenzustand, wenn das Radikalelektron über mehrere Atome delokalisiert werden kann, wie zum Beispiel beim wachsenden Radikal des Styrols:

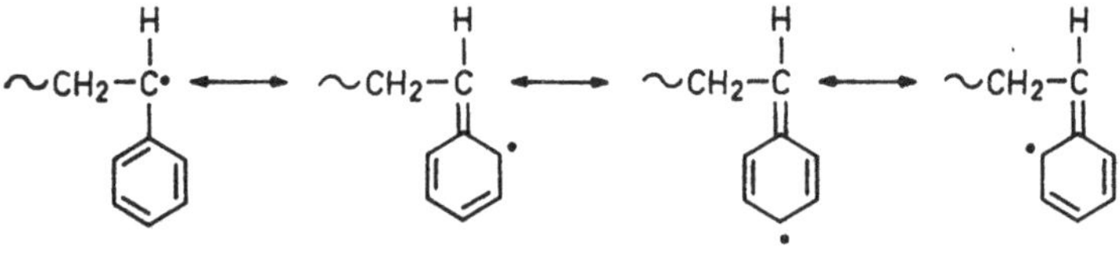

Da Äthylen als einfachstes Alken keine Substituenten hat und sein Radikal nicht zusätzlich stabilisiert wird, erfordert seine radikalische Polymerisation extreme Bedingungen (hoher Druck, hohe Temperatur). Wird bei der Polymerisation das Äthylen in eine Komplexverbindung eingebaut, wie es bei der koordinativen Polymerisation geschieht, dann verläuft die Äthylenpolymerisation auch unter Normaldruck. Nach diesem Mechanismus lassen sich allgemein unpolare Alkene und Diene in Makromoleküle überführen (siehe Abschnitt 10).

Polare Monomere können durch Anionen oder Kationen polymerisiert werden, je nach der Art der Substituenten an der Doppelbindung. Elektronenabstoßende Substituenten ($+I$- und $+M$-Effekt) erhöhen die Elektronendichte der Doppelbindung und begünstigen die Polymerisation durch Kationen.

$$\mathrm{CH_2}\overset{\delta^-}{=}\mathrm{CH}-\overset{\delta^+}{X}$$

Der Substituent kann außerdem das wachsende Kation durch Mesomerie stabilisieren.

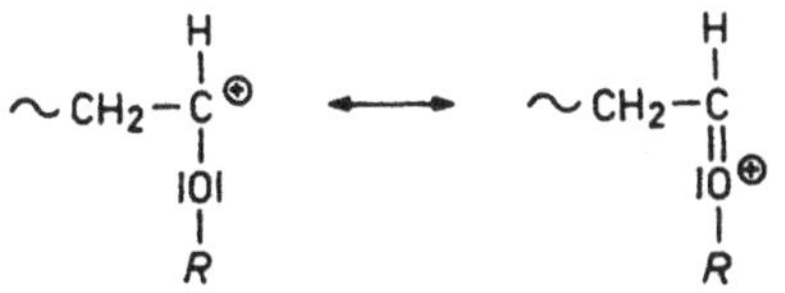

Elektronenanziehende Substituenten ($-I$- und $-M$-Effekt) vermindern die Elektronendichte der Doppelbindung, so daß eine anionische Polymerisation ablaufen kann.

$$\overset{\delta+}{CH_2}{=}CH-\overset{\delta-}{Y}$$

Auch hier kann der Substituent das wachsende Anion stabilisieren.

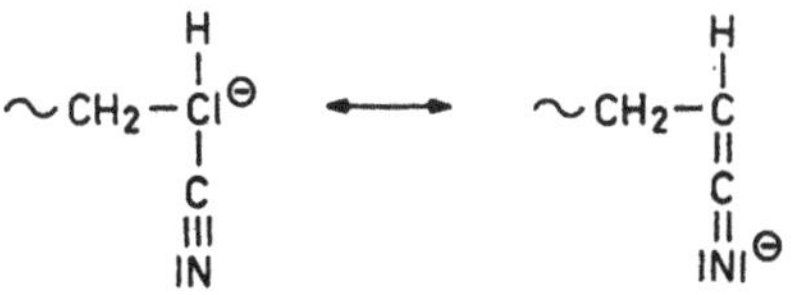

σ- und Mehrfachbindungen des Kohlenstoffs mit Heteroatomen sind im allgemeinen nur der ionischen Polymerisation zugänglich. Von diesen ist z. B. die Carbonylgruppe wegen der unterschiedlichen Elektronegativität von Kohlenstoff und Sauerstoff so polarisiert, daß der Kohlenstoff eine positive und der Sauerstoff eine negative Überschußladung trägt. Formaldehyd kann daher durch Kationen, die sich am Sauerstoff anlagern, oder durch Anionen, die am Kohlenstoff angreifen, polymerisiert werden.

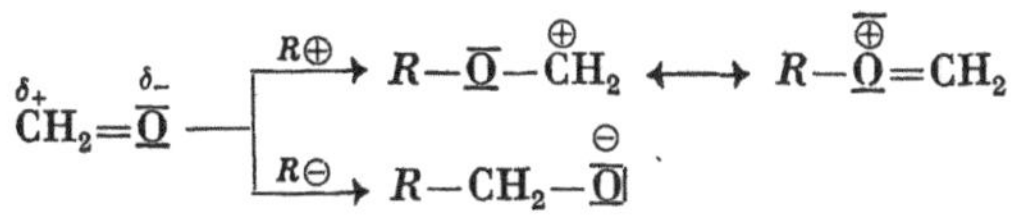

Dabei ist das wachsende Kation zum Unterschied vom Anion mesomeriestabilisiert.

Analoge Zusammenhänge gelten für die Polymerisation ringförmiger Sauerstoffverbindungen.

6.2. *Thermodynamische Grundlagen*

Vom thermodynamischen Standpunkt aus gesehen, muß die für die Bildung von Makromolekülen erforderliche Wachstumsreaktion mit ihrer Rückreaktion, der sogenannten Depolymerisationsreaktion, im Gleichgewicht stehen.

$$P_n^* + M \rightleftharpoons P_{n+1}^*$$

Wie bereits einleitend erörtert (Abschn. 3.1.), muß die freie Enthalpie ΔG_p dieser Reaktion negativ sein, wenn Makromoleküle entstehen sollen. Dann ist das Gleichgewicht nach rechts verschoben.

Dieses Polymerisations-Depolymerisationsgleichgewicht ist wie jedes Gleichgewicht vom Weg unabhängig und damit auch vom Mechanismus. Bei den Kettenwachstumsreaktionen besitzt es jedoch nur im Falle der ionischen und koordinativen Polymerisation Bedeutung, weil bei der radikalischen Polymerisation wegen der irreversiblen Abbruchreaktion sich das Gleichgewicht nicht einstellen kann.

Bezeichnet man mit $[P_n{}^*]$ die Konzentration des aktiven, mit $[P_{n+1}^*]$ die des um eine Monomereinheit vergrößerten Zwischenproduktes und mit $[M]$ die Monomerkonzentration, so ergibt sich die Gleichgewichtskonstante K_{gl}:

$$K_{gl} = \frac{[P_{n+1}^*]}{[P_n{}^*][M]}$$

Für einen sehr großen Polymerisationsgrad, der bei Kettenwachstumsreaktionen angestrebt wird, hebt sich der Unterschied zwischen dem um eine Monomereinheit größeren und dem ursprünglichen Zwischenprodukt auf, und es wird

$$[P_{n+1}^*] \approx [P_n{}^*] \qquad \text{für } n \gg 1$$

und folglich

$$K_{gl} = \frac{1}{[M]_{gl}} \tag{6–1}$$

$]_{gl}$ = Monomerkonzentration im Gleichgewicht.

Die Gleichgewichtskonstante K_{gl}, die von der Art des Monomeren abhängt, ist umgekehrt proportional dieser Monomerkonzentration im Gleichgewicht. Ist die Monomerkonzentration eines polymerisierenden Systems größer als diese Gleichgewichtskonzentration, bildet sich so lange Polymeres, bis diese wieder erreicht ist; ist sie kleiner, so erfolgt Depolymerisation. Man muß daher die im Gleichgewicht vorhandene Monomerkonzentration $[M]_{gl}$ von der vorhandenen Monomerkonzentration $[M]$ abziehen, um die bei einer Polymerisation effektive Monomerkonzentration $[M]_{eff}$ zu erhalten, wie sie z. B. für kinetische Berechnungen benötigt wird.

$$[M]_{eff} = [M] - [M]_{gl}$$

Da jedoch bei den meisten stabilen Polymeren die Gleichgewichtskonstante sehr groß und somit die zugehörige Monomerkonzentration $[M]_{gl}$ entsprechend klein ist (siehe Tabelle 6–1), kann man sie häufig gegenüber der vorhandenen Monomerkonzentration $[M]$ vernachlässigen, so daß die effektive gleich der vorhandenen Monomerkonzentration wird.

Aus der Gleichgewichtskonstanten K_{gl} ist die freie Polymerisationsenthalpie ΔG_p für den Übergang vom Monomeren zum Polymeren zugänglich gemäß dem Zusammenhang:

$$\Delta G_p = -RT \cdot \ln K_{gl} \tag{6–2}$$

Tabelle (6–1): Gleichgewichtskonzentration $[M]_{gl}$ und Polymerisationsentropie ΔS_p bei 25 °C sowie die ceiling-Temperatur T_c verschiedener Monomerer

Monomeres	$[M]_{gl}$ [mol/l]	$-\Delta S_p$ [J/mol · K]	T_c [°C]
Äthylen	$3{,}7 \cdot 10^{-10}$	142	—
Vinylacetat	$1{,}4 \cdot 10^{-9}$	111	—
Styrol	$2{,}0 \cdot 10^{-6}$	105	310
Methylmethacrylat	$2{,}9 \cdot 10^{-3}$	121	220
α-Methylstyrol	2,6	104	61

Für die Temperaturabhängigkeit von ΔG_p folgt aus dem 2. Hauptsatz der Thermodynamik (GIBBS-HELMHOLTZsche Gleichung):

$$\Delta G_p = \Delta H_p - T\Delta S_p \tag{6–3}$$

wo ΔH_p die Polymerisationsenthalpie und ΔS_p die Polymerisationsentropie sind. Diese Gleichung gibt uns Auskunft, bei welchen Temperaturen eine Polymerisation überhaupt möglich ist. Wie bereits früher festgestellt, ist die Wachstumsreaktion im allgemeinen mit einer Entropieabnahme ($\Delta S_p < 0$) verbunden, weil der Ordnungszustand im polymerisierenden System größer wird. Während die Monomermoleküle im flüssigen oder gasförmigen Zustand sich gegeneinander weitgehend frei bewegen können und daher ungeordnet sind, sind in linearen Polymermolekülen die Grundbausteine hintereinander angeordnet und fest miteinander verbunden, so daß nur bestimmte Bewegungen zueinander möglich sind. Daher wird das Entropieglied $-T\Delta S_p$ im allgemeinen positiv. Wenn nunmehr die freie Polymerisationsenthalpie ΔG_p negativ werden soll, damit Polymerisation der Monomeren erfolgt, muß notwendigerweise die Polymerisationsenthalpie (-wärme) ΔH_p negativ und zwar größer als $T\Delta S_p$ sein. Daher weisen die meisten technisch durchgeführten Polymerisationen eine relativ große Polymerisationsenthalpie auf (siehe Tabelle 6–2). Da mit zunehmender Temperatur das Glied $-T\Delta S_p$ immer größer wird, muß eine bestimmte Temperatur T_c existieren, bei der ΔG_p gleich Null wird.

$$\Delta G_p = \Delta H_p - T_c\Delta S_p = 0$$

und somit

$$T_c = \frac{\Delta H_p}{\Delta S_p} \tag{6–4}$$

Man bezeichnet diese Grenztemperatur als ceiling-Temperatur[1]). Sie gibt die Temperatur an, bei der die Polymerisationsreaktion mit der Depolymerisationsreaktion im Gleichgewicht steht und die Gleichgewichtskonzentration des Monomeren $[M]_{gl}$ gleich der des reinen Monomeren wird.

[1]) ceiling (engl.) = Zimmerdecke, übertr.: Höchstgrenze.

Oberhalb der ceiling-Temperatur ist aus thermodynamischen Gründen keine Bildung von Makromolekülen und somit keine Polymerisation möglich. Es entstehen nur noch Dimere, Trimere und andere Oligomere.

Zur Ermittlung der thermodynamischen Größen eines Polymerisations-Depolymerisationsgleichgewichtes bestimmt man die Temperaturabhängigkeit der Monomerkonzentration im Gleichgewicht $[M]_{gl}$ und wertet die Ergebnisse nach dem Zusammenhang aus, der sich durch Kombination der Gleichungen (6–1), (6–2) und (6–3) ergibt:

$$\ln [M]_{gl} = \frac{\Delta H_p}{RT} - \frac{\Delta S_p}{R} \qquad (6\text{–}5)$$

In Abb. (6–1) ist dieser experimentelle Zusammenhang für das Gleichgewicht

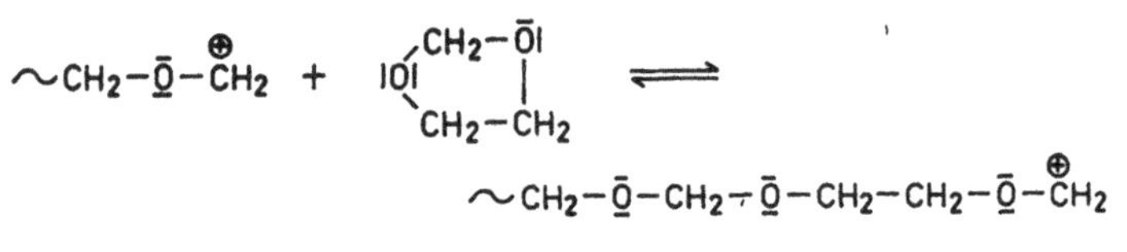

das bei der kationischen Polymerisation von 1,3-Dioxolan in Toluol mit BF_3-Ätherat als Initiator auftritt, dargestellt.

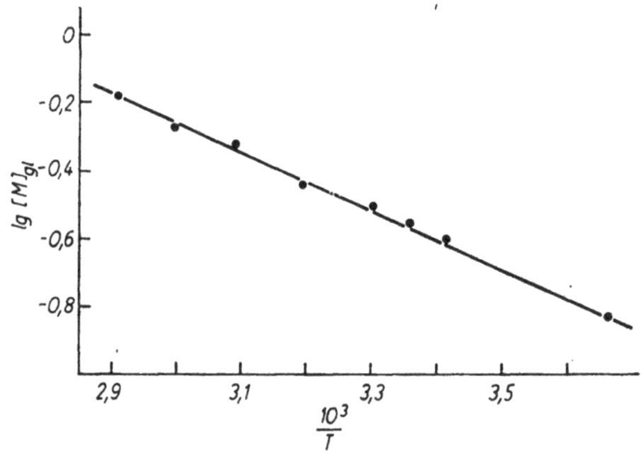

Abb. (6–1): Abhängigkeit der Gleichgewichtskonzentration des Monomeren $[M]_{gl}$ von der Temperatur bei der 1,3-Dioxolan-Polymerisation in Toluol
(nach G. OPITZ: unveröffentlichte Versuche)

Aus der Neigung und dem Ordinatenabschnitt der erhaltenen Geraden errechnet sich $\Delta H_p = -16{,}3 \pm 2$ kJ/mol und $\Delta S_p = -44{,}0 \pm 5$ J/mol · K. Die ceiling-Temperatur ergibt sich nach Gleichung (6–4) zu $T_c = 372$ K = 99°C für 1-molare Lösung.

Polymerisationsreaktionen von Monomeren mit olefinischen Doppelbindungen verlaufen im allgemeinen stark exotherm wegen des beträchtlichen Energiegewinns, der bei der Umwandlung der π-Bindung des Monomeren in die zwei σ-Bindungen des Polymeren auftritt. In Tabelle (6–2) sind die Polymerisationsenthalpien (Polymerisationswärmen) $-\Delta H_p$ einiger wichtiger Monomerer zusammengestellt.

Tabelle (6–2): Polymerisationsenthalpien bei 25 °C

Monomeres	$-\Delta H_p$ (kJ/mol)
Äthylen	101,5
Vinylchlorid	111,5
Vinylacetat	89,5
Propylen	85,9
Methylacrylat	84,5
Acrylnitril	77,5
Vinylidenchlorid	75,5
Butadien	73,0
Styrol	70,0
Methylmethacrylat	57,5
Isobutylen	53,0
α-Methylstyrol	34,5

Die Polymerisationsenthalpie des Äthylens entspricht annähernd der theoretisch zu erwartenden Energiedifferenz zwischen der π-Bindung eines Alkens und der σ-Bindung eines Alkans, die ungefähr 85—95 kJ/mol beträgt. Die meisten Monomeren weisen jedoch kleinere Werte auf, weil diese Monomeren durch ihre Substituenten stabilisiert werden. Dadurch wird die Polymerisationsenthalpie herabgesetzt. Das ist deutlich beim Butadien und Styrol zu erkennen, während unstabilisierte Monomere, wie z. B. Vinylacetat, einen ähnlichen Wert wie Äthylen aufweisen. 1,1-disubstituierte Alkene besitzen kleinere Enthalpien als die entsprechenden monosubstituierten Alkene, wie die ΔH_p-Werte des Vinylidenchlorids, Methylmethacrylats, Isobutylens und besonders auffallend der des α-Methylstyrols zeigen. Die zugehörigen Polymeren tragen an jedem zweiten Kohlenstoffatom der Molekülkette zwei Substituenten, die sich auf Grund ihrer Größe gegenseitig behindern.

Tabelle (6–3)

Substituent	VAN DER WAALSscher Radius (nm)
H	0,12
Cl	0,18
CH_3	0,20
C_6H_5	0,37

Diese 1,3-Wechselwirkung der Substituenten verursacht eine sterisch bedingte Spannung in der Molekülkette, die eine Verminderung des Wertes von $-\Delta H_p$ bewirkt.

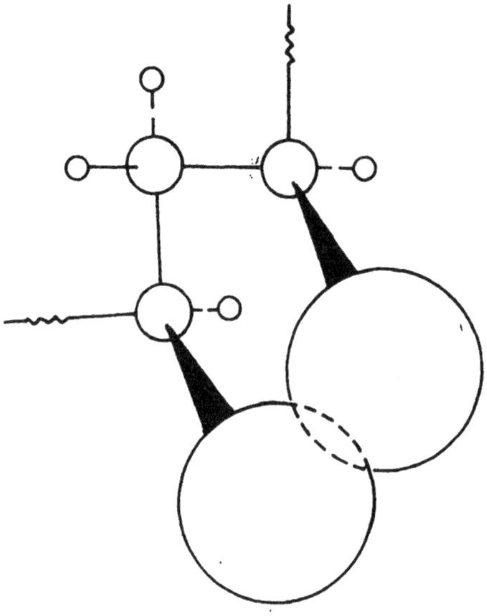

Abb. (6–2): Wechselwirkung von Substituenten in 1,3-Stellung

Da die zugehörigen Polymerisationsentropien $-\Delta S_p$ dieser Monomeren wenig unterschiedlich sind und in dem Bereich von 100—150 J/mol · K liegen, folgt auf Grund der GIBBS-HELMHOLTZschen Gleichung, daß die Polymerisation aller dieser Monomeren bei entsprechenden Temperaturen thermodynamisch möglich ist. Für die Polymeren allerdings, deren Monomeren am Tabellenende stehen, ergeben sich relativ niedrige ceiling-Temperaturen ($\Delta G_p = 0$), wie bereits in Tabelle (6–1) angegeben wurde. Daher neigen sie leicht zur Depolymerisation, letztlich als Folge der sterischen Spannung ihrer Molekülketten.

α-Methylstyrol läßt sich wegen des kleinen ΔH_p-Wertes nur bei tiefen Temperaturen in sein Polymeres überführen, z. B. durch anionische Polymerisation mit Alkalialkylen in Tetrahydrofuran bei —70 °C. Beim Erwärmen einer solchen Reaktionslösung auf +60 °C tritt vollständige Depolymerisation ein ($T_c = +61$ °C, siehe Tabelle 6–1), während bei erneuter Abkühlung wieder Polymerisation erfolgt.

Bei der Polymerisation der am Tabellenanfang stehenden Monomeren kann es hingegen wegen der großen Polymerisationsenthalpie bei ungenügender Ableitung der Reaktionswärme zu solchen Temperaturerhöhungen und der damit verbundenen Steigerung der Reaktionsgeschwindigkeit kommen, daß die Reaktion außer Kontrolle gerät. Bei der technischen Durchführung solcher Polymerisationen muß diesem Umstand besondere Beachtung geschenkt werden.

Abschließend sei darauf verwiesen, daß aus Vorstehendem nicht gefolgert werden darf, ein Polymeres sei oberhalb seiner ceiling-Temperatur nicht existent. Vielmehr ist ein Polymermolekül, das sich außerhalb des Reaktionsmediums befindet, stabil und wird nicht depolymerisiert, so lange es kein aktives Kettenende besitzt. Dieses kann z. B. infolge thermischer, photolytischer oder oxydativer Einwirkung durch Bindungsspaltung in Form von Radikalen entstehen. Dann erfolgt solange Depolymerisation, bis die Gleichgewichtskonzentration bei der betreffenden Temperatur erreicht ist, falls nicht vorher der aktive Zustand vernichtet wird. Letzteres kann durch Reaktion mit einem als Radikalfänger wirkenden Stabilisator geschehen (siehe Abschn. 17.5.).

7. Radikalische Polymerisation

Der größte Teil der heute technisch produzierten Polymeren wird durch radikalische Polymerisation erzeugt, wobei als Monomere im allgemeinen Verbindungen mit Kohlenstoff-Doppelbindungen eingesetzt werden. Die wichtigsten dieser Polymeren sind: Polyäthylen, Polyvinylchlorid, Polystyrol, Polyvinylacetat, Polymethylmethacrylat, Polyacrylnitril sowie Copolymere des Butadiens. Wegen der großen technischen Bedeutung hat man sich wissenschaftlich sehr intensiv mit diesen teilweise recht kompliziert verlaufenden Reaktionen beschäftigt, so daß man heute gute Kenntnisse über diese Art von Polyreaktion hat.

Wie jede Kettenreaktion setzt sich die radikalische Polymerisation aus mehreren Elementarreaktionen zusammen, und zwar aus Start-, Wachstums-, Übertragungs- und Abbruchreaktion, wobei die Startreaktion durch die Bildung von Radikalen ausgelöst wird.

7.1. *Radikalische Startreaktion*

Für den Start einer radikalischen Polymerisation müssen Radikale vorhanden sein, die in einer besonderen Reaktion erzeugt werden. Diese Radikalbildung erfolgt im allgemeinen in Gegenwart des Monomeren, das polymerisiert werden soll, weil die entstehenden Radikale infolge ihrer großen Reaktivität nur eine kurze Lebensdauer besitzen. Sie reagieren sehr schnell mit dem Monomeren. Da die Geschwindigkeit dieser Reaktion, die im kinetischen Sinne die eigentliche Startreaktion darstellt, sehr viel größer als die Radikalbildung ist, ist letztere geschwindigkeitsbestimmend für den Polymerisationsstart. Dadurch wird die Radikalbildungsreaktion zum charakteristischen Merkmal der radikalischen Startreaktion.

Die wichtigsten Radikalbildungsreaktionen sind die homolytische Spaltung von Atombindungen und die Elektronenübertragung von Ionen oder Atomen auf ein Acceptormolekül, dessen Bindung dadurch zerfällt. Die radikalliefernden Verbindungen bezeichnet man als Initiatoren. Einen Sonderfall der Radikalbildung stellt die spontane thermische Polymerisation einiger weniger Monomerer (Styrol, Methylmethacrylat) ohne Initiator dar.

7.1.1. Radikalbildung durch Homolyse von Atombindungen

Zur Homolyse einer Bindung muß eine entsprechende Dissoziationsenergie in Form von thermischer, elektromagnetischer, elektrischer oder mechanischer Energie zugeführt werden. Von diesen sind die thermische Bindungsspaltung und die durch Strahlung für die radikalische Startreaktion bedeutungsvoll, während andere Methoden wie Ultraschall und Schwingmahlung nur eine untergeordnete Rolle spielen.

Thermisch zerfallende Initiatoren werden in der Regel in einem Temperaturbereich von 40—140 °C eingesetzt. Damit die Startgeschwindigkeit einer Polymerisation mit hinreichender Geschwindigkeit erfolgt, muß die Aktivierungsenergie für die Dissoziation eines solchen Initiators bei etwa 120—170 kJ/mol liegen. Diese Aktivierungsenergie bedingt eine starke Temperaturabhängigkeit der Zerfallsreaktion, die erforderlich ist, damit der Initiator bei Normaltemperatur stabil und lagerfähig ist, bei leicht erhöhter Temperatur aber bereits in Radikale zerfällt. Nur wenige Verbindungen besitzen Atomgruppierungen, die diesen Anforderungen genügen. Hierzu gehören die Azoverbindungen, Peroxide, Disulfide und Diazoester, von denen die erstgenannten am häufigsten eingesetzt werden.

Thermischer Zerfall von Azoverbindungen: Die wichtigste Azoverbindung, die als Initiator benutzt wird, ist das 2,2′-Azo-di(isobutyronitril), das im Temperaturbereich von 40—60 °C unter Stickstoffabspaltung in zwei 2-Cyano-2-propylradikale zerfällt:

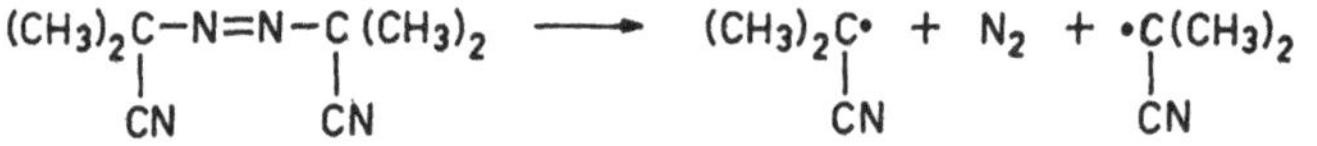

Dabei ist die Bildung des sehr stabilen Stickstoffmoleküls die wesentliche Triebkraft der Reaktion, denn ihre Aktivierungsenergie beträgt nur 128,4 kJ/mol, obwohl die Spaltung der C—N-Bindung etwa 300 kJ/mol erfordert.

Die Verbindung, die unter dem Namen „Porofor N" technische Bedeutung besitzt, wird häufig für wissenschaftliche Untersuchungen eingesetzt, vor allem für kinetische Messung. Sie zerfällt unter laufender Bildung polymerisationsauslösender Radikale streng nach einer Reaktion erster Ordnung gemäß dem allgemeinen Schema:

$$I \xrightarrow{k_d} 2R^{\bullet}$$

und der Zerfallsgeschwindigkeit v_d:

$$v_d = -\frac{d[I]}{dt} = k_d[I]$$

$[I]$ = Initiatorkonzentration, t = Zeit, k_d = Geschwindigkeitskonstante des Initiatorzerfalls.

k_d ist weitgehend unabhängig von der Art des Lösungsmittels und beträgt bei 50 °C etwa $2 \cdot 10^{-6}\,s^{-1}$, was einer Halbwertszeit von 96 Stunden entspricht.

Nicht sämtliche der beim Zerfall des Azodiisobutyronitrils entstehenden Radikale lösen den Start zum Wachstum von Polymerketten aus, weil ein Teil von ihnen durch Nebenreaktion verloren geht. Nach der Dissoziation der Azoverbindung befinden sich die gebildeten Radikale in unmittelbarer Nähe, umgeben von Lösungsmittelmolekülen, in einem sogenannten Lösungsmittelkäfig. Es vergehen etwa 10^{-11} s, ehe es ihnen gelingt, voneinander wegzudiffundieren. Innerhalb dieses Zeitraums stoßen sie infolge der Molekularbewegung zusammen und können zu Tetramethylbernsteinsäuredinitril rekombinieren.

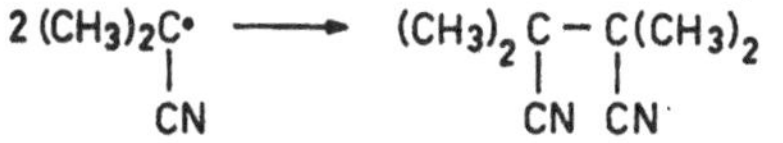

Dieses Reaktionsprodukt kann nicht wieder in Radikale dissoziieren. Dadurch werden etwa 50% der ursprünglich gebildeten Radikale verbraucht. Nur der Rest, der aus dem sogenannten Lösungsmittelkäfig entkommt, steht als Primärradikale für die Polymerisation zur Verfügung. Man bezeichnet diesen Vorgang als Käfig- oder FRANCK-RABINOWITSCH-Effekt.

Der Anteil der Primärradikale von der Gesamtzahl der Radikale, die sich theoretisch bilden können, bezeichnet man als Radikalausbeute f. Beim 2,2'-Azodiisobutyronitril beträgt f etwa 0,5. Unterdrückt man die Rekombination im Käfig durch sterische Hinderung, so steigt z. B. beim 1,1'-Diphenyl-1,1'-diacetoxyazoäthan

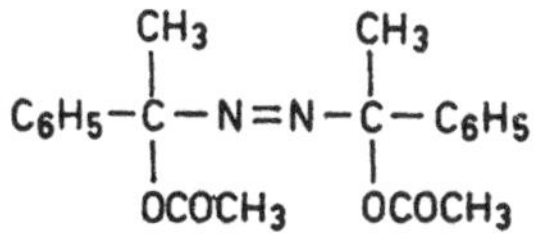

die Radikalausbeute auf $f = 0{,}9$ an.

Die Bildungsgeschwindigkeit v_r der Primärradikale $R^\bullet$ ist unter Berücksichtigung, daß sich pro Initiatormolekül 2 Radikale bilden,

$$v_r = 2fv_d$$

oder

$$\frac{d[R^\bullet]}{dt} = 2fk_d[I]$$

Die eigentliche Startreaktion der Polymerisation ist die Anlagerung dieser Primärradikale an das Monomere

$$\underset{\displaystyle CN}{\underset{|}{(CH_3)_2C\bullet}} + CH_2{=}CHR \rightarrow \underset{\displaystyle CN}{\underset{|}{(CH_3)_2C}}{-}CH_2{-}\overset{\bullet}{C}HR$$

allgemein: $R^\bullet + M \xrightarrow{k_{st}} P_1^\bullet$

Durch diese Reaktion wird das Primärradikal in das wachsende Polymerradikal eingebaut. Es ist dann nach der Polymerisation im Polymermolekül als Endgruppe nachweisbar.

Die Startgeschwindigkeit v_{st} ergibt sich zu:

$$v_{st} = k_{st}[R^\bullet]\,[M]$$

Falls bei der Polymerisation sich eine stationäre Radikalkonzentration ausbildet (siehe Abschnitt 7.5.) und sämtliche Primärradikale Polymerketten starten, wird

$$\frac{d[R^\bullet]}{dt} = v_r - v_{st} = 0$$

Folglich ist die Startgeschwindigkeit

$$v_{st} = 2fk_d[I] \qquad (7\text{–}1)$$

Die Startgeschwindigkeit einer Polymerisation nimmt mit der Initiatorkonzentration zu. Sie ist um so größer, je größer die Zerfallsgeschwindigkeit und die Radikalausbeute des Initiators ist.

Thermischer Zerfall von Peroxiden: Als Initiatoren der radikalischen Polymerisation werden Peroxide unterschiedlicher Struktur eingesetzt und auch im technischen Maßstab produziert. Neben Diacylperoxiden werden Dialkylperoxide, Alkylhydroperoxide und ihre Ester, Persäureester, Salze von Persäuren und andere Peroxidgruppen enthaltende Verbindungen benutzt. Einige ausgewählte Beispiele sind in (Tabelle (7–1)) aufgeführt:

Tabelle (7–1): Geschwindigkeitskonstanten des Zerfalls k_d und Aktivierungsenergien E_d peroxidischer Initiatoren

Peroxid	Lösungsmittel	Temperatur [°C]	$k_d \cdot 10^6$ (s^{-1})	E_d (kJ/mol)
Dibenzoylperoxid	Benzol	80	48	124,3
Diacetylperoxid	Benzol	80	87	136,0
Di-tert.-butylperoxid	Benzol	80	0,08	142,3
Tert.-Butylhydroperoxid	Dodecan	86	1,3	128,4
Kaliumperoxidisulfat	Wasser	80	68,9	140,2

Es muß darauf verwiesen werden, daß der Umgang mit Peroxiden wegen ihrer Explosionsgefahr besondere Vorsichtsmaßregeln erfordert. Vor allem organische Peroxide mit geringem Kohlenstoffgehalt, wie in vorstehender Tabelle das Diacetylperoxid, sind hochexplosiv.

Der Zerfall der peroxidischen Verbindungen erfolgt durch Dissoziation der O—O-Bindung.

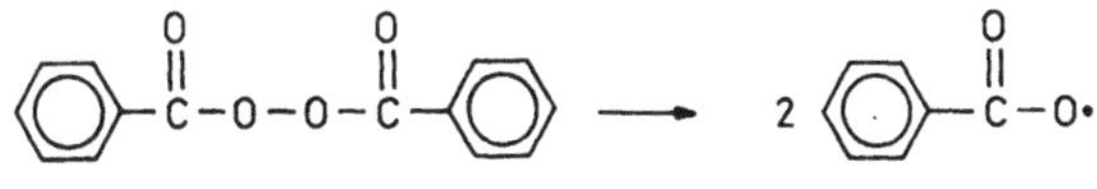

$$(CH_3)_3C-O-O-C(CH_3)_3 \longrightarrow 2\,(CH_3)_3CO\bullet$$

Im allgemeinen lösen die dabei entstehenden Radikale die Polymerisation aus. Es ist aber auch möglich, daß sie weiter in Bruchstücke zerfallen (Fragmentierung) und die dabei neu gebildeten Radikale polymerisationsaktiv werden.

$$(CH_3)_3C-O\bullet \longrightarrow \dot{C}H_3 + CH_3-CO-CH_3$$

Ob Fragmentierung eintritt, ist von der Geschwindigkeit abhängig, mit der die zuerst gebildeten Radikale mit dem Monomeren oder einem anderen Radikalfänger reagieren.

So bildet Dibenzoylperoxid in Abwesenheit von Monomeren Phenylradikale, während in Gegenwart von Monomeren sich die Benzoyloxyradikale, ehe Decarboxylierung erfolgt, an dieses addieren. Sie können im Polymeren als Endgruppen nachgewiesen werden.

Erfolgt die Fragmentierung bereits im Lösungsmittelkäfig, so können sich bei Rekombination inaktive Reaktionsprodukte bilden, die der Polymerisation verloren gehen. Die Radikalausbeute ist dann kleiner als 1.

$$RCO-O-O-COR' \longrightarrow RCOO\bullet + R'COO\bullet \longrightarrow RCOOR' + CO_2$$

Eine weitere Nebenreaktion, die zu einer Erniedrigung der Radikalausbeute führt, ist der sogenannte induzierte Zerfall der Peroxide. Dabei wird der Initiator schneller verbraucht, als es dem Geschwindigkeitsgesetz 1. Ordnung entspricht:

$$-\frac{d[I]}{dt} = k_d[I] + k'[I]^x$$

Die Ursache des induzierten Zerfalls beruht in der Additions- oder Übertragungsreaktion eines beliebigen Radikals mit einem Initiatormolekül. Dabei bildet sich ein neues Radikal unter Desaktivierung des angreifenden Radikals und des Initiators, z. B.

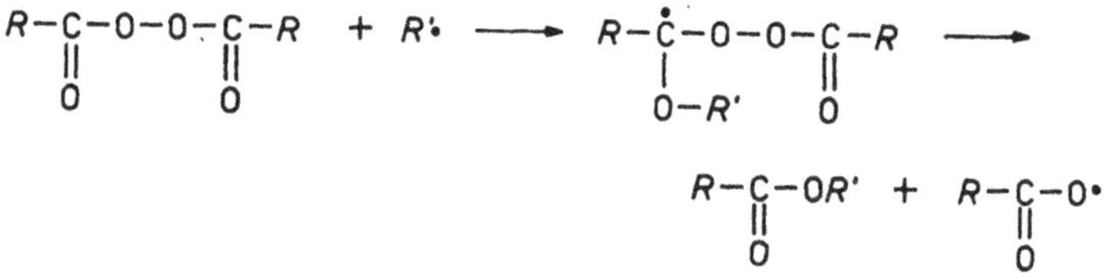

Bei dieser Reaktion verschwindet ein Initiatormolekül, ohne daß sich aus ihm zwei neue Radikale gebildet haben, wie es der Dissoziation entspricht. Beim induzierten Zerfall entstehen nicht mehr — wie oft fälschlich angenommen — sondern weniger Radikale als normalerweise, obwohl der Initiator schneller verbraucht wird.

Da der induzierte Zerfall durch sämtliche im polymerisierenden System auftretenden Radikale ausgelöst werden kann, ist er abhängig von der Art des Initiators, des Monomeren und des Lösungsmittels, das verwendet wird.

Photoinitiatoren: Verbindungen, die durch Einwirkung von sichtbarem oder kurzwelligem Licht in Radikale zerfallen, bezeichnet man als Photoinitiatoren. Sie besitzen funktionelle Gruppen, die die für die Bindungsdissoziation notwendige Strahlungsenergie absorbieren, wie z. B. aromatische Ketone und Aldehyde, Azoverbindungen, Alkylhalogenide u. a.

Technische Bedeutung für die Initiierung der Vinylpolymerisation mit UV-Licht haben Benzoin und Benzoinalkyläther gewonnen, die bei der Herstellung von Druckplatten (Relief- und Offset-Druck) und der Oberflächenbeschichtung eingesetzt werden. Durch Belichtung zerfallen diese Verbindungen in Benzoyl- und Benzylradikale.

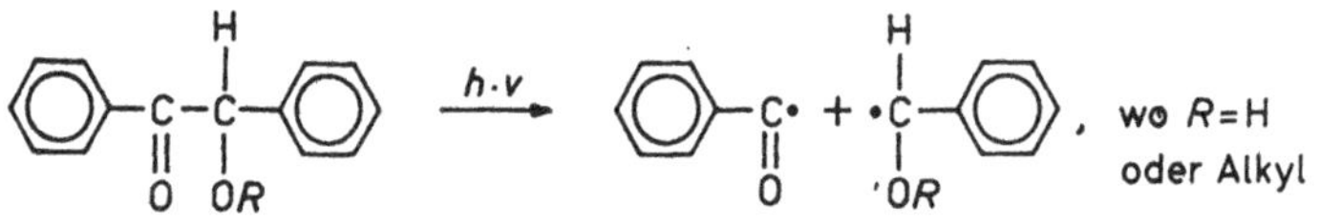

Daß die Bindungsspaltung an der angegebenen Stelle erfolgt, läßt sich durch Umsetzung der gebildeten Radikale mit diamagnetischen Radikalfängern wie z. B. 2-Nitrosomethylpropan beweisen. Die entstehenden stabilen Nitroxid-Radikale lassen sich ESR-spektroskopisch charakterisieren:

$$(CH_3)_3C{-}N{=}O \; + \; R\cdot \longrightarrow (CH_3)_3C{-}\underset{\displaystyle R}{\underset{|}{N}}{-}O\cdot$$

Die Methode der Überführung kurzlebiger in stabile Radikale mittels Radikalfänger nennt man „spin-trapping“.

Benzil und Chinone lösen bei Belichtung die Polymerisation auf dem Wege der Wasserstoffübertragung mit dem Monomeren oder Lösungsmittel aus:

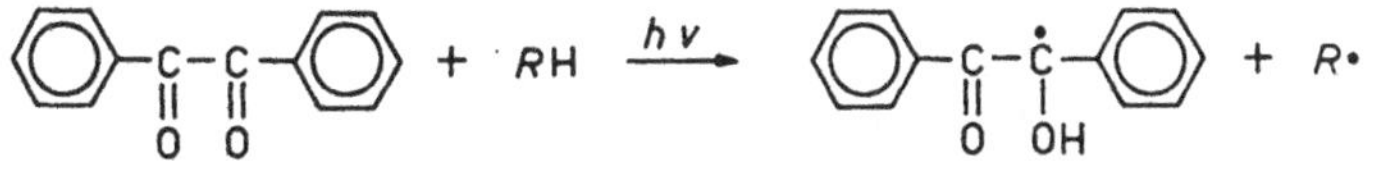

Manche Initiatoren, wie das Azodiisobutyronitril, bilden durch Photolyse bei niedrigen Temperaturen die gleichen Radikale wie beim thermischen Zerfall. Für die photolytische Radikalbildung wird keine thermische Aktivierungsenergie benötigt, weil die für die Bindungsdissoziation erforderliche Energie durch das eingestrahlte Licht aufgebracht wird. Dadurch können Radikale auch bei tiefen Temperaturen erzeugt werden. Ein weiterer Vorteil besteht darin, daß beim Einsetzen der Strahlung sofort die Radikalbildung beginnt, was für bestimmte theoretische Untersuchungen von Polymerisationsreaktionen notwendig ist (Bestimmung der mittleren Radikallebensdauer durch intermittierende Belichtung).

Energiereiche Strahlung: Radikalreaktionen können durch energiereiche Strahlung ausgelöst werden. Während beschleunigte Elektronen und auch Reaktorstrahlung zur Vernetzung oder zur Radiolyse fester Polymerer eingesetzt werden, bedient man sich zur Polymerisation der Röntgenstrahlung oder γ-Strahlung aus Co^{60}-Quellen. Bei diesen Strahlungsarten ist die Energieabsorption der bestrahlten Moleküle so stark, daß ihre Elektronen oft über den angeregten Zustand hinaus abgespalten und dadurch ionisiert werden. Die dabei entstehenden Radikalkationen können anschließend in Kation und Radikal fragmentieren:

$$AB \xrightarrow{-e^\ominus} AB^{\bullet\oplus} \longrightarrow A^\oplus + B^\bullet$$

Durch Elektronenaufnahme können andererseits Radikalanionen und anschließend Anionen und Radikale gebildet werden:

$$AB \xrightarrow{+e^\ominus} AB^{\bullet\ominus} \longrightarrow A^\bullet + B^\ominus$$

Auch andere Reaktionen, bei denen Radikale und Ionen auftreten, sind bekannt. Beim Einwirken von energiereicher Strahlung auf Monomere und deren Lösungen können daher radikalische und ionische Polymerisationen ausgelöst werden, was natürlich von den Reaktionsbedingungen abhängt. Bei höheren Temperaturen laufen meistens radikalische Prozesse ab.

Als Vorteil der durch energiereiche Strahlung ausgelösten Polymerisationen ist anzusehen, daß dem System keine zusätzlichen Initiatoren zugefügt werden müssen und daß die Strahlung von außen metallische Reaktionsgefäße durchdringt. Andererseits ist wegen der großen Energie der Strahlung die Selektivität in bezug auf die zu spaltende Atombindung relativ gering. Energiereiche Strahlung wird häufig zur Auslösung von Pfropfpolymerisationen (siehe Abschnitt 8.7.) benutzt, z. B. bei Oberflächenveredlungen.

7.1.2. Radikalbildung durch Elektronenübertragung

Redoxsysteme: Durch Zusatz von elektronenabgebenden Stoffen zu Peroxiden oder anderen Oxydationsmitteln ist es möglich, Radikale durch Elektronenübertragung zu bilden. Man bezeichnet solche auf Redoxreaktionen beruhenden Initiatoren als Redoxsysteme.

$$HO{-}OH + Fe^{2\oplus} \rightarrow HO^{\bullet} + OH^{-} + Fe^{3\oplus}$$

$$RO{-}OR + Fe^{2\oplus} \rightarrow RO^{\bullet} + OR^{-} + Fe^{3\oplus}$$

$$Br_2 + Fe^{2\oplus} \rightarrow Br^{\bullet} + Br^{-} + Fe^{3\oplus}$$

Während sich beim thermischen Zerfall von Peroxiden zwei energiereiche Radikale bilden, entstehen bei dieser Reaktion durch Einelektronenübergang je ein Radikal und ein Ion, das in Lösung durch Solvatation zusätzlich stabilisiert ist.

Dadurch wird die Aktivierungsenergie gegenüber dem thermischen Zerfall herabgesetzt, bei Peroxiden etwa um 60—80 kJ/mol. Man kann daher bei wesentlich niedrigeren Temperaturen als mit thermisch zerfallenden Initiatoren polymerisieren. Davon macht man in der Technik, z. B. bei der Kaltkautschuk-Polymerisation, Gebrauch, bei der die radikalische Emulsionspolymerisation von Butadien und Styrol bei +5 °C durchgeführt wird.

Bei den angeführten Redoxsystemen wirken als Reduktionsmittel die $Fe^{2\oplus}$-Ionen, die in molaren Mengen zugesetzt werden müssen. Man vermeidet in der Praxis möglichst große Schwermetallkonzentrationen im Reaktionsmedium, weil einerseits ihre höhere Oxydationsstufe bei der Polymerisation eine Abbruchreaktion bewirken kann, z. B. nach dem Schema:

$$P_n^{\bullet} + FeCl_3 \rightarrow P_{\bar{n}}Cl + FeCl_2$$

und andererseits bei der Aufarbeitung die Gefahr besteht, daß Schwermetallspuren in das Polymere gelangen und dadurch seine Oxydationsempfindlichkeit gesteigert werden kann (siehe Abschnitt 17.4.). Durch Zusatz von Reduktionsmitteln vermeidet man diese Schwierigkeit, wie nachstehend am Redoxsystem Kaliumperoxidisulfat, Natriumsulfit und Eisensulfat gezeigt:

$$S_2O_8^{2\ominus} + Fe^{2\oplus} \xrightarrow{k_1} \overset{\ominus}{SO_4^{\bullet}} + SO_4^{2\ominus} + Fe^{3\oplus}$$

$$Fe^{3\oplus} + SO_3^{2\ominus} \xrightarrow{k_2} \overset{\ominus}{SO_3^{\bullet}} + Fe^{2\oplus}$$

Da bei +25 °C $k_2 = 1{,}4 \cdot 10^6\ l/mol \cdot s$ sehr viel größer als $k_1 = 71\ l/mol \cdot s$ ist, werden die in der ersten Gleichung entstehenden $Fe^{3\oplus}$-Ionen sofort wieder in $Fe^{2\oplus}$-Ionen reduziert, so daß für den Ablauf dieses Initiatorsystems nur katalytische Mengen von Eisenionen benötigt werden. Dieses Redoxsystem wird bei der technischen Acrylnitril-Polymerisation in wäßriger Lösung benutzt. Bei der erwähnten Kaltkautschuk-Herstellung werden z. B. Systeme, bestehend aus Hydroperoxid, Eisensalzen und Rongalit, eingesetzt.

In nichtwäßrigen Lösungen sind hydrophobe Redoxkomponenten erforderlich, z. B. organische Peroxide und aromatische Amine:

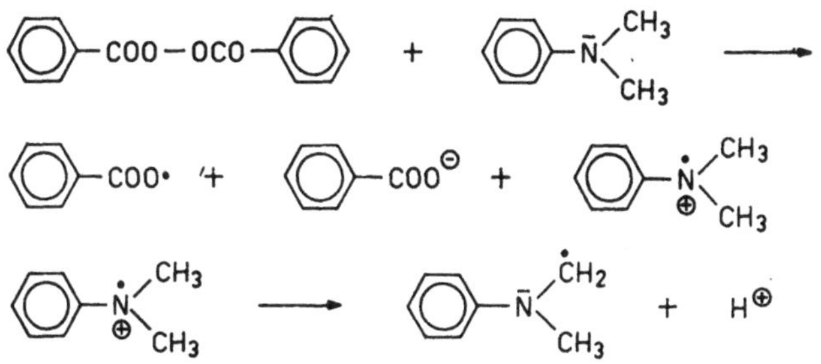

Das bei dieser Reaktion aus dem Amin entstehende Radikalkation lagert sich unter Protonenabgabe in ein Kohlenstoffradikal um, das ebenfalls Ketten starten kann.

Zur Auslösung radikalischer Polymerisationen bei Temperaturen von —50 °C bis —70 °C bedient man sich als Reduktionsmittel der Boralkyle, die bei der Oxydation mit Sauerstoff oder Hydroperoxiden Alkylradikale abspalten, die den Polymerisationsstart auslösen können.

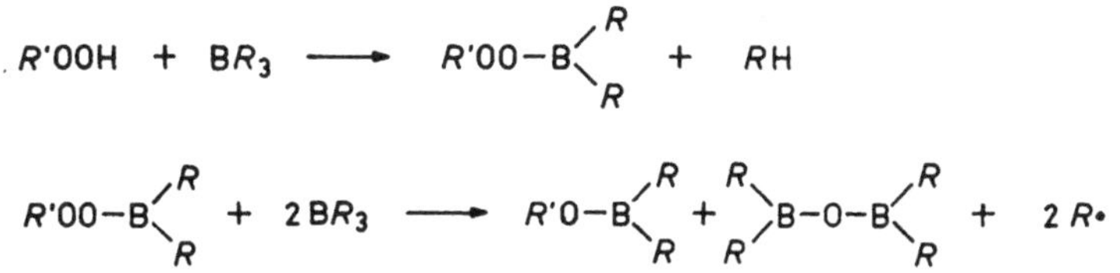

Elektrochemische Radikalbildung: Durch Entladung von Ionen an Elektroden werden unter geeigneten Bedingungen Radikale gebildet. Diese Möglichkeit wird bei der sogenannten KOLBE-Synthese benutzt. Dabei werden fettsaure Salze elektrolysiert. Die entstehenden Radikale decarboxylieren und rekombinieren unter Bildung von Kohlenwasserstoffen.

$$2\,R\mathrm{COO}^{\ominus} \xrightarrow{-2e^{\ominus}} 2\,R\mathrm{COO}\cdot \xrightarrow{-2\mathrm{CO}_2} 2\,R\cdot \longrightarrow R{-}R$$

In Gegenwart von Monomeren lösen diese Radikale Polymerisationen aus. Durch anionische Entladung von Acetationen werden Styrol und Acrylnitril in homogener Phase radikalisch polymerisiert. Durch Entladung anderer Ionen, z. B. $ClO_4^{\ominus}$, $R_4N^{\oplus}$, sind auch ionische Polymerisationen beobachtet worden.

Man nutzt diese Methode in der Technik, um auf elektrochemischem Wege Metalle mit Plastüberzügen zu versehen.

7.1.3. *Thermische Radikalbildung ohne Initiator*

Während die meisten verunreinigungsfreien Monomeren in Abwesenheit von Initiatoren beim Erwärmen nicht polymerisieren, tritt beim Styrol sowie Methylmethacrylat und ihren Derivaten bei erhöhter Temperatur Polymerisation durch spontane Radikalbildung ein. Die thermische Polymerisationsgeschwindigkeit des Styrols beträgt bei 60 °C nur 0,1%, bei 140 °C aber bereits 14% Umsatz in der Stunde, während beim Methylmethacrylat diese Geschwindigkeit um 2 Größenordnungen niedriger liegt. Man muß vor allem bei Polymerisationsversuchen mit Styrol auf diesen Effekt achtgeben.

Der Mechanismus dieser Radikalbildung ist bis heute noch nicht völlig geklärt. Auf Grund von kinetischen Untersuchungen nahm man ursprünglich eine bimolekulare Startreaktion unter Bildung von Biradikalen an.

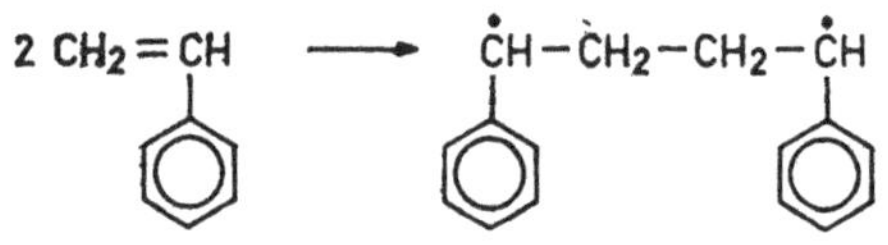

Versuche an biradikalischen Initiatoren, die durch thermischen Zerfall cyclischer Peroxide oder Azoverbindungen entstehen, zeigten jedoch, daß Radikale, die nach zwei Seiten wachsen, große Neigung zur Abbruchreaktion durch Ringschluß haben und daher sich keine Makromoleküle bilden können. Man muß deshalb auf eine zusätzliche Übertragung des einen radikalischen Zustandes auf ein anderes Monomeres schließen:

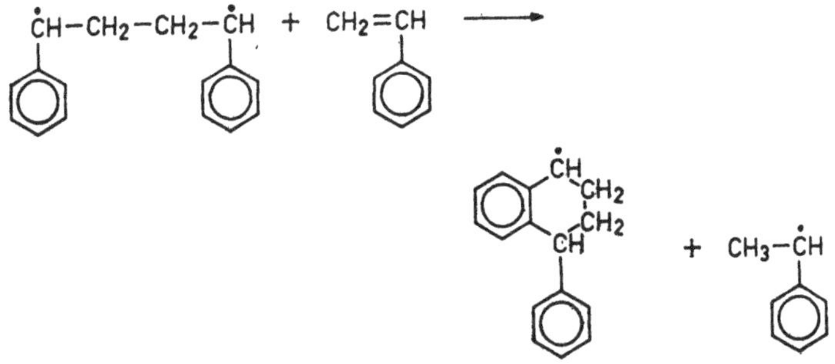

Es sind aber auch andere Mechanismen der thermischen Startreaktion für Styrol vorgeschlagen worden.

7.2. *Radikalische Wachstumsreaktion*

Die Wachstumsreaktion der radikalischen Polymerisation beruht auf der Addition eines Radikals an die Doppelbindung eines Monomermoleküls. Dabei befindet sich das ungepaarte Radikalelektron im *p*-Orbital eines planaren

sp^2-Kohlenstoffatoms.

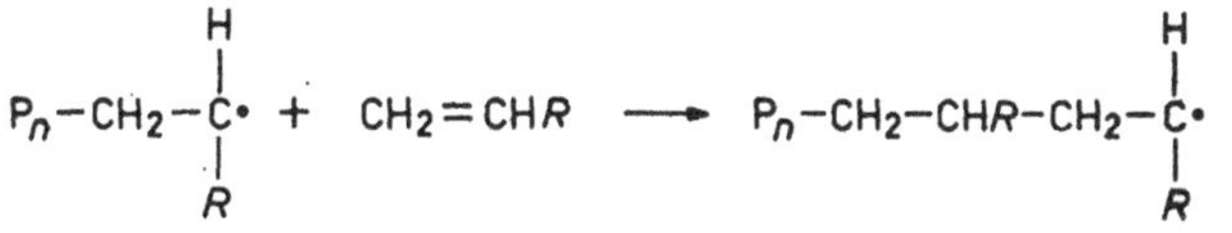

7.2.1. *Radikalische Wachstumsgeschwindigkeit*

Die Geschwindigkeit dieser bimolekularen Reaktion ist von der Reaktivität der beiden Reaktionspartner abhängig. Sie wird im wesentlichen durch die des Polymerradikals bestimmt, wie aus Untersuchungen von radikalischen Übertragungsreaktionen und Copolymerisationen hervorgeht. Je stabilisierter das Polymerradikal ist, um so kleiner ist die Geschwindigkeitskonstante k_w der Anlagerung seines Monomeren, also seines Wachstums.

Tabelle (7–2): Geschwindigkeitskonstanten des Wachstums k_w für verschiedene Vinylmonomere bei 60 °C

Monomeres	k_w (l/mol · s)
Styrol	176
Methylmethacrylat	576
Methylacrylat	2090
Vinylacetat	9500

Styrol weist die kleinste Wachstumsgeschwindigkeit auf, weil das zugehörige Polystyrolradikal infolge der Einbeziehung des Radikalelektrons in das π-Elektronensystem des Phenylrestes stark stabilisiert ist, wie aus den Formeln auf Seite 40 hervorgeht.

Beim Vinylacetat, das in vorstehender Tabelle die größte Wachstumsgeschwindigkeit aufweist, besteht für das entsprechende Radikal keine Stabilisierungsmöglichkeit, während vom Polymethylacrylat-Radikal zwei mesomere Grenzstrukturen formuliert werden können:

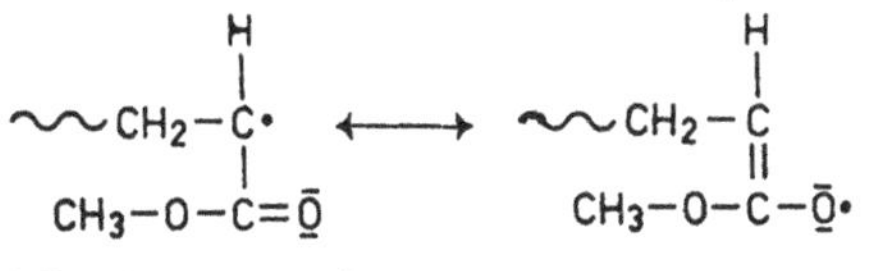

Befindet sich eine zusätzliche Methylgruppe am radikalischen Kohlenstoffatom, wie beim Methylmethacrylat,

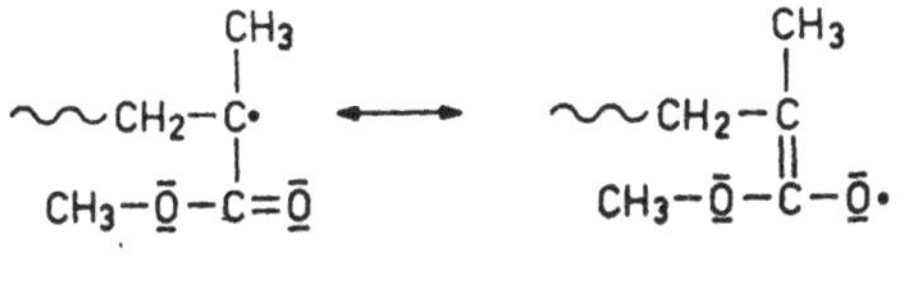

so bewirkt die CH_3-Gruppe eine zusätzliche Stabilisierung des Radikals (+*I*-Effekt). Daher ist die Wachstumsgeschwindigkeit des Methylmethacrylats kleiner als die des Methylacrylats. Das gleiche gilt für das Verhältnis der Geschwindigkeiten des Methacrylnitrils und Acrylnitrils.

Neben dieser Radikalstabilisierung wird die Wachstumsreaktion zusätzlich durch polare und sterische Wechselwirkung der Reaktionspartner beeinflußt. Den Effekt polarer Faktoren auf die Wachstumsgeschwindigkeit erkennt man in der Abhängigkeit der Geschwindigkeitskonstante k_w des Styrols von der Art der Substituenten in *p*-Stellung seines Phenylrestes. Man findet dabei einen Zusammenhang entsprechend der HAMMETT-Beziehung:

$$\lg (k_x/k_H) = \varrho \cdot \sigma$$

k_x Reaktionsgeschwindigkeitskonstante des substituierten Aromaten
k_H Reaktionsgeschwindigkeitskonstante des unsubstituierten Aromaten
ϱ Konstante
σ Konstante

In Abb. (7–1) sind die entsprechenden Wachstumskonstanten k_{wx} und k_{wH} der Styrole in Abhängigkeit von σ aufgetragen. Man erkennt eine Zunahme der Wachstumsgeschwindigkeit, je stärker elektronenanziehend die Substituenten sind.

Sterische Effekte beeinflussen das Wachstum von Monomeren mit sperrigen Substituenten, die sich bei der Reaktion im Übergangszustand räumlich behindern. Dieses führt bei den meisten 1,2-disubstituierten Äthylenen dazu, daß ihre radikalische Polymerisation bisher nicht gelungen ist. So ist es z. B. nicht

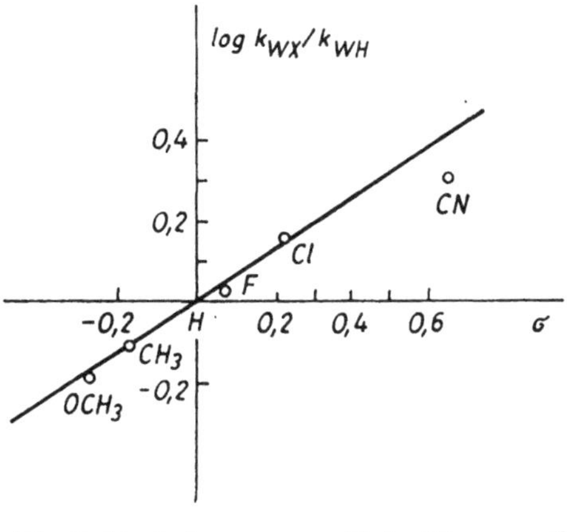

Abb. (7–1): Auftragung gemäß der HAMMETT-Beziehung für die Wachstumsgeschwindigkeitskonstante der Homopolymerisation p-substituierter Styrole ($\varrho = 0{,}6$).

(Nach M. IMOTO, M. KINOSHITA u. M. NISHIGAKI: Makromol. Chemie 86 (1965), 217)

möglich, Stilben radikalisch zu polymerisieren, obwohl das entsprechende Polymere durch ionische Polymerisation von Phenyldiazomethan zugänglich ist:

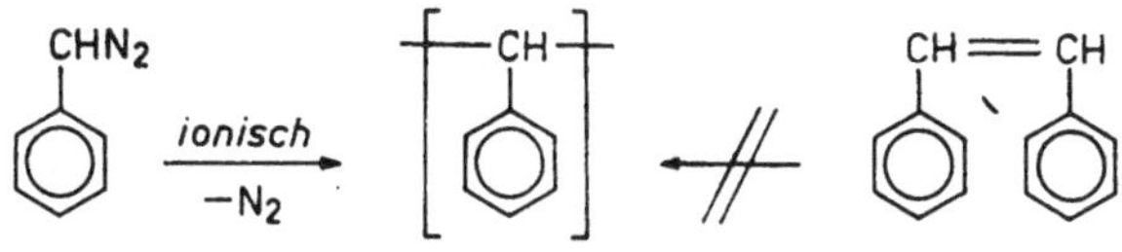

Die Existenz des Polyphenylmethylens zeigt, daß die Stilbenpolymerisation nicht thermodynamisch, sondern kinetisch gehemmt ist. Man muß annehmen, daß die Phenylreste des Olefins im Übergangszustand mit den Phenylgruppen am Polymerradikal in eine solche sterische Wechselwirkung kommen, daß eine hinreichende Annäherung der Reaktionspartner für die Anlagerungsreaktion nicht möglich ist.

Die Wachstumsgeschwindigkeit der radikalischen Polymerisation ist wenig temperaturabhängig. Die entsprechende Aktivierungsenergie ΔE_w beträgt für die meisten Vinylmonomeren etwa 20—30 kJ/mol. Daraus folgt, daß die radikalische Polymerisation auch bei tiefen Temperaturen (—50 bis —100 °C) möglich ist. Dazu ist lediglich erforderlich, bei diesen Temperaturen Radikale zu erzeugen. Wie im Abschnitt (7.1.) gezeigt, gelingt dieses z. B. durch Redoxsysteme mit Boralkylen oder Photoinitiierung. Infolgedessen kann man nicht aus der Polymerisationstemperatur auf den Polymerisationsmechanismus schließen auf Grund der fälschlichen Annahme, daß bei tiefen Temperaturen nur ionische Polymerisationen ablaufen können.

7.2.2. *Anlagerungsisomerien*

Die Anlagerung einer ungesättigten Verbindung an ein wachsendes Polymerradikal erfolgt normalerweise dergestalt, daß dabei ein möglichst elektronisch stabilisiertes und sterisch wenig behindertes Radikal entsteht. Bei Vinylmonomeren bildet sich daher ein Radikal aus, bei dem das Radikalelektron sich an dem den Substituenten tragenden Kohlenstoff befindet. Man bezeichnet diese Form der Anlagerung als „Kopf-Schwanz-Anordnung“:

Gelegentlich kommt es zu einem umgekehrten Einbau des monomeren Grundbausteins, zu der sogenannten „Kopf-Kopf“- bzw. „Schwanz-Schwanz“-Anordnung:

Die Wahrscheinlichkeit dieses Additionsschrittes ist um so größer, je kleiner der Substituent *R* ist, wie z. B. das Fluoratom. Daher hat man beim Polyvinylfluorid große Anteile von Kopf-Kopf-Anordnung gefunden, nämlich 10%, während bei Polyvinylacetat bei 30 °C nur 1,3% festgestellt wurden. Da diese Anordnung eine höhere Aktivierungsenergie als die Kopf-Schwanz-Anordnung benötigt, nimmt sie bei Temperaturerhöhung zu. Die Differenz dieser Aktivierungsenergien beträgt bei Vinylacetat 5,5 kJ/mol, beim Styrol nach Berechnung etwa 35—40 kJ/mol. Im letzten Wert kommt die größere Stabilisierung und Raumerfüllung des Phenylrestes zum Ausdruck. Ganz allgemein ist festzustellen, daß mit zunehmender Temperatur die Selektivität des Wachstumsschrittes abnimmt.

Analytisch erfaßt man die verschiedenen Anordnungen meist NMR-spektroskopisch, was wegen der geringen Konzentration der einen Anordnung häufig schwierig ist. Auch chemische Methoden sind erfolgreich benutzt worden. So bildet die Kopf-Kopf-Anordnung des Vinylacetates nach Hydrolyse 1,2-Diolstrukturen, die durch Perjodsäure selektiv gespalten werden. Aus der Abnahme der Molmassen ist der Anteil dieser Anordnung berechenbar.

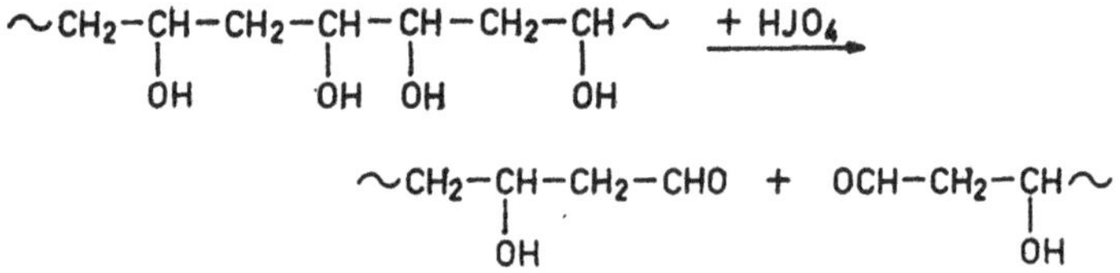

Eine andere selten auftretende Fehlanordnung beim Wachstumsschritt von Vinylmonomeren beruht auf dem Einbau des Substituenten in die Rückgratkette des Makromoleküls, wie es beim Polystyrol oder Polyacrylnitril festgestellt wurde:

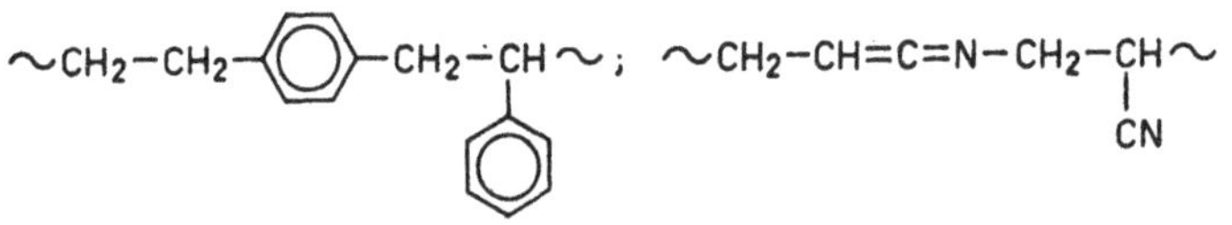

Diese unregelmäßige Anordnung der Grundbausteine ist eine der Bildungsmöglichkeiten der sogenannten „Schwach- oder Fehlstellen" im Makromolekül. So kann die beim Acrylnitril auftretende Bindung leicht hydrolysiert werden, was zur Kettenspaltung führt. In vielen Fällen ist nur die Wirkung, nicht aber die Art und Ursache dieser Fehlstellen bzw. unregelmäßigen Strukturen im Makromolekül bekannt, denn sie sind wegen ihrer geringen Konzentration bisher analytisch schwer erfaßbar.

Bei der Anlagerungsreaktion des Vinylmonomeren $CH_2{=}CHX$ an sein Polymerradikal wird das endständige planare sp^2-Kohlenstoffatom dieses Radikals in ein kettenständiges tetraedrisches sp^3-Kohlenstoffatom umgewandelt. Infolge dieses Konfigurationswechsels entsteht ein Stereoisomeriezentrum in der Molekülkette, und zwar in diesem Fall in Form eines pseudoasymmetrischen Kohlenstoffatoms (siehe Abschnitt 4.2.). Gegenüber dem beim vorherigen Additionsschritt gebildeten Stereoisomeriezentrum kann das neue eine syndiotaktische oder isotaktische Anordnung einnehmen. Aus sterischen Gründen tritt das Monomere an das freie radikalische Kettenende bevorzugt von der Seite heran, bei der die sterische Hinderung am geringsten ist. Im Übergangszustand stehen daher die Substituenten *R* des Kettenendes und des Vinylmonomeren in größtmöglichem Abstand, was zusätzlich durch die polare Abstoßung der Substituenten begünstigt wird. Dabei wird eine syndiotaktische Verknüpfung gebildet, wie nachstehend in der NATTA-Projektion am Beispiel des Vinylchlorids:

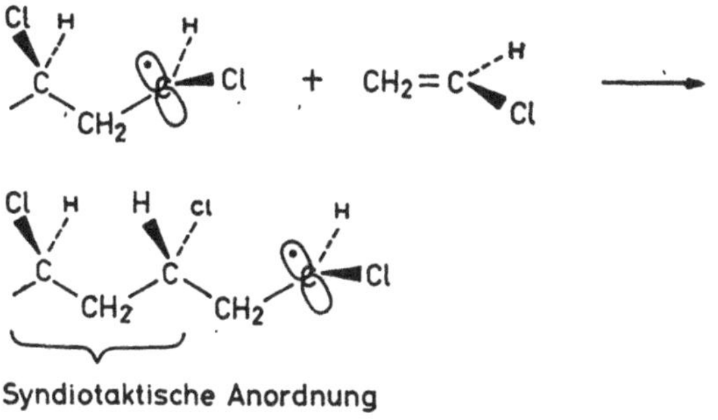

Der durch die sterischen und polaren Effekte bedingte dirigierende Einfluß auf das Wachstum Vinylmonomerer in Richtung auf eine syndiotaktische Anlagerung ist jedoch relativ gering. Die isotaktische Addition benötigt nämlich lediglich eine um ca. 4 kJ/mol größere Aktivierungsenergie. Man beobachtet deshalb nur die Ausbildung größerer Anteile syndiotaktischer Verknüpfungen (etwa 70 bis 80 Mol-%), wenn man bei tiefen Temperaturen (—50 bis —70 °C) radikalisch polymerisiert, wie man es beim Methylmethacrylat, Vinylacetat, Vinylchlorid, Trifluorchloräthylen und anderen Vinylmonomeren festgestellt hat. Bei höheren Temperaturen, bei denen normalerweise Polymerisationen durchgeführt werden, treten in immer stärkerem Maße isotaktische Anlagerungsschritte ein, so daß sich zunehmend ataktische Polymere bilden. Auch hier bewirkt Temperaturerhöhung eine Abnahme der Selektivität der Wachstumsreaktion.

Nimmt die Zahl der Doppelbindungen in einem Monomeren zu, so steigt auch die Zahl der Anlagerungsmöglichkeiten und damit die Zahl der isomeren Kettenbausteine. Stehen zwei Doppelbindungen in konjugierter Stellung, wie z. B. beim 1,3-Butadien, so kann das Wachstum unter Einbeziehung einer oder zweier Doppelbindungen, der sogenannten 1,2- oder 1,4-Addition, vor sich gehen. In beiden Fällen entstehen je 2 stereoisomere Kettenbausteine und zwar bei der 1,2-Addition die syndio- und isotaktische und bei der 1,4-Addition die cis- und transtaktische Anordnung (siehe Abschnitt 4.2.)

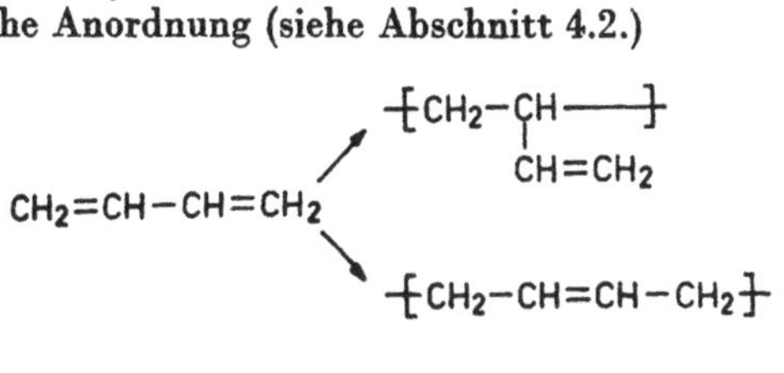

Bei der radikalischen Butadien-Polymerisation beträgt der Anteil der 1,2-Addition über einen größeren Temperaturbereich etwa 15—20 Mol.-%, während das cis-trans-Verhältnis der 1,4-Addition sich mit steigender Temperatur zugunsten des cis-Anteils verändert, weil die Ausbildung der energiereichen cistaktischen Struktur gegenüber der transtaktischen eine um 12 kJ/mol höhere Aktivierungsenergie erfordert.

Tabelle (7–3): Anteile der 1,2, 1,4-cis und 1,4-trans-Struktureinheiten des Polybutadiens (in Mol-%) in Abhängigkeit von der Polymerisationstemperatur T_p

T_p [°C]	1,2	1,4-cis	1,4-trans
100	20,1	25,4	54,5
75	19,8	24,1	56,1
50	20,9	14,8	64,3
25	18,8	12,9	68,3
0	17,9	9,1	73,0
—10	15,9	6,6	77,5

Die Gebrauchseigenschaften des Polybutadiens sind vom Gehalt der verschiedenen Struktureinheiten abhängig. Aus diesem Grund bevorzugt man in der Technik bei der radikalischen Emulsionspolymerisation des Butadiens eine relativ niedrige Reaktionstemperatur, die bei etwa +5 °C liegt und daher den Einsatz von Redoxsystemen notwendig macht (Kaltkautschuk). Da das während der Polymerisation gebildete Polybutadien Doppelbindungen enthält, die zur Anlagerung wachsender Polymerradikale befähigt sind, treten mit steigendem Umsatz in immer stärkerem Maße Vernetzungsreaktionen ein. Deshalb bricht man die Reaktion bereits bei einem Umsatz von 60—65% durch Zusatz von Inhibitoren ab.

Vernetzungsreaktionen werden technisch gezielt durch radikalische Polymerisation nichtkonjugierter Diene erzeugt, deren Doppelbindungen unabhängig voneinander reagieren, wie z. B. Diallylphthalat. Da diese Vernetzungsreaktion durch thermisch zerfallende Initiatoren ausgelöst wird, bezeichnet man diesen Vorgang als thermische Aushärtung. Bei der Herstellung vernetzter Polystyrole für Gele oder Ionenaustauscher bedient man sich als vernetzendes Monomeres des 1,4-Divinylbenzols:

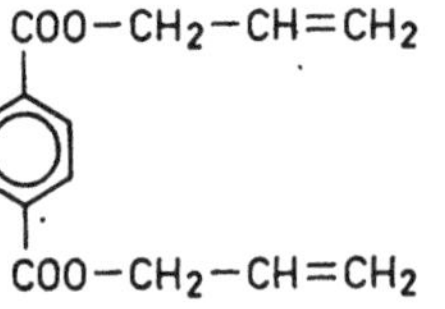

Diallylphthalat

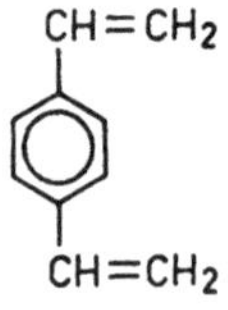

Divinylbenzol

Sind jedoch die beiden Doppelbindungen durch eine flexible Kette mit nur zwei oder drei Kohlenstoffatomen getrennt, so können sich bei der Polymerisation durch intramolekulare Addition 5- oder 6-gliedrige Ringstrukturen ausbilden. Man bezeichnet diese Kettenwachstumsreaktion als Cyclopolymerisation. Sie wurde erstmalig bei der radikalischen Polymerisation des wasserlöslichen Diallyl-dialkyl-ammoniumhydroxides beobachtet, bei der lösliche und daher unvernetzte Polymere sich bilden.

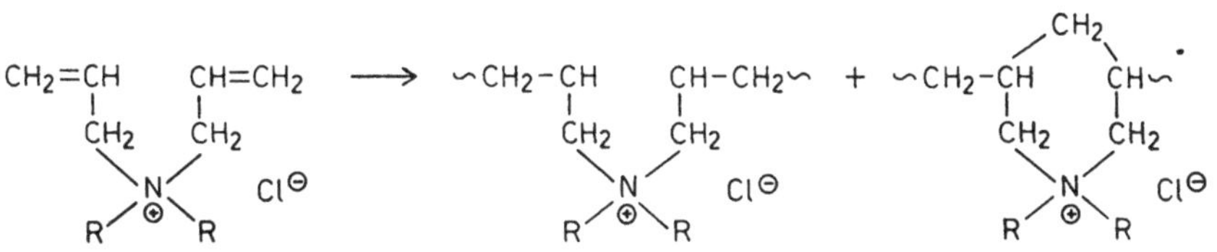

Inzwischen ist bei einer ganzen Reihe von 1,5- bzw. 1,6-Dienen dieses alternierende intramolekulare Wachstum beobachtet worden, wie z. B. Methacrylsäureanhydrid, Crotonsäurevinylester, Acrylsäureallylester u. a.

Diese Anlagerungsisomerien sind nicht auf die radikalische Polymerisation beschränkt. Sie können auch bei anderen Kettenwachstumsmechanismen auftreten.

7.3. *Radikalische Übertragungsreaktion*

Bei der Übertragungsreaktion wird der radikalische Zustand des wachsenden Polymeren auf ein anderes Molekül übertragen. Dabei wird das Polymerradikal zum inaktiven, sogenannten „toten“ Polymeren und das ursprüngliche inaktive Molekül zum Radikal, das das Startzentrum einer neuen Polymerkette wird. Diese Reaktion ist mit dem Austausch eines Atoms (H oder Cl) oder auch einer Atomgruppierung verbunden gemäß dem Schema:

$$P_n^\bullet + \mathrm{H}X \rightarrow P_n\text{—H} + X^\bullet$$

Der Überträger HX kann jedes im polymerisierenden System vorhandene Molekül sein wie Monomeres, Lösungsmittel, Initiator, Polymeres u. a. Entsprechend unterscheidet man verschiedene Arten von Übertragungsreaktionen. Ist der Überträger ein niedermolekularer Stoff, so wird durch diese Reaktion der Polymerisationsgrad des sich bildenden Polymeren verkleinert (siehe Abschnitt 6.1.). Dabei werden die Bruchstücke des Überträgers als Endgruppen in das Polymere eingebaut. Wenn jedoch die Übertragung zum Polymeren erfolgt, wird zwar auch das Wachstum des angreifenden Polymerradikals $P_n^\bullet$ vorzeitig beendet, aber es bildet sich gleichzeitig an der Molekülkette des als Überträger wirkenden anderen Polymeren eine Radikalstelle, die zum Ausgangspunkt einer neuen Polymerkette in Form eines Seitenzweiges wird. Die Übertragungsreaktion zum Polymeren führt somit zur Molekülkettenverzweigung:

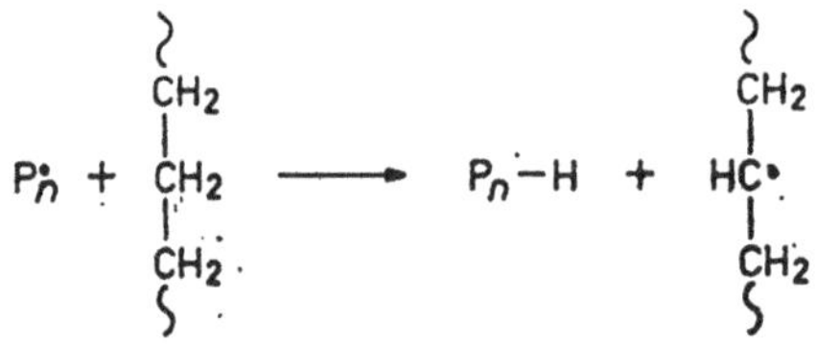

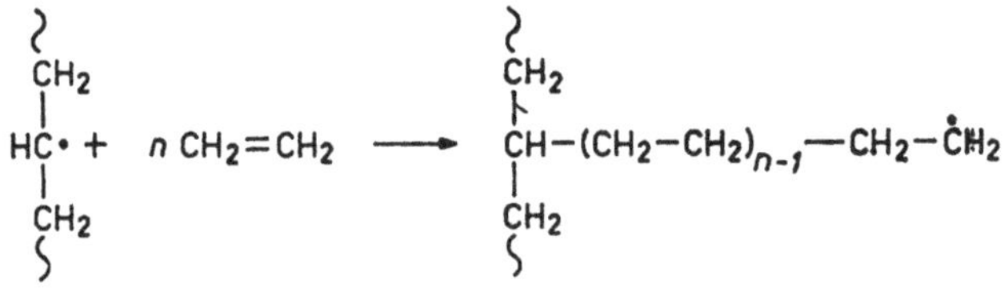

Die Geschwindigkeit der Übertragungsreaktion wird im wesentlichen durch die Reaktivität des angreifenden Radikals $P_n^\bullet$ und die Stabilität des sich bildenden Radikals $X^\bullet$ bestimmt. Je reaktiver $P_n^\bullet$ ist und je mehr $X^\bullet$ stabilisiert ist, desto größer ist die Übertragungsgeschwindigkeit. Wegen dieser Abhängigkeit von der Reaktivität der Polymerradikale besteht eine Parallelität zwischen der Wachstumsgeschwindigkeit und der Übertragungsgeschwindigkeit der Polymerradikale gegenüber unpolaren Überträgern, wie in nachstehender Tabelle (7–4) am Beispiel des Toluols angegeben.

Tabelle (7–4): Geschwindigkeitskonstanten der Übertragung $k_ü$ bei der Polymerisation verschiedener Monomerer in Toluol bei 60 °C

Monomeres	$k_ü \cdot 10$ (l/mol · s)
Styrol	0,02
Methylmethacrylat	0,11
Methylacrylat	5,86
Acrylnitril	6,31
Vinylacetat	198,6

Die Übertragungsgeschwindigkeit gegenüber verschiedenen Überträgern nimmt zu, wenn die Stabilität des entstehenden Radikals $X^\bullet$ größer wird, wie aus Tabelle (7–5) folgt, in der dieser Zusammenhang für das Polystyrolradikal an einigen Beispielen aufgeführt ist.

Der Angriff des Radikals erfolgt stets dort, wo sich durch die Übertragungsreaktion ein neues stabilisiertes Radikal ausbilden kann. In vorstehender Tabelle entstehen durch Wasserstoffabspaltung am Kohlenstoffatom in Nachbarschaft zum Phenylrest stabilisierte Benzylradikale. Da dieses beim Benzol nicht möglich ist, liegt hier der Wert um eine Größenordnung niedriger. Allgemein kann

Tabelle (7–5): Geschwindigkeitskonstanten der Übertragung $k_{ü}$ bei der Polymerisation von Styrol mit verschiedenen Lösungsmitteln bei 60 °C

Lösungsmittel		$k_{ü} \cdot 10^3$ (*l*/mol · s)
Benzol		0,4
Toluol	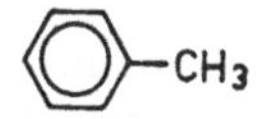	2,0
Isopropylbenzol	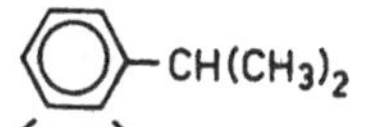	14,4
Triphenylmethan	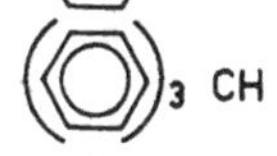	61,6

man feststellen, daß die Übertragung bevorzugt an Atomen erfolgt, bei deren Abspaltung sich Radikale bilden, die durch induktive oder mesomere Effekte benachbarter Atome oder Gruppen stabilisiert sind, z. B.

$$R-\dot{C}H-\overset{\overset{\displaystyle Z}{\|}}{C}-R \longleftrightarrow R-CH{=}\overset{\overset{\displaystyle \dot{Z}}{|}}{C}-R, \qquad \text{wo } Z = O, CH_2$$

Wie alle Radikalreaktionen wird auch die der Übertragung zusätzlich durch polare Faktoren beeinflußt. Im Falle einer entgegengesetzten Ladungsverteilung der Reaktionspartner kann es im Übergangszustand zu einer EDA-Wechselwirkung kommen, was zu einer Vergrößerung der Reaktionsgeschwindigkeit führt. Mit dem gleichen Überträger Triäthylamin ist die Übertragungsgeschwindigkeit eines Acrylnitril-Radikals ($k_{ü} = 120$ *l*/mol · s) größer als die des Vinylacetats ($k_{ü} = 85$ *l*/mol · s), obwohl man nach Tabelle (7–4) das Umgekehrte erwarten sollte. Das Acrylnitril-Radikal hat durch die Nitrilgruppe ein Elektronendefizit, in der nachstehenden Formel als positive Partialladung dargestellt, und ist somit ein Elektronenacceptor. Beim Triäthylamin bewirkt das Stickstoffatom eine erhöhte Elektronendichte am benachbarten Kohlenstoffatom, der dadurch eine negative Überschußladung erhält. Zwischen beiden Ladungen kommt es im Übergangszustand zur Wechselwirkung und damit zu einer größeren Übertragungsgeschwindigkeit.

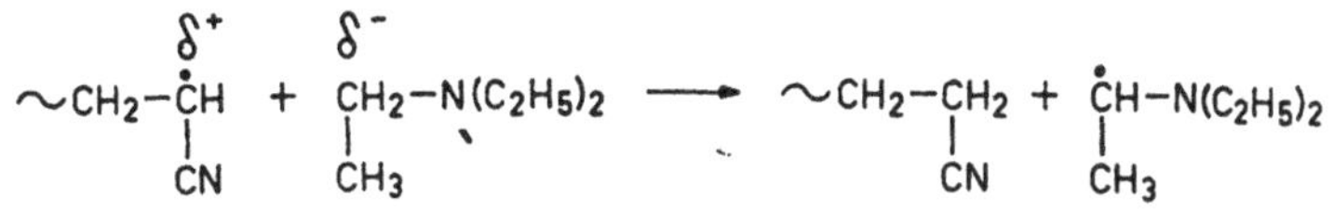

Die Wirkung eines Überträgers auf die Polymerisation erkennt man in erster Linie durch die Verminderung des Polymerisationsgrades der entstehenden Polymeren, der durch das Verhältnis der Kettenwachstumsreaktion zu den das

Kettenwachstum unterbrechenden Reaktionen bestimmt ist. Deshalb gibt man als Maß für die Übertragung meist nicht die Geschwindigkeitskonstante der Übertragungsreaktion, sondern das experimentell leichter zugängliche Geschwindigkeitskonstantenverhältnis von Übertragung zu Wachstum $k_ü/k_w$ an, das als relative Übertragungskonstante $C_ü$ bezeichnet wird.

$$C_ü = k_ü/k_w$$

Da die Aktivierungsenergie der radikalischen Übertragungsreaktion größer als die der Wachstumsreaktion ist, nimmt mit steigender Temperatur die Übertragungsgeschwindigkeit stärker als die des Wachstums zu. Bei höheren Temperaturen treten somit häufiger Übertragungsreaktionen ein, und die Polymerisationsgrade werden kleiner als bei niedrigeren Temperaturen.

Übertragung zum Monomeren: Unabhängig von der Durchführung einer radikalischen Polymerisation muß man stets mit Übertragungsreaktionen des Polymerradikals mit seinem Monomeren rechnen. Bei einer großen Anzahl von Monomeren liegen die Übertragungskonstanten bei 10^{-5}, so daß ihr Einfluß auf die Polymerisation gering und meist vernachlässigbar ist.

Tabelle (7–6): Übertragungskonstanten zum Monomeren C_M bei 60°C

Monomeres	$C_M \cdot 10^4$
Methylacrylat	0,3
Methylmethacrylat	0,2
Acrylnitril	0,3
Styrol	0,6
Vinylacetat	2,5
Vinylchlorid	10,8
Allylacetat	176,0 (bei 80 °C)

Haben die Monomeren wesentlich größere Übertragungskonstanten, so kann bei höheren Temperaturen die Monomerübertragung den Polymerisationsgrad der entstehenden Polymeren begrenzen. Dieses ist beim Vinylchlorid der Fall und wird in der Technik genutzt, indem man den gewünschten Polymerisationsgrad durch die Temperatur einstellt.

Auch bei der Übertragungsreaktion zum Monomeren wird die Ausbildung stabilisierter Radikale bevorzugt. Beim Vinylacetat erfolgt sie deshalb hauptsächlich an der Acetylgruppe:

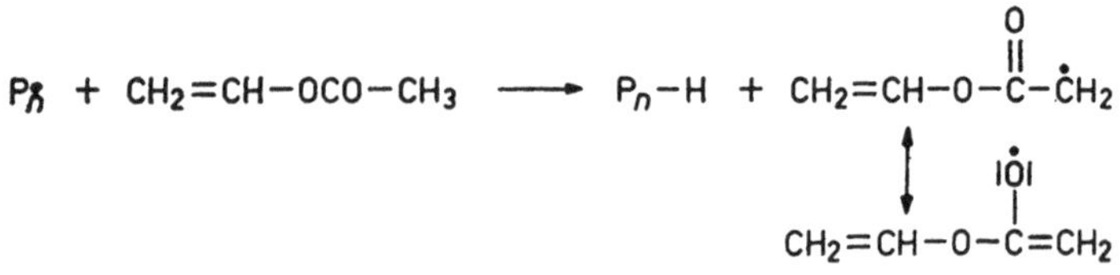

Allylmonomere (Propylen, Allylacetat) bilden durch Übertragung in sehr schneller Reaktion Allylradikale, die stark stabilisiert sind.

$$P_n^{\bullet} + CH_2{=}CH{-}CH_2R \longrightarrow P_n{-}H + CH_2{=}CH{-}\dot{C}H{-}R$$
$$\updownarrow$$
$$\dot{C}H_2{-}CH{=}CH{-}R$$

Wegen dieser Stabilisierung sind sie reaktionsträge und nicht mehr zum Wachstum befähigt. Sie können nur noch Abbruchreaktion eingehen. Es entstehen deshalb Moleküle mit sehr kleinen Polymerisationsgraden, praktisch nur Dimere und andere Oligomere. Die Abbruchreaktion bewirkt gleichzeitig eine starke Verringerung der Reaktionsgeschwindigkeit. Man bezeichnet allgemein Übertragungsreaktionen, bei denen stabilisierte Radikale entstehen, die in die Abbruchreaktion eingreifen und die Polymerisationsgeschwindigkeit vermindern als „degradative Übertragung". Da im Falle der Allylmonomeren diese degradative Übertragung durch das eigene Monomere bewirkt wird und sich dabei keine Polymeren bilden, nennt man diesen Spezialfall „Autinhibierung". Deshalb ist es nicht möglich, durch radikalische Polymerisation von Propylen, Isobutylen und anderen Allylmonomeren Polymere mit technisch interessanten Molekülmassen zu erzeugen. Dieses gelingt nur mittels eines anderen Reaktionsmechanismus, z. B. der koordinativen Polymerisation.

Übertragung zum Initiator: Bereits in dem Abschnitt über den induzierten Zerfall von Peroxiden (Abschnitt 7.1.), der kinetisch gesehen eine Übertragungsreaktion zum Initiator darstellt, wurde auf diese Reaktion eingegangen, die formal nach dem Schema abläuft:

$$P_n^{\bullet} + R{-}O{-}O{-}R \longrightarrow P_n{-}OR + RO^{\bullet}$$

Bei Hydroperoxiden, die besonders große Übertragungskonstanten zeigen, nimmt man eine Wasserstoffabspaltung an. Azoverbindungen haben meist vernachlässigbare Übertragungswirkung.

Übertragung zum Polymeren: Wie einführend (S. 63/64) festgestellt, führt die Übertragungsreaktion eines Radikals mit einem toten Polymeren zur Kettenverzweigung, wobei der Seitenzweig so lange wächst, bis Übertragung oder Abbruch erfolgt. Die Länge der Seitenzweige muß daher in der Größenordnung der bei dieser Polymerisation entstehenden Hauptketten liegen. Deshalb bezeichnet man diese Verzweigung als Langkettenverzweigung. Da mit zunehmendem Umsatz die Polymerkonzentration zunimmt, steigt die Langkettenverzweigung mit dem Umsatz stark an. Die Kenntnis über die Zahl, Länge und Verknüpfungsstellen der Langkettenverzweigung bei den verschiedenen Polymeren ist heute noch relativ gering. Sicher ist jedoch, daß die Übertragung bevorzugt an den Stellen des Makromoleküls erfolgt, an denen sich stabilisierte Radikale bilden können, so z. B. beim Polyvinylacetat an den Acetatgruppen

Da in diesem Fall die Seitenketten über Estergruppierungen mit der Hauptkette verknüpft sind, lassen sie sich durch Hydrolyse leicht abspalten und nachweisen.

Neben dieser intermolekularen ist eine intramolekulare Übertragung zum Polymeren bekannt. Sie kommt dadurch zustande, daß das Polymerradikal unter intermediärer Ringbildung mit sich selbst reagiert.

Da sich im Übergangszustand leicht 6-gliedrige Ringe ausbilden, bestehen diese Seitenketten häufig nur aus 4 Kohlenstoffatomen. Diese Kurzkettenverzweigung ist auf Grund ihres Bildungsmechanismus zum Unterschied von der Langkettenverzweigung unabhängig vom Umsatz. Auf dieser Verzweigungsart beruht der Strukturunterschied von Hochdruck- und Niederdruck-Polyäthylen. Wegen der Kurzkettenverzweigung hat Hochdruck-Polyäthylen eine geringere Kristallinität und Dichte. Auch im Polyvinylchlorid hat man Verzweigungen dieser Art nachgewiesen.

Übertragung zu Reglern: Die Übertragungsreaktion, die meist als unbeabsichtigte Nebenreaktion abläuft, kann man nutzen, um den Polymerisationsgrad entstehender Polymerer gezielt zu verkleinern. Zu diesem Zweck setzt man dem Reaktionsgemisch Stoffe mit großen Übertragungskonstanten zu. Diese bezeichnet man als Regler, weil sie in geringen Konzentrationen den Polymerisationsgrad auf einen bestimmten Wert einregeln. Wegen ihrer großen Übertragungskonstanten bedient man sich häufig der Merkaptane und Disulfide.

Die Übertragungskonstanten der Merkaptane sind größer als die der Disulfide. Man nimmt bei den ersteren an, daß der Radikalangriff am Wasserstoff, bei den letzteren an der Disulfid-Brücke erfolgt. Bei der industriellen Emulsions-

Tabelle (7–7): Übertragungskonstanten schwefelhaltiger Verbindungen bei 60 °C

Monomeres	Schwefelhaltige Verbindung	Übertragungskonstante
Styrol	n-Butylmerkaptan	22,0
Styrol	n-Dodecylmerkaptan	19,0
Vinylacetat	n-Butalmerkaptan	48,0
Vinylacetat	Dibutyldisulfid	1,0

polymerisation von Butadien und Styrol zur Buna-S-Erzeugung wird als Regler z. B. n-Dodecylmerkaptan eingesetzt.

Telomerisation:[1]) Ein Spezialfall des Einsatzes hochwirksamer Überträger ist die sogenannte „Telomerisation". Dabei wechselt der Wachstumsschritt eines Monomeren so häufig mit einem Übertragungsschritt ab, daß nur aus wenigen Monomerbausteinen bestehende Moleküle (Telomere) entstehen. Der Überträger wird daher zum Unterschied von den Reglern in großer Konzentration eingesetzt, meist als Lösungsmittel. Führt man die Äthylenpolymerisation in Tetrachlorkohlenstoff durch, dessen Übertragungskonstante $C_{ü} = 0{,}7$ bei 36 MPa und 70 °C beträgt, so laufen nachstehende Reaktionen ab:

$$R\cdot + CCl_4 \longrightarrow RCl + \dot{C}Cl_3$$

$$\dot{C}Cl_3 + nCH_2{=}CH_2 \longrightarrow Cl_3C(-CH_2-CH_2)_{n-1}-CH_2-\dot{C}H_2$$

$$Cl_3C(-CH_2-CH_2)_{n-1}-CH_2-\dot{C}H_2 + CCl_4 \longrightarrow Cl_3C(-CH_2-CH_2)_{n-1}-CH_2-CH_2Cl + \dot{C}Cl_3$$

Man wählt die Reaktionsbedingungen so, daß Kohlenwasserstoffe mit $n = 4$—6 entstehen. Durch chemische Umwandlung der endständigen Chloratome (Hydrolyse, Aminolyse) können die entsprechenden ω-Aminocarbonsäuren gewonnen werden. Aus der 11-Amino-undecansäure ist das Polyamid 11 zugänglich.

7.4. *Radikalische Abbruchreaktion*

Bimolekularer Abbruch von Polymerradikalen: Die radikalische Abbruchreaktion erfolgt in erster Linie durch gegenseitige Desaktivierung zweier Polymerradikale. Dabei ergeben sich zwei verschiedene Reaktionsmöglichkeiten: Kombinations- und Disproportionierungsabbruch.

$$\sim CH_2-\dot{C}HR + \dot{C}HR-CH_2\sim \longrightarrow \begin{cases} \sim CH_2-CHR-CHR-CH_2\sim \\ \sim CH{=}CHR + CH_2R-CH_2\sim \end{cases}$$

Beim Kombinationsabbruch vereinigen sich zwei Polymerradikale durch Paarung ihrer Radikalelektronen zu einem Makromolekül, das doppelt so groß wie die kinetische Kettenlänge ist, falls keine Übertragungsreaktionen auftreten. Beim Disproportionierungsabbruch entstehen zwei Makromoleküle, von denen eines eine ungesättigte Endgruppe trägt, die in vielen Fällen analytisch nachgewiesen werden konnte. Die Kombination zweier Radikale erfordert eine nur sehr kleine Aktivierungsenergie. Demgegenüber ist bei Disproportionierung ein

[1]) telos (griech.) = Ende, Ziel

größerer Betrag notwendig, da hierbei die Übertragung eines Wasserstoffatoms mit der Bildung einer neuen Doppelbindung gekoppelt ist. Diese Aktivierungsenergie beträgt beim Methylmethacrylatradikal 21 kJ/mol.

Polymerradikale, die sowohl durch Kombination als auch durch Disproportionierung abbrechen wie die des Methylmethacrylats, zeigen mit ansteigender Temperatur einen Übergang vom Kombinations- zum Disproportionierungsabbruch. Polystyrol- und auch Polyacrylnitrilradikale desaktivieren durch Kombination. Bisher hat man noch keinen vollständigen Überblick über die Abbrucharten der verschiedenen Polymerradikale.

Wegen des durch die beiden Abbruchmechanismen bedingten unterschiedlichen Kopplungsgrades der entstehenden Makromoleküle werden unterschiedliche Molmassenverteilungen und Uneinheitlichkeiten gebildet. Disproportionierungsabbruch erzeugt die „wahrscheinlichste" Verteilung mit der Uneinheitlichkeit $U_{w,n} = 1$. Bei Kombinationsabbruch wird $U_{w,n} = 0{,}5$. Falls jedoch zusätzliche Übertragungsreaktionen auftreten, nähert sich auch im zweiten Fall die Uneinheitlichkeit dem wahrscheinlichsten Wert $U_{w,n} = 1$. Die Verteilungskurven entsprechen unter idealen Reaktionsbedingungen der sog. SCHULZ-FLORY-Verteilung.

Die Abbruchreaktion ist eine sehr schnelle Reaktion mit einer Geschwindigkeitskonstanten von 10^7 bis 10^9 l/mol · s. Diese bimolekulare Reaktion erfordert natürlich, daß die beiden Reaktionspartner zueinander diffundieren. Ist diese Diffusion langsamer als die chemische Reaktion, dann ist erstere geschwindigkeitsbestimmend. Dadurch wird die Abbruchreaktion diffusionskontrolliert. Eine bimolekulare Reaktion ist immer dann diffusionskontrolliert, wenn die Geschwindigkeitskonstante und der Diffusionskoeffizient der Reaktionspartner sich etwa um den Faktor 10^{13} unterscheiden. Da der Diffusionskoeffizient der Makromoleküle ungefähr 10^{-7} cm²/s beträgt, muß man bei Radikalpolymerisationen in Lösung stets mit diffusionskontrolliertem Abbruch rechnen.

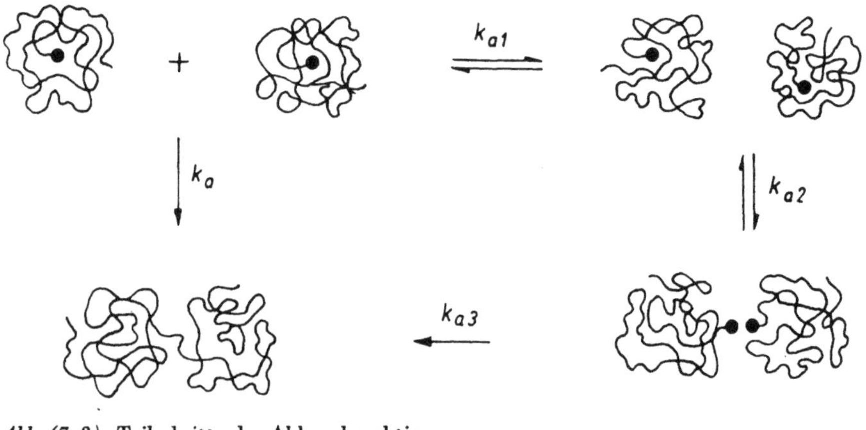

Abb. (7–2): Teilschritte der Abbruchreaktion

Man weiß heute, daß die Abbruchreaktion in 3 Teilschritten erfolgt:

- Die geknäulten Polymerradikale diffundieren zueinander (Translationsdiffusion k_{a1})
- Die Polymerradiakle orientieren sich um, so daß die reaktionsfähigen Polymerenden sich in unmittelbarer Nähe befinden (Segmentdiffusion k_{a2}),
- Die Polymerradikale gehen die schnelle chemische Abbruchreaktion ein (k_{a3}).

Wie zuerst beim Methylmethacrylat festgestellt wurde, ist die Segmentdiffusion der langsamste und damit geschwindigkeitsbestimmende Teilschritt, da die Geschwindigkeitskonstante des Abbruchs k_a umgekehrt proportional der Lösungsviskosität, aber unabhängig von der Kettenlänge der Polymerradikale ist (Abb. (7–3)).

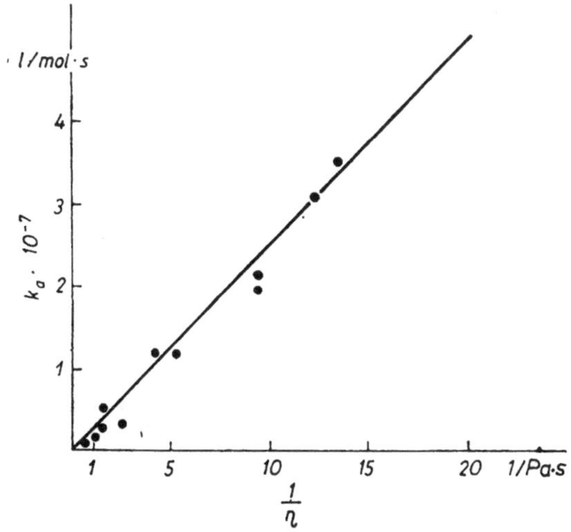

Abb. (7–3): Abhängigkeit der Abbruchkonstanten der Polymethymethacrylatradikale von der Lösungsviskosität η.

(Nach Werten von J. P. Fischer, G. Mücke u. G. V. Schulz: Ber. Bunsenges. 73 (1969), 154)

Für k_a ergibt sich daher im Medium mit der Viskosität η:

$$k_a = \frac{\text{const}}{\eta} \quad .$$

Dabei setzt man const $= k_{a0} \cdot \eta_0$, wobei k_{a0} die Geschwindigkeitskonstante des Abbruchs in einem Bezugssystem mit der Viskosität η_0 ist. Man wählt im allgemeinen das Monomere selbst als Bezugssystem.

Ein wachsendes Polymerradikal kann natürlich auch mit jedem anderen im polymerisierenden System vorhandenen Radikal eine Abbruchreaktion eingehen, z. B. mit den aus dem Initiator entstandenen Primärradikalen oder den durch Übertragung gebildeten Überträgerradikalen. Wegen ihrer im normalen Polymerisationsprozeß geringen Konzentration spielen diese Abbrucharten gegenüber der gegenseitigen Desaktivierung der Polymerradikale nur in Ausnahmefällen eine zu beachtende Rolle.

Abbruch durch Primärradikale: Nur wenn das Verhältnis von Initiator- zur Monomerkonzentration groß ist, kann Primärradikalabbruch auftreten. Das Primärradikal $R^\bullet$ hat dann die Möglichkeit, entweder ein Polymerradikal $P_n^\bullet$ zu desaktivieren oder durch Anlagerung an das Monomere die Startreaktion auszulösen.

Primärradikalabbruch $R^\bullet + P_n^\bullet \rightarrow$ totes Polymeres

Startreaktion $R^\bullet + M \rightarrow P_1^\bullet$

Die Geschwindigkeitskonstante des Primärradikalabbruchs k_{ap} ist sehr viel größer als die der Startreaktion k_{st}. Das Verhältnis k_{ap}/k_{st} beträgt beim Methylmethacrylat 10^7 und beim Vinylchlorid 10^8. Man muß daher bei Radikalpolymerisationen die Monomerkonzentration groß halten, um den Primärradikalabbruch zu unterdrücken, der den Polymerisationsgrad, aber auch die Polymerisationsgeschwindigkeit vermindert.

Abbruch durch Inhibitoren: Wie im vorigen Abschnitt bei der degradativen Übertragung erörtert, können bei Übertragungsreaktionen so stabilisierte Radikale entstehen, die auch bei großem Monomerangebot kein Wachstum auslösen, sondern nur noch Abbruchreaktion eingehen können, so daß neben dem normalen Abbruch der Polymerradikale $P_n^\bullet$

$$P_n^\bullet + P_m^\bullet \rightarrow \text{totes Polymeres}$$

auch der Abbruch mit Überträgerradikalen $X^\bullet$ signifikant wird:

$$P_n^\bullet + X^\bullet \rightarrow \text{totes Polymeres}$$

Der zusätzliche Abbruch vermindert Geschwindigkeit und Polymerisationsgrad. Stoffe, die auf diese Art die Polymerisation verzögern, bezeichnet man als Retarder. Es ist aber auch möglich, daß die durch Übertragung gebildeten Radikale sofort mit den Primärradikalen reagieren oder gestartete Ketten bereits nach wenigen Wachstumsschritten abbrechen. Dann wird die Polymerisation vollständig unterdrückt. Die entsprechenden Verbindungen werden Inhibitoren genannt. Sie werden zum Abstoppen laufender Polymerisationen oder unter dem Namen Stabilisatoren zum Verhindern spontaner Polymerisation von Monomeren benutzt. Im allgemeinen handelt es sich um aromatische Verbindungen, deren

Radikale mesomere Strukturen ausbilden können, wie z. B. Phenyl-2-naphthylamin.

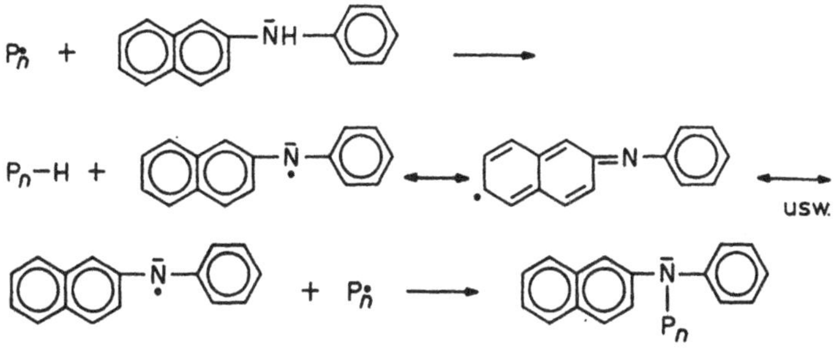

Auch substituierte Phenole können durch Übertragungsreaktionen stabilisierte Radikale bilden, die zur Unterdrückung von Radikalreaktionen, vor allem von Oxydationsprozessen bei der Alterung von Polymeren, dienen. Stabilisierte Radikale mit Inhibitorwirkung entstehen auch durch Additionsreaktionen, z. B. an Chinone.

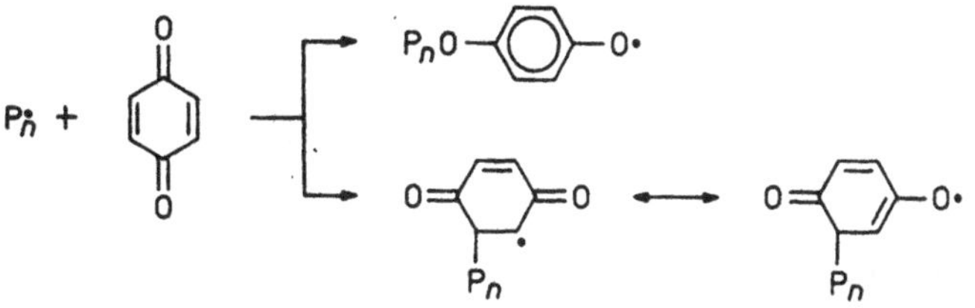

Die Wirkung des Hydrochinons als Inhibitor beruht auf seinem Gehalt an Chinon, das in Gegenwart von Luft durch Oxydation entsteht.

Auch bei der Addition von Sauerstoff in Form seines Biradikals können reaktionsträge Radikale entstehen, die polymerisationsinhibierend wirken.

$$P_n^\bullet + O_2 \longrightarrow P_n{-}O{-}O^\bullet$$

Bei einigen Monomeren (Styrol, Methylmethacrylat) ist die Bildung alternierender Copolymerer mit Sauerstoff nachgewiesen worden. Die bei diesen Reaktionen entstehenden Peroxide können bei thermischer Belastung wieder in Radikale zerfallen. Das gleiche gilt für Hydroperoxide, die durch Autoxydation von Monomeren oder anderen im System vorhandenen Stoffen entstehen. Auf dem Zerfall dieser Peroxide beruht die polymerisationsstartende Wirkung des Sauerstoffs bei der Hochdruckpolymerisation des Äthylens. Abgesehen von dieser Ausnahme, bei der der Sauerstoff genau dosiert dem Reaktionsgemisch zugesetzt wird, bemüht man sich bei Radikalpolymerisationen im Laboratorium und in der Technik, stets den Sauerstoff wegen seiner unübersichtlichen Wirkung sorgfältig auszuschließen.

In vorstehenden Beispielen wird das als Inhibitor wirkende stabile Radikal durch eine Übertragungs- oder Additionsreaktion erzeugt. Natürlich ist es auch möglich, den gleichen Effekt durch Zusatz stabiler Verbindungen mit ungepaartem Elektron zu erreichen. Für kinetische Untersuchungen wird als Inhibitor häufig Diphenylpikrylhydrazyl benutzt, dessen Lösung tief violett gefärbt ist. Sobald der Radikalzustand der Verbindung durch Abbruchreaktion desaktiviert ist, verschwindet die Färbung.

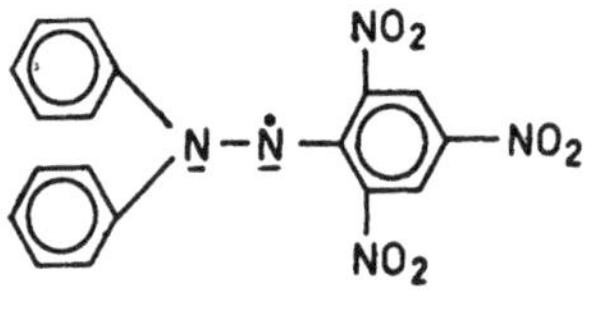

7.5. Kinetik der radikalischen Polymerisation

Die Polymerisationskinetik untersucht die Gesetzmäßigkeiten des zeitlichen Ablaufs einer Polymerisation. Die dabei experimentell meßbaren Größen sind die zeitliche Konzentrationsänderung der Reaktionspartner und daraus abgeleitet die Bruttopolymerisationsgeschwindigkeit und die mittleren Polymerisationsgrade der entstehenden Polymeren bzw. deren Verteilungen. Diese Größen ergeben sich aus den in den vorherigen Abschnitten beschriebenen Elementarreaktionen, die neben- bzw. nacheinander ablaufen. Die Aufgabe der Polymerisationskinetik ist es, einen Zusammenhang zwischen den Geschwindigkeiten der Elementarreaktionen und den experimentellen Größen zu ermitteln. Dazu ist es nötig, ein formalkinetisches Schema aufzustellen und dieses durch das Experiment zu überprüfen. Besteht zwischen beiden Übereinstimmung, ist das Schema durch unabhängige, nichtkinetische Methoden zu sichern. Die Polymerisationskinetik erlaubt auf Grund der Kenntnis der bei einer Polymerisation ablaufenden Elementarreaktionen und ihrer Geschwindigkeitskonstanten eine quantitative Beschreibung des Polymerisationsablaufes.

Unter besonderen Bedingungen, die einerseits vereinfachende theoretische Annahmen zulassen, andererseits nur in wenigen Fällen experimentell zu realisieren sind, läßt sich die Kinetik der radikalischen Polymerisation auf einfache und übersichtliche Zusammenhänge zurückführen. Diese sollen im folgenden als Kinetik unter idealen Bedingungen bezeichnet werden. Sie unterscheidet sich von der Kinetik unter nicht-idealen Bedingungen, bei der die Voraussetzungen nur noch zum Teil gültig sind und sich daher in mehr oder weniger ausgeprägtem Maße Abweichungen ergeben, wie sie bei vielen Polymerisationen festgestellt werden.

7.5.1. Kinetik unter idealen Bedingungen

Voraussetzungen: Für die Gültigkeit des nachfolgenden polymerisationskinetischen Schemas werden folgende Bedingungen vorausgesetzt:

1. Die Polymerradikale $P_n^{\bullet}$ haben unabhängig von ihrer Kettenlänge n die gleiche Reaktivität, so daß man sämtliche Wachstumsschritte mit der gleichen Geschwindigkeitskonstanten k_w beschreiben kann. Analoges gilt für die Abbruchreaktion. Diese Annahme ist insofern gerechtfertigt, weil bei einer Homopolymerisation das wachsende Kettenende vor jedem Wachstumsschritt die gleiche chemische Struktur wie danach hat. Für die Gesamtradikalkonzentration kann deshalb vereinfachend geschrieben werden:

$$\sum_{n=1}^{\infty} [P_n^{\bullet}] = [P^{\bullet}]$$

2. Da die Polymerisation zur Herstellung von Makromolekülen dient, muß deren Polymerisationsgrad sehr viel größer als eins sein. Daher ist der Verbrauch von Monomeren durch die Start- und Übertragungsreaktionen gegenüber der Wachstumsreaktion vernachlässigbar klein. Es wird nur beim Wachstum Monomeres verbraucht.

$$-d[M]/dt = v_w$$

3. Es bilden sich schnell quasistationäre Radikalkonzentrationen aus (BODENSTEIN-Prinzip). Daher ändert sich die Konzentration der Primärradikale $[R^{\bullet}]$ und der Polymerradikale $[P^{\bullet}]$ mit der Zeit nicht.

$$d[R^{\bullet}]/dt = d[P^{\bullet}]/dt = 0$$

Die Ausbildung dieser stationären Radikalkonzentration soll am Beispiel der Polymerradikale erläutert werden: Bei Reaktionsbeginn werden durch die Startreaktion v_{st} Radikale gebildet, deren Konzentration dadurch laufend ansteigt. In dem Maße aber wie sie zunimmt, setzt die bimolekulare Abbruchreaktion v_a ein, wodurch die Radikale wieder verschwinden. Da laufend Radikale nachgebildet werden, stellt sich eine stationäre Radikalkonzentration ein, für die gilt:

$$d[P^{\bullet}]/dt = v_{st} - v_a = 0$$

Setzt die Radikalbildung aus, nimmt die Radikalkonzentration nach einer Reaktion 2. Ordnung ab. Der Zeitraum zwischen Beginn der Radikalbildung und dem Erreichen der stationären Radikalkonzentration bezeichnet man als Vor- oder Inkubationsperiode. Sie beträgt bei Radikalpolymerisationen unter normalen Bedingungen etwa 2—3 Sekunden. Die Zeit nach Beendigung der Radikalbildung heißt Nachperiode (Abb. 7—4, S. 76.)

4. Sämtliche Primär- und Überträgerradikale starten Polymerketten. Daher hat die Übertragungsreaktion keinen Einfluß auf die Bruttopolymerisationsgeschwindigkeit.

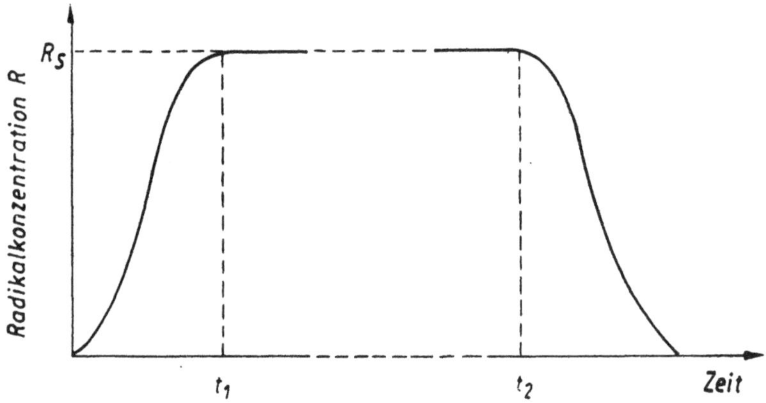

Abb. (7–4): Änderung der Radikalkonzentration mit der Zeit.

Beginn der Radikalbildung t = 0
Ende der Vorperiode t = t_1
Beginn der Nachperiode t = t_2
stationäre Radikalkonzentration R_S

Bruttopolymerisationsgeschwindigkeit: Falls der Initiator I mit der Geschwindigkeit v_d zerfällt und der Anteil f der Primärradikale $R^\bullet$ das Wachstum der Polymerradikale $P_n^\bullet$ auslöst (siehe Abschnitt 7.1.), ergeben sich auf Grund vorstehender Voraussetzungen nachfolgende Reaktionsgleichungen und Geschwindigkeitsausdrücke:

Initiatorzerfall:	$I \rightarrow 2R^\bullet$	$v_d = k_d[I]$
Startreaktion:	$R^\bullet + M \rightarrow P_1^\bullet$	$v_{st} = 2fk_d[I]$
Wachstumsreaktion:	$P_n^\bullet + M \rightarrow P_{n+1}^\bullet$	$v_w = k_w[P^\bullet]\,[M]$
Abbruchreaktion:		
(Disproportionierung):	$P_n^\bullet + P_m^\bullet \rightarrow P_n + P_m$	$v_a = 2k_a[P^\bullet]^2$

Die Bruttopolymerisationsgeschwindigkeit v_{Br} ist identisch mit der zeitlichen Abnahme der Monomerkonzentration

$$v_{Br} = -d[M]/dt$$

Wegen Voraussetzung 2 gilt:

$$v_{Br} = v_w = k_w[P^\bullet]\,[M] \tag{7–2}$$

Auf Grund der Annahme des Stationaritätsprinzips (Voraussetzung 3) und Einsetzen der Geschwindigkeitsausdrücke kann die Polymerradikalkonzentration $[P^{\bullet}]$ ermittelt werden:

$$d[P^{\bullet}]/dt = 2fk_d[I] - 2k_a[P^{\bullet}]^2 = 0$$

$$[P^{\bullet}] = (fk_d[I]/k_a)^{1/2} \tag{7-3}$$

Für die Bruttopolymerisationsgeschwindigkeit ergibt sich:

$$v_{Br} = k_w \left(\frac{fk_d}{k_a}\right)^{1/2} [I]^{1/2}[M] \tag{7-4}$$

Danach ist die Bruttopolymerisationsgeschwindigkeit proportional der Quadratwurzel aus der Initiatorkonzentration und der ersten Ordnung der Monomerkonzentration. Diese Reaktionsordnung in bezug auf die Initiatorkonzentration wird bei einer großen Anzahl von radikalischen Polymerisationen gefunden. Sie gibt letztlich Aufschluß darüber, ob die Abbruchreaktion durch weitgehend ungestörte Desaktivierung der Polymerradikale untereinander erfolgt (Abb. 7-5).

Hinsichtlich der 1. Ordnung der Monomerkonzentration werden weit häufiger Abweichungen gefunden, wie später erörtert wird.

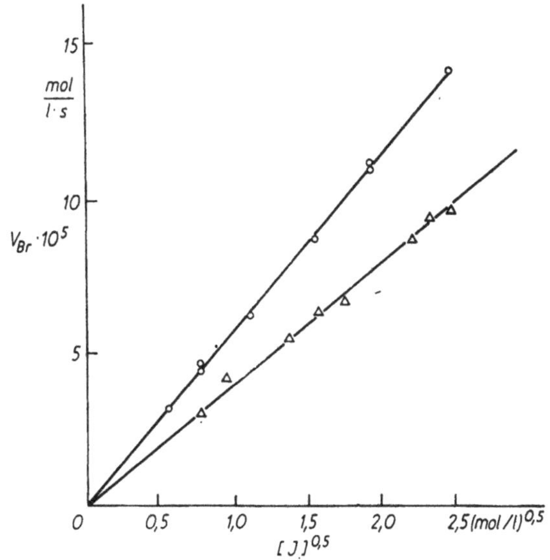

Abb. (7-5): Abhängigkeit der Bruttopolymerisationsgeschwindigkeit von der Wurzel der Initiatorkonzentration bei der Acrylnitril-Polymerisation in Dimethylformamid bei 50 °C.

o Azodiisobutyronitril
△ Dibenzoylperoxid

(Nach J. ULBRICHT: Faserforsch. Textiltechn. **10** (1959), 115)

Kinetische Kettenlänge $\varkappa$ und Polymerisationsgrad: Die kinetische Kettenlänge $\varkappa$ gibt die mittlere Zahl der auf einen Startschritt folgenden Wachstumsschritte an. Da die Schrittwahrscheinlichkeit proportional der Geschwindigkeit ist, folgt:

$$\varkappa = v_w/v_{st}$$

Danach kann $\varkappa$ durch Bestimmung des Verhältnisses von verbrauchten Monomeren zu eingebauten Initiatorbruchstücken ggf. mittels markierter Initiatoren ermittelt werden.

Wegen Voraussetzung 3 gilt auch:

$$\varkappa = v_w/v_a$$

Durch Einsetzen der Geschwindigkeitsausdrücke und unter Verwendung der Beziehung (7–2): $[P^\bullet] = v_{Br}/k_w\,[M]$ bzw. (7–3): $[P^\bullet] = (fk_d[I]/k_a)^{1/2}$ ergibt sich für den reziproken Wert der kinetischen Kettenlänge

$$\frac{1}{\varkappa} = \frac{2k_a}{k_w{}^2}\cdot\frac{v_{Br}}{[M]^2} = \frac{2(k_afk_d)^{1/2}}{k_w}\cdot\frac{[I]^{1/2}}{[M]} \tag{7–5}$$

Der zahlenmittlere Polymerisationsgrad P_n entspricht der Anzahl der Grundbausteine eines Makromoleküls. Er ergibt sich aus dem Verhältnis der Zahl der Wachstumsschritte zu der Summe der Schritte, die dieses Wachstum ab- bzw. unterbrechen, d. h. der Summe der Abbruchs- und Übertragungsschritte. Analog wie bei der kinetischen Kettenlänge folgt:

$$P_n = \frac{v_w}{v_a + \sum v_{ü}} \quad \text{bzw.} \quad \frac{1}{P_n} = \frac{v_a}{v_w} + \frac{\sum v_{ü}}{v_w}$$

Führt man die kinetische Kettenlänge $\varkappa$ ein und berücksichtigt die Art des Abbruchs durch den Faktor j, so ergibt sich

$$\frac{1}{P_n} = \frac{1}{j\varkappa} + \frac{\sum v_{ü}}{v_w} \tag{7–6}$$

wobei j den Wert 1 bei Disproportionierungs- und 2 bei Kombinationsabbruch annimmt, weil durch die Kombinationsreaktion der doppelte Wert der kinetischen Kette in den Polymerisationsgrad eingehen muß.

Falls man nur eine Art von Übertragungsreaktion, wie nachstehend formuliert, berücksichtigt:

$$P_n^\bullet + \mathrm{HX} \rightarrow P_n\text{—H} + X^\bullet \qquad v_{ü} = k_{ü}[P^\bullet]\,[\mathrm{HX}]$$

so folgt

$$\frac{1}{P_n} = \frac{1}{j\varkappa} + \frac{k_{ü}}{k_w}\cdot\frac{[\mathrm{HX}]}{[M]} \tag{7–7}$$

Da der Term $1/(j\varkappa)$ den reziproken Wert des Polymerisationsgrades in Abwesenheit des Überträgers $1/P_0$ angibt, kann man mit der Übertragungskonstanten $C_ü$ (siehe Abschnitt 7.3.) vereinfacht schreiben:

$$\frac{1}{P_n} = \frac{1}{P_0} + C_ü \frac{[HX]}{[M]} \tag{7-8}$$

Diese erstmalig von MAYO angegebene Beziehung gibt den Zusammenhang zwischen Polymerisationsgrad und der Überträger- und Monomerkonzentration an. Ist HX ein Lösungsmittel, so stellt die Gleichung die Abhängigkeit des Polymerisationsgrades von der Verdünnung des Monomeren dar.

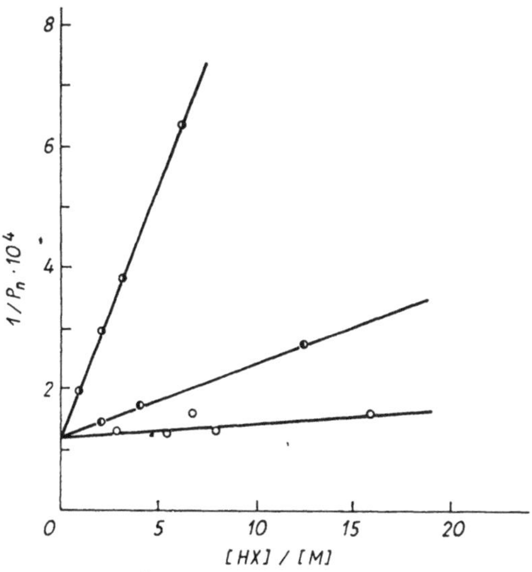

Abb. (7–6): Übertragungswirkung verschiedener Lösungsmittel bei der Styrolpolymerisation bei 60 °C.

O Benzol, ◐ Toluol, ◑ Isopropylbenzol

(Nach R. A. GREGG u. F. R. MAYO: Discuss. Faraday Soc. 2 (1947), 328)

Durch Einsetzen von Gleichung (7–5) in Gleichung (7–7) erkennt man, daß $1/P_0$ nur dann konstant ist, wenn man experimentell das Verhältnis von Initiator- zu Monomerkonzentration $[I]^{1/2}/[M]$ beim Verdünnen mit dem Lösungsmittel nicht verändert.

Einfluß von Temperatur und Druck auf Bruttopolymerisationsgeschwindigkeit und Polymerisationsgrad: Den Einfluß der Temperatur auf den Reaktionsverlauf erhält man nach ARRHENIUS aus der Temperaturabhängigkeit der Geschwindigkeitskonstante k:

$$\ln k = \ln A - (E/RT)$$

A — Frequenzfaktor, E — Aktivierungsenergie, R — Gaskonstante, T — absolute Temperatur.

Da die Bruttopolymerisationsgeschwindigkeit gemäß Gleichung (7–4) gleichzeitig von den Geschwindigkeitskonstanten k_d, k_w und k_a abhängt, ergibt sich für ihre Temperaturabhängigkeit:

$$\ln [k_w(k_d/k_a)^{1/2}] = \ln [A_w(A_d/A_a)^{1/2}] - \frac{(E_w + 0{,}5E_d - 0{,}5E_a)}{RT}$$

Danach ist die Gesamtaktivierungsenergie der Bruttopolymerisationsgeschwindigkeit E_{Br}

$$E_{Br} = E_w + 0{,}5E_d - 0{,}5E_a$$

Für Vinylmonomere und Olefine wird für die Differenz $(E_w - 0{,}5E_a)$ der Wert von ungefähr 20 kJ/mol gefunden. Erfolgt die Radikalbildung durch thermisch zerfallende Initiatoren, deren Aktivierungsenergie, wie weiter vorn mitgeteilt (Abschnitt 7.1.), 125—150 kJ/mol beträgt, ergibt sich die Gesamtaktivierungsenergie E_{Br} zu etwa 80—100 kJ/mol.

Das bedeutet, daß die Bruttopolymerisationsgeschwindigkeit bei 10 °C Temperaturerhöhung um das zwei- bis dreifache ansteigt. Auch wenn man die Startreaktion mit Systemen auslöst, die eine niedrigere Aktivierungsenergie E_d benötigen (z. B. Redoxsysteme 40—60 kJ/mol, Photoinitiatoren $\approx$ 0 kJ/mol), so erkennt man, daß mit der Temperatur die Bruttopolymerisationsgeschwindigkeit ansteigt, wenn auch in geringerem Ausmaß.

Für die Temperaturabhängigkeit des Polymerisationsgrades ergibt sich, falls keine Übertragungsreaktion erfolgt, gemäß Gleichung (7–5) eine Bruttoaktivierungsenergie E_p

$$E_p = E_w - 0{,}5E_d - 0{,}5E_a$$

Daraus läßt sich bei Benutzung eines thermisch zerfallenden Initiators für E_p ein Wert von —40 bis —50 kJ/mol ableiten. Es ergibt sich die wichtige Feststellung, daß der Polymerisationsgrad mit steigender Temperatur stark abnimmt. Bei Verwendung von Redoxsystemen ist der Temperatureinfluß auf den Polymerisationsgrad bedeutend geringer, während bei Photoinitiatoren der Polymerisationsgrad mit zunehmender Temperatur ansteigen kann. Berücksichtigt man noch den Temperatureinfluß der Übertragungsreaktion auf den Polymerisationsgrad, wobei zu beachten ist, daß die Übertragungskonstante dieser Größe umgekehrt proportional ist, so folgt für $1/C_ü = k_w/k_ü$ eine Gesamtaktivierungsenergie $E_{1/C} = E_w - E_ü$ von etwa —20 bis —80 kJ/mol. Das bedeutet, daß Übertragungsreaktionen mit steigender Temperatur stets eine Verkleinerung des Polymerisationsgrades verursachen.

Der Einfluß des Druckes p auf die Geschwindigkeitskonstante k folgt aus dem Zusammenhang

$$\frac{d \ln k}{dp} = -\frac{\Delta V^{\ddagger}}{RT}$$

$\Delta V^{\ddagger}$ ist das Aktivierungsvolumen, das die Volumenänderung der Reaktionspartner bei der Bildung des Übergangszustandes in cm³/mol angibt. Bei negativen $\Delta V^{\ddagger}$-Werten, also bei Abnahme des Aktivierungsvolumens, bewirkt Druckerhöhung Vergrößerung der Geschwindigkeitskonstante und damit auch der Geschwindigkeit. Analog wie bei der Aktivierungsenergie ergibt sich das Bruttoaktivierungsvolumen für die Bruttopolymerisationsgeschwindigkeit $\Delta V^{\ddagger}_{Br}$ und für den Polymerisationsgrad ohne Übertragung $\Delta V_P{}^{\ddagger}$:

$$\Delta V^{\ddagger}_{Br} = \Delta V_w{}^{\ddagger} + 0{,}5 \Delta V_d{}^{\ddagger} - 0{,}5 \Delta V_a{}^{\ddagger}$$

$$\Delta V_P{}^{\ddagger} = \Delta V_w{}^{\ddagger} - 0{,}5 \Delta V_d{}^{\ddagger} - 0{,}5 \Delta V_a{}^{\ddagger}$$

Betrachtet man die Aktivierungsvolumina der einzelnen Elementarreaktionen, so kommt man zu folgenden qualitativen Feststellungen: Bei thermisch zerfallenden Initiatoren muß $\Delta V_d{}^{\ddagger}$ positiv sein, weil aus einem Molekül zwei Bruchstücke entstehen, also eine Expansion im Übergangszustand erfolgen muß. Bei der Wachstumsreaktion treten die Monomermoleküle zum Polymeren zusammen. Dadurch nimmt der mittlere Abstand der Atome ab. Infolgedessen ist das Aktivierungsvolumen der Wachstumsreaktion negativ und beträgt beim Styrol etwa —13,4 cm³/mol (Äthylen: —23 cm³/mol). Während man beim Kombinationsabbruch ein negatives Aktivierungsvolumen erwarten sollte, ist es bei Disproportionierungsabbruch und bei Übertragungsreaktionen nicht ohne weiteres abzuschätzen.

Man hat festgestellt, daß die Bruttopolymerisationsgeschwindigkeiten negative Aktivierungsvolumina haben, die bei den meisten Monomeren zwischen —15 bis —20 cm³/mol liegen. Daher steigt die Bruttopolymerisationsgeschwindigkeit bei Druckerhöhung auf 100 MPa ($\approx$ 1000 atm) um das drei- bis fünffache. Obwohl der Wert für $\Delta V_P{}^{\ddagger}$ bei —20 cm³/mol liegt und damit größer als $\Delta V^{\ddagger}_{Br}$ ist, nimmt der Polymerisationsgrad mit dem Druck nicht in diesem Maße zu, offensichtlich weil mit dem Druck die Übertragungsrektionen stark ansteigen. Die Druckabhängigkeit der Polymerisation wird technisch bei der radikalischen Äthylenpolymerisation genutzt, bei der Drücke zwischen 200 und 300 MPa und Temperaturen von ungefähr 200 °C angewandt werden.

Die oben erwähnte Abnahme des Atomabstandes beim Wachstumsschritt ist makroskopisch bereits bei Normaldruck an der Volumenkontraktion, die bei einer Polymerisation stattfindet, ersichtlich, auf der das Prinzip der dilatometrischen Messung der Polymerisationsgeschwindigkeit beruht (Tabelle 7–8).

Tabelle (7–8): Volumenkontraktion bei 100%igem Umsatz verschiedener Monomerer (60 °C)

Monomeres	Monomerdichte	Polymerdichte	Volumenkontraktion in %
Acrylnitril	0,762	1,19	36,1
Methylacrylat	0,900	1,15	24,3
Vinylacetat	0,890	1,16	23,2
Styrol	0,869	1,04	14,4

7.5.2. *Kinetik unter nicht-idealen Bedingungen*

Bei Untersuchungen der Abhängigkeit der Bruttopolymerisationsgeschwindigkeit radikalischer Polymerisationen von der Initiator- und Monomerkonzentration beobachtet man entgegen des in Gleichung (7–4) geforderten Zusammenhanges oft Monomerexponenten, die größer als 1 sind und meist zwischen 1 und 2 liegen. Weniger häufig findet man Initiatorexponenten, die von 0,5 abweichen. Das beruht darauf, daß die für die ideale Kinetik geforderten Bedingungen nicht erfüllt sind. Wie in den Ausführungen über die radikalische Abbruchreaktion dargelegt (Abschnitt 7.4.), können Primärradikale oder auch stabilisierte Überträgerradikale Polymerradikale desaktivieren. Dann ist Bedingung 4 nicht erfüllt. Berücksichtigt man diese Reaktionen zusätzlich im kinetischen Schema, dann stellt man fest, daß der Monomerexponent größer als 1 und der Initiatorexponent kleiner oder größer als 0,5 werden muß.

Tabelle (7–9): Initiator- und Monomerexponenten bei verschiedenen Reaktionsbedingungen gemäß der Gleichung: $v_{Br} = k[I]^x[M]^y$

Bedingung	x	y
Ideale Kinetik	0,5	1
Primärradikalabbruch	$<$ 0,5	$>$ 1
Degradative Übertragung	$\geqq$ 0,5	$>$ 1
Diffusionskontrollierter Abbruch (homogen)	0,5	$\lesseqgtr$ 1
Heterogene Polymerisation	$>$ 0,5	$>$ 1

Es ist aber auch möglich, daß diffusionskontrollierter Abbruch in Form des Geleffektes auftritt oder daß sich wie bei der heterogenen Polymerisation bestimmter Monomerer keine stationäre Radikalkonzentration einstellt und damit die Bedingung 3 nicht erfüllt ist.

Geleffekt: Bei der Polymerisation einiger Monomerer beobachtet man mit fortschreitendem Umsatz einen Anstieg der Polymerisationsgeschwindigkeit, obwohl man infolge der abnehmenden Monomerkonzentration gemäß Gleichung (7–4) eine Geschwindigkeitsabnahme erwarten sollte. Im homogenen Medium wird diese Selbstbeschleunigung als Geleffekt (TROMMSDORFF-NORRISH-Effekt) bezeichnet. Er tritt besonders dann auf, wenn ohne Lösungsmittel, also in Substanz polymerisiert wird und das Polymere im Monomeren löslich ist. Ein typisches Beispiel ist die Methylmethacrylat-Polymerisation.

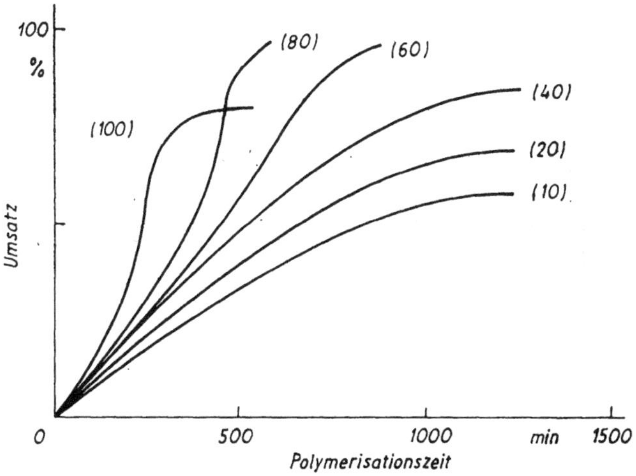

Abb. (7–7): Einfluß der Verdünnung auf die Polymerisationsgeschwindigkeit des Methylmethacrylats bei 50 °C (Die Zahlenangaben beziehen sich auf % Monomeres in Benzol).

(Nach G. V. SCHULZ u. G. HARBORTH: Makromol. Chemie 1 (1948), 106)

Setzt man steigende Mengen Lösungsmittel zu, nimmt das Ausmaß der Selbstbeschleunigung ab, um bei hinreichender Verdünnung (10% Monomeres in Benzol) den normalen Reaktionsverlauf zu zeigen. Die Selbstbeschleunigung beruht auf der Viskositätszunahme des Polymerisationsmediums mit zunehmendem Umsatz, bewirkt durch das entstehende Polymere. Dadurch wird die Abbruchgeschwindigkeitskonstante infolge Diffusionskontrolle immer kleiner (vgl. Abschn. 7.4.). Messungen zeigen, daß bei der Substanzpolymerisation von Methylmethacrylat die Geschwindigkeitskonstante bei Reaktionsbeginn $4{,}4 \cdot 10^7$ (l/mol · sec) und bei 80% Umsatz nur noch $7{,}6 \cdot 10^2$ (l/mol · sec) bei 22,5 °C beträgt. Da die Wachstumsgeschwindigkeitskonstante infolge der leichteren Beweglichkeit des Monomeren zumindest bis 50% Umsatz unbeeinflußt bleibt, weil das kleinere Molekül ohne Behinderung an das aktive Kettenende gelangt, muß gemäß Gleichung (7–4) und Gleichung (7–7) mit abnehmendem k_a die Bruttopolymerisationsgeschwindigkeit und auch der Polymerisationsgrad stark ansteigen. Letzteres bewirkt eine noch größere Viskositätserhöhung, was diesen Effekt steigert. Durch die Abnahme von k_a wird gleichzeitig die Lebenslänge der Radikale größer. Da die Startgeschwindigkeit aber konstant bleibt, ist die Bedingung 3 der stationären Radikalkonzentration nicht mehr voll erfüllt. Oberhalb 50% Umsatz wird auch die Monomerdiffusion durch das stark viskose Medium beschränkt, so daß auch k_w abnimmt. Dadurch verlangsamt sich die Reaktionsgeschwindigkeit wieder, um dann bei 80—90% Umsatz infolge Unbeweglichkeit aller Reaktionspartner zum Stillstand zu kommen.

Alle Effekte, die die Beweglichkeit bzw. die Diffusionsmöglichkeit der Polymerradikale erhöhen, vermindern den Geleffekt, wie z. B. der Zusatz von Lösungsmitteln, Überträgern oder Temperaturerhöhung (siehe Abb. 7–7). Überträger vermindern die Molmasse der entstehenden Polymeren und setzen somit die Viskosität des Mediums herab. Entsprechend ist bei den verschiedenen Monomeren die Neigung für den Geleffekt unterschiedlich. Monomere mit großen Übertragungskonstanten, wie Vinylacetat, zeigen ihn weniger ausgeprägt als Methylacrylat oder Styrol. Natürlich hat der Geleffekt einen Einfluß auf die formale Ordnung der Reaktionsgeschwindigkeit in bezug auf die Reaktionspartner, wie Tabelle (7–9) ausweist.

Heterogene Polymerisation: Eine Polymerisation, bei der die wachsenden Polymerradikale von den löslichen in den unlöslichen Zustand übergehen, bezeichnet man als heterogene Polymerisation. Das Polymere fällt in fester bzw. gequollener Form aus der flüssigen (oder ggf. auch gasförmigen) Monomerphase aus. Voraussetzung ist dabei, daß das Polymere im Monomeren oder im verwendeten Lösungsmittel unlöslich ist. Zahlreiche in der Technik durchgeführte Polymerisationen sind heterogen, wie die des Acrylnitrils, Vinylchlorids, Vinylidenchlorids, Trifluorchloräthylens u. a.

Kennzeichnend für diesen Polymerisationsverlauf ist die Beschleunigung der Reaktionsgeschwindigkeit, die einsetzt, sobald das Polymere auszufallen beginnt (siehe Abb. (7–8)). Bei einigen Monomeren, wie z. B. Acrylnitril, nimmt man an, daß wachsende Polymerradikale im ausfallenden Polymeren eingeschlossen werden (= Okklusionstheorie). Dadurch sind diese Radikale, ähnlich wie beim Geleffekt, in ihrer Beweglichkeit behindert und der bimolekulare Abbruch stark eingeschränkt. Deshalb nimmt bei konstanter Startgeschwindigkeit die Zahl der aktiven Polymerradikale ständig zu, und es stellt sich keine stationäre Radikalkonzentration ein. Andererseits kann das Monomere durch das Polymerknäuel zu den aktiven Kettenenden diffundieren, so daß das Wachstum weiter geht. Dadurch bleibt trotz abnehmender Monomerkonzentration die Bruttopolymerisationsgeschwindigkeit teilweise bis zu 50% Umsatz konstant. Die im ausfallenden Polymeren eingeschlossenen Radikale haben eine lange Lebensdauer. Unter Sauerstoffausschluß lassen sie sich nach Polymerisationsende noch im festen Polyacrylnitril ESR-spektroskopisch nachweisen.

Den Anstieg des Initiatorexponenten des Geschwindigkeitsgesetzes bei der Acrylnitril-Polymerisation auf den Wert von 0,8 läßt sich mit der Vorstellung der Okklusionstheorie dadurch erklären, daß man den extremen Radikaleinschluß formalkinetisch als eine Reaktion 1. Ordnung ansehen kann.

Auch hier bewirken Maßnahmen, die das Ausmaß des Radikaleinschlusses herabsetzen, einen Übergang zum normalen Polymerisationsverhalten, z. B. der

Zusatz von Lösungsmitteln für das Polymere (Abb. (7–8)) oder von Überträgern, die so starke Polymerkettenverkürzung bewirken, daß die Radikale aus dem Polymerknäuel herausdiffundieren.

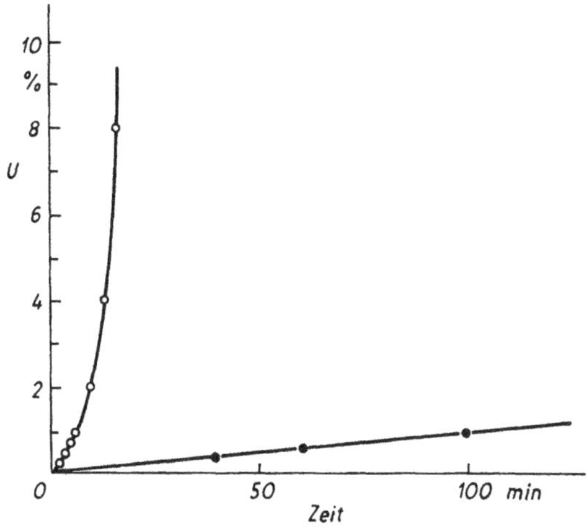

Abb. (7–8): Acrylnitril-Polymerisation in Substanz und Lösung bei 60 °C mit $2{,}7 \cdot 10^{-2}$ mol/l Dibenzoylperoxid.

- o ohne Lösungsmittel
- • mit Lösungsmittel (80 Vol.-% Dimethylformamid)

(Nach Werten von C. H. Bamford u. A. D. Jenkins: Proc. Roy. Soc. (London) *A* **216** (1953), 515)

Beim Vinylchlorid kommt es infolge der starken Monomerübertragung nicht zum Radikaleinschluß im ausfallenden Polymeren. Man hat in diesem Fall zur kinetischen Beschreibung des Reaktionsverlaufes Vorstellungen entwickelt, die den Geleffekt mit der bei der heterogenen Polymerisation auftretenden Phasentrennung verknüpft.

Abweichungen von der idealen Kinetik der radikalischen Polymerisation treten auch bei der Emulsionspolymerisation auf. Sie beruhen auf dem besonderen physikalischen Zustand, der in der Emulsion herrscht, wie im folgenden Abschnitt 7.6. ausführlich erörtert wird.

7.6. *Polymerisationsverfahren*

Man kann Polymerisationen unter verschiedenen Reaktionsbedingungen durchführen, wobei Monomeres, Polymeres und Lösungsmittel eine homogene Phase oder zwei oder drei getrennte Phasen bilden können. Deshalb unterscheidet man im Laboratorium und in der Technik verschiedene Polymerisationsverfahren. Die radikalische Polymerisation zeigt dabei die größte Variationsbreite.

Substanz- oder Massepolymerisation: Es wird das reine, flüssige oder gasförmige oder das im überkritischen Druckbereich befindliche Monomere polymerisiert, wobei das entstehende Polymere in Lösung bleibt (z. B. Styrol, Methylmethacrylat) oder ausfallen kann (z. B. Acrylnitril, Vinylchlorid).

Der Vorteil dieser Methode beruht auf der Reinheit des anfallenden Polymeren, das nur vom nicht umgesetzten Monomeren befreit werden muß. Komplikationen treten im homogenen Medium durch den Geleffekt oder bei heterogenen Bedingungen durch das ausfallende Polymere auf, die das Abführen der Reaktionswärme erschweren, zumal diese Effekte bevorzugt an den Kühlflächen auftreten. Das kann unter Umständen dazu führen, daß die Reaktion thermisch nicht mehr unter Kontrolle gehalten werden kann (Wärmeexplosion). In der Technik werden verschiedene Maßnahmen ergriffen, um diese Schwierigkeiten zu umgehen, z. B. durch Polymerisation bis zu niedrigen Umsätzen und Rückführung des Monomeren (Polyäthylen) oder Trennung des Prozesses in eine Vorpolymerisation mit hinreichendem Wärmeaustausch im Rührkessel und langsamer Nachpolymerisation im Strömungsrohr (Polystyrol-Turmverfahren) oder Aufrechterhalten der Wärmeaustauschflächen durch mechanische Rühreinrichtungen (Extruderpolymerisation).

Lösungspolymerisation: Das Monomere wird in einem Lösungsmittel polymerisiert, das das Polymere löst, die Abführung der Reaktionswärme gewährleistet, den Geleffekt verhindert und durch Übertragungsreaktionen gegebenenfalls den Polymerisationsgrad herabsetzt. Der Nachteil des Verfahrens beruht darin, daß man das Lösungsmittel abtrennen muß, falls man das feste Polymere isolieren will. Das Abdestillieren des Lösungsmittels wird durch die steigende Viskosität der sich dabei konzentrierenden Lösung sehr erschwert. Daher bedient man sich des Verfahrens in der Technik nur dann, wenn man das gelöste Polymere verarbeitet, wie z. B. bei der Lackherstellung oder beim Verspinnen aus Lösung (Lösungspolymerisation des Acrylnitrils).

Fällungspolymerisation: Hier ist das Monomere, nicht aber das Polymere im Reaktionsmedium löslich, so daß das Polymere bei der Reaktion ausfällt. Man verwendet Wasser (Acrylnitril) oder Alkohole (Styrol) als Lösungs- und Fällmittel, das die Reaktionswärme abführt. Dabei treten die bei der heterogenen Polymerisation erörterten Phänomene auf (Beschleunigungsperiode, nicht stationäre Radikalkonzentration usw.). Der Vorteil des Verfahrens beruht auf dem leichten Abtrennen der gebildeten Polymeren durch Filtrieren oder Zentrifugieren. Im Grunde gehören auch die Substanzpolymerisationen von Monomeren, die ihre Polymeren nicht lösen, zum Typ der Fällungspolymerisation.

Suspensionspolymerisation: Das im Lösungsmittel unlösliche Monomere, das den gelösten Initiator enthält, wird in diesem Lösungsmittel suspendiert. Bevorzugt wird dazu Wasser verwendet. Durch das Phasenverhältnis und die Rührgeschwindigkeit kann man die Größe der sich bildenden kugelförmigen Suspensionströpfchen einstellen, deren Durchmesser zwischen 0,01 bis 0,5 cm liegen. Bei größeren Tröpfchen spricht man von Perlpolymerisation.

Um eine Wiedervereinigung des Monomeren zu größeren Phasen zu vermeiden, muß man auch bei hinreichender Rührung Suspensionsstabilisatoren zusetzen. Diese bilden eine Schicht um die Tröpfchen und bewirken eine elektrostatische Abstoßung der Teilchen. Als Suspensionsstabilisatoren verwendet man wasserlösliche organische Polymere, wie Polyvinylalkohol, Methylcellulose, Gelatine und wasserunlösliche anorganische Verbindungen, wie Magnesiumsilikate, Kaolin, Bariumsulfat, Aluminiumhydroxide u. a.

Innerhalb der Suspensionströpfchen spielt sich je nach der Art des Monomeren eine Lösungs- oder Fällungspolymerisation ab. Durch die umgebende wäßrige Phase ist eine hinreichende Wärmeabfuhr gesichert. Bei der Polymerisation wandelt sich das flüssige Tröpfchen in ein festes Suspensionspartikel um, das leicht abgetrennt, gewaschen und getrocknet werden kann. Nach diesem in der Technik in großem Maßstab angewandten Verfahren werden Vinylchlorid, Styrol, Vinylacetat, Methylmethacrylat sowie deren Copolymerisate u. a. polymerisiert.

Emulsionspolymerisation: Das Verfahren der Polymerisation in Emulsion ist dem in Suspension ähnlich, denn es wird ein wasserunlösliches Monomeres in wäßriger Phase polymerisiert. Der Unterschied besteht darin, daß das Monomere mittels eines Emulgators in das Wasser eingebracht und im allgemeinen ein wasserlöslicher Initiator benutzt wird.

Emulgatoren sind organische Verbindungen, die sich aus einem hydrophilen und einem hydrophoben Rest zusammensetzen, wobei man ionische und nichtionische Emulgatoren unterscheidet. Anionische Emulgatoren sind Seifen, bestehend aus einem Alkalisalz der Säure eines hinreichend großen aliphatischen oder aromatischen Kohlenwasserstoffs, wie Alkylsulfonate (Natriumlaurylsulfonate), Aralkylsulfonate (Natrium-diisobutylnaphthalinsulfonat = Nekal) oder Salze von Harzsäuren (Kalium-dehydroabietinsäure = Dresinate).

Nicht-ionische Emulgatoren sind hydrophile Polymere, wie Hydroxyäthylcellulose, Polyvinylalkohol oder Derivate des Polyäthylenoxids.

In 1 bis 5%iger wäßriger Lösung bilden die Emulgatoren sogenannte Mizellen aus, das sind kugel- oder stäbchenförmige Anordnungen, bei denen sich die Moleküle so nebeneinander lagern, daß die hydrophilen Gruppen sich nach der wäßrigen Phase ausrichten. Diese Emulgatorlösungen sind in der Lage, Kohlenwasserstoffe, wie z. B. Monomere, in sich aufzunehmen, deren Menge beträchtlich größer ist als die Löslichkeit der Kohlenwasserstoffe in Wasser. Bei diesem als Solubilisation bezeichneten Vorgang gelangen in das Innere einer Mizelle bis zu 100 Monomermoleküle. In einen Teil der Mizellen gelangen keine Monomeren, während gleichzeitig Monomeres in Form von Monomertröpfchen, umgeben von einer Schicht von Emulgatormolekülen, vorliegt.

Zu Beginn einer Emulsionspolymerisation kann man in der wäßrigen Phase verschiedene Teilchen unterscheiden (Abb. (7–9)):

- durch Emulgator stabilisierte Monomertröpfchen mit einem mittleren Durchmesser von etwa 1500 nm
- Emulgatormizellen mit Monomeren und einem mittleren Durchmesser von etwa 5 nm
- Emulgatormizellen ohne Monomeres mit einem mittleren Durchmesser von etwa 4 nm

Die wäßrige Phase enthält neben wenig Monomermolekülen den wasserlöslichen Initiator, meist in Form eines Redoxsystems, aus 2 oder 3 Komponenten bestehend, sowie häufig noch einen Puffer zur Stabilisierung des pH-Wertes, der ebenfalls aus mehreren Substanzen zusammengesetzt ist. Falls es notwendig ist, noch einen Regler zuzusetzen, wie bei der Butadien-Polymerisation, besteht der Reaktionsansatz aus 10 verschiedenen Komponenten.

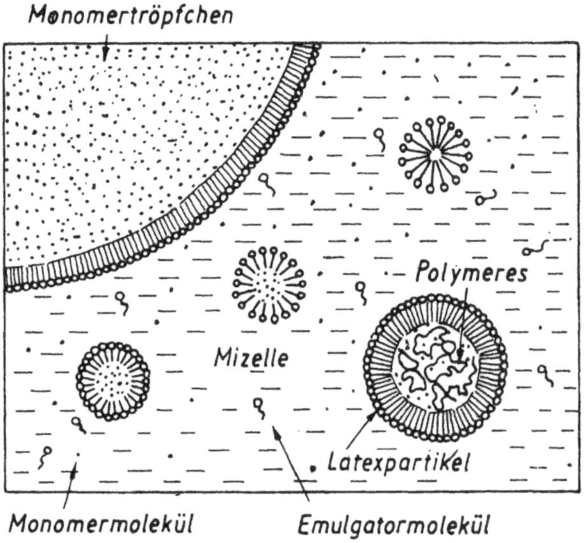

Abb. (7–9): Schematische Darstellung der Emulsionspolymerisation.

Die in der wäßrigen Lösung gebildeten Primärradikale lösen die Polymerisation des Monomeren in den Mizellen, in die sie eindringen, aus. Es wäre auch denkbar, daß sie auf die Monomertröpfchen stoßen und dort startend wirken. Aber die Wahrscheinlichkeit eine Mizelle anzutreffen ist sehr viel größer, weil diese im 10^7 bis 10^8-fachen Überschuß vorliegen. Das in der Mizelle vorhandene Monomere wird dabei in Polymeres umgewandelt, wobei das verbrauchte Monomere durch Nachdiffusion über die wäßrige Phase aus den Monomertröpfchen ersetzt wird. Deshalb muß das Monomere eine gewisse, wenn auch sehr geringe Wasserlöslichkeit haben. Das Polymerradikal wächst so lange, bis ein neues Radikal in die Mizelle eindringt. Infolge ihrer geringen Ausdehnung tritt sofort Abbruchreaktion ein, und die Polymerisation kommt in der betrachteten Mizelle zum Stillstand. Beim erneuten Eindringen eines Radikals beginnt die Polymerisation in dieser Mizelle von neuem. Dadurch, daß ständig Monomeres nachgeliefert und in Polymeres umgewandelt wird, bildet sich unter Vergrößerung der Mizelle ein Polymerpartikel, das Monomeres enthält und als Latexteilchen bezeichnet wird. Die sich vergrößernde Oberfläche des Latexteilchens erfordert zur Bedeckung eine ständig steigende Menge an Emulgatormolekülen. Zwar nimmt die Oberfläche der Monomertröpfchen allmählich ab, wobei Emulgator von der Oberfläche frei wird, aber man muß bedenken, daß zu Reaktionsbeginn, durch das Eindringen der Primärradikale in ständig neue mit Monomeren gefüllte Mizellen, sich eine Vielzahl von Latexteilchen gebildet haben. Durch deren Vergrößerung und Bedeckung mit Emulgator wird davon so viel verbraucht, daß die noch vorhandenen Mizellen verschwinden. Dadurch wird die kritische Mizellenkonzentration unterschritten, die die Emulgatorkonzentration angibt, die notwendig ist, um leere Mizellen im Gleichgewicht zu halten. Das Unterschreiten dieser Konzentration bewirkt einen sprunghaften Anstieg der Oberflächenspannung des Systems.

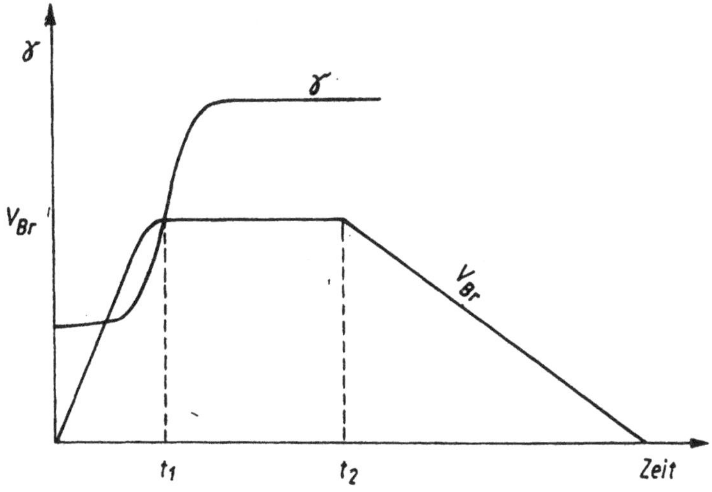

Abb. (7–10): Schematische Darstellung der Zeitabhängigkeit von Bruttopolymerisationsgeschwindigkeit v_{Br} und Oberflächenspannung γ bei der Emulsionspolymerisation.

Sind keine Mizellen mehr vorhanden, können auch keine neuen Latexteilchen mehr gebildet werden. Damit ist zur Zeit t_1 die erste Phase der Emulsionspolymerisation beendet, die infolge der ständigen Bildung neuer Latexteilchen durch ein starkes Ansteigen der Polymerisationsgeschwindigkeit gekennzeichnet ist.

In der folgenden zweiten Phase der Emulsionspolymerisation bleibt die Zahl der Latexteilchen konstant. Ihre Größe nimmt aber ständig durch weitere Polymerisation zu, wobei das Monomere aus den Monomertröpfchen nachgeliefert wird. Dadurch bleibt auch die Monomerkonzentration in den Latexteilchen und damit die Polymerisationsgeschwindigkeit konstant, bis sämtliche Monomertröpfchen zur Zeit t_2 verbraucht sind. Dann polymerisiert in der dritten Phase nur noch das in den Latexteilchen vorhandene Monomere mit abnehmender Geschwindigkeit.

Zur quantitativen Beschreibung dieses Reaktionsverlaufes nimmt man die Gültigkeit der radikalischen Polymerisationskinetik an, wobei sich die Polymerisation in den Latexteilchen abspielt. Danach ist die Polymerisationsgeschwindigkeit in den Latexteilchen:

$$v_{Br,L} = k_w[P^\bullet]_L[M]_L$$

wo $[P^\bullet]_L$ und $[M]_L$ die Radikal- bzw. Monomerkonzentration in den Latexteilchen ist.

Nach der oben beschriebenen Vorstellung erfolgt beim Eintritt eines zweiten Radikals in ein Latexteilchen sofort Abbruch. Bei einer normalen Emulsionspolymerisation dringt etwa aller 10 Sekunden ein Radikal in ein Latexteilchen ein. Infolgedessen wechselt aller 10 Sekunden eine Polymerisationsperiode mit einer gleich großen Periode, in der keine Polymerisation stattfindet. Mittelt man über einen hinreichend langen Zeitraum, so befindet sich ständig ein halbes Radikal im Latexteilchen, so daß wegen $[P^\bullet]_L = 1/2$ folgt

$$v_{Br,L} = \frac{k_w}{2}[M]_L$$

Betrachtet man die Bruttopolymerisationsgeschwindigkeit $v_{Br,E}$ im cm^3 der Emulsion, so muß man den vorstehenden Ausdruck mit der Zahl N der Latexteilchen pro cm^3 multiplizieren und die Konzentration in molare Einheiten durch Division mit der LOSCHMIDTschen Zahl N_L umrechnen:

$$v_{Br,L} = \frac{k_w}{2}\frac{N}{N_L}[M]_E \tag{7-9}$$

wo $[M]_E$ die Monomerkonzentration pro cm^3 Latexteilchen ist. Auf Grund dieses Zusammenhanges kann man bei bekannter Teilchenzahl N relativ leicht den absoluten Wert der Geschwindigkeitskonstante k_w bestimmen.

Die Polymerisationsgeschwindigkeit in einer Emulsion wird also von der Teilchenzahl und der Monomerkonzentration, nicht aber unmittelbar von der Startgeschwindigkeit bestimmt. Ist die Teilchenzahl konstant, wie in der 2. und 3. Phase der Emulsionspolymerisation, so ist die Geschwindigkeit nur von der Monomerkonzentration in den Latexteilchen abhängig. Bleibt diese von der Zeit t_1 an konstant, wie in der 2. Phase durch Nachdiffusion des Monomeren aus den Monomertröpfchen, so ändert sich auch die Geschwindigkeit $v_{Br,E}$ nicht. Kommt zur Zeit t_2 die Nachdiffusion zum Stillstand, dann reagiert die Geschwindigkeit nach einer Reaktion 1. Ordnung ab. Diesen Zusammenhang hat man bei der Styrol-Polymerisation gefunden.

Der Polymerisationsgrad P_n, der in einem Latexteilchen entsteht, ergibt sich aus dem Verhältnis der Wachstumsgeschwindigkeit in den Latexteilchen $v_{W,L} = k_w[M]_L$ zu der Eintrittsgeschwindigkeit ϱ der Radikale in die Latexteilchen:

$$P_n = \frac{k_w\,[M]_L}{\varrho}$$

Dringen sämtliche Primärradikale in Latexteilchen ein, dann gilt $\varrho = v_{R,E}/N$, wo $v_{R,E}$ die Bildungsgeschwindigkeit der Primärradikale in einem cm^3 Emulsion ist. Danach folgt für den Polymerisationsgrad:

$$P_n = \frac{k_w\, N}{v_{R,E} N_L}\, [M]_E \tag{7-10}$$

Der Polymerisationsgrad ist also zum Unterschied von der Bruttopolymerisationsgeschwindigkeit unmittelbar mit der Startgeschwindigkeit verknüpft.

Von zentraler Bedeutung ist die Zahl N der Latexteilchen, die von der Zahl der in die Mizelle eindringenden Primärradikale und damit von der Emulgatorkonzentration abhängen muß.

Nach SMITH und EWART berechnet sich

$$N = k \left(\frac{\varrho}{\mu}\right)^{0,4} (a[E])^{0,6} \tag{7-11}$$

wo $k = \text{const.}$, μ die Wachstumsgeschwindigkeit des Latexteilchens, die proportional der Wachstumsgeschwindigkeit der Monomeren ist, ϱ die Eintrittsgeschwindigkeit der Radikale in die Latexteilchen und somit der Startgeschwindigkeit proportional, a die Oberfläche in cm^2, die von einem Gramm Emulgator bedeckt wird, und E die Emulgatorkonzentration in mol/cm^3.

Daraus folgt, daß die Teilchenzahl N sein muß:

$$N \sim [I]^{0,4}\, [E]^{0,6} \text{ (nach SMITH-EWART)}$$

Infolgedessen kann man die Teilchenzahl sowohl durch Vergrößerung der Initiatorkonzentration als auch der Emulgatorkonzentration erhöhen. Durch beide Konzentrationen kann man gemäß der Gleichungen (7–9) und (7–11) die Polymerisationsgeschwindigkeit $v_{Br,E}$ steigern und entsprechend nach Gleichung (7–10) den Abfall des Polymerisationsgrades durch Erhöhung der Emulgatorkonzentration kompensieren. Hier liegt der praktische Vorteil des Verfahrens. Man kann bei relativ großen Polymerisationsgeschwindigkeiten große Polymerisationsgrade erreichen, wobei die Reaktion im wäßrigen Medium die Abführung der Reaktionswärme erleichtert.

Der oben angegebene Zusammenhang hat sich bisher im wesentlichen nur beim Styrol als gültig erwiesen. Monomere, deren Wasserlöslichkeit größer als die des Styrols ist, wie Vinylchlorid, Methylmethacrylat, Vinylacetat, Acrylnitril u. a. und bei denen das Polymere im Monomeren unlöslich ist (Vinylchlorid, Acrylnitril), zeigen deutliche Abweichungen. Von den neueren Theorien, die diese Problematik behandeln, hat die von MEDVEDEW besondere Bedeutung, weil sie in vielen Fällen bessere experimentelle Übereinstimmung als die von SMITH und EWART ergibt. Wesentlich ist dabei, daß der Reaktionsort die Oberfläche und nicht das Innere des Latexteilchens ist, weil man annimmt, daß das Radikal nicht in das Innere wegen der dort herrschenden großen Viskosität eindringen kann. Die Teilchenzahl N ist daher stark abweichend von der oben angeführten Theorie proportional der 3. Potenz der Emulgatorkonzentration

$$N \sim [E]^3 \quad \text{(nach MEDVEDEW)}$$

Trotz dieses großen Unterschiedes ist die Differenz der Ordnungen der Bruttopolymerisationsgeschwindigkeit in bezug auf die Initiator- und Emulgatorkonzentration gering und experimentell schwer erfaßbar.

$$\text{SMITH-EWART:} \quad v_{Br} \sim [I]^{0,4} \, [E]^{0,6}$$

$$\text{MEDVEDEW:} \quad v_{Br} \sim [I]^{0,5} \, [E]^{0,5}$$

Die Emulsionspolymerisation hat große praktische Bedeutung. Auf die Vorteile des Verfahrens, die in der großen Reaktionsgeschwindigkeit bei angemessenen Molmassen und günstiger Abführung der Reaktionswärme liegen, wurde bereits hingewiesen. Falls man den bei der Reaktion anfallenden Latex nicht direkt anwenden kann (Lacke, Kleber, Beschichtungs- und Ausrüstungsmaterial u. a.), bereitet die Abscheidung des festen Polymeren aus dem Latex Schwierigkeiten. Man muß entweder durch Säure- oder Elektrolytzusatz den Latex koagulieren, wie bei der Herstellung von Copolymerisaten des Butadiens mit Styrol, oder man verdampft das Reaktionswasser, wie bei der Polyvinylchlorid-Produktion, wobei sämtliche Rückstände der Polymerisationshilfsmittel im Polymeren verbleiben, was sich nachteilig auf die thermische Stabilität des Polymeren auswirkt. Für die Emulsionspolymerisation im technischen Maßstab eignen sich praktisch alle radikalisch polymerisierbare Monomere geeigneter Löslichkeit wie Butadien, Styrol, Vinylchlorid, Vinylacetat, Methylmethacrylat, Methylacrylat u. a.

Gasphasenpolymerisation: Die radikalische Polymerisation von gasförmigen Monomeren ist möglich, wenn es gelingt, in der Gasphase Radikale zu erzeugen, z. B. durch Strahlung. Da das wachsende Polymerradikal wie bei der heterogenen Polymerisation in fester Form ausfällt, findet die Polymerisation in diesen festen Partikeln statt. Dabei diffundiert das Monomere aus der Gasphase nach, weil das Polymere im allgemeinen eine große Adsorptions- und Absorptionsfähigkeit für das Monomere hat. Die Polymerisationsgeschwindigkeit wird deshalb von der Geschwindigkeit der Monomerzufuhr aus der Gasphase an die aktiven Polymerradikale in der festen Phase bestimmt.

Im technischen Maßstab kann man den Polymerisationsprozeß in einem Wirbelbett durch einen entsprechenden Gasstrom des Monomeren aufrecht erhalten. In dieses können auch thermisch zerfallende Initiatoren eingebracht werden. Die Wärmeabfuhr erfolgt durch das nicht umgesetzte gasförmige Monomere, das im Kreislauf geführt wird. Der Vorteil des Verfahrens beruht in dem in reiner und trockener Form anfallenden Polymeren. Praktische Bedeutung hat dieses Verfahren bisher nicht bei der radikalischen, sondern bei der koordinativen Polymerisation des Äthylens gefunden.

Polymerisation im kristallinen Zustand: Die Polymerisation kristalliner Monomerer, die nur unter besonderen Bedingungen durch in Radikale zerfallende Initiatoren bewirkt werden kann, wird im allgemeinen durch energiereiche Strahlung ausgelöst. Dabei ist der Wachstumsmechanismus von der Art der Monomeren abhängig. Man nimmt an, daß diejenigen Monomeren, die nur ionisch polymerisierbar sind, wie Trioxan, Propiolakton, Diketene u. a. über Ionen polymerisieren, während Acrylamid, Acrylsäure und ihre Salze, Vinylcarbazol u. a. radikalisch wachsen. Der Nachweis dieser Radikale im festen Medium ist durch Elektronenspinresonanz leicht zu erbringen. Die Polymerisationsgeschwindigkeit ist von der Kristallgitterstruktur, aber auch von den Gitterdefekten abhängig. Wegen der Unbeweglichkeit der wachsenden Ketten ist die Abbruchwahrscheinlichkeit sehr gering, so daß man mit großen Radikalkonzentrationen in der Größenordnung von 10^{-4} mol/*l* arbeiten kann gegenüber 10^{-8} mol/*l* bei der Lösungspolymerisation. Die Wachstumsreaktion des Monomeren geht sehr langsam vor sich. Beim Acrylamid erfordert ein Additionsschritt 10 Sekunden gegenüber 10^{-4} Sekunden bei normaler Polymerisation.

Bei dieser Polymerisation im kristallinen Zustand entstehen häufig ataktische Polymere, was auf ein ungeordnetes Wachstum im Gitter hindeutet. Man muß annehmen, daß für den Wachstumsschritt die Monomermoleküle ihre Gitterplätze verlassen und sich aufeinander zubewegen müssen, weil der Abstand zweier Monomerer im Gitter 0,35—0,4 nm beträgt, derjenige der Kohlenstoffatome des gebildeten Polymeren aber nur 0,14 nm. Es muß sich infolgedessen nach einer größeren Anzahl von Wachstumsschritten ein Hohlraum um das aktive Kettenende ausbilden, von dessen Wänden die Monomermoleküle in das Innere diffundieren. Daher sind die Monomeren sterisch ungeordnet in das Makromolekül eingebaut, obwohl sie vorher im Gitter geordnet waren.

Bei einigen cyclischen Monomeren wie Trioxan beobachtet man im kristallinen Zustand bei Bestrahlung eine sehr schnelle ionische Polymerisation unter Bildung

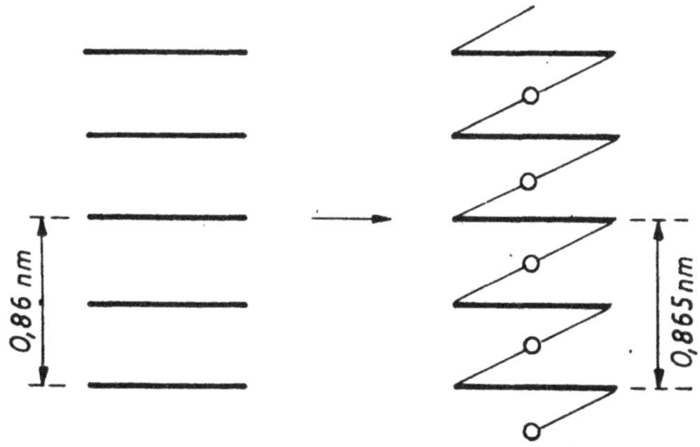

Abb. (7-11): Bildung einer Polymerhelix aus im Kristallgitter übereinander angeordneten Monomeren des Trioxans.

O = Sauerstoffatom

hochorientierter faserähnlicher Polymerer. Hier ist die Gitterstruktur so günstig, daß nur eine leichte Drehung des aktiven Endes des sich öffnenden Ringes notwendig ist, um das nächste Monomermolekül zu erreichen. Dabei bildet sich eine Polymerhelix aus.

8. Radikalische Copolymerisation

Polymerisiert man eine Mischung von Monomeren radikalisch, so entstehen im allgemeinen Polymere, die aus allen an der Reaktion beteiligten Monomeren aufgebaut sind. In Abhängigkeit von der Art der Monomeren und der Durchführung der Polymerisation können verschiedene Copolymere entstehen, deren typische Vertreter im Abschnitt 4.1. bereits genannt worden sind.

Die gleichzeitige Polymerisation zweier Monomerer, die man als simultane Copolymerisation bezeichnet, führt bei einem radikalischen Mechanismus zu alternierenden oder statistischen Copolymeren. Es ist aber auch möglich, die beiden Monomeren nacheinander getrennt zu polymerisieren, so daß zuerst ein Homopolymeres und anschließend ein Pfropfcopolymeres entsteht. Unter der Voraussetzung, daß das zweite Monomere nur an den Endgruppen des zuerst gebildeten Polymeren aufwächst, können auf diese Art Blockcopolymere gewonnen werden. Dieses läßt sich jedoch durch radikalische Polymerisation bisher nur schwer realisieren, so daß die Blockcopolymerisation eine Domäne der ionischen Polymerisation ist (siehe Abschnitt 9.2.5.).

Die radikalische Copolymerisation hat große theoretische und praktische Bedeutung. Auf Grund der Abhängigkeit der Copolymerenzusammensetzung vom Monomermischungsverhältnis kann man Aussagen über die Struktur und Reaktivität der beteiligten Monomeren bzw. deren Radikale machen. Andererseits gibt die Vielzahl der Kombinationsmöglichkeiten in bezug auf Art und Menge der Comonomeren die Möglichkeit, die Zusammensetzung der Copolymeren in außerordentlicher Breite zu variieren. Da die Eigenschaften der Polymeren in

Tabelle (8–1): Auswahl einiger wichtiger durch radikalische Polymerisation technisch erzeugter Copolymerer

Copolymeres	%, Anteil des ersten Monomeren	Bemerkungen
Äthylen-Vinylacetat	80—60	Thermoplast
Vinylchlorid-Vinylacetat	97—80	
Vinylchlorid-Propylen	97—95	
Styrol-Acrylnitril	75	
Butadien-Styrol	75	Elastomer
Butadien-Acrylnitril	67	
Acrylnitril-Vinylacetat	90	Faserrohstoff
Acrylnitril-Methacrylat	90	
Styrol-Divinylbenzol	92—90	vernetztes Gel

erster Linie von ihrer chemischen Zusammensetzung abhängen, ist die Copolymerisation eine heute in der Technik in breitem Maße angewandte Methode zur Modifizierung von Polymeren. So läßt sich z. B. das Polyäthylen durch steigenden Einbau von Vinylacetat von einem harten Thermoplast in ein zunehmend weiches elastisches Produkt umwandeln. Der Zweck der Modifizierung ist sehr unterschiedlicher Art. Man kann eine Verbesserung der Verarbeitbarkeit, Elastizität, Schlagfestigkeit, thermische Stabilität, Anfärbbarkeit usw. erreichen. Daher ist die Copolymerisation auch eine geeignete Methode zur systematischen Untersuchung der Zusammenhänge von Struktur und Eigenschaften des Polymeren. Eine Auswahl technisch produzierter Copolymerer bringt Tabelle (8–1).

Neuerdings gewinnen Terpolymere, auch in Form von Pfropfcopolymeren, im technischen Maßstab zunehmend an Bedeutung.

8.1. Zusammensetzung der Copolymeren

Eine bemerkenswerte Erscheinung der Copolymerisation besteht darin, daß in vielen Fällen das Mengenverhältnis, mit dem die Monomeren in das gebildete Copolymere eingebaut sind, von dem Mengenverhältnis abweicht, mit dem die Monomeren in der Ausgangsmischung vorgelegt worden sind. Dieses beruht auf den unterschiedlichen Geschwindigkeiten der verschiedenen Wachstumsschritte.

Liegen zwei Monomere A und B vor, so können die wachsenden Polymerradikale als letzte Monomereinheit sowohl das eine als auch das andere Monomere enthalten. Falls die Reaktionsgeschwindigkeit nur von dieser letzten Einheit abhängt, muß man die Polymerradikale $A^\bullet$ und $B^\bullet$ unterscheiden, die folgende 4 Wachstumsreaktionen eingehen können:

$$A^\bullet + A \rightarrow A^\bullet \qquad v_{11} = k_{11}[A^\bullet]\,[A]$$

$$A^\bullet + B \rightarrow B^\bullet \qquad v_{12} = k_{12}[A^\bullet]\,[B]$$

$$B^\bullet + B \rightarrow B^\bullet \qquad v_{22} = k_{22}[B^\bullet]\,[B]$$

$$B^\bullet + A \rightarrow A^\bullet \qquad v_{21} = k_{21}[B^\bullet]\,[A]$$

Um das Mengenverhältnis der Monomeren im Copolymeren festzustellen, muß man von den angegebenen Geschwindigkeitsausdrücken ausgehen, denn das jeweilige Monomere muß mit der gleichen Geschwindigkeit in das Copolymere eingebaut werden, mit dem es aus der Monomermischung verschwindet. Dieses Geschwindigkeitsverhältnis ergibt die gesuchte Copolymerenzusammensetzung.

Die zeitliche Abnahme der Konzentration von A und B ist:

$$-d[A]/dt = k_{11}[A^\bullet]\,[A] + k_{21}[B^\bullet]\,[A] \tag{8–1}$$

$$-d[B]/dt = k_{22}[B^\bullet]\,[B] + k_{12}[A^\bullet]\,[B] \tag{8–2}$$

Für das Einbauverhältnis, das identisch mit der Copolymerenzusammensetzung ist, folgt

$$\frac{d[A]}{d[B]} = \frac{[A]}{[B]}\left(\frac{k_{11}[A^\bullet] + k_{21}[B^\bullet]}{k_{22}[B^\bullet] + k_{12}[A^\bullet]}\right). \tag{8–3}$$

Zur Eliminierung der Radikalkonzentrationen nimmt man wie bei der Homopolymerisation an, daß sich eine stationäre Radikalkonzentration einstellt:

$$-d[A^\bullet]/dt = k_{21}[B^\bullet]\,[A] - k_{12}[A^\bullet]\,[B] = 0 \tag{8–4}$$

$$[A^\bullet]/[B^\bullet] = k_{21}[A]/k_{12}[B] \tag{8–5}$$

Substitution dieser Radikalkonzentrationen in Gl. (8–3) ergibt die Copolymerisationsgleichung

$$\frac{d[A]}{d[B]} = \frac{[A]}{[B]}\cdot\frac{(r_1[A] + [B])}{(r_2[B] + [A])} \tag{8–6}$$

wo $r_1 = k_{11}/k_{12}$ und $r_2 = k_{22}/k_{21}$ als Copolymerisationsparameter bezeichnet werden.

Die Copolymerisationsgleichung gibt das molare Verhältnis $d[A]/d[B]$ an, mit dem die Monomeren A und B in das Copolymere eingebaut werden in Abhängigkeit vom molaren Verhältnis der Monomeren in der Ausgangsmischung. Dazu sind außer den Copolymerisationsparametern r_1 und r_2 keinerlei Kenntnisse über Ausbeuten, absolute Geschwindigkeitskonstanten o. ä. notwendig. Die Copolymerisationsparameter sind für jedes Monomerpaar charakteristische Größen, die für viele Monomerpaare bestimmt und in der einschlägigen Literatur tabellarisch zusammengefaßt sind.

Obwohl bei der vorstehenden Ableitung die Bildung einer stationären Radikalkonzentration angenommen wurde, ist die Gültigkeit der Gleichung nicht auf die radikalische Polymerisation beschränkt, da man zu dem gleichen Zusammenhang gelangt, wenn man von statistischen Überlegungen ausgeht, die unabhängig von der Art des Polymerisationsmechanismus sind.

Nach der Copolymerisationsgleichung (8–6) hängt die Copolymerenzusammensetzung nur von dem Verhältnis der Wachstumsgeschwindigkeiten ab und ist unabhängig von Start-, Übertragungs- und Abbruchreaktion bei hinreichend großer Molmasse. Infolgedessen werden die dieses Verhältnis bestimmenden Copolymerisationsparameter nur von der Struktur der Monomere bestimmt. Voraussetzung dafür ist, daß die Wachstumsreaktion nur von der letzten und nicht von der vorletzten oder weiter entfernten Monomereinheit des wachsenden Polymerradikals bestimmt wird und daß keine Depolymerisations- und keine Dissoziations- bzw. Assoziationsreaktionen oder Komplexbildung mit dem Monomeren eintreten. Für diese Sonderfälle müssen erweiterte Formen der Copolymerisationsgleichung, die mehr als zwei Copolymerisationsparameter enthalten, benutzt werden. Besondere Komplikationen können bei Copolymerisationen unter heterogenen Bedingungen eintreten (Emulsions-, Fällungspolymerisation). Weil der Wachstumsprozeß sich in einer von der Monomerlösung unterschiedlichen Phase abspielt, können infolge Löslichkeitsunterschiede der Monomeren in diesen Phasen andere Konzentrationsverhältnisse am Reaktionsort als in der Ausgangsmischung vorliegen und dadurch unterschiedliche Reaktionsverhältnisse vorgetäuscht werden. Der Einfluß von Temperatur und Druck auf die Copolymerisationsparameter ist im allgemeinen nicht groß, weil die gleichsinnige Beeinflussung der Geschwindigkeitskonstanten des Kettenwachstums sich weitgehend aufhebt.

8.2. Copolymerisationsarten

Den in der Copolymerisationsgleichung (8–6) gegebenen Zusammenhang stellt man graphisch in einem Copolymerisationsdiagramm dar, in dem die Zusammensetzung der Monomermischung gegen die des gebildeten Copolymeren aufgetragen wird (siehe Abb. (8–1) und (8–2)). Diese Abhängigkeit wird von den zwei, miteinander gekoppelten Copolymerisationsparametern bestimmt, deren Produkt $r_1 \cdot r_2$ eine charakteristische Größe für das Copolymerisationsverhalten ist und somit eine Einteilung der verschiedenartigen Copolymerisationsdiagramme ermöglicht. Man unterscheidet dabei folgende Grenzfälle: die ideale Copolymerisation $r_1 \cdot r_2 = 1$ und die alternierende Copolymerisation $r_1 \cdot r_2 = 0$. Übersteigt das Produkt der Copolymerisationsparameter wesentlich den Wert 1, so sind auch beide Parameter größer als 1. Infolgedessen ist wegen $k_{11} > k_{12}$ und $k_{22} > k_{21}$ die Anlagerung des eigenen Monomeren der des fremden Monomeren an das Polymerradikal bevorzugt, was letztendlich zu einem Gemisch von Homopolymeren bzw. zur Bildung von Blockcopolymeren führt. Dieser dritte Grenzfall $r_1 \cdot r_2 = \infty$ wird bei ionischen, nicht aber bei radikalischen Mechanismen gefunden.

Ideale Copolymerisation: Wegen der Bedingung $r_1 \cdot r_2 = 1$ folgt

$$r_1 = \frac{1}{r_2} \quad \text{oder} \quad \frac{k_{11}}{k_{12}} = \frac{k_{21}}{k_{22}}$$

Das bedeutet, daß die relative Anlagerungsgeschwindigkeit der Monomeren A und B gegenüber den beiden aktiven Kettenenden gleich ist, denn es gilt:

$$k_{11} = \text{const.}\ k_{21}$$

$$k_{12} = \text{const.}\ k_{22}$$

Ist $r_1 > 1$ und demgemäß $r_2 < 1$, dann ist das Radikal $A^\bullet$ gegenüber den Monomeren A und B um den gleichen Betrag (= const.) reaktiver als das Radikal $B^\bullet$. Daher wird das Monomere A bevorzugt in das Copolymere eingebaut. Das Copolymerisationsdiagramm zeigt eine nach oben gewölbte symmetrische Kurve zur Diagonalen (Abb. (8–1)). Je größer r_1, desto bauchiger ist die Kurve. Ist $r_2 > 1$ und $r_1 < 1$, dann ist die Kurve nach unten gebogen. Beispiele dieses Copolymerisationsverhaltens sind Acrylnitril ($r_1 = 6$) und Vinylacetat ($r_2 = 0{,}02$) sowie Styrol ($r_1 = 55$) und Vinylacetat ($r_2 = 0{,}01$).

Ein Sonderfall der idealen Copolymerisation ist $r_1 = r_2 = 1$. Wegen der Definition der r-Werte folgt $k_{11} = k_{12} = k_{22} = k_{21}$. Die Addition der beiden Monomeren an die zwei Polymerradikale geht mit der gleichen Geschwindigkeit und dadurch mit der gleichen Wahrscheinlichkeit vor sich. Die Reihenfolge der Grundbausteine im Copolymermolekül ist rein zufällig (statistisch):

—ABABAABABBAB—

Die Zusammensetzung des Copolymeren ist in diesem Fall die gleiche wie die der Monomerphase. Das entsprechende Copolymerisationsdiagramm deckt sich mit der im Winkel von 45° liegenden Diagonale, die in Analogie zum Siedediagramm als Azeotroplinie bezeichnet wird. Dieser Fall der Copolymerisation kommt selten und dann auch nur angenähert vor. Ein wichtiges Beispiel ist die Copolymerisation Äthylen ($r_1 = 1{,}08$) und Vinylacetat ($r_2 = 1{,}08$).

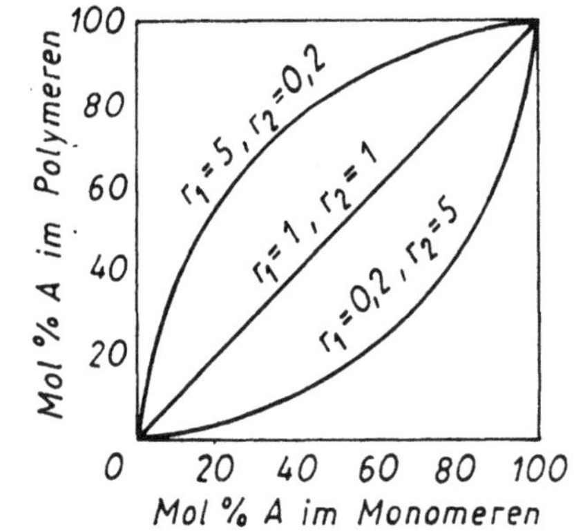

Abb. (8–1): Ideale Copolymerisation $r_1 \cdot r_2 = 1$.
Kurve a) $r_1 > 1$, $r_2 < 1$
b) $r_1 = 1$, $r_2 = 1$
c) $r_1 < 1$, $r_2 > 1$

Alternierende Copolymerisation: Die Bedingung $r_1 \cdot r_2 = 0$ schließt den Sonderfall $r_1 = r_2 = 0$ ein. Wegen $k_{11} = k_{22} = 0$ polymerisieren dann die beiden Monomeren A und B für sich allein nicht, sondern nur in Gegenwart des anderen Monomeren. Daher lagert das Polymerradikal $A^\bullet$ bzw. $B^\bullet$ immer nur das andere Monomere B bzw. A an. Es entsteht ein streng alternierendes Copolymeres:

—ABABABABAB—

Dieses Reaktionsverhalten setzt voraus, daß zwischen den Radikalen und den Monomeren bzw. den Monomeren untereinander eine *EDA*-Wechselwirkung auftritt. Wegen der streng alternierenden Anordnung der Grundbausteine hat das Copolymere unabhängig von dem Monomermischungsverhältnis stets die gleiche Zusammensetzung, im Copolymerisationsdiagramm durch eine Parallele zur Abszisse gekennzeichnet. Je weiter das Monomermischungsverhältnis von 50 Mol-% abweicht, um so weniger Copolymeres bildet sich bei der Polymerisation, weil die Reaktion aufhört, wenn das eine Monomere verbraucht ist, infolge des Unvermögens zur Homopolymerisation des zurückbleibenden Monomeren. Ein Beispiel dieser Art ist die Copolymerisation von Stilben ($r_1 = 0{,}03$) und Maleinsäureanhydrid ($r_2 = 0{,}03$).

Häufiger als vorstehender Fall ist $0 < r_1 \cdot r_2 < 1$, d. h. beide Parameter können Werte zwischen 0 und 1 annehmen. Je mehr sich das Produkt 0 nähert, um so größer ist die Alternierungstendenz. Das Copolymerisationsdiagramm zeigt einen S-förmigen Kurvenverlauf, der die Diagonale am sogenannten „Azeotrop"-Punkt schneidet. Hier ist die Zusammensetzung von Monomermischung und Copolymeren identisch. Die Lage des Azeotroppunktes folgt aus Gleichung (8–6), wenn man $d[A]/d[B] = [A]/[B]$ setzt:

$$[A]/[B] = (r_2 - 1)/(r_1 - 1)$$

Dieser Punkt liegt in der Mitte der Diagonalen, wenn $r_1 = r_2$ ist. Bei Kurve b in Abb. (8–2) ist $r_1 > r_2$. Sie entspricht der Copolymerisation von Styrol und Acrylnitril mit $r_{\text{Styrol}} = 0{,}4$ und $r_{\text{Acrylnitril}} = 0{,}04$. Die S-Kurve ist um so flacher, je mehr sich r_1 und r_2 dem Wert 1 nähert. Falls $r_2 = 0$ wird, schneidet die Copolymerisationskurve die Ordinate bei 0,5, d. h. der Anteil des Monomeren A im Copolymeren kann nicht 50 Mol-% unterschreiten, weil B nicht homopolymerisiert.

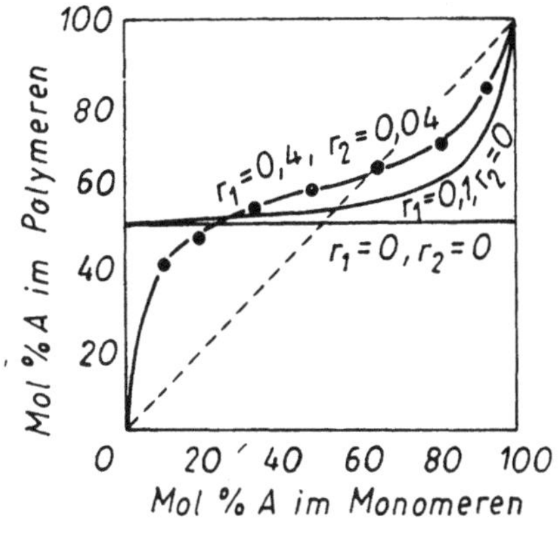

Abb. (8–2): Alternierende Copolymerisation.

a) $r_1 = 0$, $r_2 = 0$
b) $r_1 < 1$, $r_2 < 1$
c) $r_1 < 1$, $r_2 = 0$

Bestimmung der Copolymerisationsparameter: Um sie zu bestimmen, muß man die analytische Zusammensetzung der Copolymerisate oder die Änderung der Monomerzusammensetzung feststellen, die man durch Polymerisation bei verschiedenen Monomermischungsverhältnissen erhält. Als Analysenmethode benutzt man bei Copolymeren mit leicht erfaßbaren Heteroatomen (N, Cl) die Elementaranalyse, anderenfalls spektroskopische Methoden, hauptsächlich NMR- und IR-Spektroskopie. Die Auswertung nach der Copolymerisationsgleichung (8–6) wird erleichtert, wenn die Änderung der Monomerkonzentrationen bei der Polymerisation vernachlässigbar klein ist. Dann kann man die Monomerkonzentration $[A]$ und $[B]$ gleich der Ausgangskonzentration $[A]_0$ und $[B]_0$ setzen. Man muß deshalb die Copolymerisation bei möglichst geringen Umsätzen (< 5%) abbrechen. Die Ermittlung der Parameter erfolgt im einfachsten Fall durch graphische Methoden, wozu Umformungen der Gleichung (8–6) erforderlich sind, bei denen man setzt:

$$f = d[A]/d[B] \quad \text{und} \quad F = [A]/[B]$$

Nach der Methode der konjugierten Wertepaare geht man von der Form aus:

$$r_2 = F[1/f(1 + r_1F) - 1]$$

Man nimmt willkürlich einen Wert von r_1 an und berechnet auf Grund der experimentell bestimmten Größen F und f die entsprechenden r_2-Werte. Dann

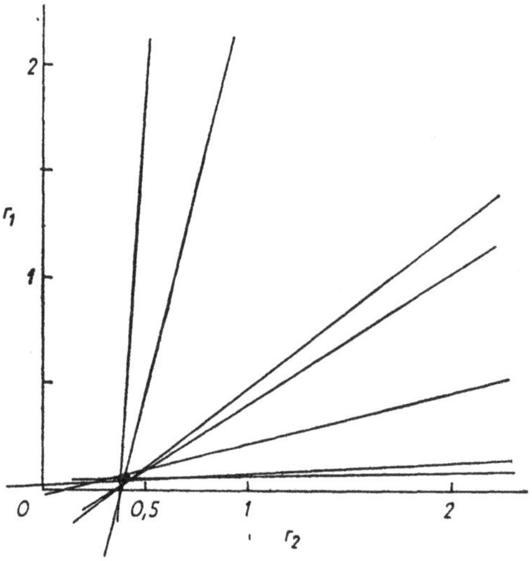

Abb. (8–3): **Bestimmung der Copolymerisationsparameter nach der Methode der konjugierten Wertepaare.**

$r_1 = 0{,}4 \pm 0{,}03 \quad r_2 = 0{,}06 \pm 0{,}03$

gibt man einen anderen r_1-Wert vor. Man konstruiert also die Gerade $r_2 = f(r_1)$ für jede Zusammensetzung. Der Mittelpunkt des Kreises, der alle Geraden berührt oder schneidet, gibt die Copolymerisationsparameter, sein Radius die Fehlergrenze an.

Nach der Methode von Fineman und Ross formt man Gleichung (8–6) in eine Geradengleichung um:

$$(f - 1)\, F/f = (r_1F^2/f) - r_2$$

Beim Auftragen von $(f - 1)\ F/f$ gegen F^2/f erhält man eine Gerade der Neigung r_1 mit dem negativen Ordinatenabschnitt r_2 (Abb. 8–4). Neben diesen einfachen Methoden sind in der Literatur solche beschrieben, die bei größerem Aufwand eine genauere Auswertung ermöglichen.

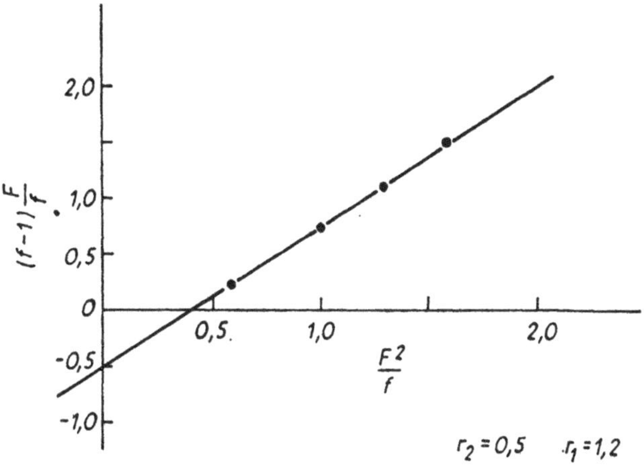

Abb. (8–4): Bestimmung der Copolymerisationsparameter nach der Methode von FINEMAN-ROSS.

$r_1 = 1,2 \quad r_2 = 0,5$

8.3. Umsatz und Copolymerenzusammensetzung

Bei Erörterung des Azeotroppunktes des Copolymerisationsdiagramms wurde darauf verwiesen, daß bei diesem die Zusammensetzung der Ausgangsmischung identisch ist mit der des sich bildenden Copolymeren. Daher bleibt mit steigendem Umsatz das Verhältnis der beiden Monomeren in der Monomer- und auch in der Polymerphase gleich oder anders ausgedrückt: Das in jedem Augenblick entstehende Copolymere hat die gleiche chemische Zusammensetzung.

Weicht das Copolymerisationsdiagramm von der Azeotroplinie ab, dann wird von dem einen Monomeren mehr oder weniger in das Copolymere eingebaut, als in der Monomermischung vorliegt. Die Zusammensetzung des momentan entstehenden Copolymeren unterscheidet sich von der Monomermischung. Liegt die Copolymerenzusammensetzung oberhalb der Azeotroplinie, so verschwindet mit steigendem Umsatz das Monomere *A* schneller als das Monomere *B* aus der Monomermischung. Infolgedessen reichert sich das Monomere *B* in der Monomermischung an. Da das momentan entstehende Copolymere immer die durch die Gleichung (8–6) gegebene Zusammensetzung hat, enthält es notwendigerweise mehr Monomerbausteine *B* als das zeitlich vorher entstandene. Wenn bei hohen Umsätzen das Monomere *A* ganz aus der Monomermischung verschwunden ist, entsteht nur noch Homopolymeres aus dem Monomeren *B*. In dem Maße wie sich die Zusammensetzung des momentan entstehenden Copolymeren verschiebt, verändert sich auch die mittlere Zusammensetzung des gesamten Copolymeren. Man hat daher am Reaktionsende ein Gemisch von Copolymermolekülen unterschiedlicher Zusammensetzung vorliegen, und man kann deshalb analog wie bei der Molmasse eine Uneinheitlichkeit in bezug auf die chemische Zusammensetzung oder kurz: eine chemische Uneinheitlichkeit der Copolymeren feststellen. Dabei handelt es sich um eine intermolekulare Uneinheitlichkeit.

In Abb. (8–5) ist die Änderung der mittleren Zusammensetzung des Copolymeren Acrylnitril-Styrol dargestellt, dessen Copolymerisationsdiagramm der Kurve b der Abbildung (8–2) entspricht. Man erkennt, daß am Azeotroppunkt die Zusammensetzung des Copolymeren konstant bleibt, bei den anderen Monomer-

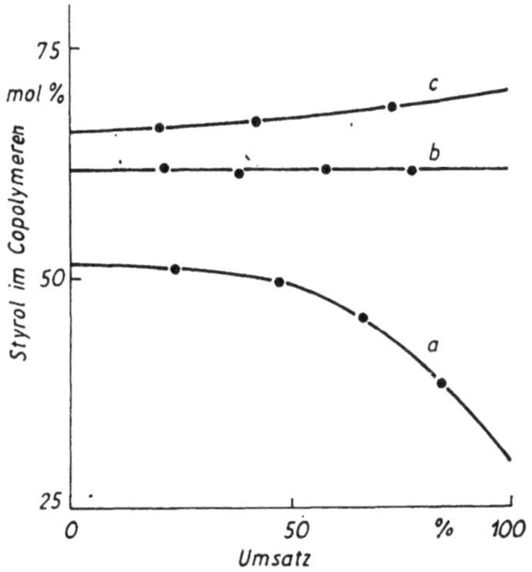

Abb. (8–5): Abhängigkeit der mittleren Zusammensetzung des Copolymeren Acrylnitril-Styrol vom Umsatz.

a = 30; b = 61,5; c = 70 Mol-% Styrol im Monomeren

mischungsverhältnissen, vor allem bei hohen Umsätzen, beträchtliche Änderungen gegenüber der anfänglichen Zusammensetzung auftreten. Weil Änderungen der chemischen Zusammensetzung der Copolymeren auch Eigenschaftsänderungen bedingen, wird bei der technischen Durchführung vorstehender Copolymerisation die Polymerisation am Azeotroppunkt bevorzugt.

Um die Bildung chemisch uneinheitlicher Copolymerer zu vermeiden, muß man das Monomermischungsverhältnis konstant halten. Falls man nicht bei der azeotropen Zusammensetzung arbeiten kann, bricht man die Polymerisation entweder nach wenigen Prozent Umsatz ab, oder man dosiert das schneller einpolymerisierende Monomere laufend so nach, daß die Konstanz des Monomermischungsverhältnisses erhalten bleibt. Bei kontinuierlicher Reaktionsführung im Rührkessel stellt sich dieses konstante Mischungsverhältnis von selbst ein.

Für die Berechnung der Änderung der Copolymerenzusammensetzung mit dem Umsatz benutzt man eine der in der einschlägigen Literatur angegebenen integrierten Formen der Copolymerisationsgleichung und wertet sie graphisch oder numerisch aus. Dabei ermittelt man zuerst meist die momentane und dann die mittlere Copolymerenzusammensetzung.

8.4. *Sequenzlänge der Copolymeren*

Die Folge gleicher Grundbausteine in einem Copolymermolekül bezeichnet man als Sequenz und die Anzahl dieser Bausteine als Sequenzlänge. Da mit Ausnahme streng alternierender Copolymerer der Einbau der Monomeren mehr oder weniger statistisch erfolgt, streut die Sequenzlänge innerhalb eines Polymermoleküls um einen Mittelwert, der mittleren Sequenzlänge $\bar{l}_A$, falls sie sich auf das Monomere A bezieht. Sie ist bei Kenntnis der Copolymerisationsparameter und des Monomermischungsverhältnisses, bei dem das Copolymere hergestellt wurde, berechenbar, weil sie umgekehrt proportional der Wahrscheinlichkeit w_{AB} sein muß, mit der zwei unterschiedliche Monomere verknüpft werden. Diese Wahrscheinlichkeit w_{AB} der Anlagerung von A an B ist durch das Verhältnis dieser Anlagerungsgeschwindigkeit zur Summe aller möglichen Anlagerungsgeschwindigkeiten gegeben:

$$w_{AB} = \frac{v_{12}}{v_{12} + v_{22}} = \frac{k_{12}[A^\bullet]\,[B]}{k_{11}[A^\bullet]\,[A] + k_{12}[A^\bullet]\,[B]}$$

und folglich die mittlere Sequenzlänge für A:

$$\bar{l}_A = \frac{1}{w_{AB}} = (r_1[A]/[B]) + 1$$

Über die mittlere Sequenzlänge ist auch die mittlere Blockzahl $\bar{R}$ zugänglich, die wie im Abschnitt (4.1.) beschrieben, die Zahl der Sequenzen angibt, die auf 100 Grundbausteine entfallen:

$$\bar{R} = \frac{100}{1/2(\bar{l}_A + \bar{l}_B)} = \frac{200}{2 + (r_1[A]/[B]) + (r_2[B]/[A])}.$$

Die Sequenzlänge bzw. Blockzahl gibt den Mittelwert der Sequenzlängenverteilung innerhalb eines Polymermoleküls, also eine intramolekulare Verteilung an. Dieser Mittelwert und damit seine Verteilung bleibt gleich, solange das Monomermischungsverhältnis sich nicht ändert. Anderenfalls wird die intramolekulare durch eine intermolekulare Verteilung überlagert, wie im Abschnitt 8.3. erörtert. Berücksichtigt man, daß bei einem Copolymeren zusätzlich die gleichen Uneinheitlichkeiten wie bei einem Homopolymeren auftreten können, nämlich die der Molmasse, der Verzweigung, der Konfiguration u. a., dann erkennt man, mit welchen Schwierigkeiten bei der vollständigen Charakterisierung eines Copolymeren zu rechnen ist.

8.5. Einfluß der Monomerstruktur auf die Copolymerisation

Die Geschwindigkeiten der verschiedenen Wachstumsreaktionen bei der Copolymerisation und die daraus abgeleiteten Copolymerisationsparameter werden in erster Linie durch die Struktur der beteiligten Monomeren bestimmt.

Wie bei der radikalischen Homopolymerisation kann man einen Einfluß der Monomerstruktur auf die Radikalstabilität sowie die polare und sterische Wechselwirkung der Reaktionspartner unterscheiden, was sich wiederum auf die Reaktionsgeschwindigkeit auswirkt. Zum Unterschied von der Homopolymerisation, bei der das Polymerradikal stets nur das eigene Monomermolekül anlagert, das gleichsinnig polarisiert ist, kann bei der Copolymerisation dieses Polymerradikal auch ein anderes Monomeres addieren, das entgegengesetzt polarisiert sein kann. Es ist deshalb verständlich, daß neben der Radikalstabilität, die bei der Homopolymerisation beim Wachstum die dominierende Rolle spielt, bei der Copolymerisation auch die polare Wechselwirkung eine wichtige Einflußgröße ist. Dieses kann so weit gehen, daß Monomere, die nicht homopolymerisieren, bei geeigneter Kombination Copolymere bilden können, wie z. B. Stilben und Maleinsäureanhydrid.

Eine Aufstellung verschiedener Monomerpaare mit ihren Copolymerisationsparametern und deren Produkten gibt Tabelle (8–2).

Tabelle (8–2): Copolymerisationsparameter verschiedener Monomerer bei 60 °C

M_1	r_1	M_2	r_2	$r_1 \cdot r_2$
Acrylnitril	6	Vinylacetat	0,02	0,12
Äthylen[1])	1,07	Vinylacetat	1,08	1,16
Butadien	0,33	Acrylnitril	0,25	0,83
Stilben	0,03	Maleinsäureanhydrid	0,03	0,001
Styrol	0,4	Acrylnitril	0,04	0,016
Styrol	55	Vinylacetat	0,01	0,55
Styrol	0,52	Methylmethacrylat	0,46	0,24
Styrol	0,75	Methylacrylat	0,18	0,14
Styrol	17	Vinylchlorid	0,02	0,34
Styrol	2	Vinylidenchlorid	0,14	0,28
Styrol	37	trans-1,2-Dichloräthylen	0	0
Styrol	16	Trichloräthylen	0	0
Styrol	185	Tetrachloräthylen	0	0

[1]) bei 90 °C und 100 M Pa

Radikalstabilität: Bei der Homopolymerisation wurde in Abschnitt (7–2) gezeigt, daß die Geschwindigkeit der Radikale mit der geringsten Stabilität am größten ist, d. h. je weniger stabilisiert, um so reaktiver ist das Radikal. Dieses beobachtet man auch bei der Copolymerisation, wenn man die Reaktionsgeschwindigkeit verschiedener Radikale gegenüber einem Monomeren vergleicht. Betrachtet man aber die Reaktionsgeschwindigkeit eines Radikals gegenüber verschiedenen Monomeren, dann stellt man fest, daß die Geschwindigkeit um so größer ist, je stabilisierter das entstehende Radikal ist. Diesen Zusammenhang kann man nicht unmittelbar aus den Copolymerisationsparametern, die nur Geschwindigkeitskonstantenverhältnisse angeben, ablesen, sondern man muß ihre reziproken Werte mit den entsprechenden absoluten Geschwindigkeitskonstanten multiplizieren, um die interessierenden gekreuzten Geschwindigkeitskonstanten k_{12} und k_{21} zu erhalten. In nachstehender Tabelle (8–3) sind die gekreuzten Geschwindigkeitskonstanten derjenigen Monomeren angegeben, deren absolute Wachstumsgeschwindigkeitskonstanten k_{11} in Abschnitt 7.2. Tabelle (7–2) erörtert wurden.

Tabelle (8–3): Gekreuzte Geschwindigkeitskonstanten des Styrols (M_1) mit verschiedenen Comonomeren bei 60 °C

Comonomeres (M_2)	$k_{12} \cdot 10^{-2}$ (l/mol · s)	$k_{21} \cdot 10^{-2}$ (l/mol · s)
Methylmethacrylat	3,4	12,5
Methylacrylat	2,3	116,1
Vinylacetat	0,03	9500,0

Die Geschwindigkeit k_{21} der Anlagerung des Styrolmonomeren M_1 an die Radikale der Comonomeren $M_2^{\cdot}$ zeigt um so größere Geschwindigkeit, je reaktiver, d. h. je weniger stabilisert das angreifende Radikal ist. Dagegen weist die Geschwindigkeit k_{12} der Addition der verschiedenen Comonomeren M_2 an das Polystyrolradikal aus, daß die Geschwindigkeit um so kleiner wird, je geringer die Stabilität des entstehenden Radikals ist. Aus der Tabelle geht deutlich hervor, daß die Anlagerung eines Monomeren an ein Polymerradikal besonders schnell erfolgt, wenn dabei ein stabilisiertes Radikal entsteht. Man kann diesen Zusammenhang auch aus den Copolymerisationsparametern von Styrol ($r_1 = 55$) und Vinylacetat ($r_2 = 0{,}01$) gemäß Tabelle (8–2) herauslesen. Die Anlagerung eines Styrolmonomeren an das Polystyrolradikal verläuft 55mal schneller als die Anlagerung eines Vinylacetatmonomeren, weil im ersten Fall ein stabilisiertes Radikal gebildet wird. Aus dem gleichen Grund geht die Addition des Styrolmonomeren an das Polyvinylacetatradikal 100mal schneller als die des Vinylacetatmonomeren vor sich.

Polare Wechselwirkung: Da die Copolymerisation die Kombination von Vinylverbindungen mit elektronenanziehenden und elektronenabstoßenden Substituenten ermöglicht, kann es im Übergangszustand des Wachstumsschrittes zu einer Wechselwirkung dieser unterschiedlichen Ladungsverteilung (*EDA*-Wechselwirkung) kommen.

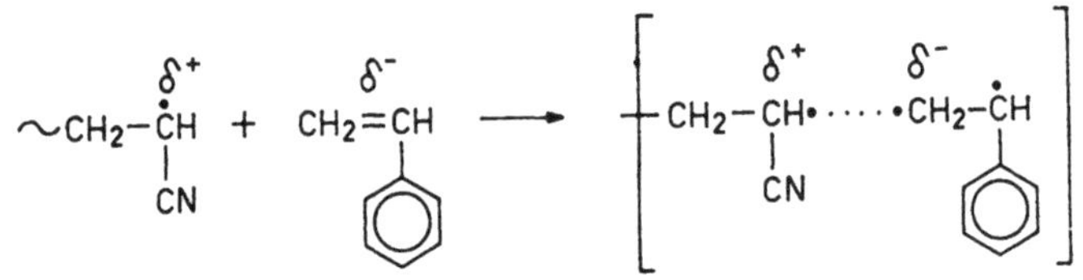

Dieses führt zur Ausbildung der alternierenden Anordnung der Grundbausteine im Makromolekül. Daß diese Wechselwirkung nicht bereits im Grundzustand erfolgt, schließt man daraus, daß Lösungsmittel im allgemeinen keinen Einfluß auf das Ausmaß der Alternierung haben.

Die Neigung zweier Monomerer zur alternierenden Copolymerisation ist um so größer, je mehr das Produkt der Copolymerisationsparameter $r_1 \cdot r_2$ sich dem Wert 0 nähert. Diese in Tabelle (8–2) angegebene Größe für verschiedene Monomerpaare zeigt, daß dieses erwartungsgemäß dann der Fall ist, wenn Monomere mit elektronenanziehenden Substituenten (Acceptor-Monomere) auf solche mit elektronenabgebenden Substituenten (Donator-Monomere) stoßen (Maleinsäureanhydrid-Stilben, Acrylnitril-Styrol). Je mehr sich das Produkt $r_1 \cdot r_2$ von Null entfernt und dem Wert 1 zustrebt, um so stärker geht die alternierende in eine statistische Anordnung der Grundbausteine über.

Monomere, die selbst nicht polymerisieren, aber Donator- bzw. Acceptormoleküle sind, können zusammen alternierende Copolymere ergeben. Auf diesem Wege sind Olefine, die als Elektronendonatoren wirken, mit Molekülen zur Polymerisation zu bringen, die man normalerweise nicht unter die Monomeren rechnet, wie Kohlenmonoxid, Schwefeldioxid, Phosphine u. a.

$$CH_2{=}CH\mathit{R} + CO \longrightarrow -\!\!\!\!\![CH_2{-}CH\mathit{R}{-}CO]\!\!\!\!\!-$$

$$CH_2{=}CH\mathit{R} + SO_2 \longrightarrow -\!\!\!\!\![CH_2{-}CH\mathit{R}{-}SO_2]\!\!\!\!\!-$$

$$CH_2{=}CH\mathit{R} + \mathit{PR'_3} \longrightarrow -\!\!\!\!\![CH_2{-}CH\mathit{R}{-}\mathit{PR'_3}]\!\!\!\!\!-$$

Copolymere dieser Art, wie Polysulfone aus Äthylen und Schwefeldioxid, haben niedrige ceiling-Temperaturen ($T_c = 135\,°C$) und depolymerisieren leicht. Durch Komplexbildung lassen sich die Donator-Acceptor-Eigenschaften der Monomeren beeinflussen. So ermöglicht die Komplexbildung von Acrylnitril mit Aluminiumalkylen die alternierende Copolymerisation mit Propylen ohne Initiatorzusatz.

Sterische Wechselwirkung: Der Einfluß der sterischen Hinderung im Übergangszustand beim Wachstumsschritt ist in nachstehender Tabelle (8–4) am Beispiel der Addition verschieden substituierter Chloralkene an das Polystyrolradikal aufgeführt, deren k_{12}-Werte aus den Tabellen (8–2) und (7–2) ermittelt wurden.

Vergleicht man die Anlagerung von Vinylidenchlorid, Trichloräthylen und Tetrachloräthylen, so erkennt man den sterischen Einfluß der zunehmenden Zahl

Tabelle (8–4): Geschwindigkeitskonstante k_{12} der Addition verschiedener Chloralkene an das Polystyrolradikal bei 60 °C

	k_{12} (l/mol · s)
Vinylidenchlorid	88,0
Trichloräthylen	11,0
Vinylchlorid	10,4
trans-1,2-Dichloräthylen	4,8
Tetrachloräthylen	1,0

von voluminösen Chloratomen auf den Wachstumsschritt. Daß Vinylidenchlorid schneller als Vinylchlorid reagiert, beruht auf dem Beitrag des zweiten Chloratoms in α-Stellung zur Radikalstabilisierung. Ein Halogenatom in β-Stellung verlangsamt die Reaktion, wie der Vergleich von Vinylidenchlorid-Trichloräthylen und Vinylchlorid-1,2-Dichloräthylen zeigt. Auf die Schwierigkeit der Homopolymerisation von 1,2-disubstituierten Äthylenen, erkenntlich in Tabelle (8–2) durch $r_2 = 0$, wurde schon in Abschnitt (7.2.) hingewiesen.

Q—e-Schema: Die Copolymerisationsparameter erlauben die Betrachtung der Reaktionsfähigkeit eines Monomeren bzw. seines Radikals nur in Kombination mit einem zweiten Monomeren. Von den verschiedenen Ansätzen, die Monomerreaktivität unabhängig vom Comonomeren auf eine quantitative Grundlage zu stellen, hat sich bisher das von Alfrey und Price eingeführte halbempirische Q—e-Schema am weitesten durchgesetzt.

Es wird dabei von der vereinfachten Annahme ausgegangen, daß die Geschwindigkeit k_{12} der Reaktion des Radikals $A^\bullet$ mit dem Monomeren B so formuliert werden kann:

$$k_{12} = P_1 Q_2 \exp(-e_1 e_2)$$

wobei P_1 ein Maß für die Reaktivität des Radikals und Q_2 für die des Monomeren, während e_1 und e_2 ein Maß für die Polarität von Radikal bzw. Monomeren ist. Dabei beziehen sich die Größen P_1 und Q_2 im wesentlichen auf die Resonanzstabilität von Radikal und Monomeren, während der e_1-Wert sowohl die Polarität des Monomeren A und des Radikals $A^\bullet$ und der e_2-Wert entsprechend die Polarität von B und $B^\bullet$ beinhaltet. Daß diese Vereinfachung in den meisten Fällen annähernd gerechtfertigt ist, geht aus quantenchemischen Berechnungen der letzten Zeit hervor. Setzt man entsprechend

$$k_{11} = P_1 Q_1 \exp(-e_1)^2$$

so folgt für die Copolymerisationsparameter

$$r_1 = (Q_1/Q_2) \exp[-e_1(e_1 - e_2)] \quad \text{und}$$

$$r_2 = (Q_2/Q_1) \exp[-e_2(e_2 - e_1)]$$

Danach kann man mittels der Copolymerisationsparameter jedem Monomeren einen Q- und einen e-Wert zuordnen, wenn man ein willkürliches Bezugsmonomeres festlegt. Dafür hat man Styrol mit $Q = 1$ und $e = -0{,}8$ gewählt, was sich bisher bewährt hat. Die Q- und e-Werte sind für eine große Anzahl von Monomeren berechnet worden. Tabelle (8–5) führt einige ausgewählte Werte an:

Tabelle (8–5): Q- und e-Werte einiger Vinylmonomerer

Monomeres	e	Q
Isobutylen	−0,96	0,033
Styrol	−0,80	1,000
Vinylacetat	−0,22	0,026
Vinylchlorid	0,20	0,044
Vinylidenchlorid	0,36	0,220
Methylmethyacrylat	0,40	0,740
Methylacrylat	0,60	0,420
Acrylnitril	1,20	0,600

Aus den e-Werten der Tabelle (8–5) geht hervor, daß Isobutylen mit einem ausgeprägten negativen e-Wert ein Elektronendonator, Acrylnitril dagegen ein Elektronenacceptor ist. Den größten Q-Wert zeigt Styrol wegen der großen Resonanzstabilisierung, den kleinsten erwartungsgemäß Vinylacetat. Auf Grund dieser Werte ist es möglich, die r-Werte für beliebige Monomerkombinationen zu berechnen. Für den Q- und e-Wert eines neuen unbekannten Monomeren ist lediglich die Bestimmung der Copolymerisationsparameter mit einem Monomeren mit bekannten Q- und e-Wert erforderlich, die r-Werte für alle anderen Monomerkombinationen sind dann zugänglich.

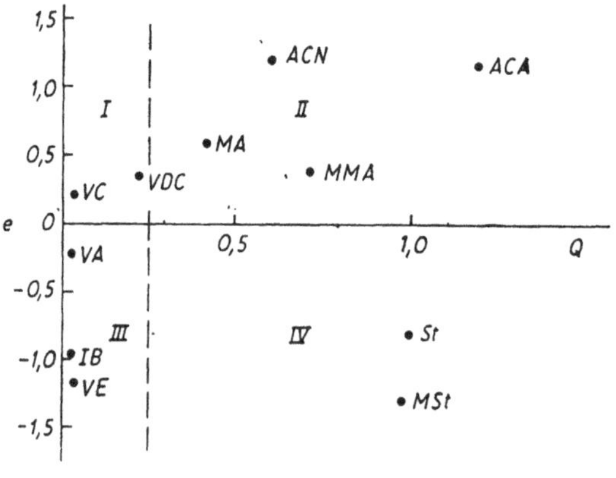

Abb. (8–6): Q—e-Diagramm

ACA-Acrylamid, ACN-Acrylnitril, IB-Isobutylen, MA-Methylacrylat, MMA-Methylmethacrylat, MSt-α-Methylstyrol, St-Styrol, VA-Vinylacetat, VC-Vinylchlorid, VDC-Vinylidenchlorid, VE-Vinyläthyläther.

In dem in Abbildung (8–6) dargestellten Diagramm, in dem die Q- und e-Werte gegeneinander aufgetragen sind, nimmt die Resonanzstabilität der Monomeren bzw. ihrer Radikale von links nach rechts zu. Oben stehen die Acceptormonomeren, unten die Donatormonomeren. Die Kombination von Monomeren der Felder I und II bzw. III und IV führt zu Copolymeren, in denen das rechts stehende Monomere bevorzugt und daher im Überschuß eingebaut ist, was man selten anstreben wird. Günstiger ist die Kombination der Monomeren der Felder I und III bzw. II und IV, die alternierende Copolymere ergibt, oder die Kombination nahe beieinander liegender Monomerer.

Trotz großer Vorteile weist das Q—e-Schema einige nicht zu übersehende Nachteile auf. Einer der wichtigsten ist, daß sterische Effekte nicht explizit berücksichtigt werden.

Außer dieser Unsicherheit können die Q- und e-Werte, die aus verschiedenen Monomerkombinationen ermittelt wurden, infolge fehlerhafter r-Wertbestimmungen ungenau sein. Trotzdem ist das Schema für die meisten praktischen Zwecke ausreichend. Viele Verusche sind in den letzten Jahren gemacht worden, durch quantenchemische Berechnung die Reaktivität der Monomeren und ihrer Radikale genauer zu erfassen, ohne daß dadurch bis jetzt das Q—e-Schema an praktischer Bedeutung verloren hat.

8.6. Copolymerisationsgeschwindigkeit

Im allgemeinen ändert sich bei einer Copolymerisation mit dem Monomermischungsverhältnis auch die Bruttopolymerisationsgeschwindigkeit, weil sich die Geschwindigkeiten der Homopolymerisationen der beiden Monomeren unterscheiden. In Abbildung (8–7) ist die Copolymerisationsgeschwindigkeit von Acrylnitril und Acrolein dargestellt, wobei Acrylnitril schneller als Acrolein polymerisiert.

Die Copolymerisationsgeschwindigkeit läßt sich mittels kinetischer Größen berechnen. Neben den Geschwindigkeitskonstanten der 4 Wachstumsreaktionen in Form ihrer Copolymerisationsparameter r_1 und r_2 muß man Kenntnis über die Start- und Abbruchgeschwindigkeiten haben. Dabei ist zu berücksichtigen, daß die bei der Copolymerisation auftretenden Polymerradikale $A^\bullet$ und $B^\bullet$ drei verschiedene Abbruchreaktionen eingehen können:

$$A^\bullet + A^\bullet \rightarrow \text{totes Polymeres} \qquad v_{a11} = 2k_{a11}[A^\bullet]^2$$

$$B^\bullet + B^\bullet \rightarrow \text{totes Polymeres} \qquad v_{a22} = 2k_{a22}[B^\bullet]^2$$

$$A^\bullet + B^\bullet \rightarrow \text{totes Polymeres} \qquad v_{a12} = k_{a12}[A]\,[B]$$

Nimmt man wie bei der Ableitung der Homopolymerisationsgeschwindigkeit im Abschnitt 7.5. ideale Reaktionsbedingungen an, dann ergibt sich für die

Copolymerisationsgeschwindigkeit

$$v_{Br} = -\frac{d([A] + [B])}{dt}$$

$$= \frac{v_{st}^{1/2}(r_1[A]^2 + 2[A][B] + r_2[B]^2)}{(r_1^2\delta_1^2[A]^2 + 2\Phi r_1 r_2 \delta_1 \delta_2 [A][B] + r_2^2\delta_2^2[B]^2)^{1/2}}$$

wo $\delta_1 = (2k_{a11})^{1/2}/k_{11}$; $\delta_2 = (2k_{a22})^{1/2}/k_{22}$;

$$\Phi = (k_{a12})/2(k_{a11} \cdot k_{a22})^{1/2}$$

Die Copolymerisationsparameter r_1 und r_2 sind aus der Copolymerenzusammensetzung erhältlich, die δ-Werte aus der Homopolymerisation des Monomeren A bzw. B. Die Copolymerisationsgeschwindigkeit ergibt bei bekannter Startgeschwindigkeit v_{st} den sogenannten Φ-Faktor, der Angaben über das Verhältnis des Abbruchs ungleicher zu dem gleicher Radikale macht. Bei Monomeren ähnlicher Struktur, wie vorstehend im Fall der Copolymerisation von Acrylnitril und Acrolein, ist $\Phi = 1$, d. h. die verschiedenen Abbruchmöglichkeiten treten mit gleicher Wahrscheinlichkeit auf. Ist $\Phi > 1$, dann ist der Abbruch ungleicher Radikale (gekreuzter Abbruch) größer als der gleicher Radikale, was bei Monomeren unterschiedlicher Polarität auf Grund polarer Wechselwirkung ihrer

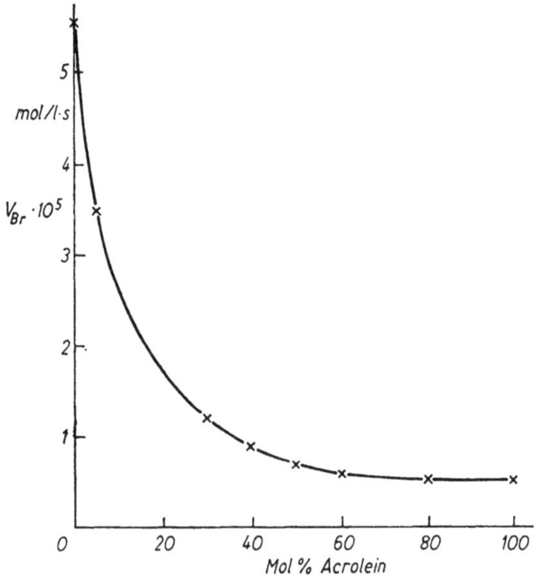

Abb. (8–7): Copolymerisationsgeschwindigkeit v_{Br} von Acrylnitril und Acrolein in Dimethylformamid bei 50 °C.

(Nach B. Sandner u. J. Ulbricht: Faserforsch. Textiltechn. 17 (1968), 286)

Polymerradikale verständlich ist. Häufig beobachtet man mit Änderung der Monomerkonzentration eine starke Änderung des Φ-Wertes. Das ist ein Hinweis, daß die gemachten Voraussetzungen (ideale Kinetik, konstante Startgeschwindigkeit u. a.) nicht erfüllt sind.

8.7. Radikalische Pfropf- und Blockcopolymerisation

Wie bereits im Abschnitt (4.1.) dargelegt, bezeichnet man verzweigte Makromoleküle mit verschiedenen Grundbausteinen in Haupt- und Seitenkette als Pfropfcopolymere, während Makromoleküle mit langen Sequenzen unterschiedlicher Grundbausteine Blockcopolymere genannt werden. Das Gemeinsame dieser Polymeren besteht darin, daß sie durch Verknüpfung unterschiedlicher Homo- oder Copolymerer zustande kommen können, wobei die Verknüpfungsstellen bei den Pfropfcopolymeren längs der Hauptkette, bei den Blockcopolymeren an den Endgruppen sich befinden. Da man bei der Herstellung dieser Copolymeren zumindest von einem bereits gebildeten Polymeren ausgeht, auf dem Seitenzweige aufgepfropft werden oder an dessen Endgruppen Kettenverlängerung erfolgt, könnte man diese Synthesemethode auch im Abschnitt 15. bei den chemischen Reaktionen an Polymeren einordnen.

8.7.1. Pfropfcopolymerisation

Bei dieser Reaktion wird Monomeres in Gegenwart eines Polymeren polymerisiert, das die Hauptkette bildet und als Rückgratpolymeres bezeichnet wird. Damit das Monomere auf dem Rückgratpolymeren aufwächst, müssen an diesem aktive, zur Polymerisation befähigte Zentren geschaffen werden, und zwar durch radikalische oder auch ionische Übertragungsreaktion, durch Strahlung oder durch funktionelle Gruppen, die sich in Startzentren umwandeln lassen. Die dabei entstehenden Pfropfcopolymeren werden neben ihrer chemischen Zusammensetzung analog wie die Homopolymeren durch die Zahl und Länge der Seitenketten, die selbst wieder verzweigt sein können, charakterisiert. Diese Strukturparameter sind auf Grund des Bildungsmechanismus uneinheitlich und daher analytisch schwer erfaßbar, vor allem dann, wenn Rückgratpolymeres oder Seitenzweige selbst aus Copolymeren bestehen, wie dieses bei einer Reihe von technisch produzierten Pfropfcopolymeren der Fall ist.

Die Pfropfcopolymerisation wird wie jede Copolymerisation in der Technik zur Eigenschaftsmodifizierung der Polymeren genutzt. Sie dient im Prinzip zur Verbesserung der Verträglichkeit unverträglicher Polymerer. Zu Polymermischungen werden meist Polymere mit sehr unterschiedlichen Eigenschaften kombiniert, wie bei der Herstellung schlagzäher Polymerer. So sind z. B. Polystyrol und auch Styrol-Acrylnitril-Copolymere (*SAN*) relativ spröde Materialien, die bei Schlagbeanspruchung leicht zerspringen. Durch geeignete Verteilung eines nicht mischbaren elastischen Polymeren, wie Polybutadien, in der Polystyrol- bzw. *SAN*-Phase gelingt es, einen schlagzähen, weitgehend unzerbrechlichen

Stoff zu erzeugen. Voraussetzung ist dabei, daß das in der durchgängigen Phase verteilte Elastomere durch chemische Bindung fixiert ist, was durch Pfropfcopolymerisation erreicht wird. Bei den schlagzähen *ABS*-Polymeren (= Acrylnitril-Butadien-Styrol) sind die kugelförmigen, in der *SAN*-Matrix fein verteilten Polybutadien-Partikel von einer aufgepfropften Schicht *SAN*-Copolymeren umgeben, was die feste Verbindung der beiden unverträglichen Polymerphasen bewirkt. Auf analogem Prinzip sind andere Polymertypen wie z. B. schlagzähes Polyvinylchlorid aufgebaut.

Pfropfcopolymerisation durch Übertragungsreaktionen: Das Rückgratpolymere wird im aufzupfropfenden Monomeren, dem Pfropfmonomeren, gelöst, ggf. durch Vermittlung eines Lösungsmittels, suspendiert oder gequollen. Anschließend wird nach einer im Abschnitt 7.1. dargestellten Methode eine radikalische Polymerisation ausgelöst, häufig durch thermisch zerfallende Initiatoren. Dabei entreißt das entstehende Primär- oder auch das wachsende Polymerradikal dem Rückgratpolymeren ein Atom, so daß ein Startzentrum am Polymeren für das Aufwachsen eines Seitenzweiges gebildet wird. Das Wachstum dieser Seitenkette kann auf verschiedene Weise beendet werden, z. B. durch Übertragung, Primärradikalabbruch u. a.. Auf Grund des Mechanismus liegen bei Reaktionsende neben nicht umgesetzten Monomeren zwei bzw. drei verschiedene polymere Produkte vor: Pfropfcopolymeres, Homopolymeres aus dem Pfropfmonomeren und ggf. unverändertes Rückgratpolymeres. Diese Reaktionsprodukte müssen voneinander getrennt werden, um das Ausmaß der Pfropfung festzustellen. Letzteres wird durch verschiedene, nicht immer einheitlich definierte Größen charakterisiert, wie die Pfropfausbeute und den Pfropfgrad:

$$\text{Pfropfausbeute} = \frac{\text{Mengenanteil des gepfropften Monomeren}}{\text{Gesamtmenge des polymerisierten Monomeren}}$$

$$\text{Pfropfgrad} = \frac{\text{Menge des gepfropften Monomeren}}{\text{Menge des gepfropften Rückgratpolymeren}}$$

Diese Größen geben nur Auskunft über den gepfropften Monomergehalt, nicht aber über die Anzahl der Seitenketten, auf die er sich aufteilt.

Da die Übertragungskonstante der meisten Polymeren in der Größenordnung von 10^{-5} bis 10^{-4} liegt, ist der Anteil des durch Polymerkettenübertragung entstehenden Pfropfcopolymeren gering. Daher spielt die Übertragung durch Primärradikale bei den meisten Pfropfcopolymerisationen eine wichtige Rolle.

Aus der Tabelle (8–6) geht hervor, daß die reaktiven, aus Dibenzoylperoxid entstehenden $C_6H_5-COO^\bullet$-Radikale durch Primärradikalangriff auf das Rückgratpolymere pfropfen, während die stabilisierteren $(CH_3)_2\dot{C}-CN$-Radikale des Azodiisobutyronitrils nicht selbst, sondern über die Polymerkettenübertragung wirksam werden.

Der Angriff der Radikale erfolgt wie im Falle der Langkettenverzweigung der Homopolymerisation bevorzugt an den Stellen, wo sich stabilisierte Radikale ausbilden können. So wird Äthylen auf Polyvinylacetat an den Acetylgruppen auf-

Tabelle (8–6): Pfropfcopolymerisation von Methylmethacrylat auf Polystyrol bei 110 °C (*A*) und von Vinylchlorid auf Äthylen-Vinylacetat-Copolymeren bei 50 °C (*B*)

Initiator	Pfropfausbeute *A*	Pfropfausbeute *B*
Azodiisobutyronitril	0,01	0,27
Dibenzoylperoxid	0,13	> 0,80
Dilaurylperoxid	—	0,55

gepfropft, so daß man beim Verseifen der Pfropfcopolymeren die aus Polyäthylen bestehenden Seitenzweige abspalten kann.

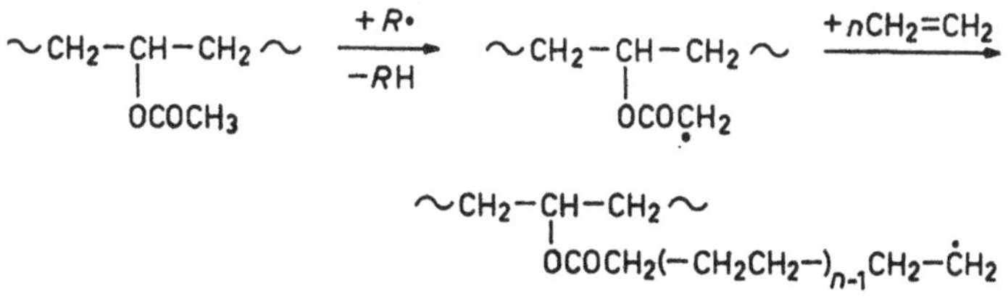

Natürlich darf die Stabilisierung der gebildeten Überträgerradikale am Polymeren nicht so groß sein, daß die Addition des ersten Moleküls des Pfropfmonomeren zu langsam vor sich geht. Versucht man Vinylacetat auf Polystyrol zu pfropfen, so wird an der Rückgratkette ein durch den aromatischen Ring stark stabilisiertes Überträgerradikal gebildet. Die Addition des Vinylacetats erfolgt dann mit so geringer Geschwindigkeit, daß praktisch kein Pfropfpolymeres entsteht. Die Verhältnisse sind ähnlich wie bei der Copolymerisation von Styrol mit Vinylacetat, deren Copolymerisationsparameter $r_{\mathrm{Styrol}} = 55$ und $r_{\mathrm{Vinylacetat}} = 0{,}01$ angeben, daß das Polystyrolradikal Vinylacetat nur außerordentlich langsam anlagert (siehe Abschnitt 8.5.).

Pfropfcopolymerisation durch Strahlung: Auch bei der Pfropfcopolymerisation durch energiereiche Strahlung kann die Pfropfung durch Übertragung der wachsenden Polymerketten oder durch direkten Angriff der Strahlung am Rückgratpolymeren erfolgen, was vom $G(R)$-Wert des Monomeren und des Polymeren abhängt. Der $G(R)$-Wert ist die Zahl der Radikale, die pro 100 eV absorbierter Strahlung gebildet werden:

$$G(R) = \frac{\text{Zahl der gebildeten Radikale}}{\text{100 eV absorbierte Strahlung}}$$

Dieser Wert ist für verschiedene Substanzen unterschiedlich, je nach dem Ausmaß der an ihnen erfolgten Bindungsspaltungen.

Tabelle (8–7): $G(R)$-Wert verschiedener Monomerer $G(R)_M$ und deren Polymerer $G(R)_P$

Monomeres	$G(R)_M$	$G(R)_P$
Styrol	0,7	1,5–3
Methylmethacrylat	5,5–11,5	6–12
Vinylacetat	9,6–12	6–12
Vinylchlorid	10	10–15

Die Tabelle (8–7) läßt erkennen, daß die Pfropfung von Styrol auf Polyvinylchlorid leicht erfolgt, ohne daß bei geeigneter Strahlungsintensität wesentliche Mengen von Homopolystyrol entstehen, denn die Strahlung bewirkt bevorzugt Radikalbildung am Polyvinylchlorid, nicht aber am monomeren Styrol oder an den gebildeten Seitenzweigen des Polystyrols. Der niedrige $G(R)$-Wert des Styrols beruht auf seinem konjugierten Doppelbindungssystem, das die absorbierte Strahlung auf das ganze Molekül verteilt, so daß im Ganzen weniger Energie zur Bindungsspaltung zur Verfügung steht.

Die Bildung von im Polymeren eingeschlossenen Radikalen durch Strahlung ermöglicht die Trennung des Pfropfprozesses in 2 Teile. In der ersten Phase wird in inerter Atmosphäre und bei Abwesenheit des Monomeren vorbestrahlt und in der zweiten Phase die bestrahlte Probe in das gasförmige oder flüssige Monomere eingebracht. Auch hierbei ist die Bildung von Homopolymeren weitgehend ausgeschlossen. Allerdings ist auch die Radikalkonzentration, die durch Vorbestrahlung erzeugt werden kann, relativ gering.

Die Pfropfcopolymerisation durch Strahlung wird technisch im großen Maßstab zur Oberflächenmodifizierung polymerer Formstoffe benutzt, z. B. bei der Veredelung (Ausrüstung) von Fasern oder textilen Geweben. Dabei wird kontinuierlich der mit Monomeren getränkte Faserstrang bzw. die Stoffbahn unter einer Strahlungsquelle hindurchgeführt, wobei infolge Pfropfung eine chemische Bindung des Textilhilfsmittels auf der Faser erfolgt, so daß es durch Waschen oder Reinigen nicht mehr abgelöst werden kann.

Pfropfcopolymerisation durch funktionelle Gruppen: Durch chemische Umsetzung oder durch Copolymerisation kann man in ein Polymeres funktionelle Gruppen einbauen, die so labil sind, daß sie in Radikale zerfallen können, oder die durch Reaktion mit geeigneten Stoffen Startzentren für das Wachstum von Seitenketten bilden. So kann man durch Bestrahlung in Gegenwart von Sauerstoff Hydroperoxidgruppen in ein Polymeres einführen, die durch thermischen Zerfall oder durch Redoxreaktion mit Schwermetallen Pfropfreaktionen starten. Im letzten Fall ist die Bildung von Homopolymeren weitgehend unterbunden.

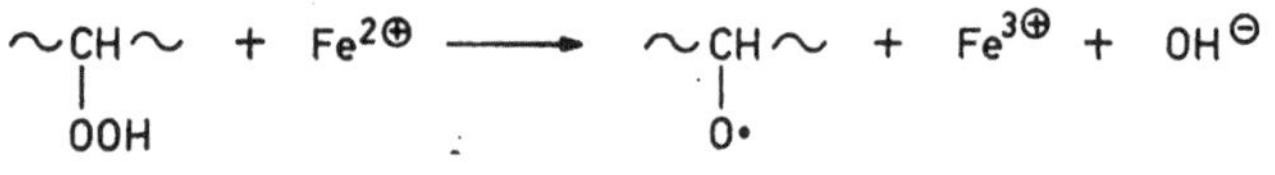

Bei der Umsetzung von Halogenkohlenwasserstoffen mit Metallcarbonylen bilden sich durch Halogenabspaltung nach einem bisher nicht in allen Einzelheiten geklärten Mechanismus Radikale.

$$Mo(CO)_6 + CCl_4 \longrightarrow \dot{C}Cl_3 + CO + Mo^{I}-\mathit{verb.}$$

Führt man das Halogen in ein Rückgratpolymeres ein, kann man auch mittels dieser Reaktion Pfropfcopolymere erhalten.

8.7.2. Blockcopolymerisation

Prinzipiell sind die beiden zuletzt genannten Reaktionen auch geeignet, um auf radikalischem Wege Blockcopolymere herzustellen. Dazu ist es nötig, daß die Peroxidgruppierung bzw. die Halogenatome als Endgruppen im Rückgratpolymeren vorliegen. Ersteres gelingt durch Copolymerisation mit geringen Sauerstoffmengen (S. 73). Die dann in die Polymerkette eingebauten Peroxidbrücken zerfallen thermisch in polymere Bruchstücke mit radikalischen Endgruppen. Übersichtlicher ist die Einführung von Halogenendgruppen durch Übertragungsreaktionen mit Tetrachlorkohlenstoff, wie bei der Telomerisation (Abschnitt 7.3.) gezeigt wurde. Geeigneter als die radikalische erweist sich die anionische Polymerisation zur Erzeugung von Blockcopolymeren (Abschnitt 9.2.5.)

9. Ionische Polymerisation von Olefinen und Vinylverbindungen

9.1. Grundlagen der ionischen Polymerisation

Die ionische Polymerisation läuft ebenso wie die radikalische nach einem Kettenmechanismus ab, wobei die Reaktionsträger Ionen sind. Zum Unterschied von der radikalischen Polymerisation liegen die aktiven Kettenenden nicht frei und ungestört vor, sondern es befinden sich wegen der Elektroneutralität der Lösung Gegenionen in ihrer Nähe, wie nachstehend schematisch formuliert:

radikalische Polymerisation

ionische Polymerisation

Die zwischen den ionischen Kettenenden und ihren Gegenionen bestehende Wechselwirkung hat Einfluß auf die Geschwindigkeit und die Stereospezifität der Polymerisation.

Die gleichsinnige Ladung der wachsenden Kettenenden unterbindet eine gegenseitige bimolekulare Abbruchreaktion, die beim Radikalmechanismus mit großer Geschwindigkeit abläuft. Infolgedessen kann man, um große Polymerisationsgrade zu erreichen, bei der ionischen Polymerisation häufig mit größeren Konzentrationen an aktiven Zentren ($[C^*] = 10^{-2}$ bis 10^{-3} mol/l) als bei der radikalischen Polymerisation ($[R^\bullet] = 10^{-8}$ bis 10^{-9} mol/l) arbeiten und daher um einen Faktor von 10^4 bis 10^5 schneller polymerisieren. Diesen Vorteil kann man oft nicht ausnutzen, weil die schnelle Abführung der Reaktionswärme Schwierigkeiten bereitet.

Die ionische Polymerisation wird im wesentlichen durch zwei Faktoren bestimmt, nämlich

- die Monomerstruktur und
- die unterschiedliche Wechselwirkung der wachsenden Kettenenden mit den Gegenionen, die zur Bildung unterschiedlicher aktiver Zentren führt, die untereinander im Gleichgewicht stehen.

Einfluß der Monomerstruktur: Ob ein Monomeres mit einer C=C-Doppelbindung nach einem anionischen oder kationischen Mechanismus polymerisiert, hängt von der Elektronendichte der Doppelbindung ab, die von den Substituenten bestimmt wird. Monomere, deren Substituenten einen Elektronenzug auf die Doppelbindung ausüben und die Elektronendichte relativ zum Äthylen erniedrigen ($-I$- bzw. $-M$-Effekt), polymerisieren anionisch.

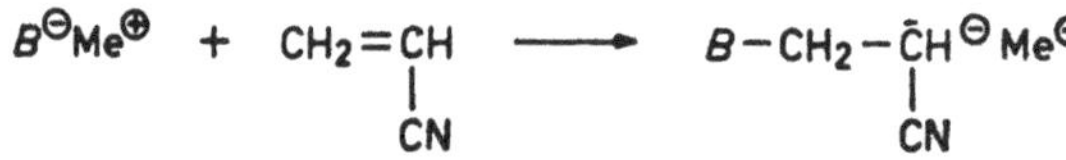

Monomere mit erhöhter Elektronendichte der Doppelbindung, die durch Substituenten bewirkt wird, die einen Elektronendruck verursachen ($+I$- bzw. $+M$-Effekt), polymerisieren kationisch.

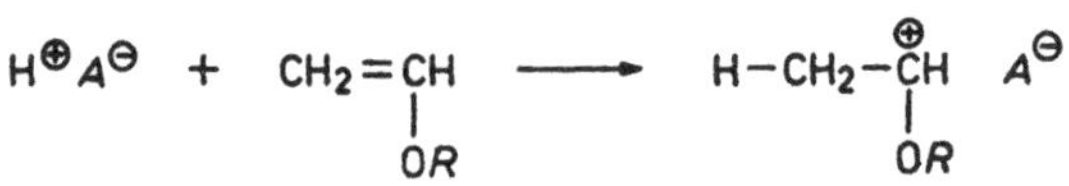

Hat der Substituent nur einen schwachen Einfluß auf die Doppelbindung, so kann durch entsprechende Initiatoren sowohl anionische als auch kationische Polymerisation ausgelöst werden, wie z. B. beim Styrol, bei dem sämtliche Kohlenstoffatome die gleiche Elektronegativität haben (all-sp^2-hybridisiert).

Einfluß der Gleichgewichte zwischen den aktiven Zentren: Bei der ionischen Polymerisation können die aktiven Zentren, von denen die Start- bzw. die Wachstumsreaktion ausgeht, in verschiedenen Formen vorliegen, die untereinander im

Gleichgewicht sind. Sie entstehen durch Assoziation, Ionisation oder Dissoziation der aktiven $A{-}B$-Bindung:

Assoziation — Ionisation — Dissoziation

$$\underset{1}{1/n(A{-}B)_n} \rightleftharpoons \underset{2}{\overset{\delta-}{A} - \overset{\delta+}{B}} \rightleftharpoons \underset{3}{A^{\ominus}B^{\oplus}} \rightleftharpoons \underset{4}{A^{\ominus}/L/B^{\oplus}} \rightleftharpoons \underset{5}{A^{\ominus} + B^{\oplus}}$$

1 — Assoziat
2 — polarisierte kovalente Bindung
3 — Kontaktionenpaar
4 — solvatgetrenntes Ionenpaar
5 — freie Ionen
L — Lösungsmittel

Der Ionenabstand der Kontaktionenpaare ist gleich der Summe ihrer Ionenradien. Bei den solvatgetrennten Ionenpaaren ist dieser größer, weil Lösungsmittelmoleküle zwischen die Ionen treten. Bei den freien Ionen herrscht vollständige Dissoziation.

Die verschiedenen Formen sind experimentell unterscheidbar. Sie zeigen unterschiedliches Reaktionsverhalten und bewirken unterschiedliche Wachstumsgeschwindigkeit und teilweise auch unterschiedliche Stereospezifität. Die Lage des Gleichgewichts ist von der Art der $A{-}B$-Bindung und von dem Reaktionsmedium abhängig. Deshalb wird die ionische Polymerisation in starkem Maße von der Art des verwendeten Lösungsmittels beeinflußt.

Beim kationischen Initiator Triphenylmethylchlorid (Tritylchlorid) ist die Existenz diskreter Zustände bei der S_N1-Solvolyse in verschiedenen Lösungsmitteln nachgewiesen worden.

$$(C_6H_5)_3C{-}Cl \rightleftharpoons (C_6H_5)_3C^{\oplus}Cl^{\ominus} \rightleftharpoons (C_6H_5)_3C^{\oplus}/L/Cl^{\ominus} \rightleftharpoons (C_6H_5)_3C^{\oplus} + Cl^{\ominus}$$

Die Lage dieser Gleichgewichte ist einerseits abhängig von der Polarität der dissoziierenden Bindung, der Stabilität der entstehenden Ionen (strukturbedingte Faktoren) und von der Solvatation dieser Ionen durch das umgebende Medium (Lösungsmitteleinfluß).

Die Wirkung der Lösungsmittel läßt sich in zwei Anteile zerlegen und zwar in den dielektrischen Anteil, bedingt durch die Dielektrizitätskonstante des Lösungsmittels und den Anteil der spezifischen Solvatation.

Daher setzt sich die freie Solvatationsenergie ΔG_{solv} additiv aus diesen beiden Anteilen zusammen:

$$\Delta G_{solv} = \Delta G_{DK} + \Delta G_{sp \cdot solv}$$

Unter spezifischer Solvatation versteht man die bevorzugte Solvatation einer Ionenart auf Grund von Donator-Acceptor-Wechselwirkung. Donator-Lösungsmittel solvatisieren bevorzugt Kationen und Acceptor-Lösungsmittel entsprechend Anionen. Dabei kann der *DK*-Anteil wesentlich durch diese spezifische Solvatation übertroffen werden. Zu den aprotischen Donator-Lösungsmitteln gehören z. B. Tetrahydrofuran, Dimethoxyäthan, Dimethylformamid, Hexamethylphosphorsäuretriamid und zu den Acceptor-Lösungsmitteln z. B. Nitromethan, Schwefeldioxid und Schwefelkohlenstoff.

In unpolaren Lösungsmitteln liegen lithiumorganische Verbindungen mit weitgehend undissoziierter Metall-Kohlenstoffbindung vor. Diese neigen leicht zur Assoziation unter Bildung von Dimeren, Trimeren und auch Hexameren, die wiederum im Gleichgewicht untereinander und mit den monomeren Li-Verbindungen stehen.

$$(R\text{-Li})_n \rightleftarrows R\text{Li} + (R\text{-Li})_{n-1}$$

Sowohl die Startreaktion als auch die Wachstumsreaktion geht im allgemeinen von der unassoziierten Form aus, so daß dem eigentlichen Start- und Wachstumsschritt eine Entassoziierungsreaktion vorgelagert ist. Mit zunehmender Verdünnung der Reaktionslösung wird der Anteil der entassoziierten monomeren, die Reaktion auslösenden Form größer. Bei der durch Butyl-Lithium in Benzol gestarteten Styrolpolymerisation liegt erst bei einer Konzentration von [Li*Bu*] $< 10^{-4}$ mol/*l* der Initiator vollständig entassoziiert vor, so daß man findet:

$$v_{st} \sim [\text{Li}Bu]^1$$

Bei größeren Konzentrationen ist wegen der Assoziation der Exponent kleiner als 1. Neben der Konzentration hat die Temperatur oder auch der Zusatz polarer Verbindungen einen Einfluß auf diese Assoziationsgleichgewichte.

Diese Ausführungen zeigen, daß die ionische Polymerisation komplizierter als die radikalische ist. Da der Reaktionsverlauf durch weitere, noch zu erörternde Faktoren beeinflußt wird, ist seine genaue Erfassung und quantitative Auswertung häufig sehr schwierig. Daher ist die Kenntnis dieser Polymerisation bisher nicht so weit fortgeschritten wie die der radikalischen. Trotzdem kommt ihr große Bedeutung zu, da sie nicht wie die radikalische auf die Polymerisation von C=C-Doppelbindungen beschränkt ist, sondern es sind auch Carbonylverbindungen, Epoxide, cyclische Äther, Laktame, cyclische Siloxane u. a. ionisch polymerisierbar.

Von technischer Bedeutung sind die ionischen Polymerisationsverfahren von Butadien, Isopren, Isobutylen, Formaldehyd, Caprolaktam u. a. m. Eines der ältesten Verfahren ist die Butadien-Polymerisation mit metallischem Natrium, von dem der Name des Synthese-Kautschuks „Buna“ abgeleitet ist.

9.2. Anionische Polymerisation von Olefinen und Vinylverbindungen

9.2.1. Anionische Startreaktion

Eine anionische Polymerisation kann entweder durch direkten Angriff eines Initiatoranions an das Monomere gestartet werden

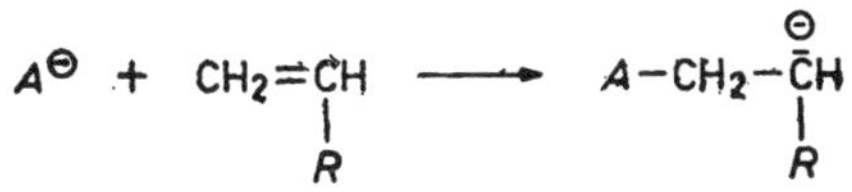

oder durch Übertragung eines Elektrons auf die Doppelbindung, wobei ein Radikalanion gebildet wird.

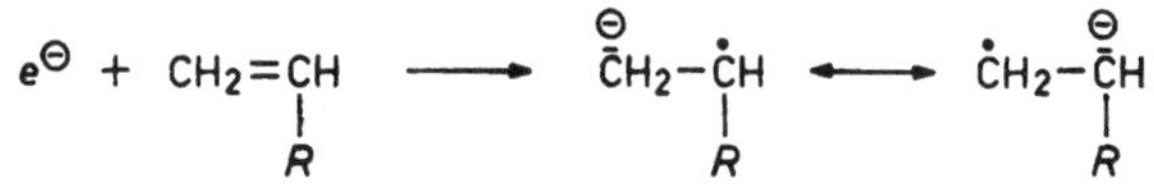

Start durch Initiatoranionen: Ob ein Initiatoranion an die Doppelbindung eines Monomeren addiert wird, ist abhängig von der Nukleophilie des Anions und der Elektrophilie der Doppelbindung. Dabei wirkt ersteres als Elektronendonator und letzteres als Elektronenacceptor.

Man kann diese Reaktion im Sinne der LEWISschen Säure-Basen-Theorie betrachten, wobei das elektrophile Monomere die Säure und das nukleophile Initiatoranion die Base bildet. Die Elektrophilie des Monomeren beruht auf seinem Mangel an Elektronen in der Doppelbindung, der abhängig ist von der Art seiner Substituenten (*—I*- und *—M*-Effekt des Substituenten). Für verschiedene Vinylmonomere läßt sich gemäß dem Elektronenzug der Substituenten folgende Reihe mit abnehmender Fähigkeit zur anionischen Polymerisation aufstellen:

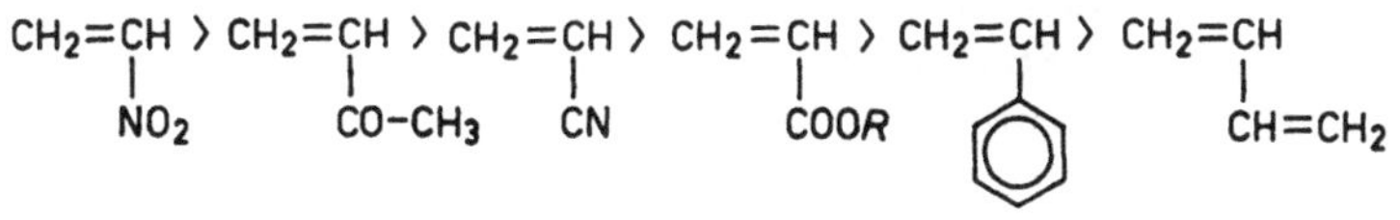

Entsprechend der LEWISschen Theorie ist für die Startreaktion ein Initiatoranion mit umso geringerer Nukleophilie (Basizität) nötig, je elektrophiler (saurer) das Monomere ist. In Tabelle (9–1) ist als Maß für die Basizität der pK_a-Wert der Säuren, die sich durch Protonenaddition an die betreffenden Anionen ergeben, aufgeführt (S. 120).

Stark elektrophile Monomere wie Vinylidencyanid werden bereits durch schwache LEWIS-Basen wie Wasser, Alkohol oder Ketone polymerisiert. Bei den α-Cyanacrylsäureestern genügt die Basizität der Gewebsflüssigkeit des mensch-

Tabelle (9–1): Addition von Anionen an verschiedene Monomere in Äther bei $-20°C$

Anionen	pK_a[1])	Acrylnitril	Styrol	Butadien
$C_2H_5O^{\ominus}$	17	+	–	–
$(C_6H_5)_2N^{\ominus}$	23	+	+	–
$(C_6H_5)_3C^{\ominus}$	40	+	+	+

— = keine Addition

[1]) pK_a-Wert der zugehörigen Säure

lichen Organismus für den Polymerisationsstart, so daß das Monomere bzw. sein Polymeres als Wundverschluß in der Medizin verwendet wird.

Voraussetzung für die Bildung der Initiatorionen ist die Dissoziation des Initiators. Bei vollständiger Dissoziation liegen im Idealfall zu Reaktionsbeginn (d. h. bei Monomerzusatz) alle Startzentren reaktionsbereit vor, so daß die Polymerisationsgeschwindigkeit durch die Wachstumsgeschwindigkeit bestimmt wird ($v_{st} > v_w$). Werden die startenden Ionen erst durch ein vorgelagertes, sich langsam einstellendes Dissoziations- bzw. Entassoziationsgleichgewicht gebildet ($v_{st} < v_w$), dann bestimmt v_{st} die Polymerisationsgeschwindigkeit, die mit der Zeit zunimmt, falls, wie häufig bei anionischen Polymerisationen, kein Abbruch erfolgt. Dadurch unterscheidet sich die ionische Polymerisation charakteristisch von der radikalischen, für die im allgemeinen gilt:

$$v_{st} = v_a < v_w.$$

Bei der anionischen Startreaktion von polaren Monomeren (Vinylchlorid, Acrylnitril, Methylacrylat) treten häufig zusätzliche Komplikationen dadurch auf, daß die Initiatoren mit dem Monomeren verschiedene Nebenreaktionen eingehen können. Beim Vinylchlorid ist der Elektronenzug der Doppelbindung so gering, daß zum Start starke Basen (Alkalialkyle) notwendig sind, die bereits HCl-Abspaltung bewirken:

$$2\,C_4H_9Li + CH_2{=}CHCl \rightarrow CH{\equiv}CLi + LiCl + 2\,C_4H_{10}$$

Das entstehende Lithiumacetylid kann wegen zu geringer Basizität keine Polymerisation auslösen, weil durch die Hybridisierung des Kohlenstoffatoms mit der Überschußladung die Stabilität des Carbanions zu- und damit seine Nukleophilie abnimmt.

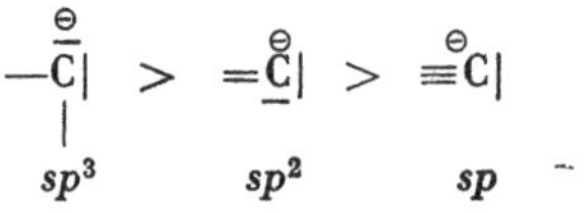

Infolge dieser Nebenreaktion ist bei polaren Monomeren die Initiatoreffektivität, d. h. der Anteil des Initiators, der startet, oft sehr gering. Für die Vinylchlorid-Polymerisation mit Butyl-Li in Hexan beträgt sie nur 1%.

In unpolaren Lösungsmitteln liegen metallorganische Verbindungen häufig undissoziiert vor. Obwohl dann keine freien Ionen auftreten, kann die Startreaktion einer Polymerisation eingeleitet werden. Man bezeichnet eine solche Reaktion als „pseudoionische" Polymerisation. Der Startschritt wird durch die Bildung eines π-Komplexes zwischen Initiator und Monomerem eingeleitet, an die sich eine Umlagerung anschließt.

$$R{-}Me + M \rightleftarrows \begin{bmatrix} R{-}Me \\ \uparrow \\ M \end{bmatrix} \longrightarrow R{-}M{-}Me$$

Diese π-Komplexe werden bevorzugt mit Metallen der I.—III. Hauptgruppe sowie mit Metallen der Nebengruppen gebildet, wobei eine Überlappung der π-Elektronen der Doppelbindung mit den leeren p-Orbitalen der Metalle erfolgt. Durch die Komplexbildung wird die Metall-Kohlenstoff-Bindung des Initiators geschwächt und dadurch für die Reaktion aktiviert.

Start durch Elektronenübertragung: Da Alkalimetalle auf Grund ihres geringen Ionisierungspotentials leicht Elektronen abgeben, können sie die anionische Polymerisation starten. Dabei kann die Elektronenübertragung vom Metall auf das Monomere unter Bildung eines Radikalanions erfolgen, wobei das Elektron in das niedrigste unbesetzte π-Orbital des Monomeren geht:

$$Me + \mathrm{CH_2{=}CH}R \longrightarrow \bullet\mathrm{CH_2}{-}\overset{\ominus}{\underline{\mathrm{C}}}\mathrm{H}R\,Me^{\oplus} \longleftrightarrow \overset{\ominus}{\underline{\mathrm{C}}}\mathrm{H_2}{-}\underset{\bullet}{\mathrm{C}}\mathrm{H}R\,Me^{\oplus}$$

Der Elektronenübergang vom Metall auf das Monomere kann auch indirekt über einen stabilen, löslichen Ionenradikal-Komplex erfolgen:

$$Me + K \rightleftarrows \bullet\overset{\ominus}{K}\,Me^{\oplus}$$

$$\bullet\overset{\ominus}{K}\,Me^{\oplus} + \mathrm{CH_2{=}CHR} \longrightarrow \bullet\mathrm{CH_2}{-}\overset{\ominus}{\underline{\mathrm{C}}}\mathrm{HR}\,Me^{\oplus} + K$$

Start durch Alkalimetall: Die durch direkte Elektronenübertragung gebildeten Anionen dimerisieren leicht zu Dianionen, die eine anionische Polymerisation nach zwei Seiten auslösen können:

$$2\bullet\mathrm{CH_2}{-}\overset{\ominus}{\underline{\mathrm{C}}}\mathrm{HR}\,Me^{\oplus} \longrightarrow Me^{\oplus}\,\overset{\ominus}{\underline{\mathrm{C}}}\mathrm{HR{-}CH_2{-}CH_2{-}}\overset{\ominus}{\underline{\mathrm{C}}}\mathrm{HR}\,Me^{\oplus}$$

$$\xrightarrow{+2\,\mathrm{CH_2{=}CHR}} Me^{\oplus}\,\overset{\ominus}{\underline{\mathrm{C}}}\mathrm{HR{-}CH_2{-}CHR{-}CH_2{-}CH_2{-}CHR{-}CH_2{-}}\overset{\ominus}{\underline{\mathrm{C}}}\mathrm{HR}\,Me^{\oplus}$$

Der Nachweis der Dimerisierung von Styrol-Radikalanionen erfolgt durch Abstoppen mit CO_2. Es entsteht eine diphenyl-substituierte Adipinsäure

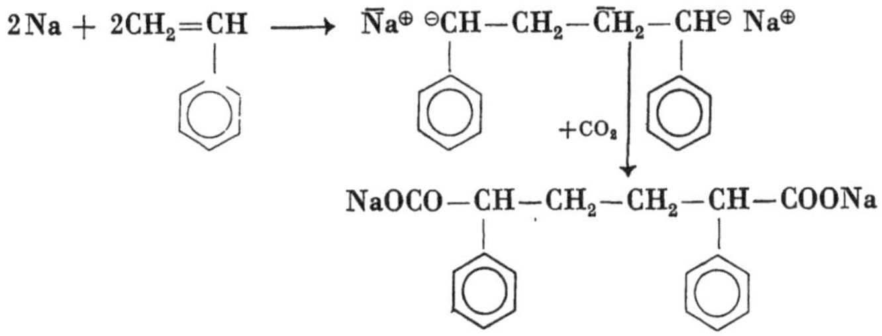

Unter bestimmten Bedingungen lösen Anionenradikale neben der anionischen eine radikalische Polymerisation aus. Bei der mit Li-Metall in Kohlenwasserstoffen initiierten Copolymerisation von Styrol mit Methylmethacrylat bildet sich ein Copolymeres, das 15% Styrol enthält. Da einerseits bei der radikalischen Copolymerisation mit Benzoylperoxid ein Copolymeres entsteht, das die beiden Monomeren im Verhältnis 1:1 enthält, und andererseits bei der anionischen Polymerisation mit Lithiumalkylen nur Polymethylmethacrylat gebildet wird, folgert man auf Grund des 15-%igen Styrolgehalts einen teilweise radikalischen Mechanismus. Mit zunehmender Polarität des Lösungsmittels nimmt der Styrolanteil im Copolymeren ab.

Das Alkalimetall wird dem Monomeren in Form einer feinen Suspension (z. B. in Xylol, Toluol) zugesetzt, wobei auch bei feinster Verteilung nur etwa 0,1% des Alkalimetalls an der Oberfläche sich befindet und für die Polymerisation verfügbar ist. Daher tritt leicht durch Verunreinigungen eine Vergiftung der aktiven Katalysatoroberfläche ein.

Start durch Alkali-Aromaten-Komplexe: Beim Einbringen von Natrium in eine Lösung von Naphthalin in Tetrahydrofuran bildet sich die Natriumverbindung des Naphthalin-Radikalanions von tiefgrüner Farbe:

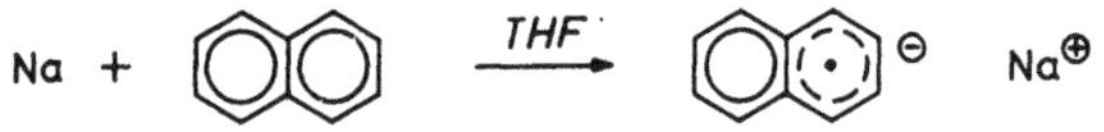

Beim Zusatz von Styrol erfolgt Elektronenübergang auf das Styrol, erkenntlich am Farbumschlag nach rot. Anschließend dimerisieren die Styrolanionenradikale, und das Dianion wächst nach zwei Seiten.

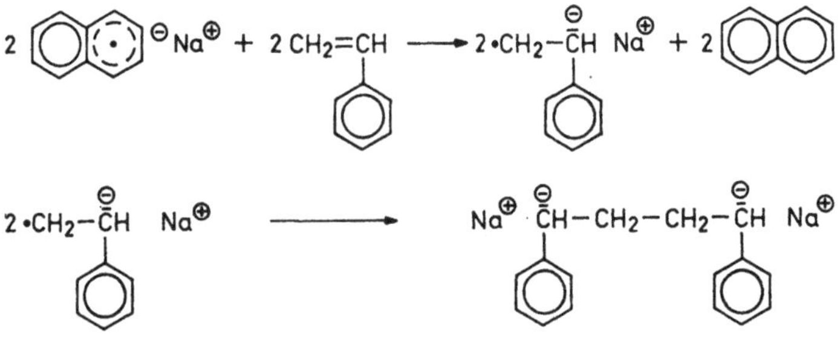

Falls dieses Wachstum nicht durch Abbruchreaktionen unterbrochen wird, verursacht durch Verunreinigungen, polymerisieren die Anionen so lange, bis das Monomere verbraucht ist. Auch danach behalten sie ihre Reaktivität, so daß sie bei erneuter Monomerzugabe weiterwachsen. Man bezeichnet aktive Zentren dieser Art als „lebende Polymere". Wenn keine Übertragung eintritt, ist ihr Polymerisationsgrad P_n bei vollständigem Umsatz gegeben durch:

$$P_n = 2 \cdot \frac{[M]}{[C^*]}$$

wo $[C^*]$ = Aromaten-Komplex-Konzentration ist. Der Faktor 2 berücksichtigt, daß die Polymerkette vom Dianion aus nach zwei Seiten wächst.

Erfolgt der Start sämtlicher Dianionen gleichzeitig und ist die Lebensdauer der wachsenden Anionen groß, dann müssen alle wachsenden Ketten annähernd gleich groß werden, d. h. das sich bildende Polymere muß eine sehr enge Molmassenverteilung haben, die dem POISSON-Typ entspricht. Voraussetzung für den gleichzeitigen Start ist, daß die Elektronenaffinität des Monomeren bedeutend größer ist als die des Aromatenkomplexes, damit der Elektronenübergang hinreichend schnell und vollständig erfolgt. Da die Elektronenaffinität nachstehender Aromatenkomplexe in folgender Reihe zunimmt:

Biphenyl-Na < Naphthalin-Na < Phenanthren-Na < Anthracen-Na

ist Biphenyl-Na der wirksamste Initiator, da er am leichtesten Elektronen an das Monomere abgibt. Daher sind die mit diesem Initiator gebildeten Molmassenverteilungen von Polystyrol enger als die mit den anderen hergestellten.

9.2.2. Anionische Wachstumsreaktion

Einfluß der Monomerstruktur: Beim anionischen Wachstum reagiert ein Polymercarbanion mit einem elektrophilen Monomeren. Wie bei der Startreaktion muß der Elektronenmangel der Doppelbildung des Monomeren, der von seinem Substituenten abhängt ($-I$- u. $-M$-Effekt), ausreichend sein, damit eine Reaktion erfolgen kann. Daher nimmt die Bereitschaft der Monomeren zum anionischen Wachstum in der gleichen Reihenfolge ab, wie in Abschnitt 9.2.1. formuliert. Da α-Methylgruppen einen $+I$-Effekt bewirken, gilt für anionische die Wachstumsgeschwindigkeit der Monomeren:

Acrylnitril > Methacrylnitril;

Methacrylat > Methylmethacrylat;

Butadien > Isopren.

Für das Eintreten der Wachstumsreaktion ist es gleichzeitig notwendig, daß das Polymercarbanion genügend nukleophil ist, um das Monomere anzulagern, wie es dem LEWISschen Säure-Basen-Prinzip entspricht.

Die Nukleophilie des Carbanions ist primär von seiner Struktur abhängig. Sie wird aber außerdem durch das umgebende Medium beeinflußt, das das Ausmaß der Wechselwirkung mit dem Gegenion und damit zusätzlich seine Additionsfähigkeit bestimmt.

Einfluß der unterschiedlichen Arten von aktiven Zentren: Während bei der radikalischen Polymerisation die Wachstumsreaktion über ein einziges aktives Zwischenprodukt — das entsprechende Radikal — verläuft, muß man bei der ionischen Polymerisation damit rechnen, daß das Wachstum gleichzeitig über verschiedene reaktive Zentren erfolgt, deren jeweiliger Anteil wegen der zwischen ihnen bestehenden Gleichgewichte in starkem Maße von der Temperatur und dem Lösungsmittel abhängt. Am eingehendsten sind diese Zusammenhänge bei der Polymerisation von Polystyrolanionen in polaren Lösungsmitteln untersucht worden.

In Tetrahydrofuran wurde festgestellt, daß nebeneinander freie Anionen, solvatgetrennte Ionenpaare und Kontaktionenpaare im Gleichgewicht vorliegen:

$$\sim\overset{\ominus}{\mathrm{C}}\mathrm{H}R\mathrm{Na}^{\oplus} + xL \xrightleftharpoons{K_1} \sim\overset{\ominus}{\mathrm{C}}\mathrm{H}R(L_x\mathrm{Na})^{\oplus} \xrightleftharpoons{K_2} \sim\overset{\ominus}{\mathrm{C}}\mathrm{H}R + (L_x\mathrm{Na})^{\oplus}$$

L = Lösungsmittel

Alle drei Zustände der Polymeranionen können mit unterschiedlicher Geschwindigkeit Styrolmonomere anlagern. Dabei erfolgt die Addition an die solvatgetrennten Ionenpaare etwas langsamer als an die freien Anionen. Die Anlagerungsgeschwindigkeit an die Kontaktionenpaare ist jedoch um 3 Größenordnungen kleiner als an die beiden erstgenannten und erfordert eine um 17 bis 20 kJ/mol größere Aktivierungsenergie, weil hier eine Trennung der Ionen für die Reaktion notwendig ist, während bei den solvatgetrennten Ionen lediglich ein Platzwechsel zwischen Lösungsmittel und Monomeren vor sich zu gehen braucht.

Die Lage der Gleichgewichte hängt in starkem Maße von der Temperatur und dem Lösungsmittel ab. In Tetrahydrofuran liegen bei höheren Temperaturen (20—50 °C) überwiegend Kontaktionenpaare neben freien Anionen vor, während bei tieferen Temperaturen vornehmlich solvatgetrennte Ionenpaare auftreten. Der Übergang der Kontaktionenpaare in die solvatgetrennten Ionenpaare ist exotherm, weil die bei der Ionensolvatation freigesetzte Energie die für die Spaltung der Natrium-Kohlenstoff-Kontaktbindung notwendige übersteigt. In weniger polaren Lösungsmitteln wie Tetrahydropyran, Cumylmethyläther, Dioxan u. a. sind im wesentlichen Kontaktionenpaare vorhanden.

Die Polymerisationsgeschwindigkeit, die sich anteilmäßig aus den Wachstumsgeschwindigkeiten der einzelnen Zustände zusammensetzt, ist in den verschiedenen Lösungsmitteln sehr unterschiedlich, weil in ihnen sich die Gleichgewichtslage dieser Zustände um Größenordnungen unterscheidet. So ist die Additionsgeschwindigkeit der Monomeren an die freien Anionen unabhängig von der Art des Lösungsmittels und der Gegenionen. Offensichtlich können die Monomeren ungehindert an das aktive Kettenende herantreten. Andererseits ist ein deutlicher Einfluß von Lösungsmittel und Gegenionen auf die Kontakt- und solvatgetrennten Ionenpaare feststellbar, wie aus Tabelle (9–2) hervorgeht.

In Dioxan ist für die Wachstumsgeschwindigkeit der Anteil der Kontaktionen

Tabelle (9–2): Mittlerer Wachstumskoeffizient $\bar{k}_{w(\pm)}$ von Polystyrol-Anionen bei 25 °C in Abhängigkeit von Lösungsmittel und Gegenion

Lösungsmittel	$\bar{k}_{w(\pm)}$ [l/mol · s]				
	Li	Na	K	Rb	Cs
Dioxan	0,9	3,4	19,8	21,5	24,5
Tetrahydrofuran	160	80	100	50	25

bestimmend. Die unmittelbare elektrostatische Wechselwirkung des Carbanions mit dem Gegenion nimmt mit zunehmendem Ionenradius ab, die Monomeraddition wird dadurch erleichtert und die Wachstumsgeschwindigkeit nimmt zu. Das umgekehrte Verhalten in Tetrahydrofuran weist auf das Vorliegen von solvatgetrennten Ionenpaaren hin. Je kleiner der Ionenradius, desto größer ist die Solvathülle L_x, die die Ionen trennt, und umso größer ist auch die Wachstumsgeschwindigkeit. Das stark solvatisierte Lithiumion bewirkt die größte Geschwindigkeit, während beim Caesiumion in beiden Lösungsmitteln keine Unterscheidung der Ionenpaare feststellbar ist.

In unpolaren Lösungsmitteln wie z. B. Benzol oder auch bei der Substanzpolymerisation des unpolaren Monomeren liegen bei der anionischen Polymerisation keine freien Ionen, sondern lediglich polarisierte Metall-Kohlenstoff-Bindungen vor, die teilweise assoziiert sind. Man bezeichnet deshalb diese Reaktionen als pseudo-anionische Polymerisation. Die Polymerisationsgeschwindigkeit ist hier natürlich viel geringer als bei Anwesenheit freier Ionen. Wie bei der Startreaktion bereits erwähnt, diskutiert man auch beim pseudoanionischen Wachstum zuerst eine Koordinierung des Monomeren an das Metallatom:

$$\sim CH_2{-}CHR{-}Me + CH_2{=}CHR \rightleftharpoons \sim CH_2{-}CHR{-}\underset{\substack{\uparrow \\ CH_2=CHR}}{Me}$$

Durch diese π-Komplexbildung wird die Metall-Kohlenstoff-Bindung gelockert und die Doppelbindung des Monomeren aktiviert, was die Voraussetzung der anschließenden Umlagerungsreaktion ist, bei der sich das Monomere zwischen das Metall und den Polymerrest einschiebt.

$$\sim CH_2{-}CHR{-}\underset{\substack{\uparrow \\ CH_2=CHR}}{Me} \longrightarrow \sim CH_2{-}CHR{-}CH_2{-}CHR{-}Me$$

Diese Einschubreaktion wird als Insertionsreaktion bezeichnet. Da auf dieser Reaktion das Polymerwachstum beruht, nennt man diese Polymerisationsart auch Insertionspolymerisation. Sie bildet den fließenden Übergang zu der später zu behandelnden koordinativen Polymerisation an Übergangsmetallen (Abschnitt 10.).

Bei Polymerisationen mit Lithium als Gegenion wird in unpolaren Lsöungsmitteln die Bildung von Assoziaten beobachtet. Das Wachstum geht auch hier meist nur an der entassoziierten Form vor sich. Den Teil der assoziierten, nicht zum Wachstum befähigten Ketten bezeichnet man als „schlafende“ Polymere.

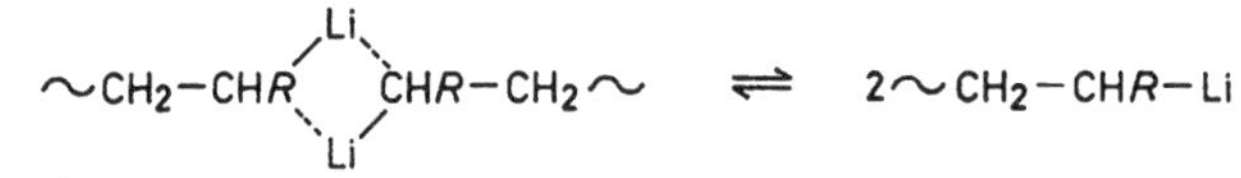

Der Einfluß der Verdünnung auf die Assoziationsgleichgewichte wurde schon auf Seite 108 erörtert.

Stereospezifisches Wachstum: Bei der pseudoionischen Wachstumsreaktion werden häufig taktische Polymere gebildet. Man nimmt an, daß die Koordination des Monomeren aus räumlichen Gründen in sterisch gleicher Weise an das Metallatom erfolgt und daher der nachfolgende Insertionsschritt auch sterisch einheitlich vor sich geht. Die Koordinierung an das Metallion bewirkt eine Vororientierung des Monomeren für den Wachstumsschritt.

In dem Maße wie durch Dissoziation die Wechselwirkung des Metallatoms mit dem Kohlenstoff des Kettenendes abnimmt, wird auch sein dirigierender Einfluß auf den Wachstumsschritt geringer. Daher haben die Faktoren, die auf die Ionisation bzw. Dissoziation der Metall-Kohlenstoff-Bindung einwirken, auch einen Einfluß auf die Taktizität der entstehenden Polymeren.

Beim Methylmethacrylat, das besonders intensiv auf sein Verhalten bei der anionischen Polymerisation untersucht wurde, zeigt sich der Einfluß des Lösungsmittels auf die Taktizität der entstehenden Polymeren deutlich. Mit 9-Fluorenyl-Lithium bei —60 °C werden in Abhängigkeit von der Art des Lösungsmittels verschiedene taktische Polymethylmethacrylate gebildet. In unpolaren Lösungsmitteln wie Toluol entstehen isotaktische, im polaren 1,2-Dimethoxyäthan jedoch syndiotaktische Polymere. Durch Polymerisation in Mischungen dieser Lösungsmittel kann man durch Variation der Anteile des Toluols und Äthers das Verhältnis der iso-, syndio- und heterotaktischen Triaden verändern.

Während also im unpolaren Lösungsmittel unter den Bedingungen des pseudoanionischen Wachstums isotaktische Polymere entstehen, erfolgt im polaren Medium, in denen in starkem Maße das aktive Kettenende dissoziiert vorliegt, syndiotaktisches Wachstum. Offensichtlich tritt dann das Monomere wenig beeinflußt durch das Gegenion an das Kettenende heran, und es bildet sich ähnlich wie bei der radikalischen Polymerisation die syndiotaktische Form aus.

Bei der Isopren-Polymerisation in unpolaren Lösungsmitteln mit Lithium-Metall oder -Alkyl als Initiator entstehen Polymere mit großem 1,4-cis-Gehalt (94% 1,4-cis-; 0% 1,4-trans- und 6% 3,4-Anteil). Man nimmt an, daß bei der Koordination das Isopren in cis-Form als 2-zähniger Ligand wirkt und daß dadurch die Insertion des Isoprens in dieser vorgebildeten Form erfolgt:

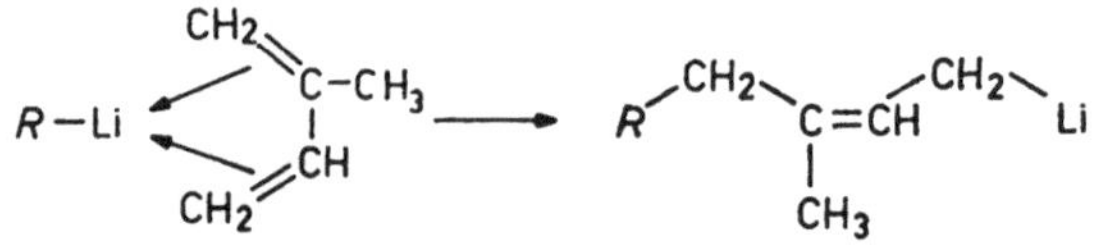

Isopren liegt in Lösung bei Zimmertemperatur zu 80% in cis-Form vor, Butadien dagegen nur zu 4%. Bei der Butadien-Polymerisation mit Lithium bewirkt die Koordination des Monomeren am Metallion, daß der cis-Anteil auf etwa 35% ansteigt; der Rest liegt zu 53% in trans-Form und zu 10% als 1,2-Anteil vor. Die anderen Alkalimetalle — Na, K, Cs, Rb — bilden praktisch keinen oder nur einen geringen cis-Anteil, weil wahrscheinlich infolge zu großen Ionenradien eine entsprechende Koordination der Monomeren nicht erfolgen kann.

9.2.3. *Anionische Abbruchreaktion*

Bei der anionischen Polymerisation ist ein gegenseitiger Abbruch wachsender Polymerketten, wie er bei der radikalischen Polymerisation auftritt, infolge elektrostatischer Abstoßung der Carbanionen ausgeschlossen. Daher kann man den aktiven Zustand dieser lebenden Polymerionen über längere Zeit aufrecht erhalten, falls keine Desaktivierungsreaktionen durch Verunreinigungen oder Instabilität des Reaktionsmediums gegenüber Ionen auftreten. Am Reaktionsende muß man diesen aktiven Zustand der lebenden Polymeren zerstören z. B. durch Zusatz von Methanol:

$$\sim CH_2-CHR-Me + CH_3OH \longrightarrow \sim CH_2-CH_2R + CH_3OMe$$

Man kann diesen Abbruch der Reaktion zur quantitativen Einführung von Endgruppen in die Polymermoleküle nutzen:

$$\sim CH_2-CHR-Me + CO_2 \longrightarrow \sim CH_2-CHR-COOMe$$

$$\sim CH_2-CHR-Me + \underset{\diagdown O \diagup}{CH_2-CH_2} \longrightarrow \sim CH_2-CHR-CH_2-CH_2-OMe$$

Lebende Polymere lassen sich allerdings nur von einer beschränkten Anzahl Monomerer herstellen wie z. B. Styrol, Butadien oder Isopren. Andere Monomere gehen bei der anionischen Polymerisation leicht monomolekulare Abbruchreaktion durch spontane Isomerisierung ein. Dabei erfolgt Ringschluß des aktiven Kettenendes mit reaktiven Gruppen des gleichen Moleküls. Es bilden sich cyclische Systeme mit bevorzugt sechsgliedrigen Ringen aus, die polymerisationsinaktiv sind, wie es vom Methylmethacrylat und Acrylnitril bekannt ist.

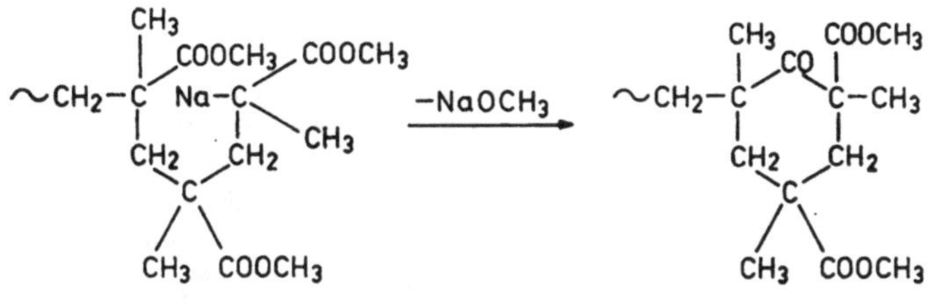

Monomolekularer Abbruch kann auch durch Hydrid-Eliminierungsreaktion erfolgen. So bilden sich beim mehrtägigen Stehen von lebendem Polystyrol in Tetrahydrofuran oder Dimethoxyäthan Polymere mit ungesättigten Endgruppen.

$$\sim CH_2 - CHR - Me \longrightarrow \sim CH{=}CHR + MeH$$

Obwohl die Neigung von Polymercarbanionen zu Übertragungsreaktionen relativ gering ist, können sich dabei Ionen geringerer Basizität bilden, die nicht mehr in der Lage sind, Monomere weiter zu polymerisieren. In diesem Fall kann die Übertragungsreaktion zum Abbruch werden.

9.2.4. Kinetik der anionischen Polymerisation

Als Beispiel für die anionische Polymerisation in einem polaren Lösungsmittel soll die des Styrols in Tetrahydrofuran betrachtet werden. Da diese Reaktion ohne Abbruch über lebende Polymeranionen verläuft, ergibt sich für die Bruttopolymerisationsgeschwindigkeit v_{Br}

$$v_{Br} = -d[M]/dt = \bar{k}_w[C^*]\,[M]$$

$\bar{k}_w$ — mittlere Wachstumsgeschwindigkeitskonstante
$[C^*]$ — Konzentration der aktiven Zentren = lebende Kettenenden

Dabei wird vorausgesetzt, daß der Kettenstart momentan erfolgt und bei Reaktionsbeginn sämtliche aktive Zentren C^* reaktionsbereit vorliegen (siehe Abschnitt 9.2.1.).

Im einfachsten Fall unterscheidet man bei der reaktionskinetischen Analyse dissoziierte und undissoziierte Ionen, d. h. freie Polymeranionen und Ionenpaare. Die Aufteilung der letzteren in Kontakt- und solvatgetrennte Ionenpaare erfolgt auf getrenntem Wege durch Bestimmung der Temperaturabhängigkeit nachstehender kinetischer und thermodynamischer Größen, auf die hier nicht eingegangen werden kann. Bei Vorliegen von Ionenpaaren und freien Anionen stellt man folgendes als Zwei-Wege-Mechanismus bezeichnetes Reaktionsschema auf:

$$\begin{array}{ccccc} P_n\mathrm{Na} & & + M & \xrightarrow{k_{(\pm)}} & P_{n+1}\,\mathrm{Na} \\ \uparrow\downarrow K_D & & & & \uparrow\downarrow K_D \\ P_n^{\ominus} + \mathrm{Na}^{\oplus} & & + M & \xrightarrow{k_{(-)}} & P_{n+1}^{\ominus} + \mathrm{Na}^{\oplus} \end{array}$$

$k_{(\pm)}$ = Wachstumsgeschwindigkeitskonstante des Ionenpaares
$k_{(-)}$ = Wachstumsgeschwindigkeitskonstante des freien Anions

Wie bei der radikalischen Polymerisation (Abschn. 7.5.) setzt man voraus, daß die Geschwindigkeitskoeffizienten unabhängig von der Kettenlänge der aktiven Polymeren sind. Die Dissoziationskonstante K_D für das Dissoziationsgleichgewicht ergibt sich aus dem Massenwirkungsgesetz:

$$K_D = \frac{[P^\ominus]\,[\mathrm{Na}^\oplus]}{[P\mathrm{Na}]}$$

Wegen der Elektroneutralität der Lösung ist $[P^\ominus] = [\mathrm{Na}^\oplus]$. Da außerdem die lebenden Polymeren nur schwach dissoziiert sind, gilt für die Konzentration der aktiven Zentren $[C^*]$ die Näherung:

$$[C^*] \approx [P\mathrm{Na}] \gg [P^\ominus] = [\mathrm{Na}^\oplus]$$

Daher folgt für die Dissoziationskonstante:

$$K_D \approx \frac{[P^\ominus]^2}{[C^*]},$$

und für die freien Anionen:

$$P^\ominus \approx (K_D \cdot [C^*])^{1/2}$$

Für den Monomerverbrauch auf dem im obigen Reaktionsschema angegebenen beiden Wegen ergibt sich:

$$-d[M]/dt = k_{(\pm)}[P\mathrm{Na}]\,[M] + k_{(-)}[P^\ominus]\,[M]$$

Durch Einsetzen der abgeleiteten Größen für die bereits erwähnte Bruttopolymerisationsgeschwindigkeit folgt:

$$v_{Br} \equiv -d[M]/dt = \bar{k}_w[C^*]\,[M]$$

mit

$$\bar{k}_w = k_{(\pm)} + k_{(-)}\,(K_D/[C^*])^{1/2}$$

Entsprechend dem Geschwindigkeitsgesetz 1. Ordnung in bezug auf die Monomerkonzentration bei konstantem $[C^*]$ ergibt sich nach Integration:

$$\ln\,([M]_0/[M]_t) = \bar{k}_w[C^*]\,t$$

Abb. (9–1) zeigt die Änderung der Monomerkonzentration mit der Zeit nach vorstehendem Zusammenhang bei verschiedenen $[C^*]$-Konzentrationen (S. 130). Die Neigung der Geraden ergibt die Größe $k_w[C^*]$, wobei $[C^*]$ bekannt ist.

Wegen des Zwei-Wege-Mechanismus setzt sich die mittlere Wachstumsgeschwindigkeitskonstante $\bar{k}_w$ aus dem Geschwindigkeitskoeffizienten $k_{(\pm)}$ der Ionenpaare und dem konzentrationsabhängigen Anteil der freien Anionen $k_{(-)}$ zusammen. In Abb. (9–2) ist daher entsprechend dem abgeleiteten Zusammenhang der mittlere Geschwindigkeitskoeffizient $\bar{k}_w$ gegen $[C^*]^{-1/2}$ aufgetragen (S. 131). Man erkennt, daß mit der Verdünnung, also mit abnehmender Konzentration der aktiven Zentren die mittlere Wachstumskonstante k_w zunimmt, weil die Dissoziation und damit der Anteil, der über freie die Anionen verläuft, größer wird. Aus der Neigung der Geraden läßt sich bei Kenntnis der Gleichgewichtskonstanten K_D, die z. B. aus Leitfähigkeitsmessungen zugänglich ist, die Wachstumskonstante $k_{(-)}$ der freien Polystyrolanionen berechnen.

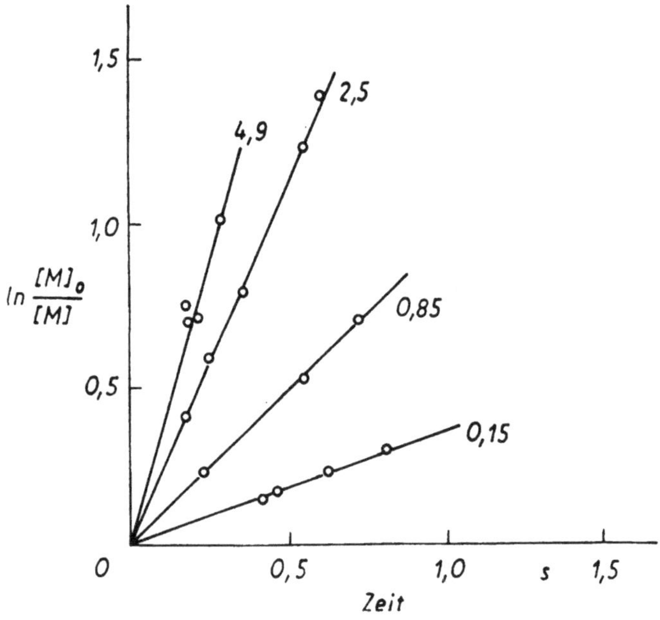

Abb. (9–1): Änderung der Monomerkonzentration mit der Zeit der Polymerisation von 0,5 mol/*l* Styrol in Tetrahydrofuran mit Natrium-Naphthalid bei 24 °C in Abhängigkeit von der Konzentration der aktiven Zentren. $[C^*] \cdot 10^3$ mol/*l*.

(Nach H. HOSTALKA u. G. V. SCHULZ: Z. phys. Chemie N. F. **45** (1965) 286)

Durch hinreichenden Zusatz von Natriumsalzen läßt sich die Dissoziation der freien Polystyrolanionen vollständig unterdrücken, wobei man Natriumtetraphenylborat $NaB(C_6H_5)_4$ als im organischen Medium lösliches Salz verwendet. Die Wachstumsgeschwindigkeitskonstante $\bar{k}_w$ wird dann unabhängig von der Konzentration der aktiven Zentren, weil nur noch die Ionenpaare polymerisieren. Die in Abb. (9–2) dargestellten experimentellen Ergebnisse (volle Punkte) bestätigen zugleich die Vorstellung vom Zwei-Wege-Mechanismus. Berücksichtigt man bei der Auswertung noch zusätzlich die Aktivität der Ionen, deren Wechselwirkung sich wegen der niedrigen Dielektrizitätskonstante des Tetrahydrofurans von $\varepsilon = 7{,}6$ bereits bei kleinen Ionenkonzentrationen bemerkbar macht, gelingt es, die genauen Wachstums- und Dissoziationskonstanten zu bestimmen.

Bei +27 °C ergibt sich:

$$k_{w(\pm)} = 1{,}80 \cdot 10^2\ l/\text{mol} \cdot \text{s}$$

$$k_{w(-)} = 1{,}48 \cdot 10^5\ l/\text{mol} \cdot \text{s}$$

$$K_D = 3{,}25 \cdot 10^{-8}\ l/\text{mol}$$

Wegen dieser kleinen Dissoziationskonstante ist auch die Konzentration der freien Anionen im Verhältnis zu den Ionenpaaren sehr klein. Bei einer Konzentration aktiver Zentren von $[C^*] = 5 \cdot 10^{-4}$ mol/l sind nur ca. 1% der wachsenden Kettenenden dissoziiert. Weil jedoch die Wachstumsgeschwindigkeit der freien Anionen sehr viel größer als die der Ionenpaare ist, polymerisiert trotzdem 89% der Monomeren über die freien Anionen. Dabei kann das wachsende Kettenende während des Wachstums seinen Dissoziationszustand mehrfach wechseln, wie aus Messungen der Molmassenverteilung hervorgeht.

Anschließend sei daran erinnert, daß aus der Temperaturabhängigkeit der

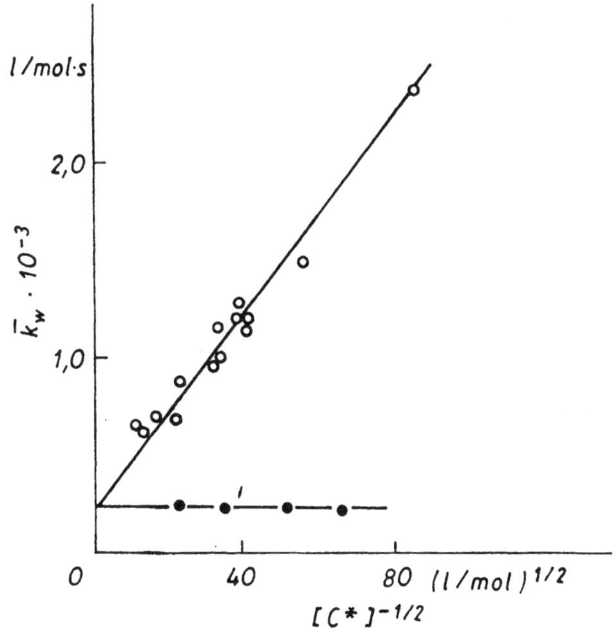

Abb. (9–2): Abhängigkeit der mittleren Wachstumsgeschwindigkeitskonstante $\bar{k}_w$ vom Kehrwert der Wurzel der Konzentration der aktiven Zentren C^*.

• unter Zusatz von Na B $(C_6H_5)_4$.

(Nach H. Hostalka u. G. V. Schulz: Z. phys. Chemie N. F. 45 (1965), 286)

Geschwindigkeitskonstanten und der Wachstumskonstanten des Ionenpaares auf die Existenz von Kontakt- und solvatgetrennten Ionenpaaren geschlossen werden muß, und daher $k_{w(\pm)}$ und K_D selbst noch zusammengesetzte Größen sind.

9.2.5. *Anionische Copolymerisation*

Simultane Copolymerisation: Unter simultaner Copolymerisation versteht man die gleichzeitige Polymerisation mehrerer Monomerer, zum Unterschied von der Blockcopolymerisation, bei der die Polymerisation der verschiedenen Monomeren im allgemeinen zeitlich nacheinander abläuft.

Die Möglichkeiten, Monomere simultan durch einen ionischen Mechanismus zu copolymerisieren, sind verglichen mit der radikalischen Copolymerisation stark eingeschränkt. Es ist notwendig, daß die Monomeren gleichsinnig polarisiert und die zwei verschiedenen Endgruppen der wachsenden Polymeranionen in der Lage sind, sowohl die eine als auch die andere Monomersorte anzulagern. Dieses erfordert die Abstimmung ihrer Säure-Base-Beziehung. Daher dürfen die Elektronenaffinitäten der zu copolymerisierenden Monomeren nur wenig verschieden sein. Diese Voraussetzungen sind immer dann gegeben, wenn für das Produkt der r-Werte der Monomeren angenähert gilt: $r_1 \cdot r_2 \approx 1$, wobei in erster Näherung die e-Werte des Q,e-Schemas als Maß für die Elektronenaffinität der Monomeren betrachtet werden können.

Die Copolymerisationsparameter r der ionischen Copolymerisation unterscheiden sich wesentlich von denen der radikalischen wegen des unterschiedlichen Wachstumsmechanismus, wie das Beispiel der Copolymerisation von Styrol (r_1) und Vinylpyridin (r_2) zeigt:

	r_1	r_2
radikalisch	0,6	1,1
anionisch	$< 0,02$	4500

Bei der anionischen Polymerisation kommt es in diesem Falle zu einer verstärkten Stabilisierung des Carbanions durch den Pyridinring und außerdem zu einer spezifischen Kationensolvatation durch das Monomere.

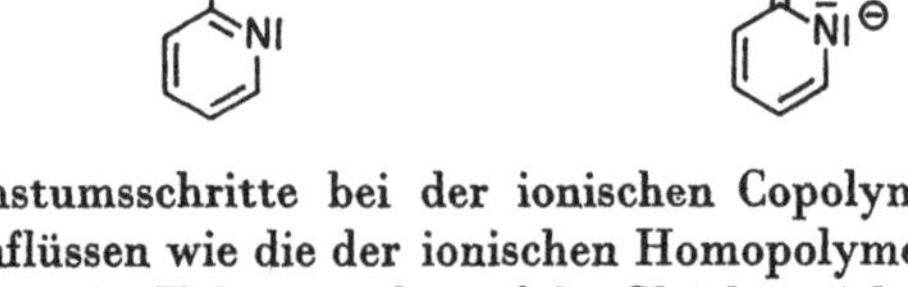

Die Wachstumsschritte bei der ionischen Copolymerisation unterliegen den gleichen Einflüssen wie die der ionischen Homopolymerisation. Daher verändern im allgemeinen die Faktoren, die auf die Gleichgewichte der aktiven Zentren einwirken, wie die Art des Lösungsmittels und das Gegenion sowie die Temperatur, auch die r-Werte. Der Einfluß des Lösungsmittels auf die Copolymerisation von Isopren und Styrol zeigt, daß in dem unpolaren Lösungsmittel Isopren stärker in das Copolymere eingebaut wird (Tabelle 9–3).

Tabelle (9–3): Copolymerisation von Isopren (r_1) und Styrol (r_2) in verschiedenen Lösungsmitteln
Temperatur: +27°C; Initiator: Lithiumalkyl

Lösungsmittel	r_1	r_2
Toluol	9,5	0,3
Triäthylamin	1,0	0,8
Tetrahydrofuran	0,1	9,0

Dieser Effekt beruht nicht nur darauf, daß sich die Wachstumsgeschwindigkeit der Monomeren in den Lösungsmitteln unterschiedlich ändert, sondern man nimmt in diesem Fall auch an, daß in Toluol eine spezifische Solvatation des wachsenden Kettenendes durch Isopren erfolgt. Daher ist unmittelbar am Reaktionsort die Isoprenkonzentration groß, und es wird bevorzugt dieses Monomere in das Copolymere eingebaut. Bei Zusatz von Donator-Lösungsmitteln wird das Isopren aus der Koordinationssphäre verdrängt, so daß seine Konzentration am wachsenden Kettenende und damit seine Einbaugeschwindigkeit abnimmt. In Tetrahydrofuran wird entsprechend der Reaktivität (siehe Abschnitt 9.2.1.) mehr Styrol eingebaut.

$$\sim CH_2{-}\underset{\underset{M}{\uparrow}}{Li} + L \longrightarrow \sim CH_2{-}\underset{\underset{L}{\uparrow}}{Li} + M$$

L = Lösungsmittel, M = Monomeres

Die Copolymerisationsparameter sind daher bei der ionischen Polymerisation keine konstanten Größen wie bei der radikalischen Polymerisation, bei der sie außer von der Monomerstruktur nur noch von der Temperatur abhängen.

Blockcopolymerisation: Wie bereits erwähnt, verlieren lebende Polymere auch dann ihre Aktivität nicht, wenn alles Monomere verbraucht ist. Bei erneuter Monomerzugabe wachsen die Polymeranionen weiter. Wechselt man dabei das Monomere, kann man Blockcopolymere herstellen. Voraussetzung ist dabei, daß das neu hinzugesetzte Monomere B anionisch polymerisiert und hinreichend elektrophil ist, um sich an das Polymeranion $A^{\ominus}$ zu addieren. Durch das Mengenverhältnis des vorgelegten Monomeren A und zugegebenen Monomeren B läßt sich die Blocklänge regeln. Startet man das Monomere A mit einem bifunktionellen Initiator, lassen sich Blockcopolymere vom Typ $B{-}A{-}B$ herstellen. Ist darüber hinaus das gebildete Polymeranion $B^{\ominus}$ fähig, auch das Monomere A anzulagern, kann man zu Copolymeren mit alternierender Sequenzfolge gelangen. Auf diese Weise lassen sich Copolymere aus Styrol und Isopren mit 10 und mehr Blöcken aufbauen. Blockcopolymere des Typs $B{-}A{-}B$ aus Styrol und Butadien besitzen als thermoplastische Elaste Interesse. Die Polybutadien-Mittelblöcke und die Polystyrol-Außenblöcke sind miteinander unverträglich, so daß sie anstreben, getrennte Phasen auszubilden. Dabei stellen die taktischen und kristallinen Polystyrol-Blöcke die harte Phase dar, zwischen die die weiche und elastische Polybutadien-Phase verteilt ist. Die kristalline Polystyrol-Phase verliert oberhalb ihrer Schmelztemperatur ihren Zusammenhalt, so daß diese Phase thermoreversible Vernetzung bewirkt.

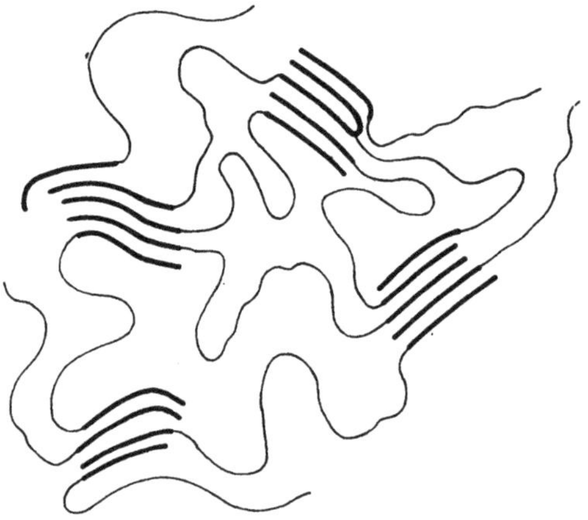

Abb. (9–3): Anordnung von Polystyrol-(▬▬)- und Polybudadien(——)-blöcken in einem Blockcopolymeren vom Typ *B-A-B*.

9.3. *Kationische Polymerisation von Olefinen und Vinylverbindungen*

Die kationische Polymerisation verläuft nach den gleichen Gesetzmäßigkeiten wie die anionische, nur mit dem Unterschied, daß die Kettenträger umgekehrtes Vorzeichen besitzen. Da jedoch das Ausmaß der mit dem Wachstum konkurrierenden Nebenreaktionen größer ist, verläuft diese Polymerisation weniger übersichtlich, so daß heute noch eine Reihe damit im Zusammenhang stehender Probleme unbefriedigend geklärt sind.

9.3.1. *Kationische Startreaktion*

Der Start der kationischen Polymerisation erfolgt durch die Addition eines Kations (Elektronenacceptor) an eine C=C-Doppelbindung mit erhöhter Elektronendichte. Als Kationen dienen häufig Protonen.

$$H^{\oplus} + CH_2{=}CHR \rightarrow CH_3{-}\overset{\oplus}{C}HR$$

Daher werden als Initiatoren Verbindungen eingesetzt, die Protonen liefern oder die durch heterolytische Spaltung von kovalenten Bindungen Kationen bilden. Auch hier läuft wie bei der anionischen Polymerisation der Start im Sinne einer Säure-Basen-Reaktion ab.

Startreaktion durch Protonensäuren: Starke Protonensäuren (HJ, $HClO_4$, H_2SO_4) sind in der Lage, durch Protonenaddition an Doppelbindungen Carbeniumionen zu bilden, wobei die Protonierungsgeschwindigkeit mit der Säureacidität zunimmt. Die Addition verläuft in zwei Schritten:

$$CH_2{=}CHR + HX \rightleftharpoons [CH_2\overset{H}{\overset{\vdots}{=}}CHR]^{\oplus}X^{\ominus} \longrightarrow CH_3{-}\overset{\oplus}{C}HR \quad X^{\ominus}$$

Zuerst entsteht in einer Gleichgewichtsreaktion ein π-Komplex, der sich anschließend unter Ausbildung einer σ-Bindung in ein Carbeniumion umlagert. Dabei ist die Umlagerung geschwindigkeitsbestimmend.

Das entstandene Carbeniumion hat die Möglichkeit, mit weiteren Monomeren zu polymerisieren oder sich durch Ladungsausgleich zu stabilisieren.

$$CH_3{-}\overset{\oplus}{C}HR + X^{\ominus} \xrightarrow{+CH_2=CHR} CH_3{-}CHR{-}CH_2{-}\overset{\oplus}{C}HR \quad X^{\ominus}$$

$$\downarrow$$

$$CH_3{-}CHR{-}X$$

Welche der beiden Reaktionen eintritt, ist von der Nukleophilie des Anions $X^{\ominus}$ abhängig. So ist die Tendenz von Chlorionen, mit Carbeniumionen in organischen Lösungsmitteln unter Ladungsaustausch zu reagieren, so groß, daß z. B. HCl mit Isobutylvinyläther unter Protonierung zwar reagiert, sich jedoch keine Polymeren mit hohen Molekülmassen bilden. Andererseits sind kationische Polymerisationen mit $J^{\ominus}$ bzw. $J_3^{\ominus}$-Ionen als Gegenionen bekannt, weil diese nur geringe Reaktionsneigung mit den Carbeniumionen zeigen.

Man kann dieses Verhalten mit dem Prinzip der harten und weichen Säuren bzw. Basen (PEARSON-Prinzip) erläutern. Es besagt bekanntlich, daß harte Säuren bevorzugt mit harten Basen reagieren, während die Kombination harte Säure mit weicher Base nur geringe Reaktionstendenz aufweist. Je geringer die Polarisierbarkeit und der Ionenradius, desto größer ist die Härte der Ionen. Daher gehören die Chlorionen zu den harten und Jodionen zu den weichen Basen.

Da Carbeniumionen, falls sie keine resonanzfähigen Elektronensysteme (Aromaten, Allylstrukturen) enthalten, harte Säuren sind, tritt leicht eine Reaktion zwischen den Carbeniumionen und den Chlorionen ein. Diese Reaktion kann bereits beim Startschritt oder erst nach einer mehr oder weniger großen Zahl von Wachstumsschritten eintreten.

Der Ladungsausgleich zwischen aktiven Kettenende und Gegenion spielt bei der kationischen Polymerisation eine bedeutende Rolle. Da durch diese Reaktion ein aktives Zentrum vernichtet wird, ist man bestrebt, diese Reaktion zu unterdrücken, indem man weiche Gegenionen verwendet oder harte Basen komplex maskiert. Letzteres erreicht man durch Zusatz von LEWIS-Säuren:

$$RCl + AlCl_3 \rightleftharpoons R^{\oplus}[AlCl_4]^{\ominus}$$

Je stabiler der gebildete Komplex ist, umso geringer ist seine Neigung, wieder in die Ausgangsprodukte zu zerfallen.

Startreaktion durch LEWIS-*Säuren:* LEWIS-Säuren bilden mit sogenannten Cokatalysatoren unter Abspaltung eines Protons oder Carbeniumions stabile Komplexe:

$$MeX_n + RX \rightarrow R^{\oplus}[MeX_{n+1}]^{\ominus}$$

Die dabei entstehenden Kationen lösen den Start analog wie im vorstehend beschriebenen Abschnitt aus.

Als LEWIS-Säuren dienen im allgemeinen Metallhalogenide der III., IV, und V. Hauptgruppe, die als FRIEDEL-CRAFTS-Katalysatoren in der organischen Chemie bekannt sind, z. B.

BF_3, $AlBr_3$, $SnCl_4$, $SbCl_5$ u. a.,

sowie Halogenide der Übergangsmetalle, z. B.

$ZnCl_2$, $TiCl_4$, $FeCl_3$ u. a.

Erst zusammen mit Cokatalysatoren, wie

Protonensäuren, Wasser, Alkoholen und Alkylhalogeniden

bilden sich die benötigten Kationen.

Die Wirkung des Cokatalysators RX ist um so größer, je leichter die Komplexbildung eintritt. Sie ist wesentlich bedingt durch die Dissoziationsenergie der R-X-Bindung. Bei protonenliefernden Cokatalysatoren nimmt sie mit der Dissoziationsfähigkeit zu. Daher beobachtet man bei der Isobutylen-Polymerisation mit $SnCl_4$ zunehmende Polymerisationsgeschwindigkeit mit Abnahme des pK_a-Wertes der Cokatalysatoren in nachfolgender Reihenfolge:

Cokatalysator	H_2O	CH_3NO_2	CH_3COOH	CCl_3COOH
pK_a-Wert	15	11	4,8	0,6

Wasser bildet mit LEWIS-Säuren acide Hydrate unterschiedlicher Zusammensetzung und Aktivität. Bei einem bestimmten Verhältnis von H_2O/Katalysator tritt ein Maximum der Reaktionsgeschwindigkeit auf, das der Zusammensetzung des aktivsten Aquokomplexes entspricht. Beim Bortrifluorid ist dieses das Monohydrat.

$$BF_3 + H_2O \rightleftarrows BF_3 \cdot H_2O \rightleftarrows H^{\oplus}[BF_3OH]^{\ominus}$$

Höhere Hydrate sind inaktiv. Überschüssiges Wasser bewirkt Übertragungsreaktion:

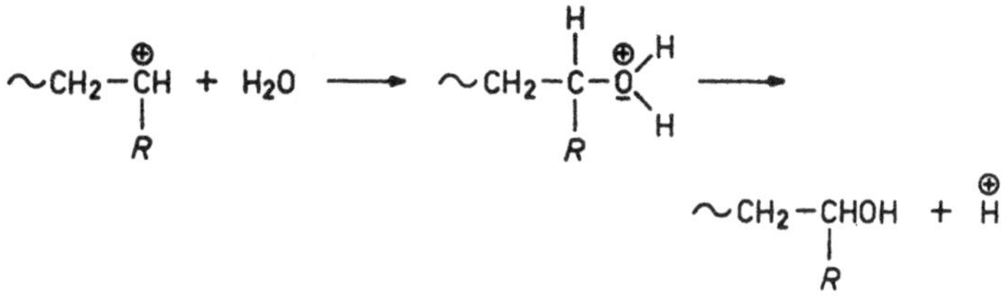

In manchen Fällen kann bereits die im Monomeren und Lösungsmittel verbliebene Restfeuchtigkeit als Cokatalysator wirken und dadurch Kettenstart auslösen. Daher muß bei exakten Untersuchungen auf peinlichsten Wasserausschluß geachtet werden.

Die cokatalytische Wirkung von Alkylchloriden ist abhängig von der Stabilität der entstehenden Kationen. Sie nimmt daher in nachstehender Reihenfolge zu:

$$C_2H_5^{\oplus} < (CH_3)_2CH^{\oplus} < (CH_3)_3C^{\oplus} < (C_6H_5)_3C^{\oplus}$$

Stark stabilisierte Kationen, wie das Trityl-(Triphenylmethyl-) oder das Tropylium-(Cycloheptatrienyl-) Kation, bilden mit stark komplexen Anionen, wie Hexachlorostannate, Tetrafluorborate und Hexafluorphosphate, Carbeniumsalze, die in fester reiner Form isoliert werden können:

$(C_6H_5)_3C^{\oplus}$;  ; $SnCl_6^{\ominus}$; $BF_4^{\ominus}$; $PF_6^{\ominus}$

Solche stabile Carbeniumsalze werden bevorzugt für kinetische Untersuchungen der kationischen Polymerisation eingesetzt, weil sie definiert herstellbar sind und gut reproduzierbare Ergebnisse liefern.

Für die Startreaktion ist es nicht erforderlich, daß die Initiatoren als freie Ionen vorliegen. Die Styrolpolymerisation mit Tritylchlorid und Quecksilberchlorid in Äthylendichlorid wird durch das als Ionenpaar vorliegende Tritylquecksilbertrichlorid ausgelöst:

$$(C_6H_5)_3CCl + HgCl_2 \rightleftharpoons (C_6H_5)_3C^{\oplus}[HgCl_3]^{\ominus}$$

Einschränkend muß erwähnt werden, daß auch kationische Polymerisationen mit LEWIS-Säuren ohne zugesetzten Cokatalysator möglich sind, wobei man bisher noch keine gesicherten Vorstellungen über den Startmechanismus hat. So findet z. B. die Isobutylen-Polymerisation mit $AlCl_3$ in Dichloräthan auch bei sorgfältigem Wasserausschluß statt. Die Beteiligung von Monomeren oder Lösungsmitteln als Cokatalysator wird diskutiert sowie eine Selbstdissoziation des Initiators:

$$2\,AlCl_3 \rightleftharpoons [AlCl_2]^{\oplus} + [AlCl_4]^{\ominus}$$

Eine analoge Reaktion wird bei dem häufig als Initiator für kationische Polymerisationen verwendeten Jod angenommen, das man als potentiellen LEWIS-Säure-Bildner auffassen kann. Zwei Jodmoleküle sind in der Lage, unter Abspaltung eines Jodonium-Kations $J^{\oplus}$ ein komplexes Anion $J_3^{\ominus}$ zu bilden, wobei das Kation den Start auslöst.

$$2\,J_2 \longrightarrow J^{\oplus} + J_3^{\ominus}$$

9.3.2. *Kationische Wachstumsreaktion*

Die Wachstumsreaktion wird wie bei der anionischen Polymerisation von der Monomerstruktur und den Gleichgewichten zwischen den aktiven Formen der Kettenenden bestimmt, die von der Art des Lösungsmittels, der Gegenionen und der Temperatur abhängen.

Einfluß der Monomerstruktur: Die Bereitschaft eines Vinylmonomeren zum kationischen Wachstum ist einerseits abhängig von der Nukleophilie seiner Doppelbindung, d. h. von seiner Fähigkeit, Carbeniumionen anzulagern, und andererseits von der Stabilität seines nach der Addition gebildeten Carbeniumions. Beide Effekte werden gleichsinnig durch Substituenten bewirkt, die einen Elektronendruck ausüben (+*I*- u. +*M*-Effekt). Daher ergibt sich folgende Reaktivitätsreihe für die kationische Polymerisation:

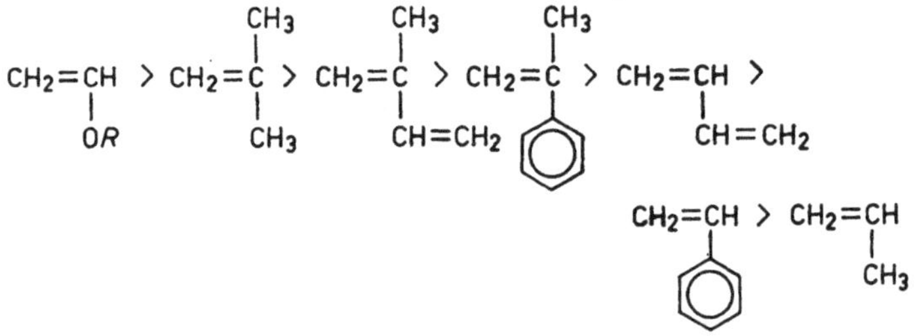

Besondere Stabilität weisen tertiäre Carbeniumionen auf und solche, die durch Konjugation stabilisiert sind, wie z. B. Allyl-Carbeniumionen.

$$CH_2{=}CH{-}\overset{\oplus}{C}H_2 \longleftrightarrow CH_2{\overset{..}{-}}\overset{\oplus}{C}H{\overset{..}{-}}CH_2 \longleftrightarrow \overset{\oplus}{C}H_2{-}CH{=}CH_2$$

Der Wachstumsschritt unterliegt auch hier einer LEWISschen Säure-Basen-Beziehung. Ein Monomeres ist nur dann zur kationischen Polymerisation befähigt, wenn die Acidität des gebildeten Carbeniumions ausreicht, um mit dem basischen Monomeren eine Additionreaktion einzugehen.

Kationisch polymerisierbare Vinylverbindungen weisen negative *e*-Werte des ALFREY-PRICEschen *Q*,*e*-Schemas auf, ohne daß eine strenge Korrelation zwischen diesen Größen besteht.

Einfluß der unterschiedlichen Arten von aktiven Zentren: Auch bei der kationischen Polymerisation nimmt man an, daß die Wachstumsreaktion an aktiven Kettenenden mit unterschiedlichem Ionisations- bzw. Dissoziationszustand verlaufen kann. Das dazu vorliegende Material ist jedoch nicht so umfangreich wie bei der anionischen Polymerisation. Bei der Isobutylvinyläther-Polymerisation mit $(C_6H_5)_3C^{\oplus}\,(SbCl_6)^{\ominus}$ in Methylenchlorid bei $-25\,°C$ wird bei hinreichender

Verdünnung angenommen, daß das Wachstum nur über freie Ionen erfolgt, während die Styrolpolymerisation mit $(C_6H_5)_3C^{\oplus}$ $(HgCl_3)^{\ominus}$ in Äthylenchlorid jedoch über Ionenpaare vor sich geht. Aus Leitfähigkeitsmessungen folgt, daß ein leichter Wechsel des Dissoziationszustandes der aktiven Zentren während des Wachstums eintritt.

Demgemäß hat die Art des Lösungsmittels auf diese Polymerisation einen starken Einfluß. In Tabelle (9–4) ist die Änderung der Wachstumskonstanten k_w bei der Polymerisation von p-Methoxystyrol in Abhängigkeit vom Lösungsmittelmischungsverhältnis angegeben.

Tabelle (9–4): Kationische Wachstumskonstante k_w des p-Methoxystyrols in Dichloräthylen $(CH_2Cl)_2$, Tetrachlorkohlenstoff CCl_4 und ihren Mischungen. Temperatur: +30 °C; Initiator: Jod

$(CH_2Cl)_2/CCl_4$	$k_w \cdot 10^{-3}$ (l/mol · s)
0	0,4
1	1,1
3	6,4
∞	51,5

Mit zunehmender Polarität des Lösungsmittels (Abnahme von Tetrachlorkohlenstoff) steigt die Wachstumskonstante infolge zunehmender Dissoziation der Kettenenden an. Dieser Effekt ist noch stärker ausgeprägt, wenn die Lösungsmittel zusätzlich eine Anionensolvatation bewirken, wie das bei Acceptorlösungsmitteln (CS_2, SO_2, Nitromethan) der Fall ist.

Intramolekulare Umlagerung bei kationischem Wachstum: Da tertiäre Carbeniumionen wesentlich stabiler als sekundäre oder primäre sind, kann während des Wachstumsprozesses eine Umlagerung von sekundären in tertiäre Ionen vor sich gehen. Bei der mit BF_3 gestarteten Polymerisation von 3,3-Dimethylbuten-1 erfolgt diese mit Energiegewinn gekoppelte Stabilisierung durch Methylgruppenverschiebung:

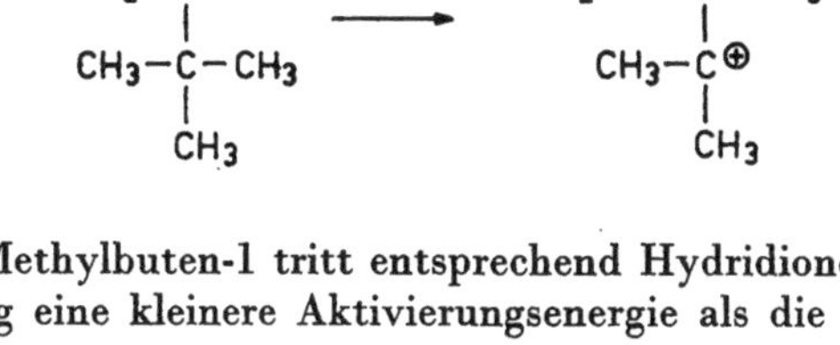

Beim 3-Methylbuten-1 tritt entsprechend Hydridionenwanderung ein. Da die Umlagerung eine kleinere Aktivierungsenergie als die Wachstumsreaktion hat, nimmt bei tieferen Temperaturen der Anteil an umgelagerter Verbindung zu. Infolge der langsameren Additionsgeschwindigkeit des Monomeren hat das Carbeniumion mehr Zeit, sich zu stabilisieren[1]).

9.3.3. *Kationische Übertragungsreaktion*

Kettenübertragungen spielen bei der kationischen Polymerisation eine bedeutende Rolle. Sie sind die Ursache, daß sehr häufig nur Polymere geringeren Polymerisationsgrades entstehen.

Die im vorherigen Abschnitt beschriebene intramolekulare Hydridionenwanderung unter Ausbildung stabilisierter Carbeniumionen kann auch intermolekular erfolgen, z. B. durch Übertragung zum Polymeren:

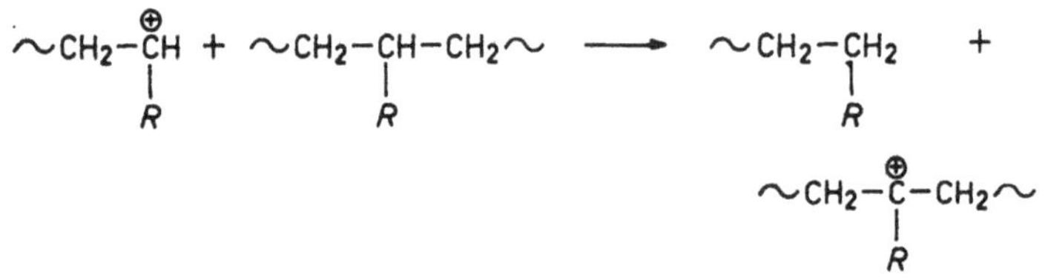

Die Polymerübertragung führt zur Verzweigungsbildung. Sie kann zur Darstellung von Pfropfcopolymeren genutzt werden.

Übertragungsreaktionen zum Monomeren durch Protonenübergang werden bei der Isobutylen-Polymerisation mit $AlCl_3$ und HCl beobachtet:

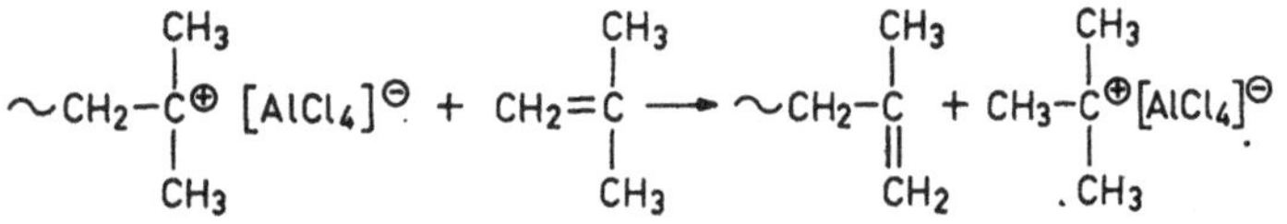

Übertragungen zum Lösungsmittel treten bei dieser Polymerisation bei Verwendung von chlorierten Kohlenwasserstoffen auf:

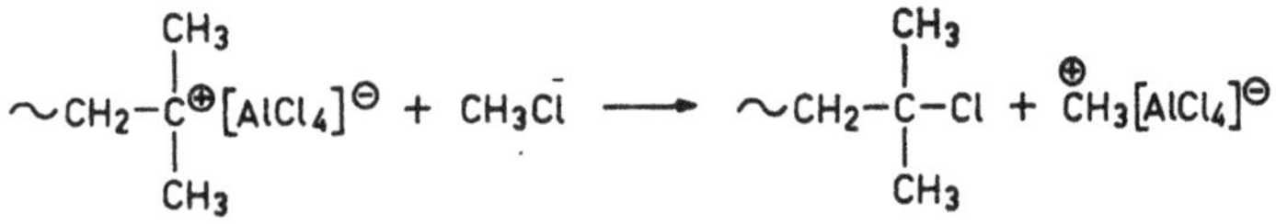

[1]) Auch bei der anionischen Polymerisation kennt man ähnliche Umlagerungsreaktionen. So bildet sich aus Acrylamid mit Basen als Initiator Poly-2-aminopropionsäure (Poly-β-alanin), das durch Protonenwanderung vom elektronegativeren Stickstoffatom zum Kohlenstoffatom zustande kommt.

$$R^{\ominus} + CH_2{=}CH{-}CO{-}NH_2 \rightarrow R{-}CH_2{-}\overset{\ominus}{C}H{-}CO{-}NH_2 \rightarrow R{-}CH_2{-}CH_2{-}CO{-}\overset{\ominus}{N}H$$

Neben den Übertragungsreaktionen zum Monomeren, Polymeren und Lösungsmittel, die auch bei der radikalischen Polymerisation bekannt sind, gibt es bei der kationischen Polymerisation zusätzlich eine Übertragung zum Gegenion. Hierbei wird vom wachsenden Carbeniumion ein Proton auf das Gegenion übertragen, so daß ein inaktives Polymermolekül mit einer ungesättigten Endgruppe und eine komplexe Säure gebildet wird. Letztere kann im allgemeinen mit Monomeren wieder eine neue Kette starten, so daß der aktive Zustand prinzipiell erhalten bleibt.

$$\sim CH_2-\overset{\oplus}{C}H(R)\ A^{\ominus} \longrightarrow \sim CH{=}CHR + HA$$

Der Eintritt einer Übertragungsreaktion ist natürlich von der Reaktivität des aktiven Kettenendes abhängig, die von seinem Dissoziationszustand bestimmt wird. Dieser wird aber, wie bereits erörtert, von einer Reihe von Faktoren beeinflußt (Gegenion, Lösungsmittel, Konzentration, Temperatur), so daß die Übertragungskonstanten bei der ionischen Polymerisation keine ähnliche Allgemeingültigkeit besitzen wie bei der radikalischen Polymerisation.

9.3.4. Kationische Abbruchreaktion

Da die aktiven Kettenenden bei der kationischen Polymerisation gleichsinnig geladen sind, können sie sich nicht gegenseitig desaktivieren. Trotzdem gehören die kationischen Polymerisationen ohne Abbruchreaktionen zu den Ausnahmen, wie es z. B. von der Styrol-Polymerisation mit $HClO_4$ angenommen wird.

Die bei den meisten kationischen Polymerisationen auftretenden Abbruchreaktionen erfolgen durch Ladungsaustausch oder durch Übertragungen, bei denen stabilisierte Carbeniumionen entstehen, die keine neuen Ketten starten können. Aus diesem Grund wird bei der Behandlung kationischer Polymerisationen häufig keine strenge Unterscheidung von Abbruch und Übertragung gemacht. Man beschränkt sich lediglich auf die Feststellung „kettenlimitierender" Reaktionen. Diese nehmen mit der Temperatur wegen der benötigten hohen Aktivierungsenergie zu. Um ausreichend große Polymerisationsgrade zu erhalten, polymerisiert man meist bei tiefen Temperaturen, z. B. bei der technischen Herstellung von Isobutyl-Kautschuk bei $-100\,°C$.

Ladungsaustausch des aktiven Kettenendes mit dem Gegenion kann wie bei der Isobutylen-Polymerisation in Hexan mit dem Initiatorsystem $TiCl_4$ und Cl_3COOH erfolgen:

$$\sim CH_2-\overset{\oplus}{C}(CH_3)_2\ [Cl_3COO]^{\ominus} \longrightarrow \sim CH_2-C(CH_3)_2-OCOCCl_3$$

oder es kann zum Ausgleich mit einem Bruchstück des Initiators kommen:

$$\sim CH_2-\overset{\oplus}{C}H(R)\,[BF_3OH]^{\ominus} \longrightarrow \sim CH_2-CH(R)-OH + BF_3$$

In beiden Fällen ist im Prinzip die Regenerierung des aktiven Zentrums möglich, indem im ersten Fall erneut Dissoziation erfolgt und im letzten Fall die Hydroxylendgruppe als Cokatalysator wirkt. Ob es zum Ladungsausgleich kommt, ist vom Kettenende sowie der Art und Stabilität des Gegenions abhängig, wie bereits im Abschnitt 9.3.1. erörtert.

Carbeniumionen, die infolge zu großer Stabilität nicht weiter reagieren können, entstehen bei der Übertragung zu Monomeren, die Allylkationen bilden (Allylabbruch):

$$\sim CH_2-\overset{\oplus}{C}H(CH_2-R) + CH_2{=}CH-CH_2R \longrightarrow \sim CH_2-CH_2(CH_2-R) + CH_2\dot{=}\overset{\oplus}{C}H\dot{=}CH-R$$

Bei der Übertragung zu Sauerstoff-, Stickstoff- und Schwefelverbindungen entstehen stabile Onium-Ionen verminderter Reaktivität:

$$R^{\oplus} + R_3N \longrightarrow R_4N^{\oplus}$$

$$R^{\oplus} + ROH \longrightarrow R_2\overset{\oplus}{O}H$$

10. Koordinative Polymerisation

Die Reaktionsträger der koordinativen Polymerisation sind Komplexverbindungen, in deren Koordinationssphäre der Einbau des Monomeren in die wachsende Polymerkette erfolgt. Der Mechanismus ist dem der pseudoionischen Polymerisation ähnlich. Das Monomere wird vor der Einschubreaktion an ein Metallatom, und zwar an ein Übergangsmetall, angelagert. Da die Übergangsmetalle stark zur Komplexbildung neigen, liegen sie im katalytisch aktiven Zustand als Komplexe vor, in denen das Monomere als Ligand eine Koordinationsstelle besetzen kann. Daher bezeichnet man diese Verbindungen als Komplexkatalysatoren[1]) oder

[1]) Verbindungen, die eine Polymerisation nach einem koordinativen Mechanismus auslösen, bezeichnet man als „Katalysator" und grenzt sie damit von den Initiatoren ab. Der Initiator (Radikal oder Ion) startet das Wachstum einer Polymerkette, in die er als Endgruppe eingebaut wird. Er beteiligt sich im weiteren Verlauf nicht am Wachstumsprozeß, weil sich der aktive Zustand von ihm immer weiter entfernt.
Der Katalysator nimmt im Unterschied dazu an jedem einzelnen Wachstumsschritt teil, indem er das Monomere zwischen sich und das wachsende Kettenende einschiebt. Der Katalysator ist identisch mit dem aktiven Zentrum. Allerdings ist er kein Katalysator im klassischen Sinne, da er im allgemeinen nicht unverändert aus der Reaktion hervorgeht.

nach ihren Entdeckern „ZIEGLER-NATTA-Katalysatoren“ und die an ihnen ablaufende Reaktion als koordinative Polymerisation. Dabei ist der Übergang zur ionischen Polymerisation fließend, so daß gelegentlich die pseudoionische und koordinative Polymerisation als Insertionspolymerisation zusammengefaßt und als Spezialfall der ionischen Polymerisation betrachtet wird. Komplexe Übergangsmetallkatalysatoren finden nicht nur bei Polymerisationen sondern auch bei anderen katalytisch verlaufenden Prozessen der organischen Chemie Anwendung (Hydrierung, Oligomerisierung, Olefin-Metathese u. a.).

Die koordinative Polymerisation wird im großen Maßstab technisch durchgeführt. Es gelingt, einfache ungesättigte Kohlenwasserstoffe in anwendungstechnisch nutzbare Polymere überzuführen, die vor der Entdeckung dieser Polymerisationsmethode nicht oder nur unter extremen Bedingungen zugänglich waren. So ist es möglich, Äthylen bei Nieder- oder Normaldruck in praktisch unverzweigtes hochkristallines Polyäthylen zu überführen, während es vorher nur auf radikalischem Wege bei etwa 200 °C und 200 MPa in kurzkettenverzweigtes Polyäthylen von geringerer Kristallinität umgewandelt werden konnte. Propylen, das wegen Autinhibierung radikalisch kein Polymeres ergibt, kann mittels Komplexkatalysatoren zu isotaktischem, hochkristallinem Polypropylen umgewandelt werden. APT-Kautschuk gewinnt man durch Copolymerisation von Äthylen mit Propylen einschließlich einer Terkomponente wie z. B. Dicyclopentadien oder Äthylidennorbornen.

Butadien und Isopren werden in sterisch weitgehend einheitliches 1,4-cis-Polybutadien und 1,4-cis-Polyisopren überführt. Aus Cyclopenten gewinnt man mit Komplexkatalysatoren das als Kautschuk technisch einsetzbare Polypentenamere.

10.1. Koordinative Polymerisation von Olefinen

10.1.1. Bildung polymerisationsaktiver Übergangsmetallkomplexe

Wie bereits gesagt, ist bei der koordinativen Polymerisation dem Wachstumsschritt (Insertion) eine komplexe Fixierung des Monomeren am Katalysator vorgelagert. Unpolare Monomere wie Olefine und Diene werden besonders leicht an

(noch zu [1]))

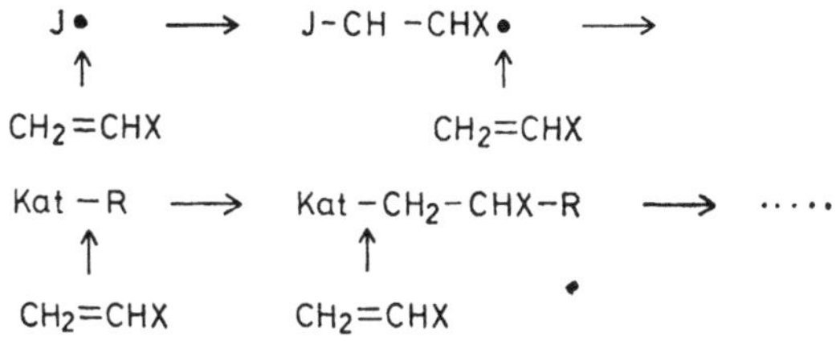

Übergangsmetallen der III.—VIII. Nebengruppe (Ti, V, Zr, Cr, Co, Ni) komplex gebunden, weil diese Metalle eine besondere Art von koordinativer Bindung mit den π-Elektronen der Olefine eingehen können. Da die 3*d*-Elektronen dieser Übergangsmetalle einen ähnlichen Energiegehalt wie die 4*s*-Elektronen der äußeren Schale haben, können sie wie diese Valenzbindungen ausbilden. Dieser geringe Energieunterschied steht bekanntlich mit der Stellung der Übergangsmetalle im Periodischen System der Elemente im Zusammenhang. Mit steigender Kernladungszahl wird vor Auffüllung der 3*d*-Orbitale mit 10 Elektronen die 4*s*-Bahn mit 2 Elektronen besetzt, so daß sich z. B. für die Elektronenverteilung des Titans ergibt:

$$1s^2 2s^2 2p^6 3s^2 3p^6 \underline{3d^2 4s^2}$$

In den für die Olefin-Polymerisation aktiven Komplexen liegt das Titan in 4- oder 3-wertiger Form vor, d. h. die *d*-Orbitale sind leer bzw. mit nur einem Elektron aufgefüllt.

Ein oktaedrischer Übergangsmetallkomplex hat 5*d*-Orbitale, von denen 2 zur σ-Bindung der Komplexliganden dienen. Die drei anderen können zur Bindung

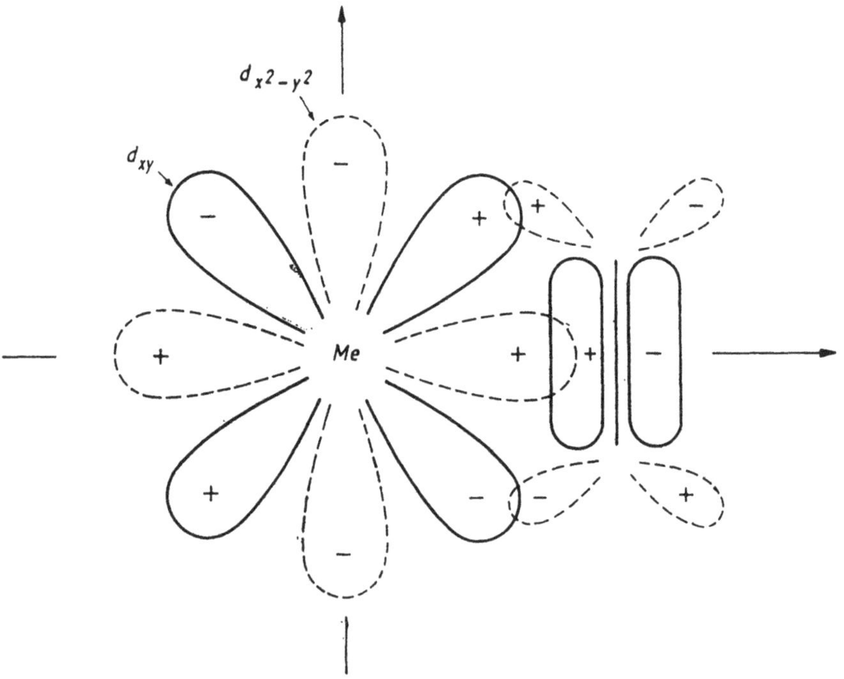

Abb. (10–1): Schematische Darstellung der wichtigsten Orbitale in der *x*-*y*-Ebene eines oktaedrischen Übergangsmetall-Olefin-Komplexes.

weiterer energetisch geeigneter Liganden beitragen. Dabei ist das 3*d*-Niveau des Titans besonders zur Komplexbildung mit Olefinen geeignet.

In Abb. (10–1) überlappt das mit 2 Elektronen besetzte π-Orbital der Doppelbindung des angelagerten Olefins mit einem leeren *d*-Orbital des Metalls. Dabei geht Elektronendichte vom Olefin zum Metall über. Es bildet sich eine koordinative σ-Bindung. Das Olefin wirkt als σ-Donorligand. Durch diese Komplexbildung wird die olefinische Doppelbindung geschwächt, was eine Aktivierung des Olefins für den Wachstumsschritt bedeutet.

Bei höheren elektronenreichen Übergangsmetallen, bei denen die *d*-Orbitale stärker besetzt sind, kann das Olefin nicht nur als σ-Donator mit dem Metall in Beziehung treten, sondern auch als π-Acceptor. Dabei überlappen sich die besetzten *d*-Orbitale des Metalls mit den leeren, antibindenden π-Orbitalen des Olefins, so daß nunmehr Elektronendichte vom Metall auf das Olefin zurückgeführt wird. Es bildet sich zusätzlich eine sogenannte retrodative π-Metall-Olefin-Bindung aus. Diese führt zu einer festeren Bindung des Olefins am Metall, also zu einem wesentlich stabileren und daher in manchen Fällen auch isolierbaren Komplex, z. B. $[C_2H_4PtCl_2]_2$. Infolge der größeren Stabilität sind diese Verbindungen katalytisch inaktiv, denn für die polymerisationsauslösende Wirkung ist es notwendig, daß das am Metall fixierte Olefin innerhalb des Komplexes wandern und sich in eine Metall-Kohlenstoff-Bindung einschieben kann. Daher leiten sich besonders die für die Olefin-Polymerisation aktiven Komplexe von den elektronenarmen Übergangsmetallen ab.

Bildung der Übergangsmetall-Kohlenstoff-Bindung: Um ein durch die Komplexbildung am Übergangsmetall aktiviertes Olefin zu polymerisieren, muß eine Metall-Kohlenstoff-Bindung vorhanden sein, damit der Insertionsschritt vor sich gehen kann.

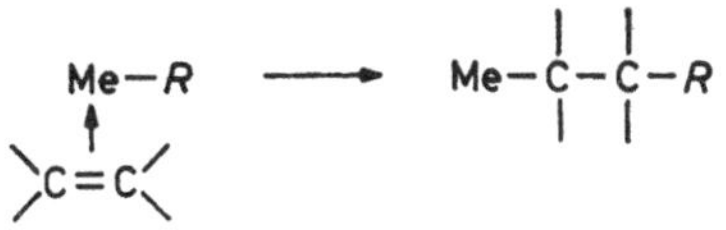

Diese Bindung wird im allgemeinen durch Alkylierung eines Übergangs-Metallsalzes erzeugt. Man bedient sich dazu der Metallalkyle der I.—III. Hauptgruppe, vornehmlich der Aluminiumalkyle. Die Alkylierung wird meist in situ vorgenommen, indem man das Übergangsmetall und das metallorganische Alkylierungsmittel kurz vor der Polymerisation im Polymerisationsmedium zusammengibt. Der Entdecker der koordinativen Polymerisation Ziegler hat deshalb seine katalytisch aktiven Systeme im Jahre 1954 als „Mischkatalysatoren" definiert, die aus Übergangsmetallverbindungen der III. bis VIII. Nebengruppe (z. B. $TiCl_4$, $VOCl_3$, $CrCl_3$) und aus metallorganischen Verbindungen der I. bis III. Hauptgruppe (z. B. Li*R*, MgR_2, AlR_3) bestehen. Heute, nachdem man tieferen Einblick in den Mechanismus dieser Reaktion besitzt, ist man sich darüber klar, daß die aktive Komponente dieser Katalysatoren eine alkylierte Übergangsmetallverbindung ist.

Lösungsmittel: Die Reaktion zwischen den Komponenten wird im allgemeinen in dem gleichen Lösungsmittel durchgeführt, das für die Polymerisation verwendet wird. Man benutzt wie bei der pseudoionischen Polymerisation wasserfreie unpolare Lösungsmittel: Heptan, Benzin, Benzol u. a.

Metallalkyle: Am häufigsten verwendet man als Alkylierungsmittel Aluminiumalkyle: $AlEt_3$[1]), $AlEt_2Cl$, $AlEtCl_2$, Al-sesquichlorid, $Al(OEt)\,Et_2$, $AlH(i\text{-}Bu)_2$ u. a. Einige von ihnen liegen wie die Lithiumalkyle im Gleichgewicht mit ihrer dimeren Form im unpolaren Lösungsmittel vor:

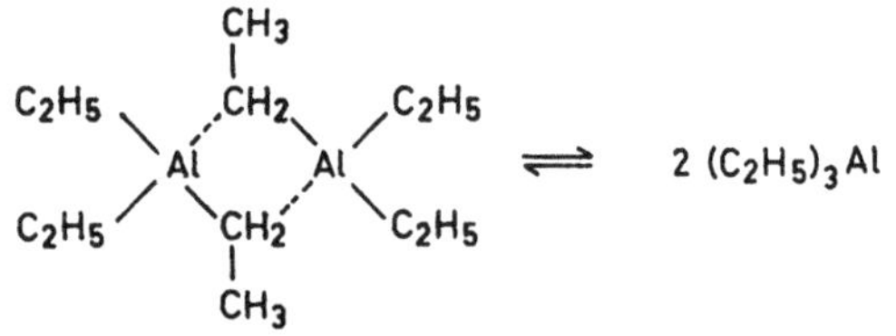

Die dimeren Aluminiumverbindungen bilden Dreizentren-Bindungen aus. Die meisten Aluminiumalkyle sind sehr starke Reduktionsmittel und reagieren daher heftig mit Luft und Wasser. Wegen ihrer Selbstentzündlichkeit müssen sie ständig unter trockenem Inertgas gehalten werden. Bei ihrer Handhabung müssen besondere, strenge Sicherheitsmaßnahmen eingehalten werden.

Übergangsmetallverbindungen: Die Übergangsmetalle werden meist in Form ihrer Halogenide eingesetzt ($TiCl_4$, $TiCl_3$, $VOCl_3$, VCl_4, $ZrCl_4$, $NiCl_2$). Diese sind teilweise in unpolaren Lösungsmitteln unlöslich und können in verschiedenen Kristallmodifikationen auftreten (α-, β-, γ-$TiCl_3$), die nach der Alkylierung unterschiedliche Polymerisationsaktivitäten aufweisen.

Reaktion der Katalysatorkomponenten: Die Reaktionsprodukte bei der Umsetzung der Komponenten sind abhängig von ihrem molaren Verhältnis, wie das Beispiel der Reaktion von $TiCl_4$ mit $AlEt_3$ zeigt:

Bei einem Unterschuß von Aluminiumalkyl z. B. $[AlEt_3]:[TiCl_4] < 0{,}5$ wird das $TiCl_4$ in Monoäthyltitantrichlorid überführt und sämtliche Äthylgruppen der Aluminiumverbindung schrittweise gegen Chloratome ausgetauscht:

$$TiCl_4 + AlEt_3 \rightleftarrows TiEtCl_3 + AlEt_2Cl$$

$$TiCl_4 + AlEt_2Cl \rightleftarrows TiEtCl_3 + AlEtCl_2$$

$$TiCl_4 + AlEtCl_2 \rightleftarrows TiEtCl_3 + AlCl_3$$

Das entstehende $TiEtCl_3$ ist instabil und zerfällt leicht unter Abspaltung von Äthylradikalen, die zu Äthan und Äthylen disproportionieren oder zu Butan

[1]) Et = äthyl, Bu = butyl

rekombinieren. Dabei tritt Reduktion des Titans zur 3-wertigen Stufe ein.

$$2\,\mathrm{Ti}Et\mathrm{Cl_3} \rightarrow 2\,\mathrm{TiCl_3} + \mathrm{C_2H_6} + \mathrm{C_2H_4}$$

Gibt man einen Überschuß von Aluminiumtriäthyl vor, z. B. $[\mathrm{Al}Et_3]:[\mathrm{TiCl_4}] > 3$, dann wird das $\mathrm{TiCl_3}$ weiter alkyliert und bis zum zweiwertigen Zustand reduziert.

$$\mathrm{TiCl_3} + \mathrm{Al}Et_3 \rightleftarrows \mathrm{Ti}Et\mathrm{Cl_2} + \mathrm{Al}Et_2\mathrm{Cl}$$

$$\mathrm{TiCl_2} + \mathrm{Al}Et_3 \rightleftarrows \mathrm{Ti}Et\mathrm{Cl} + \mathrm{Al}Et_2\mathrm{Cl}$$

Die Reduktionsgeschwindigkeit sowie die am Ende gebildete Wertigkeit ist von der Art der Übergangsmetallverbindung und des Metallalkyls abhängig. Aluminiumtrialkyle und Aluminiumalkylhydride können $\mathrm{TiCl_4}$ bis zum 2-wertigen Titan reduzieren. Dagegen sind Aluminiumalkylhalogenide schwächere Reduktionsmittel, da die Reduktionsfähigkeit mit steigendem Halogengehalt der Aluminiumverbindung abnimmt. So reduziert z. B. $\mathrm{Al}Et_2\mathrm{Cl}$ und auch $\mathrm{Al}Et_2(\mathrm{O}Et)$ das $\mathrm{TiCl_4}$ nur bis zum $\mathrm{TiCl_3}$. Auf die Ursachen dieses Zusammenhanges wird später noch eingegangen.

Die Reduktion der Vanadiumverbindungen erfolgt schnell bis zur 2-wertigen Stufe. So wird $\mathrm{VCl_4}$ mit $\mathrm{Al}Et_3$ zu einer mittleren Wertigkeit von 2,3 und mit $\mathrm{Al}Et_2\mathrm{Cl}$ bzw. $\mathrm{Al}Et\mathrm{Cl_2}$ von 2,7 reduziert.

Wenn die Übergangsmetallverbindungen im Reaktionsmedium unlöslich sind, wie z. B. $\mathrm{TiCl_3}$ in Heptan, dann erfolgt die Umsetzung mit der Aluminiumverbindung nur an der Oberfläche der in kristalliner Form vorliegenden Substanz, wobei besonders die Ecken und Kanten leicht zugänglich sind. Es kann gezeigt werden, daß an diesen Stellen bei Zugabe von Monomeren zuerst die Polymerisation beginnt.

10.1.2. Koordinative Wachstumsreaktion

Homogene Katalysatoren: Die Wachstumsreaktion erfordert, daß ein am Übergangsmetallkomplex fixiertes Olefin in die Metall-Kohlenstoff-Bindung eingelagert wird. Genauere Vorstellungen über diesen Insertionsmechanismus hat man mit Hilfe löslicher Titankomplexkatalysatoren gewonnen. Man geht experimentell dabei vom löslichen Dicyclopentadienyl-titandichlorid aus und stellt die erforderliche Titan-Kohlenstoff-Bindung durch Reaktion mit Diäthylaluminiummonochlorid her.

$$Cp_2\mathrm{TiCl_2} + \mathrm{Al}Et_2\mathrm{Cl} \longrightarrow Cp_2\mathrm{Ti}Et\mathrm{Cl} + \mathrm{Al}Et\mathrm{Cl_2}$$

Cp = Cyclopentadienyl 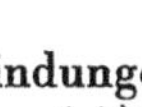

Dieses lösliche Dicyclopentadienyl-titanäthylchlorid, das isolierbar ist, kann für sich allein nicht die Polymerisation des Äthylens auslösen, obwohl es eine

Titan-Kohlenstoff-Bindung enthält. Erst durch Zugabe von Äthylaluminiumdichlorid gewinnt es diese Fähigkeit, wobei sich ein oktaedrischer Titankomplex bildet.

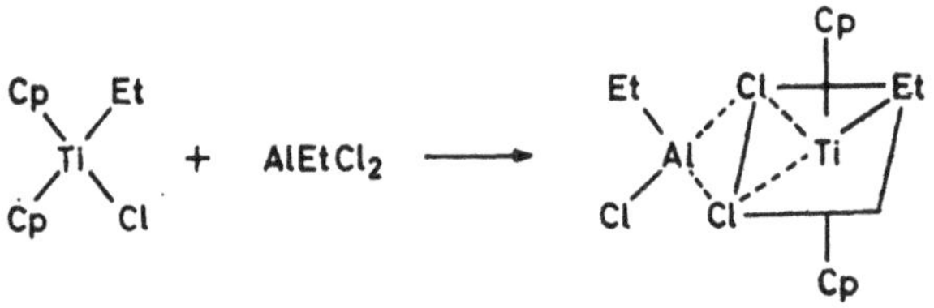

Dabei ist das Aluminiumatom über Chlorbrücken (Dreizentrenbindung) mit dem Titanatom verknüpft. Ein Chloratom der Aluminiumverbindung besetzt eine Koordinationsstelle des Titans. Der oktaedrische Komplex hat nunmehr noch eine Koordinationslücke, in die das Monomere eingelagert werden kann, damit sich der Übergangsmetall-Monomer-Komplex ausbildet.

Die Anlagerung des Monomeren bewirkt eine Destabilisierung der Titan-Kohlenstoff-Bindung und damit eine Aktivierung dieser Bindung für die Monomerinsertion. Diese Bindungsdestabilisierung muß genau auf den Monomereinbau abgestimmt sein, worauf später noch genauer eingegangen wird. Ist dieses der Fall, so erfolgt die Insertionsreaktion, also der Wachstumsschritt. Dabei bestehen zwei Reaktionsmöglichkeiten, zwischen denen man bisher noch nicht unterscheiden kann: nämlich die Insertion im engeren Sinne (a) oder die cis-Wanderung (b).

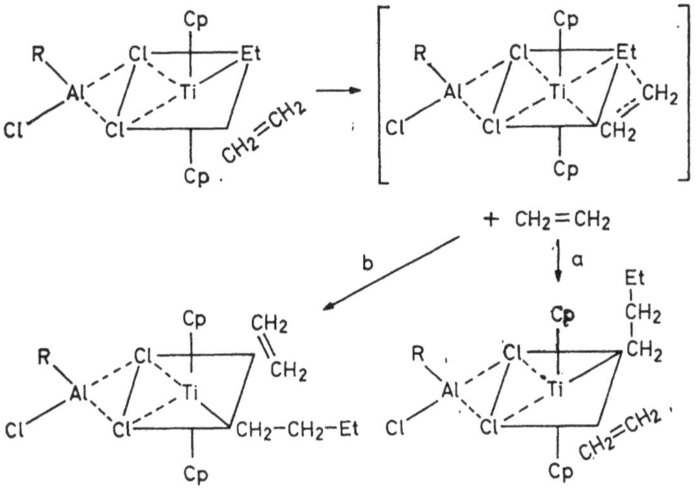

Bei der cis-Wanderung wechseln bei jedem Wachstumsschritt die wachsende Kette und die Leerstelle ihre Plätze. Dieses ist deshalb innerhalb des Komplexes möglich, weil auf Grund der *d*-Orbitale des Übergangsmetalls die wandernde

Gruppe stets entsprechende Orbitalkombinationen zum Überlappen findet, so daß immer ein Bindungszustand mit dem Komplex bestehen bleibt.

Die Bildung eines sogenannten „aktiven Zentrums" erfordert also eine Leerstelle eines oktaedrisch koordinierten Übergangsmetallkomplexes in Nachbarschaft zu einer Metall-Kohlenstoff-Bindung, die in ihrer Stabilität genau auf den Monomereinbau abgestimmt sein muß.

Heterogene Katalysatoren: Wie bei den löslichen stellt man sich die Polymerisation an den unlöslichen Komplexkatalysatoren vor, z. B. am kristallinen α-$TiCl_3$. Hier sind die Chloratome im Kristallgitter die Liganden, die das Titanatom umgeben. Die für die Monomerkoordination notwendigen Leerstellen treten an den Ecken und Kanten des Kristalls auf.

Im α-$TiCl_3$ sind jedes Titanatom oktaedrisch von 6 Chloratomen umgeben. Jedem Titanatom sind daher genau sechs halbe Chloratome zugeordnet. Damit die Stöchiometrie der Summenformel $(TiCl_3)_n$ erhalten bleibt, müssen an den Kristallenden Chloratome fehlen, also Leerstellen auftreten.

Da die Alkylierung der Titanatome mit den Aluminiumalkylen ebenfalls an den Kanten bzw. an den Leerstellen erfolgt, sind die Voraussetzungen für die Bildung eines aktiven Zentrums und für den Ablauf eines analogen Mechanismus, wie oben beschrieben, gegeben:

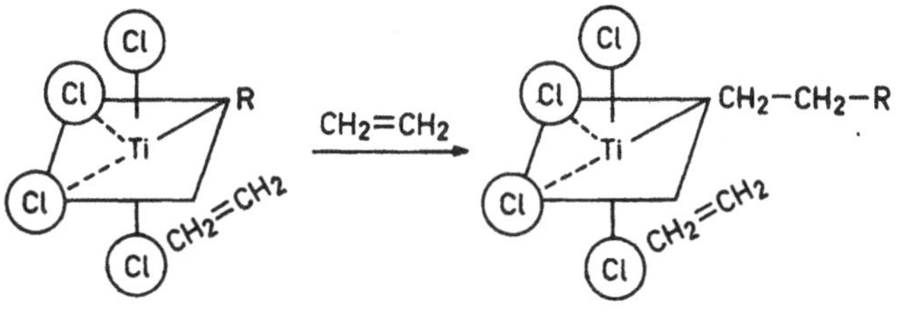

Für diesen Reaktionsverlauf ist in erster Linie die Struktur der Koordinationssphäre um das Zentralatom von Bedeutung, weniger seine Wertigkeit (hier 3-wertiges Titan!).

Bei diesem Mechanismus ist nach der Alkylierung des Titantrichlorids die Anwesenheit des Aluminiumalkyls formal nicht notwendig, da die oktaedrische Struktur des Komplexes durch das Kristallgitter vorgegeben ist. Man bezeichnet einen solchen Reaktionsablauf Monometallmechanismus, während die bei den löslichen Katalysatoren dargestellte Reaktion aus Koordinationsgründen die Anwesenheit von Aluminiumverbindung, also eines zweiten Metalls erfordert. Man nennt ihn deshalb Bimetallmechanismus. Im Einzelfall ist es oft schwierig, zwischen beiden Mechanismen zu entscheiden.

Bei einem heterogenen Katalysator befinden sich die katalytisch aktiven Zentren nur an der Oberfläche des Kristalls, sein Inneres ist nicht an der Polymerisation beteiligt. Daher ist nur ein Bruchteil der eingesetzten Übergangsmetallverbindung polymerisationswirksam. Man ist deshalb dazu übergegangen, eine dünne Schicht des Titanhalogenids oder einer anderen Übergangsmetallverbindung auf eine Trägersubstanz, wie SiO_2, Al_2O_3 oder MgO aufzubringen und gegebenenfalls zu alkylieren. Diese Verbindungen zeigen gegenüber trägerfreien Katalysatoren eine bedeutend größere katalytische Aktivität, die man auf die Menge des Übergangsmetalls bezieht z. B. in Form der Polymermenge, die pro Stunde und pro eingesetzte Übergangsmetallmenge gebildet wird. Man bezeichnet diese Trägerkatalysatoren als hochaktiv. Infolge ihres geringen Gehalts an Übergangsmetall, das im gebildeten Polymeren anfällt, erübrigt sich bei der Aufarbeitung des Polymeren die Abtrennung des Katalysators.

Stereospezifisches und stereoselektives Wachstum: Die besondere Bedeutung der Entdeckung der komplexen Übergangsmetallkatalysatoren bestand darin, daß es mit ihnen erstmalig möglich war, durch stereospezifische Polymerisation gezielt taktische Polymere herzustellen.

Die Bildung isotaktischer Polymerer, z. B. isotaktisches Polypropylen, ist an das Vorliegen heterogener Katalysatoren gebunden. Die Kristalloberfläche, in die die aktive Metall-Kohlenstoff-Bindung und die sie umgebenden Liganden eingebaut sind, bildet eine Art Matrize, die die Koordination des Monomeren jeweils nur in einer der beiden möglichen Anordnungen zuläßt. Folglich wird das Monomere bei jedem Wachstumsschritt in gleicher Anordnung in die Polymerkette eingebaut. Dabei ist es vorstellbar, daß diese aktiven Zentren wegen ihrer oktaedrischen Struktur in zwei spiegelbildlichen Formen auftreten können, Abb. (10–2).

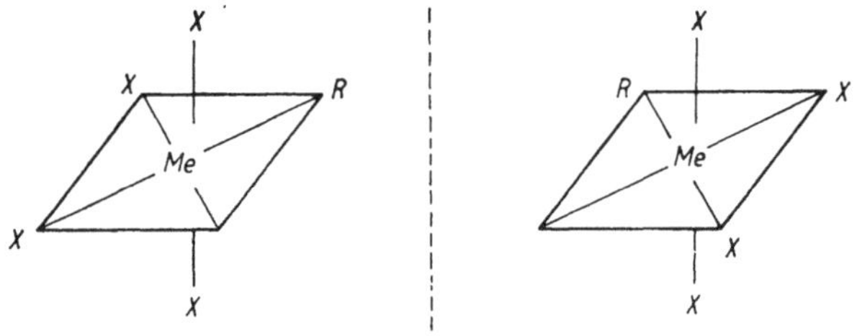

Abb. (10–2): Spiegelbildliche Anordnung eines aktiven Zentrums.
(X = Ligand, R = Polymerrest)

Während das eine Zentrum nur *DDD*-Ketten aufbaut, kann sein Spiegelbild *LLL*-Ketten erzeugen. Das hat bei normalen Vinylmonomeren zwar keinerlei feststellbare Konsequenzen, aber man kann bei der Polymerisation von razemischen Gemischen optisch aktiver Monomerer, z. B. *d,l*-3-Methyl-penten-1,

$$CH_2{=}CH{-}\overset{*}{C}H{-}C_2H_5$$
$$\qquad\quad |$$
$$\qquad\quad CH_3$$

nachweisen, daß die aktiven Zentren jeweils eines der beiden Enantiomeren bevorzugen. Daher kann man die gewonnenen Polymeren in Fraktionen von

Polymerketten mit überwiegend *d*- oder *l*-Konfiguration der in den Seitenketten liegenden asymmetrischen Kohlenstoffatome zerlegen. Benutzt man Komplexkatalysatoren, die mit optisch aktiven Alkylierungsmitteln erzeugt worden sind, z. B. mit Zn (2-*d*-methyl-1-butyl)$_2$, so wird aus dem razemischen Monomeren bei der Polymerisation nur ein Enantiomeres ausgelesen, so daß ein optisch aktives Polymeres entsteht und das andere Enantiomere als optisch aktives Monomeres zurückbleibt (Stereoselektion).

10.1.3. Übertragung und Abbruchreaktion

Die Insertion des Monomeren zwischen Metallatom und Alkylrest bzw. Polymerrest entspricht kinetisch gesehen der Start- bzw. Wachstumsreaktion

Start:

$$(L)_xMe{-}R + CH_2{=}CH_2 \longrightarrow (L)_xMe{-}CH_2{-}CH_2{-}R$$

Wachstum:

$$(L)_xMe{-}CH_2{-}CH_2{-}R + nCH_2{=}CH_2 \longrightarrow (L)_xMe{-}(CH_2{-}CH_2)_n{-}CH_2{-}CH_2{-}R$$

(*L*) — Ligand am Metallatom *Me*.

Bei dieser Polymerisation treten zusätzlich auch Übertragungs- und Abbruchreaktionen auf.

Übertragung: Eine häufig stattfindende Übertragungsreaktion wird durch spontane β-Hydrid-Eliminierung eingeleitet:

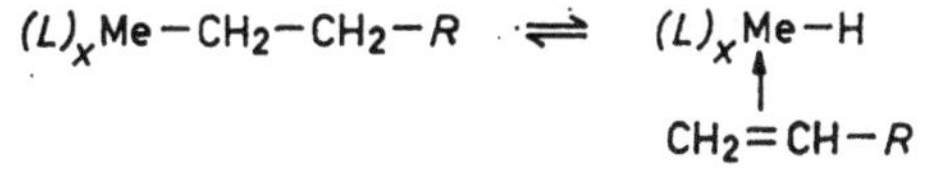

Diese Reaktion ist eine Gleichgewichtsreaktion. Wird das koordinierte ungesättigte Ende der abgespaltenen Polymerkette durch Monomeres verdrängt, kann es zur Bildung eines aktiven Zentrums kommen, das eine neue Polymerkette starten kann.

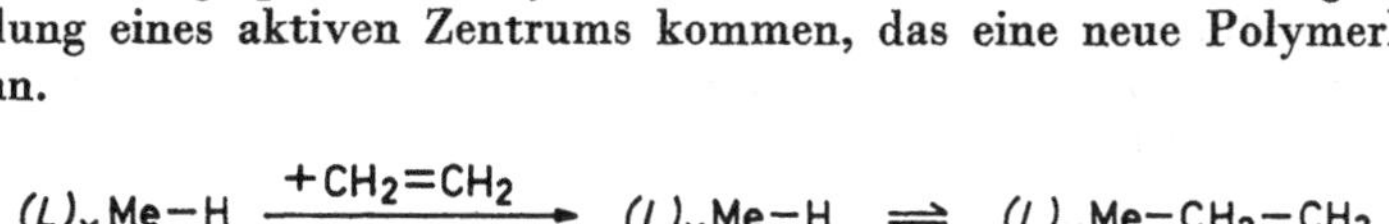

Dabei bleibt die kinetische Kette erhalten, aber das Wachstum des ursprünglichen Polymeren wird unterbrochen und der Polymerisationsgrad herabgesetzt.

Die spontane Hydrideliminierung ist von der Art des Katalysators abhängig und zwar, wie auf S. 154 noch genauer erläutert wird, von der Elektronenaffinität des Zentralatoms. Daher läßt sich der Polymerisationsgrad durch die Art des verwendeten Katalysators beeinflussen.

Häufig besteht aber die Forderung, bei vorgegebenen Katalysatorsystem den Polymerisationsgrad durch Kettenregler herabzusetzen. Dann kann man sich des Wasserstoffs bedienen, der die Metall-Kohlenstoff-Bindung spaltet:

$$(L)_x\mathrm{Me{-}CH_2{-}CH_2{-}}P_n + \mathrm{H_2} \longrightarrow (L)_x\mathrm{MeH} + \mathrm{CH_3{-}CH_2{-}}P_n$$

Die Polymerkette wird durch ein Proton abgesättigt, und gleichzeitig entsteht ein Metallhydrid, das mit Monomeren ein neues aktives Zentrum bilden kann, so daß die kinetische Kette erhalten bleibt. Trotzdem wird häufig durch Wasserstoffübertragung die Polymerisationsgeschwindigkeit vermindert, weil wahrscheinlich die Neubildung des aktiven Zentrums langsam verläuft. Auch die bei der Katalysatorherstellung im Überschuß zugesetzten Aluminiumalkyle können durch Umalkylierung in starkem Maße molmassenregelnd wirken:

$$(L)_x Me\text{-}R + \mathrm{Al}Et_3 \longrightarrow (L)_x Me\text{-}Et + Et_2\mathrm{Al}R$$

Abbruchreaktion: Abbruchreaktion tritt ein, wenn die Übergangsmetall-Kohlenstoff-Bindung zerfällt. Bei der Spaltung dieser σ-Bindung bleibt eines der Bindungselektronen beim Metallatom, das dadurch in eine niedere Wertigkeitsstufe übergeht. Der sich über einen radikalischen Übergangszustand abspaltende Polymerrest stabilisiert sich bei löslichen Katalysatoren in bimolekularer Reaktion durch Disproportionierung:

$$2(L)_x\mathrm{Ti^{IV}{-}CH_2{-}CH_2{-}}P_n \longrightarrow 2(L)_x\mathrm{Ti^{III}} + \mathrm{CH_2 = CH{-}}P_n$$
$$+ \mathrm{CH_3 = CH_2{-}}P_n$$

Bei dieser bimolekularen Abbruchreaktion müssen die löslichen Katalysatoren zueinander diffundieren. Bei heterogenen Katalysatoren sind die aktiven Zentren jedoch an der Kristalloberfläche fixiert und dadurch diese Abbruchreaktion weitgehend unterbunden. Da diese Desaktivierungsreaktion fehlt, ist die Lebensdauer der aktiven Zentren groß, und die Aktivität der heterogenen Katalysatoren bleibt über lange Zeiten erhalten, was einer ihrer großen Vorteile ist.

Ob eine Abbruchreaktion durch Zerfall einer Metall-Kohlenstoff-Bindung oder eine Übertragungsreaktion durch spontane Hydrideliminierung eintritt, ist abhängig von der Elektronendichte des Zentralatoms, die durch die Liganden des Komplexes beeinflußt wird.

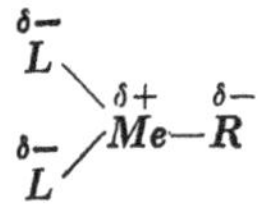

Betrachtet man den Effekt der Liganden L in einem beliebigen Komplex auf die Ladungsverteilung am zentralen Metallatom Me und den daran gebundenen Kohlenstoffrest R, so sieht man, daß Liganden, die Elektronen abgeben (Donorliganden), die positive Ladung am Metall vermindern und dadurch die Metall-Kohlenstoff-Bindung destabilisieren. Im Extremfall zerfällt die Bindung, und es tritt Abbruchreaktion ein. Der Katalysator wird inaktiv und gleichzeitig zur nächst niederen Wertigkeitsstufe reduziert. Umgekehrt wirken elektronenanziehende Liganden (Acceptorliganden). Sie stabilisieren die Metall-Kohlenstoff-Bindung, und die Abbruchreaktion tritt seltener ein. Diese Stabilisierung kann so weit gehen, daß kein Monomereinbau mehr erfolgen kann. Der Katalysator ist dann von vornherein inaktiv.

Der Ligandeneinfluß auf die Abbruchreaktion läßt sich am Komplex des Dicyclopentadienyl-titanäthylchlorids mit verschiedenen Aluminiumverbindungen nachweisen. Die durch den Zerfall der Titan-Kohlenstoff-Bindung verursachte Bildungsgeschwindigkeit von dreiwertigem Titan wird als Maß für die Abbruchgeschwindigkeit angegeben, Abb. (10–3).

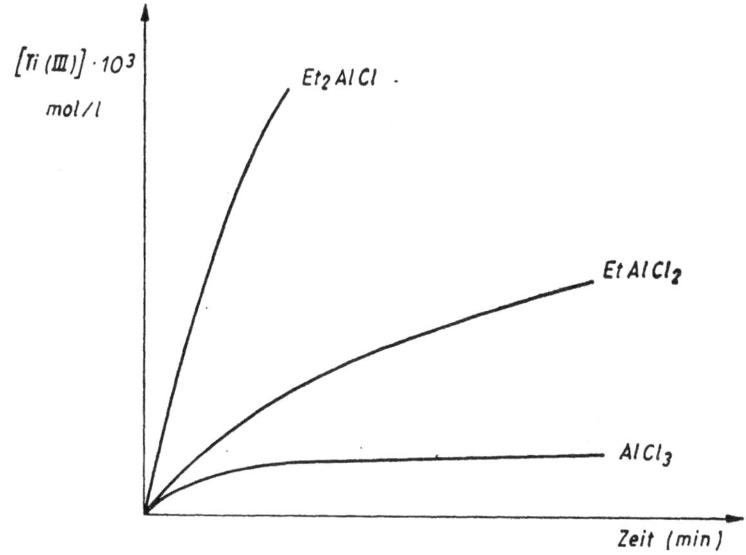

Abb. (10–3): Reduktion von Dicyclopentadienyltitan(IV)-äthylchlorid mit verschiedenen Aluminiumverbindungen.

(Nach G. Henrici-Olivé u. S. Olivé: Fortschr. Hochpolym. Forsch. **6** (1969), 421)

Äthylgruppen, die als Donorliganden wirken, destabilisieren die Titan-Kohlenstoff-Bindung und fördern die Abbruchreaktion. Die Chloratome als Acceptorliganden stabilisieren im Falle des $AlCl_3$ die aktive Bindung so stark, daß keine Reduktion, aber auch keine Polymerisation erfolgt. Beim $AlEtCl_2$ liegt die Stabilität der aktiven Bindung in den für Polymerisationszwecke annehmbaren Grenzen. Aus der Abbildung folgt auch, daß der Ersatz von Äthylgruppen durch Chloratome in der Aluminiumverbindung eine Verminderung deren Reduktionsfähigkeit bewirkt, worauf früher bereits hingewiesen wurde (S. 147).

Andererseits können Acceptorliganden die Elektronenaffinität des Metallatoms in der Form erhöhen, daß es zu einem Ladungsausgleich durch Hydrideliminierung aus dem Kohlenwasserstoffrest kommt, wie es auf S. 151 beschrieben wurde.

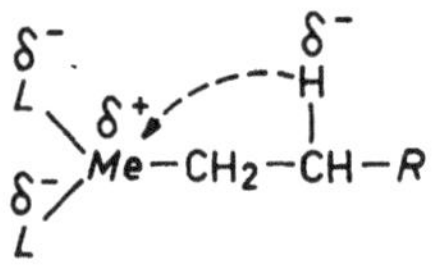

Das Ausmaß dieser Übertragung kann man an der Menge der gebildeten Oligomeren zeigen, die man bei der Äthylenpolymerisation mit Titanverbindungen erhält. Ersetzt man die als Donorliganden wirkenden Äthylatgruppen am Titan durch elektronenanziehende Chloratome, so nimmt die Übertragungsreaktion und damit die Oligomerenbildung zu.

Tabelle (10–1): Oligomerenbildung bei der Äthylenpolymerisation in Benzol bei 5 °C und 0,1 MPa Druck mit $AlEtCl_2$ und verschiedenen Titan-Katalysatoren

Übergangs-metallverbindung	$Ti(OEt)_4$	$Ti(OEt)_3Cl$	$Ti(OEt)Cl_3$	$TiCl_4$
% Oligomeres (= benzollöslicher Anteil)	31	56	77	92

Abbruch- und Übertragungsreaktionen reichen nicht aus, um die sehr breiten Molmassenverteilungen, die mit heterogenen Titankatalysatoren entstehen, zu erklären, während mit löslichen Vanadiumkatalysatoren sich relativ enge Verteilungen bilden (Abb. (10–4).

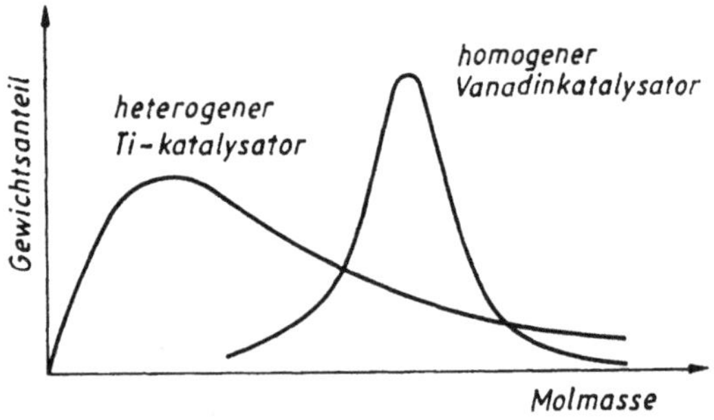

Abb. (10–4): Schematische Darstellung der Molmassenverteilung von Polyäthylen, hergestellt mit einem löslichen Vanadium- und einem heterogenen Titankatalysator

(Nach W. L. CARRICK: Advances Polym. Sci. **12** (1973), 65)

Man muß annehmen, daß bei den heterogenen Katalysatoren nicht alle aktiven Zentren die gleiche Aktivität aufweisen, sondern daß sie, abhängig von ihrer Lage an der Kristalloberfläche, mit unterschiedlicher Geschwindigkeit unterschiedliche Molmassen erzeugen.

Die in diesem Abschnitt aufgeführten Beispiele zum Mechanismus von Übertragungs- und Abbruchreaktion zeigen deutlich, daß geringfügige Änderungen am Katalysatorsystem die Aktivität und die Wirkungsweise dieser Katalysatoren außerordentlich verändern können. Man erkennt daraus, wie empfindlich diese Systeme gegenüber kleinsten Zusätzen oder auch Verunreinigungen sein können, und es ist oft schwierig vorherzusehen, welche Wirkung ein solcher Zusatz auf den Polymerisationsprozeß hat.

10.1.4. Kinetik der Olefin-Polymerisation mit homogenen Komplexkatalysatoren

Am Beispiel der Äthylenpolymerisation mit dem löslichen Katalysatorsystem $Cp_2TiEtCl$ und $AlEtCl_2$ kann man Aussagen über die Kinetik dieser Reaktion machen.

Bei einem konstant gehaltenen Äthylendruck nimmt die Äthylenaufnahme mit zunehmender Reaktionszeit ab.

Da für die Polymerisationsgeschwindigkeit gilt:

$$v_{Br} = -\frac{d[M]}{dt} = k_w[P^*]\,[M]$$

muß bei konstanter Monomerkonzentration $[M]$ die Konzentration der aktiven Zentren $[P^*]$ durch eine Abbruchreaktion abnehmen. Für einen bimolekularen

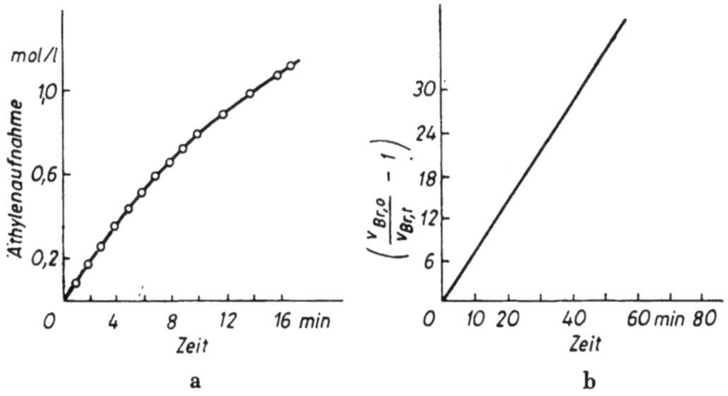

Abb. (10–5): Zeitabhängigkeit der Äthylenaufnahme bei 96 kPa und 0 °C in Toluol mit dem System Dicyclopentadienyl-titanäthylchlorid und Äthylaluminiumdichlorid.

(Nach G. Henrici-Olivé u. S. Olivé: Fortschr. Hochpolym. Forsch. **6** (1969), 421)

Abbruch ist die Abbruchgeschwindigkeit v_a:

$$v_a = -\frac{d[P^*]}{dt} = 2k_a[P^*]^2$$

Zu Reaktionsbeginn sei die Konzentration der aktiven Zentren $[P^*]_0$ und zur Zeit t sei sie $[P^*]_t$, dann folgt durch Integration

$$\frac{1}{[P^*]_t} - \frac{1}{[P^*]_0} = 2k_a t$$

Da man nachweisen kann, daß bei der Abbruchreaktion das Titan vom 4-wertigen zum 3-wertigen Zustand reduziert wird, ist die Konzentration der aktiven Zentren zu Reaktionsbeginn gleich der Ti(IV)-Konzentration:

$$[P^*]_0 = [\mathrm{Ti(IV)}]_0 \quad \text{und somit} \quad v_{Br,0} = k_w[\mathrm{Ti(IV)}]_0\,[M]$$

und zur Zeit t

$$[P^*]_t = [\mathrm{Ti(IV)}]_t \quad \text{und somit} \quad v_{Br,t} = k_w[\mathrm{Ti(IV)}]_t\,[M]$$

Daher folgt:

$$[P^*]_t = \frac{v_{Br,t}}{v_{Br,0}}\,[\mathrm{Ti(IV)}]_0$$

Für die Abbruchreaktion 2. Ordnung ergibt sich daher:

$$\frac{v_{Br,0}}{v_{Br,t}} - 1 = 2k_a[\mathrm{Ti(IV)}]_0 t$$

Die Auswertung der experimentell erhaltenen Kurve *a* der Abb. (10–5) nach vorstehender Formel ergibt beim Auftragen der linken Seite der Gleichung gegen t eine Gerade (Abb. (10–5b)), aus deren Neigung sich die Geschwindigkeitskonstante der Abbruchreaktion zu $k_a = 0{,}3\ l/\mathrm{mol} \cdot \mathrm{s}$ ergibt. Bei bekannter Monomerkonzentration und berechneter Konzentration der aktiven Zentren gemäß obiger Gleichung folgt für die Wachstumskonstante $k_w = 6\ l/\mathrm{mol} \cdot \mathrm{s}$. Vergleicht man die Werte mit denen der radikalischen Polymerisation, die für −15 °C zu $k_{w(\mathrm{rad.})} = 18{,}6\ l/\mathrm{mol} \cdot \mathrm{s}$ und $k_{a(\mathrm{rad.})} = 445\ l/\mathrm{mol} \cdot \mathrm{s}$ angegeben werden, so erkennt man, daß bei der radikalischen Polymerisation die Monomeranlagerung schneller als bei der Isertionsreaktion verläuft, daß aber auch die Abbruchreaktion um mehrere Größenordnungen größer ist. Um hinreichend große Molmassen zu gewinnen, muß wegen dieses großen bimolekularen Abbruchkoeffizienten die Konzentration der Radikale sehr klein gehalten werden, so daß man die größere Wachstumsgeschwindigkeit bei der radikalischen Polymerisation nicht ausnutzen kann.

10.1.5. Olefin-Polymerisation mit PHILLIPS-*Katalysatoren*

Etwa zur gleichen Zeit, als die metallorganischen Komplexkatalysatoren entdeckt wurden, hat man ein Mitteldruckverfahren zur Äthylenpolymerisation entwickelt, das bei 3–3,5 MPa Druck und 155 °C arbeitet. Die dabei verwendeten

PHILLIPS-Katalysatoren gewinnt man durch Aufbringen von 2—3% Chromoxid auf Al_2O_3-SiO_2-Träger. Das nach diesem Verfahren gebildete Polyäthylen hat eine größere Kristallinität als das durch Hochdruck gewonnene. Auch Olefine mit weniger als 8 Kohlenstoffatomen können in teilweise kristalline Polymere überführt werden. Aus Dienen erhält man 1,4-trans-Polymere.

Nach kinetischen Untersuchungen wird vor der Polymerisation das Monomere am Katalysator absorbiert. Man nimmt an, daß die aktiven Zentren aus niederwertigem Chrom, das durch Reduktion mit dem Monomeren entsteht, gebildet werden. Die Startreaktion soll durch eine Einschubreaktion in eine Chrom-Wasserstoff-Bindung erfolgen.

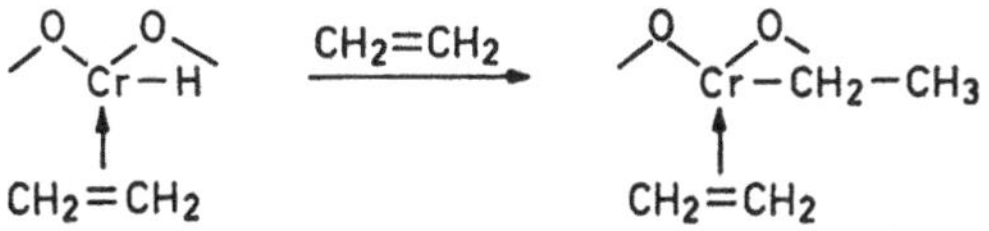

Stoffe, die die Monomerabsorption blockieren, wie Sauerstoff, Kohlenmonoxid, Wasser u. a. sind Katalysatorgifte.

Ähnlich den PHILLIPS-Katalysatoren sind in ihrer Wirkungsweise diejenigen des Standard-Oil-Verfahrens, bei denen auf Al_2O_3- oder TiO_2-Träger Molybdate niedergeschlagen und bei erhöhter Temperatur mit Wasserstoff reduziert werden. Diese Katalysatoren, deren Oberfläche 5—25% Molybdän enthält, werden für die Copolymerisation von Äthylen mit Propylen im inerten Lösungsmittel bei 130—225 °C benutzt.

10.2. Koordinative Polymerisation von Dienen

Die Polymerisation der Diene (Butadien, Isopren) mit Metallkomplexkatalysatoren verläuft analog der der Olefine. Zuerst erfolgt eine komplexe Anlagerung des Diens am Übergangsmetall und anschließend der Monomereinbau in die Metall-Kohlenstoff-Bindung. Die Besonderheit der Dienpolymerisation beruht darin, daß das wachsende Kettenende eine Allylstruktur aufweist. Das Übergangsmetall kann mit dem Allylrest entweder nur durch eine σ-Bindung (σ-Allylbindung)

$$\sim CH_2-CH=CH-CH_2-Me(L)_x$$

oder durch zusätzliche Einbeziehung der π-Bindung verknüpft sein, indem von der π-Bindung Elektronendichte an das Metall übergeht (π-Allylbindung):

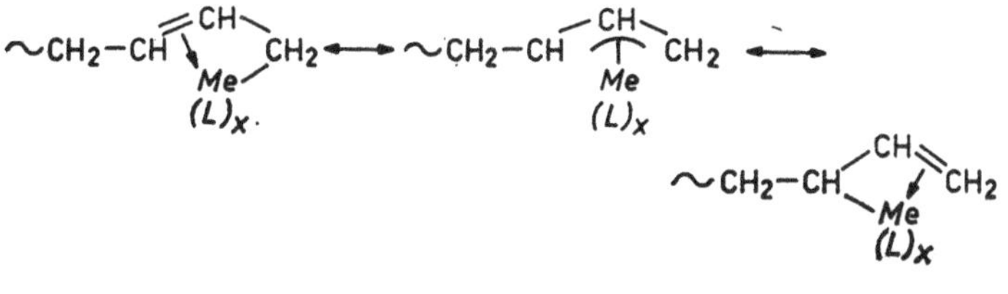

Welche der beiden Strukturen bevorzugt vorliegt, ist von den Komplexliganden L abhängig. Acceptorliganden, die die Elektronendichte am Metall vermindern, bewirken die Bildung der π-Allylstruktur, weil dann das Elektronendefizit durch die π-Allylelektronen ersetzt wird. Donorliganden hingegen können die Elektronendichte am Metall soweit auffüllen, daß dieses nur noch über die σ-Bindung mit dem Allylrest verknüpft ist. Die Dienpolymerisation läßt sich sowohl mit Komplexkatalysatoren elektronenarmer Übergangsmetalle (Ti, V, Cr), die man für die Olefin-Polymerisation benutzt, als auch mit solchen höherer, elektronenreicher Übergangsmetalle (Fe, Co, Ni, Ru, Rh) durchführen. Letztere sind bekanntlich nicht zur Olefin-Polymerisation fähig, weil ihre β-Metall-Kohlenstoff-Bindung sehr instabil ist und unter Hydrideliminierung zerfällt. Diese Reaktion ist bei Dienen wegen der zum wachsenden Kettenende σ-ständigen Doppelbindung weitgehend eingeschränkt, und außerdem kann sich eine π-Allylstruktur ausbilden, die zu einer Verstärkung der Metall-Kohlenstoff-Bindung führt. Da die elektronenreichen Übergangsmetall-Katalysatoren bevorzugt die 1,4-Addition der Diene bewirken, die im allgemeinen in der Technik angestrebt wird, werden sie in der Praxis bevorzugt angewandt.

Man setzt als Katalysatoren für die Dienpolymerisation häufig Übergangsmetall-Allylkomplexe ein, bei denen die für die Wachstumsreaktion notwendige Übergangsmetall-Kohlenstoff-Bindung bereits als Allylstruktur ausgebildet ist, so z. B. Bis-allyl-nickelchlorid $[(\pi\text{-}C_3H_5)NiCl]_2$. Diese dimere Verbindung, in der das Nickel die Wertigkeitsstufe $+1$ hat, liegt in Lösung im Gleichgewicht mit der monomeren, die Polymerisation auslösende Form vor.

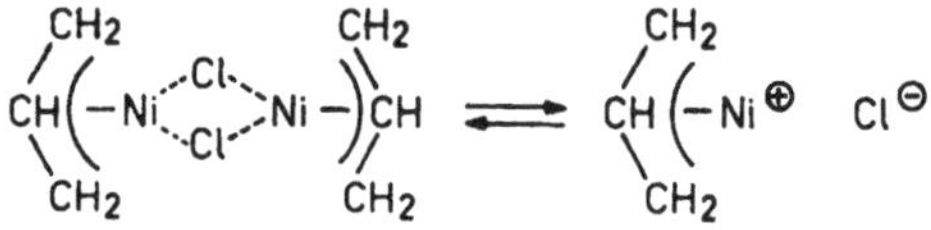

Bei der Butadien-Polymerisation mit diesem Katalysator ist die erste Phase der Startreaktion und auch der Wachstumsreaktion die Koordination des Diens an das Nickelatom, wobei das Dien als zweizähniger Ligand wirkt. Dadurch wird die Elektronendichte am Metall erhöht, und die π-Allylbindung klappt in die σ-Allylbindung um. (In der nachstehenden Formel ist das Chloranion weggelassen):

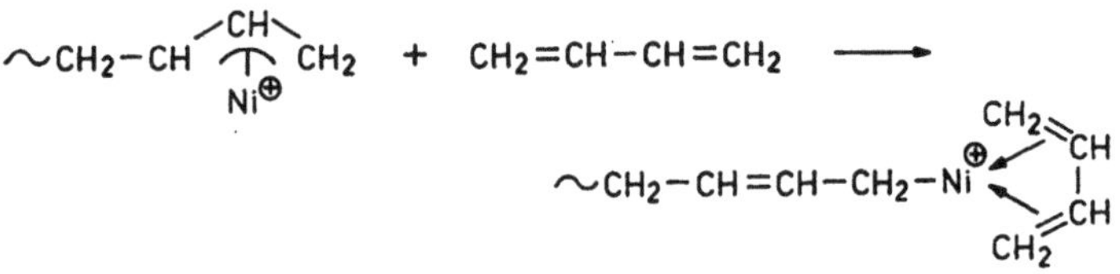

Durch den Elektronendruck dieser Monomerkoordination wird auch die σ-Bindung gelockert bzw. aktiviert, so daß die Insertion des Monomeren in diese

Bindung erfolgen kann, wobei sich dann anschließend wieder die π-Allylstruktur ausbildet:

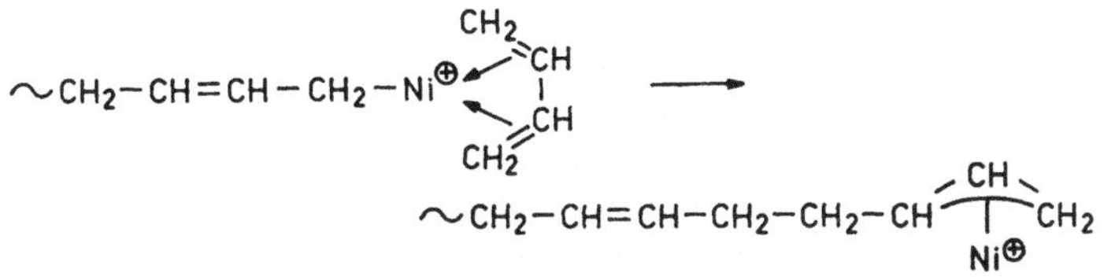

Das bei dieser Reaktion entstehende Polybutadien hat einen hohen 1,4-cis-Gehalt. Verwendet man statt des Bis-allyl-nickelchlorids das entsprechende Bromid, so sinkt der 1,4-cis-Gehalt, während beim Jodid nur noch 1,4-trans-Polymeres entsteht, ohne daß sich der geringe 1,2-Gehalt ändert.

Tabelle (10–2): Butadien-Polymerisation mit Allylnickelhalogeniden in verschiedenen Lösungsmitteln

Katalysator	Lösungsmittel	1,4-cis-	1,4-trans-	1,2-Gehalt
$[(\pi\text{-}C_3H_5)NiCl]_2$	Benzol	89	8	3
$[(\pi\text{-}C_3H_5)NiBr]_2$	Benzol	64	32	4
$[(\pi\text{-}C_3H_5)NiJ]_2$	Benzol	—	97	3
$[(\pi\text{-}C_3H_5)NiCl]_2$	Tetra-hydrofuran	—	90	10

Die Halogenatome, die als Liganden mit in den aktiven Komplex eingebaut sind, beeinflussen die Elektronendichte am zentralen Nickelatom. Da der $-I$-Effekt der Halogene in der Reihe: Cl > Br > J abnimmt, vermindert Jod in weit geringerem Maße diese Elektronendichte als Chlor, so daß das Butadien nur noch an einer Koordinationsstelle des Komplexes fixiert werden kann und zum einzähnigen Liganden wird. Dadurch ist für den Insertionsschritt nicht mehr die durch die zweizähnige Koordination bewirkte cis-Konformation des Butadiens vorgebildet, sondern es stellt sich die thermodynamisch stabilere trans-Form ein, so daß praktisch reines 1,4-trans-Polybutadien entsteht. Man kann dieses Polymere aber auch mit dem Chlorid erzeugen, wenn man die eine, für die zweizähnige Butadienkoordination notwendige Koordinationsstelle mit einem Elektronendonator blockiert, wie z. B. Tetrahydrofuran.

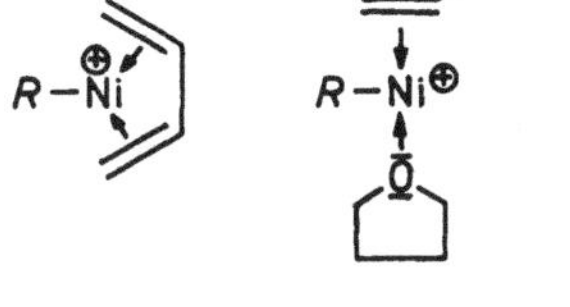

Verwendet man dieses anstatt von Benzol als Lösungsmittel, entsteht ebenfalls 1,4-trans-Polybutadien. Im umgekehrten Sinne wirken Elektronenacceptoren.

Allylkomplexe lassen sich von den verschiedensten Übergangsmetallen herstellen. Es ist aber auch möglich, die für die Polymerisation nötige Metall-Kohlenstoff-Bindung durch Alkylierung dieser Metalle zu erzeugen. So erhält man mit dem Katalysatorsystem: $CoCl_2$ und $AlEtCl_2$ ein 1,4-cis-Polybutadien. Die Aluminiumverbindung wirkt sowohl reduzierend als alkylierend, denn man hat nachgewiesen, daß in den aktiven Butadien-Katalysatoren das Kobalt +1 wertig ist. Der Polymerisationsmechanismus verläuft analog wie beim Nickelallylkomplex nur mit dem Unterschied, daß die Startreaktion durch Insertion von Butadien in eine Kobalt-Äthylbindung erfolgen muß, ehe sich die Allylstruktur ausbilden kann.

Während die 1,4-Addition in erster Linie durch Katalysatoren mit elektronenreichen Übergangsmetallen ausgelöst wird, bilden elektronenarme Übergangsmetalle bevorzugt 1,2-Strukturen, wie z. B. Tris-π-crotyl-chrom oder ZIEGLER-Systeme wie $Ti(OR)_4 + R_3Al$. Diese Metalle bilden stabile σ-Metall-Alkylbindungen aus, die sie bekanntlich befähigen, Olefine zu polymerisieren. Man nimmt daher an, daß die 1,2-Addition des Diens an einer solchen Bindung erfolgt, ohne daß eine π-Allylstruktur durchlaufen wird.

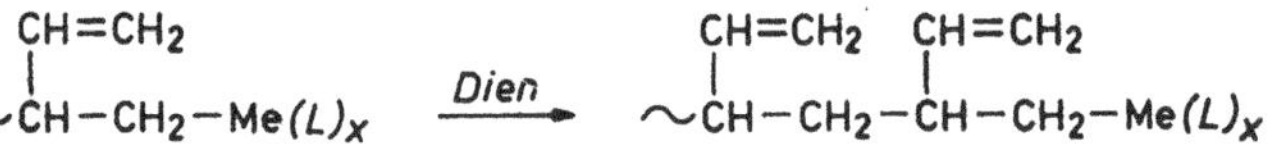

Es ist aber auch denkbar, daß ein 1,4-Einschub des Diens an der sekundären σ-Metall-Kohlenstoff-Bindung vor sich geht.

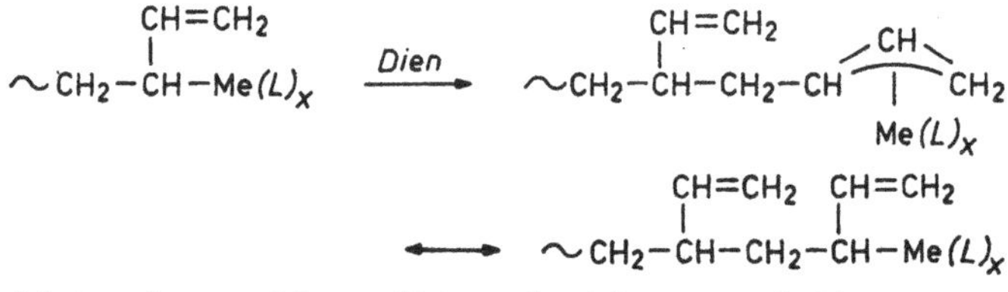

Beide Möglichkeiten lassen sich zur Zeit noch nicht unterscheiden.

Bemerkenswert ist die Fähigkeit von Rhodium-Salzen, z. B. $RhCl_3 \cdot 3\,H_2O$ oder $Rh(NO_3)_3 \cdot 2\,H_2O$ in wäßriger oder alkoholischer Lösung 1,4-trans-Polybutadien zu erzeugen.

11. Ringöffnungspolymerisation

11.1. Grundlagen der Ringöffnungspolymerisation

Bei der Synthese von Makromolekülen durch Ringöffnung cyclischer Verbindungen bleibt zum Unterschied von der bisher behandelten Polymerisation ungesättigter Verbindungen die Gesamtzahl und die Art der chemischen Bindung

erhalten

Ob eine cyclische Verbindung zur Polymerbildung genutzt werden kann, ist von thermodynamischen und kinetischen Faktoren abhängig. Eine wesentliche thermodynamische Größe für den Reaktionsablauf ist die Ringspannung. In Abb. (11–1) ist für Cycloalkane diese Spannung, bezogen auf die Methylengruppe, in Abhängigkeit von der Ringgröße dargestellt.

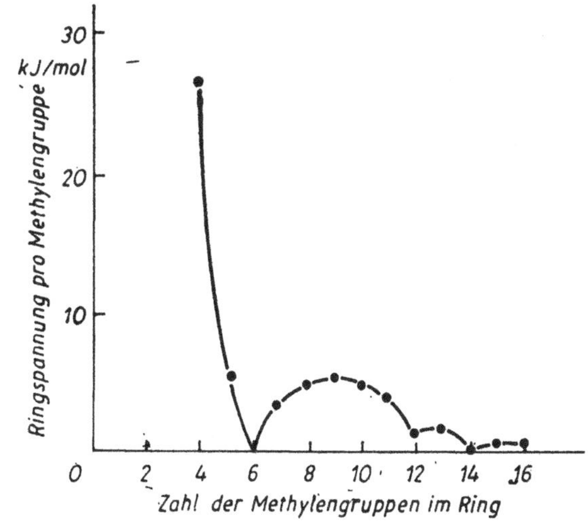

Abb. (11–1): Ringspannung der CH_2-Gruppe von Cycloalkanen $(CH_2)_n$ berechnet aus Verbrennungswärmen.

(Nach Werten von G. ODIAN: Principles of Polymerization, Mc Graw-Hill, Inc., New York (1970), S. 65)

Die Ringspannung beruht bei kleinen Ringen mit weniger als fünf Kohlenstoffatomen auf der Deformation des Tetraederwinkels der Kohlenstoffatome (BAYER-Spannung) und bei größeren Ringen auf der „inneren“ Spannung, die durch die gegenseitige Abstoßung der im Ringinneren angeordneten Wasserstoffatome hervorgerufen wird. Da für die Ringöffnungsreaktion eine gewisse Ringspannung erforderlich ist, folgt aus Abb. (11–1), daß Cyclohexan infolge seiner Ringstabilität nicht polymerisierbar sein kann. Ähnliches gilt für die 14- und höhergliedrigen Ringe. Obwohl die Ringöffnungspolymerisation der anderen Cycloalkane möglich sein sollte, ließ sie sich bisher nicht durchführen, weil es mittels Katalysatoren nicht gelingt, die C-C-Einfachbindung der Cycloalkane zu öffnen.

Eine der kinetischen Polymerisationsbedingungen besteht darin, daß die Monomeren in einen für den Reaktionsablauf aktivierten Zustand überführt werden müssen. Das ist bei ringförmigen Verbindungen nur dann der Fall, wenn im Ring Heteroatome eingebaut sind, die benachbarte Bindungen polarisieren. Beim Angriff ionischer Initiatoren geht dann die Polarisierung so weit, daß heterolytische Bindungsspaltung und damit Ringöffnung eintritt. Radikalische Initiatoren können eine ähnliche Reaktion nicht auslösen und sind zur Ringöffnungspolymerisation ungeeignet. Sind Doppelbindungen im Ring, ist es auch in Abwesenheit von Heteroatomen möglich, durch Komplexkatalysatoren Ringöffnung zu erzielen. (siehe Abschn.: (11.4))

Auch wenn der Einbau von Heteroatomen in ringförmige Verbindungen die Ringspannung gegenüber von Cycloalkanen geringfügig ändert, muß man bei 5- oder 6-gliedrigen Ringen stets damit rechnen, daß entweder überhaupt keine Polymerisation einsetzt oder nur ein bei geringem Umsatz liegendes Polymerisations-Depolymerisationsgleichgewicht erreicht wird. Dieses folgt aus den in Tabelle (11–1) angegebenen Polymerisationsenthalpien verschiedener cyclischer Äther und Formale.

Tabelle (11–1): Polymerisationsenthalpien $-\Delta H_p$ verschiedener unsubstituierter cyclischer Verbindungen in kJ/mol

Ringgliederzahl	Äther	Formale
3	95	
4	81	
5	38	26
6	1,5	5,5
7		19,5
8		26

Die Ringöffnungspolymerisation ist zwar im wesentlichen durch die aus der Ringspannung resultierenden Polymerisationsenthalpie bestimmt, aber es spielt natürlich auch die Entropieänderung bei der Reaktion eine Rolle. Aus diesem Grund ist es möglich, größere spannungsfreie Ringe in Polymere zu überführen, wie am Beispiel der anionischen Polymerisation der cyclischen Siloxane gezeigt wird. Reaktionen dieser Art verlaufen thermoneutral und sind entropiekontrolliert.

Verschiedene cyclische Monomere lassen sich durch Ringöffnung sowohl nach dem Mechanismus des Kettenwachstums als auch nach dem des Stufenwachstums in Polymere überführen. Bei manchen Reaktionen laufen beide Mechanismen nebeneinander ab, so daß eine Zuordnung nicht immer möglich ist, zumal häufig Polymerisations-Depolymerisationsgleichgewichte überlagert sind. So läßt sich Caprolaktam durch anionische Initiatoren nach einem Mechanismus, der wesentliche Merkmale des Kettenwachstums zeigt, oder durch die sogenannte „hydrolytische Polymerisation“, vornehmlich durch Stufenwachstum, in Polycaprolaktam überführen. Die Polymerisation von Cycloolefinen mittels Komplexkatalysatoren zeigt auf Grund des bestehenden Gleichgewichts des Polymeren mit cyclischen Oligomeren charakteristische Merkmale des Stufenwachstums.

Ringöffnungspolymerisationen besitzen große praktische Bedeutung, vor allem, weil auf diesem Wege technisch leicht zugängliche heterocyclische Verbindungen in hochpolymere Werkstoffe überführt werden können. Hierzu gehören die Polymeren des Äthylenoxids, des Propylenoxids, des Tetrahydrofurans, des Trioxans, des Caprolaktams, das Cyclotetrasiloxans u. a. m.

11.2. Anionische Ringöffnungspolymerisation

Polymerisation von Epoxiden: Obwohl cyclische Äther LEWIS-Basen und damit nur zur kationischen Ringöffnungspolymerisation befähigt sind (S. 170), können Epoxide wegen der großen Spannung des 3-gliedrigen Ringes auch anionisch polymerisiert werden.

Die anionische Polymerisation von Äthylenoxid oder Propylenoxid kann wie diejenige von Vinylverbindungen durch nukleophile Stoffe ausgelöst werden. Dabei bedient man sich solcher Basen wie Alkalihydroxide, -alkoxide oder auch entsprechender metallorganischer Verbindungen. Im einfachsten Fall formuliert man die Start- und Wachstumsreaktion mit Alkoxiden wie folgt:

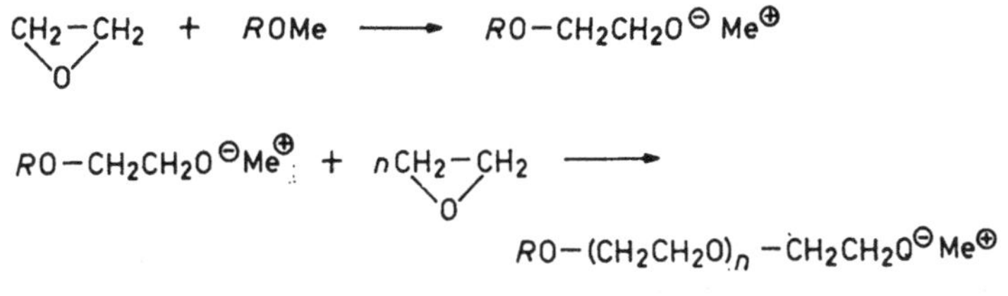

Bei der Polymerisation von Äthylenoxid mit Natriummethylat steigt der Umsatz und die Molekülmasse mit der Zeit wie bei den „lebenden" Vinylpolymeren, wenn auch mit geringerer Geschwindigkeit, an und es gilt für den Polymerisationsgrad der entsprechende Zusammenhang:

$$P_n = \frac{[M]_0 - [M]}{[C^*]_0}, \quad [C^*]_0 = [ROMe]_0 \qquad (11\text{-}1)$$

Häufig verwendet man als Lösungsmittel für diese Polymerisationen Alkohole, in denen die Initiatoren (Alkoxide, Alkalihydroxide) löslich sind, so daß die Reaktion in homogener Phase verläuft. Dabei tritt eine Übertragungsreaktion unter Protonenaustausch zum Alkohol ein.

$$\sim O-CH_2CH_2O^{\ominus}Me^{\oplus} + ROH \longrightarrow \sim O-CH_2-CH_2OH + RO^{\ominus}Me^{\oplus}$$

Infolgedessen wird der Polymerisationsgrad vermindert und es gilt:

$$P_n = \frac{[M]_0 - [M]}{[ROMe]_0 + [ROH]} \qquad (11\text{–}2)$$

Voraussetzung dafür ist, daß der zugesetzte Alkohol einen ähnlichen Grad der Acidität wie der polymere Alkohol hat.

Neben den Übertragungsreaktionen mit niedermolekularen protonenaktiven Substanzen tritt bei der anionischen Polymerisation von Epoxiden auch Übertragung mit bereits gebildeten polymeren Alkoholen ein.

$$P_nO{-}CH_2CH_2OH + P_mO{-}CH_2CH_2O^{\ominus}Me^{\oplus} \longrightarrow P_nO{-}CH_2CH_2O^{\ominus}Me^{\oplus} + P_mO{-}CH_2CH_2OH$$

Dabei wird das Wachstum des aktiven Polymermoleküls beendet, und das bereits tote Polymere setzt das Wachstum unter Kettenverlängerung fort.

Beim Propylenoxid wird zusätzlich noch eine Übertragungsreaktion zum Monomeren beobachtet.

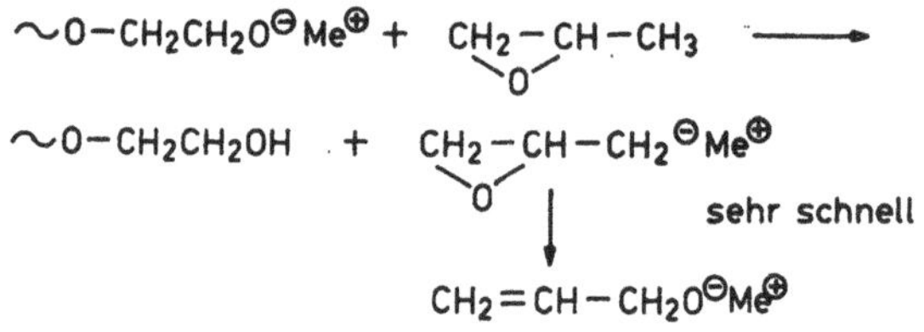

Bei dieser Reaktion wird ein Proton an der Methylgruppe des Epoxids abgespalten. Das Zwischenprodukt lagert sich sehr schnell unter Ringöffnung in ein Allylation um, das erneut Kettenwachstum auslösen kann.

Zur Ermittlung dieser Übertragungskonstanten zum Monomeren geht man davon aus, daß der zeitliche Monomerverbrauch durch die Geschwindigkeit der Wachstumsreaktion und der der Übertragungsreaktion bestimmt wird:

$$-\frac{d[M]}{dt} = k_w[C^*]\,[M] + k_m[C^*]\,[M]$$

Bei der Reaktion werden keine aktiven Zentren C^* vernichtet, so daß man ihre Konzentration gleich derjenigen zu Reaktionsbeginn setzen kann:

$$-\frac{d[M]}{dt} = (k_w + k_m)\,[C^*]_0\,[M] \qquad (11\text{–}3)$$

Da die Übertragungsreaktion sehr häufig eintritt, wird die Konzentration der entstehenden Polymerketten $[N_p]$ durch die Geschwindigkeit der Übertragungsreaktion bestimmt:

$$\frac{d[N_p]}{dt} = k_m[C^*]_0\,[M] \tag{11-4}$$

Division von Gleichung (11–4) durch Gleichung (11–3) und Integration ergibt:

$$[N_p] - [N_p]_0 = \frac{k_m}{k_m + k_w}\,([M]_0 - [M]) \tag{11-5}$$

$[N_p]_0$ — Konzentration der Polymermoleküle bei Reaktionsbeginn
$[M]_0$ — Konzentration der Monomeren bei Reaktionsbeginn

Ohne Übertragungsreaktion ergibt sich der Polymerisationsgrad $P_{n,0}$ aus Gleichung (11–1), wobei man $[C^*]_0 = [N_p]_0$ setzen kann:

$$P_{n,0} = \frac{[M]_0 - [M]}{[N_p]_0} \tag{11-6}$$

Mit Übertragung folgt für den Polymerisationsgrad P_n entsprechend:

$$P_n = \frac{[M]_0 - [M]}{[N_p]} \tag{11-7}$$

Durch Kombination der Gleichungen (11–5), (11–6) und (11–7) sowie Einführen der relativen Übertragungskonstanten zum Monomeren $C_m = k_m/k_w$ ergibt sich schließlich:

$$\frac{1}{P_n} = \frac{1}{P_{n,0}} + \frac{C_m}{1 + C_m} \tag{11-8}$$

Durch Auftragen von $1/P_n$ gegen $1/P_{n,0}$ erhält man eine Gerade mit dem Ordinatenabschnitt $C_m/(1 + C_m)$, wie Abb. (11–2) auf S. 166 zeigt. Während P_n aus Messung des entstehenden Polymeren zugänglich ist, wird $P_{n,0}$ aus den zu Reaktionsbeginn vorliegenden Monomer- und Initiatorkonzentrationen gemäß Gleichung (11–1) bzw. (11–2) mit $[M] = 0$ berechnet. Für die Polymerisation von Propylenoxid bei 70 °C mit Natriummethylat als Initiator erhält man aus den in Abb. (11–2) dargestellten Meßdaten die Übertragungskonstante $C_m = 2{,}7 \cdot 10^{-2}$. Dieser große Wert macht die geringen Molmassen des anionisch erzeugten Polypropylenoxids verständlich, die im allgemeinen zwischen 1000 und 3000 liegen.

Polymerisation cyclischer Amide: Cyclische Amide oder Laktame können durch anionische, kationische und durch sogenannte hydrolytische Polymerisation in Makromoleküle überführt werden. Die Neigung zur Polymerbildung ist wie bei anderen cyclischen Verbindungen von der Ringgröße abhängig, Tabelle (11–2).

Die Polymerisationsenthalpie zeigt den geringsten Wert erwartungsgemäß beim 6-gliedrigen Ring. Bemerkenswert ist die geringe Entropieänderung beim Übergang von der ringförmigen monomeren zur offenkettigen polymeren Form.

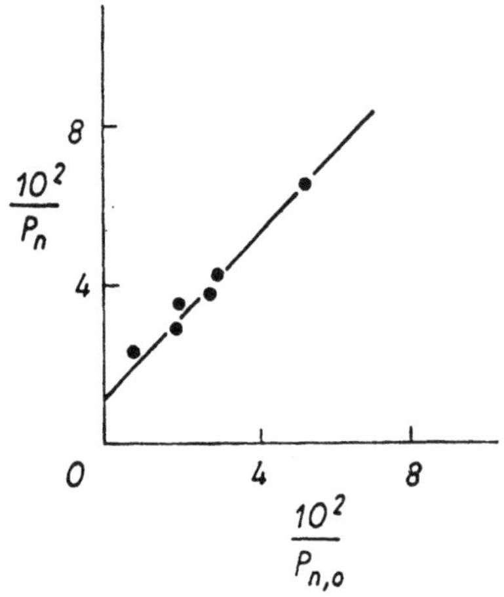

Abb. (11–2): Polymerisation von Propylenoxid mit dem Initiatorsystem Natriummethylat/Methanol bei 70 °C.

Auftrag gemäß Gleichung (11–8).

$P_{n,0} = [C_3H_6O]_0 : ([CH_3ONa]_0 + [CH_3OH]_0)$

(Nach G. Gee, W. C. E. Higginson, K. J. Taylor u. M. W. Trenholme: J. Chem. Soc. London 1961, 4298)

Sie ist bedeutend kleiner als bei der Polymerisation ungesättigter Verbindungen und als charakteristisches Merkmal der Ringöffnungspolymerisation zu betrachten. Von praktischer Bedeutung ist vor allem die anionische und hydrolytische Caprolaktam-Polymerisation. Wegen der großen Reaktionsgeschwindigkeit der zuerst genannten Reaktion bezeichnet man sie auch als alkalische Schnellpolymerisation.

Die anionische Caprolaktam-Polymerisation wird durch starke Basen ausgelöst, die das monomere Caprolaktam durch Protonenabspaltung in ein Laktam-

Tabelle (11–2): Polymerisationsenthalpie ΔH_p und -entropie ΔS_p verschiedener Laktame

Monomeres	Ringgröße	$-\Delta H_p$ (kJ/mol)	$-\Delta S_p$ (J/mol · K)
2-Pyrrolidon	5	—	31
2-Piperidon	6	4,5	25
Caprolaktam	7	12,5	— 5
Önanthlaktam	8	24,0	—17
Capryllaktam	9	40,0	—

anion überführen können, wie z. B. Alkalimetalle, Alkaliamide oder metallorganische Verbindungen:

Bei der Startreaktion wird ein Laktammolekül von dem Laktamanion nukleophil angegriffen, wodurch Ringöffnung erfolgt:

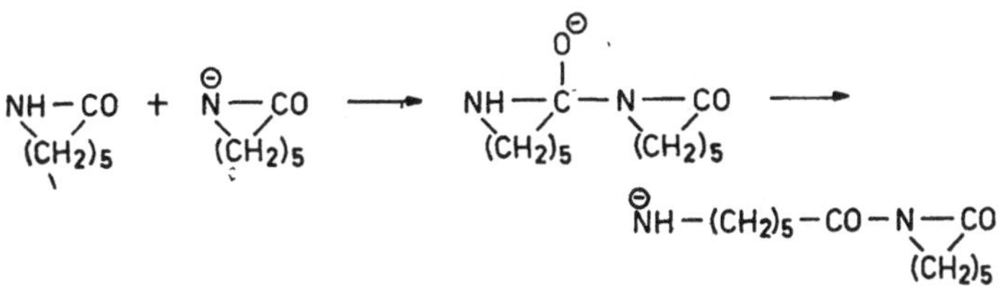

Das entstehende stark basische Anion eines primären Amins übernimmt sofort von dem im Überschuß vorliegenden Caprolaktam ein Proton, so daß ein Caprolaktamanion zurückgebildet wird:

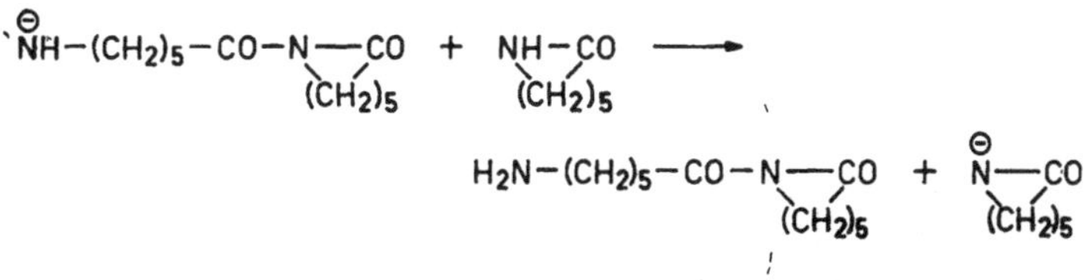

Das nunmehr vorliegende N-Caproylcaprolaktam ist eine sehr reaktive Verbindung, weil die Carbonylgruppe in Nachbarschaft zur Amidgruppe des Ringes einen Elektronenzug bewirkt, der diese Amidbindung schwächt und damit aktiviert. Die N-acylierten Laktame stellen die eigentlichen reaktiven Wachstumszentren der anionischen Laktampolymerisation dar. Sie reagieren schnell mit den nukleophilen Laktamanionen unter Bildung polymerer Amidanionen:

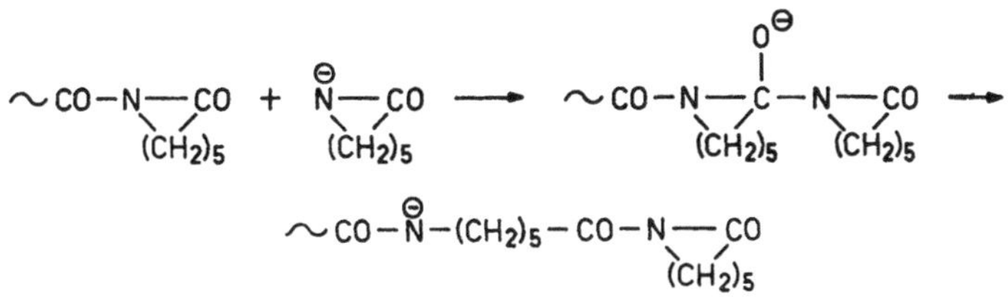

Auch das polymere Amidanion tauscht mit dem monomeren Laktam ein Proton aus, weil cyclische Amide saurer als lineare sind. Dadurch werden die

Laktamanionen regeneriert:

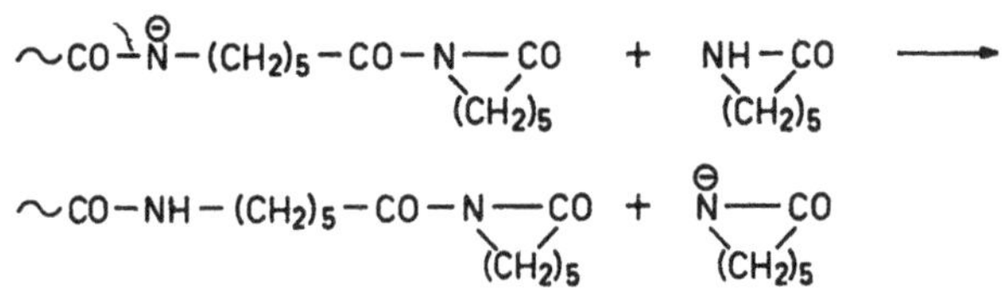

Diese Wachstumsreaktion wiederholt sich in schneller Folge. So entsteht mit großer Geschwindigkeit ein Polyamidmolekül. Gegenüber anderen Polymerisationsprozessen unterscheidet sich diese Reaktion darin, daß die aktiven Zentren acylierte Amidbindungen sind, an die Laktamanionen, also aktivierte Monomere addiert werden.

Daß die N-acylierten Laktame die Wachstumszentren dieser Polymerisation sind, die erst in langsamer Startreaktion durch Dimerisierung der Monomeren entstehen, geht daraus hervor, daß der Zusatz bereits gebildeter N-Acyllaktame die Induktionsperiode der anionischen Laktampolymerisation aufhebt. An der Zeit-Umsatz-Kurve der Abb. (11-3) erkennt man, daß bei einer normalen Caprolaktam-Polymerisation die Reaktion mit geringer, sich allmählich steigernder

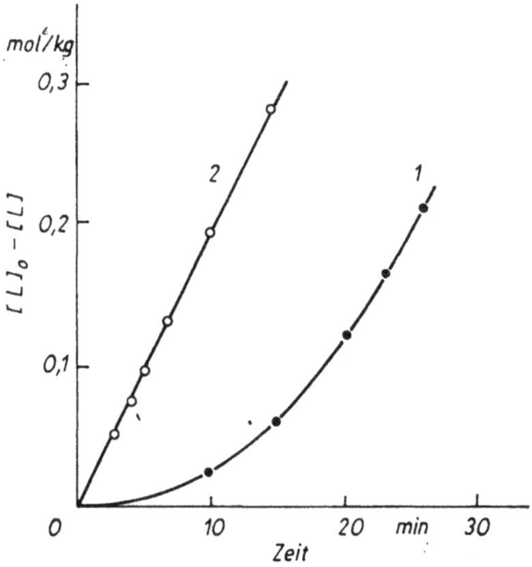

Abb. (11-3): Anionische Caprolaktam-Polymerisation mit 0,083 Mol Natriumcaprolaktam/kg bei 160 °C (Kurve 1) und mit äquimolaren Konzentrationen von Natriumcaprolaktam und N-Acetylcaprolaktam (0,0177 mol/kg) bei 100 °C (Kurve 2).

(Nach J. Sebenda: Advances in Ionic Polymerization, Polish Scientific Publisher, Warszawa 1975, S. 35)

Geschwindigkeit einsetzt, weil sich in einer vorgelagerten langsamen Startreaktion N-Acyllaktam bilden muß. Bei Zugabe von N-Acetylcaprolaktam beginnt die Reaktion sofort mit großer gleichbleibender Geschwindigkeit.

Bei schnellem Protonenaustausch ist die Wachstumsgeschwindigkeit nur von der Alkalikonzentration, nicht aber von der Monomerkonzentration abhängig. Mit Acyllaktam als Cokatalysator geht ihre Konzentration zusätzlich in das Geschwindigkeitsgesetz ein. Mit steigender Acyllaktamkonzentration nehmen die Molmassen der entstehenden Polymeren ab.

Polycaprolaktame zeigen oft breite Molmassenverteilungen, die auf Verzweigungen zurückgeführt werden. Sie entstehen durch Transacylierungsreaktionen von polymeren Amidanionen mit endständigen Acyllaktamgruppen ggf. unter Abspaltung von Laktamanionen:

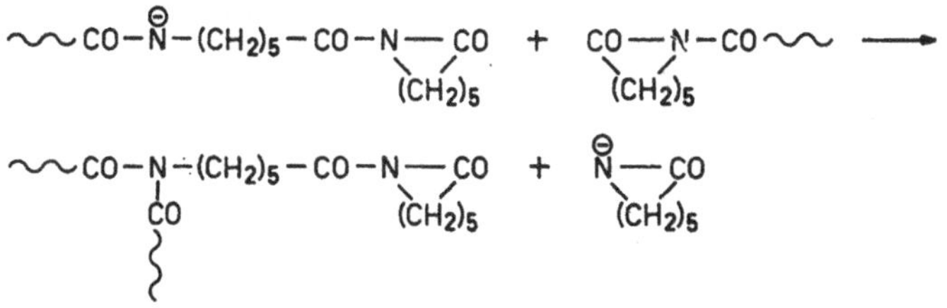

Polymerisation cyclischer Siloxane: Durch ionische Polymerisation cyclischer Siloxane gewinnt man hochmolekulare Polysiloxane mit dem Grundbaustein

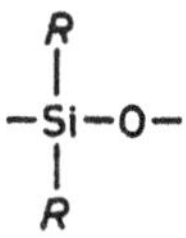

Die Molekülkette hat demnach durchgehende Si—O-Bindungen, während die Kohlenstoff enthaltenden Substituenten *R* die Ketten lediglich abschirmen. Dadurch unterscheiden sich diese Polymeren in der Struktur wesentlich von denen, die bevorzugt Kohlenstoff in der Hauptkette aufweisen. Wegen der Verwandtschaft des Siliciums mit dem Kohlenstoff haben die Eigenschaften dieser Polymeren gewisse Ähnlichkeiten mit denen organischer Polymerer. Polysiloxane werden unter der Bezeichnung Silicone großtechnisch produziert.

Oktamethylcyclotetrasiloxan, dessen Synthese in Abschnitt (13.5.1) beschrieben wird, läßt sich durch 2-stündiges Erhitzen auf 140 °C mit 0,01% Kaliumhydroxid in Polysiloxan mit einer Molmasse von ungefähr 10^6 überführen.

Entsprechend dem anionischen Polymerisationsmechanismus beschleunigt ein Zusatz von Lewis-Basen wie Tetrahydrofuran, Dimethylsulfoxid u. a. die Reaktionsgeschwindigkeit.

Die Reaktionsenthalpie dieser Polymerisation ΔH_p ist annähernd 0, während die Reaktionsentropie ΔS_p ungefähr $+6{,}7$ J/mol · K beträgt. Es liegt also eine thermoneutrale Reaktion vor. Die treibende Kraft der Umsetzung ist der Entropiezuwachs, bedingt durch die Zunahme der Unordnung des Systems beim Übergang der cyclischen Monomeren in die konformationsreichen Polymeren. Polymerisationen unter Entropiezunahme sind ungewöhnlich und bemerkenswert. Ein analoges Beispiel ist die koordinative Polymerisation von Cycloolefinen (Abschnitt 11.4.). Die Polymerisation von Cyclosiloxan läßt sich auch kationisch durch BRÖNSTED-Säuren oder durch LEWIS-Säuren unter Zusatz von Cokatalysatoren wie H_2O oder HCl auslösen.

11.3. Kationische Ringöffnungspolymerisation

Durch kationische Polymerisation können aus cyclischen Äthern, cyclischen Acetalen, Laktamen und Laktonen Makromoleküle gebildet werden. Wegen der praktischen Bedeutung wird sich im folgenden auf die der Äther und der Acetale beschränkt.

Ähnlich wie bei den entsprechenden Vinylverbindungen kann die Polymerisation cyclischer Äther und Acetale durch Protonensäuren oder LEWIS-Säuren in Kombination mit Cokatalysatoren eingeleitet werden. Durch Addition des Kations an einen Ringsauerstoff bildet sich ein Oxoniumsalz aus, im folgenden am Trioxan und Tetrahydrofuran mit einer Protonensäure dargestellt, wobei in den Formeln das Gegenion weggelassen wurde.

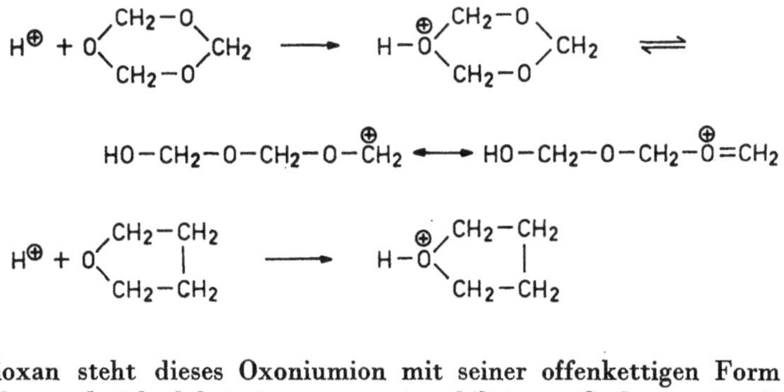

Beim Trioxan steht dieses Oxoniumion mit seiner offenkettigen Form im Gleichgewicht, weil sich dabei ein mesomeriestabilisiertes Carbeniumion durch das benachbarte Sauerstoffatom ausbilden kann, was beim Tetrahydrofuran nicht möglich ist.

Die Anlagerung des ersten Monomeren, die eigentliche Startreaktion, erfolgt beim Trioxan an das offenkettige Ion, während beim Tetrahydrofuran das cyclische Ion reagiert. Dabei wird in nukleophiler Substitutionsreaktion der

Sauerstoff des Monomeren an das α-Kohlenstoffatom der Oxoniumverbindung angelagert.

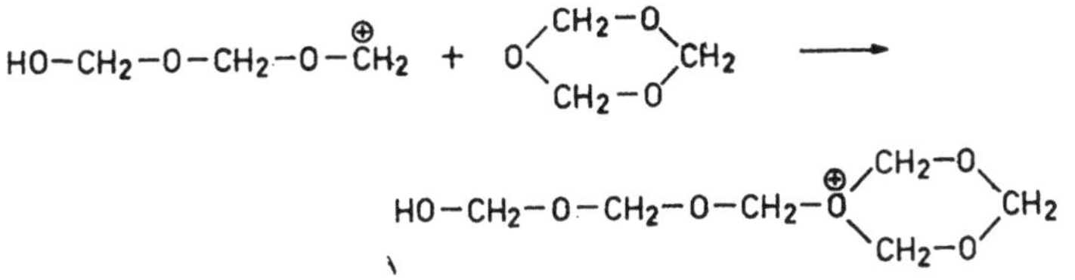

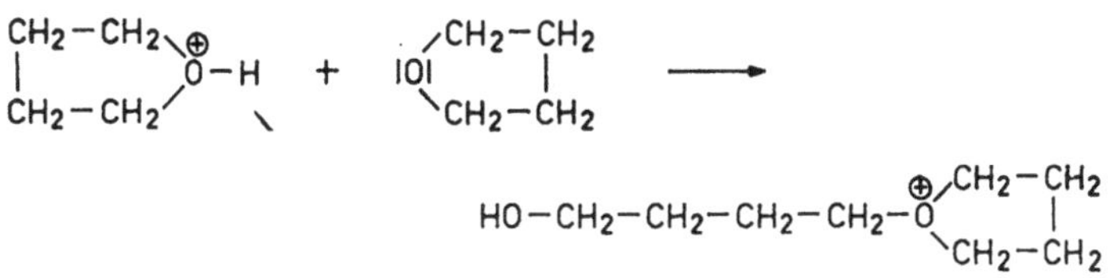

Dieser Startschritt ist beim Tetrahydrofuran relativ schwierig und kann nur durch starke Protonensäuren, wie $HClO_4$, oder starke nukleophile Reagenzien ausgelöst werden. Daher setzt man Beschleuniger in Form geringer Mengen solcher Substanzen, die leicht Oxoniumionen bilden, wie Äthylenoxid, zu:

Die Wachstumsreaktion verläuft analog wie die Startreaktion. Da beim Trioxan die Ringöffnung langsamer als die Addition des offenkettigen Ions an das Monomere vor sich geht, läuft die Wachstumsreaktion des Trioxans nach dem Geschwindigkeitsgesetz 1. Ordnung, die des Tetrahydrofurans nach 2. Ordnung ab. Wie bei allen ionischen Polymerisationen haben die Art des Gegenions und die Solvatation der an der Reaktion beteiligten Ionen, also das Lösungsmittel, einen großen Einfluß auf die Wachstumsreaktion.

Die Gleichgewichtskonstante von Polymerisation und Depolymerisation ist bei diesen Ringöffnungspolymerisationen häufig relativ klein. Die Monomerkonzentration des Tetrahydrofurans im Gleichgewicht beträgt 29% bei 20 °C und 64% bei 50 °C. Andererseits beginnt die Trioxanpolymerisation erst, wenn eine genügende Menge monomeren Formaldehyds im Gleichgewicht vorliegt. Man muß daher bei tiefen Temperaturen polymerisieren. Da die gebildeten Polymeren leicht abgebaut werden, müssen sie für den praktischen Gebrauch gegebenenfalls stabilisiert werden.

Die Kettenträger kationischer Polymerisationen sind sehr reaktiv und gehen verschiedenartige Übertragungsreaktionen ein, die den Polymerisationsgrad der entstehenden Polymeren begrenzen. Niedermolekulare, Protonen enthaltende Stoffe, wie Wasser, Alkohole u. a., wirken als starke Überträger, so daß ihr

Ausschluß für die Bildung höherer Molmassen erforderlich ist.

$$\sim CH_2{-}O{-}\overset{\oplus}{C}H_2 \;+\; HOH \;\longrightarrow\; \sim CH_2{-}O{-}CH_2{-}OH \;+\; H^{\oplus}$$

Bei der Trioxan-Polymerisation hat die Übertragungsreaktion zu linearen Vollacetalen, vor allem zu Formalen, praktische Bedeutung, weil sie zu stabilen Endgruppen der Polyoxymethylene führt.

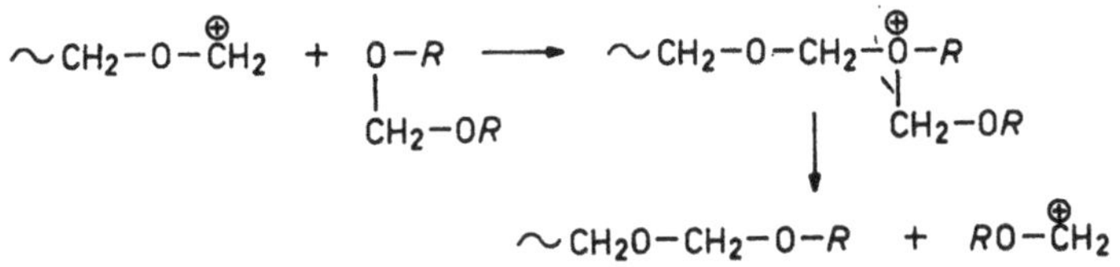

Da inaktive Polyoxymethylene infolge Übertragung Hydroxylendgruppen enthalten, depolymerisieren sie bei thermischer Belastung unter Formaldehydabspaltung vom Kettenende her.

$$P_n{-}CH_2{-}O{-}CH_2{-}OH \;\rightleftharpoons\; P_n{-}CH_2{-}OH \;+\; CH_2O$$

Ist jedoch diese endständige Hydroxylgruppe durch eine Alkoxygruppe blokkiert, ist das Polyoxymethylen stabilisiert und für den praktischen Gebrauch einsetzbar. Den gleichen Effekt erzielt man durch Acylieren des Polyoxymethylens durch Umsetzen mit Acetanhydrid.

$$\sim CH_2{-}O{-}CH_2{-}OH \;+\; (CH_3CO)_2O \;\longrightarrow\; \sim CH_2{-}O{-}CH_2{-}OCOCH_3 \;+\; CH_3COOH$$

Weiterhin spielt die intra- und intermolekulare Übertragung zum Polymeren eine wichtige Rolle. Ähnlich wie beim Mechanismus der radikalischen Kurzkettenverzweigung erfolgt eine Ringschlußreaktion mit in der Kette zurückliegenden Grundbausteinen, die im weiteren Reaktionsverlauf zur Abspaltung größerer ringförmiger Moleküle führt, z. B. bei der Äthylenoxid-Polymerisation von 1,4-Dioxan.

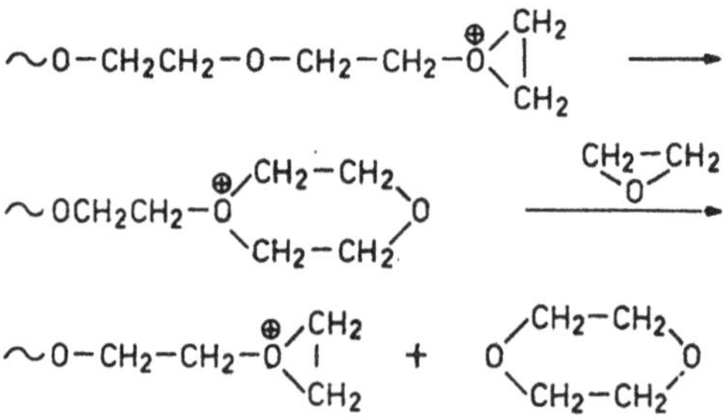

Intermolekulare, Übertragung in Form von Transacetalisierungsreaktionen ergibt fortwährende Spaltung und Neuknüpfung verschiedener Makromoleküle, so daß sich die Molmassenverteilung der statistisch wahrscheinlichsten nähert.

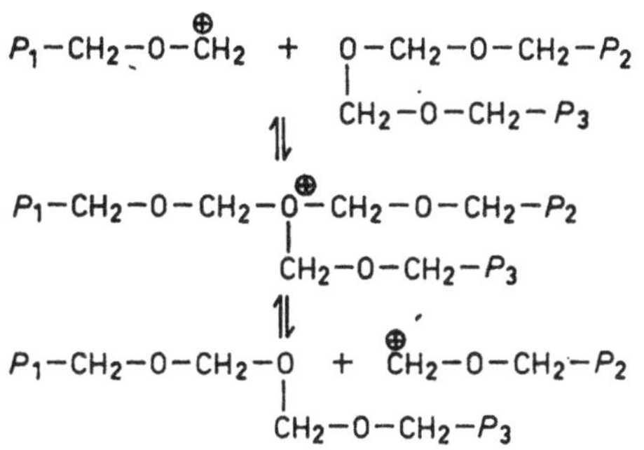

Bei Abwesenheit von Verunreinigungen können kationische Ringöffnungspolymerisationen ohne Abbruchreaktion nach dem Prinzip der „lebenden" Polymeren verlaufen. Andererseits ist aber auch wie bei der kationischen Vinylpolymerisation Abbruch durch Reaktion mit dem Gegenion beobachtet worden.

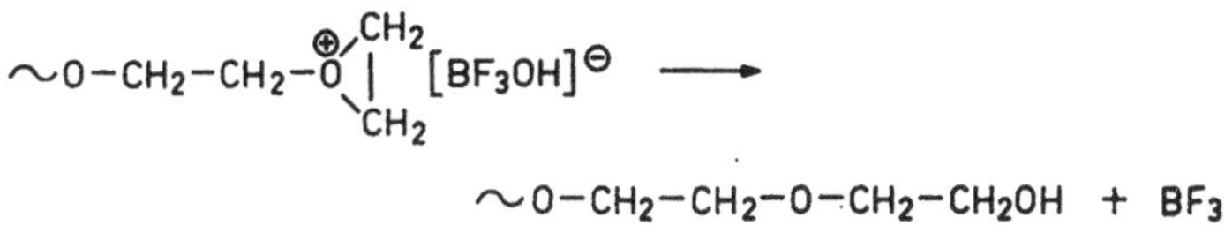

Je stabiler das komplexe Gegenion ist, umso seltener tritt diese Abbruchart ein.

11.4. Koordinative Ringöffnungspolymerisation

Die Polymerisation cyclischer Monomerer mit Übergangsmetallkatalysatoren hat besonders für die der Cycloolefine Bedeutung, weil diese bisher nicht auf anderem Wege in Polymere überführt werden konnten. Die Reaktion kann durch Ringöffnung, aber auch durch Polymerisation der Doppelbindung unter Erhalt der Ringstruktur erfolgen.

Technisches Interesse hat vor allem die Ringöffnung des Cyclopentens, das durch partielle Hydrierung des in der C_5-Fraktion der Benzinpyrolyse anfallenden Cyclopentadiens leicht zugänglich ist. Das sich dabei bildende Polypenten, das als Polypentenameres bezeichnet wird, hat kautschukelastische Eigenschaften. Die Reaktion verläuft über einen Ringerweiterungsmechanismus. Man nimmt an, daß das Polypenten aus cyclischen Makromolekülen besteht:

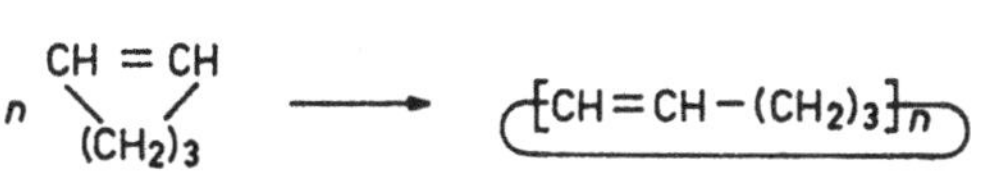

Als Katalysatoren werden Wolframhexachlorid oder Molybdänpentachlorid mit Äthylaluminiumdichlorid und Alkohol eingesetzt. Diese Kombinationen bezeichnet man als Metathese-Katalysatoren, weil sie auch die Metathese von Olefinen auslösen. Man versteht darunter eine Austauschreaktion zwischen disubstituierten Äthylenen:

$$\begin{array}{ccccc} C_2H_5-CH & & CH-C_2H_5 & & C_2H_5-CH{=}CH-C_2H_5 \\ \| & + & \| & \rightleftarrows & + \\ CH_3-CH & & CH-CH_3 & & CH_3-CH{=}CH-CH_3 \end{array}$$

Das genannte Katalysatorsystem stellt bei Zimmertemperatur in wenigen Minuten das Gleichgewicht so ein, daß aus 2-Penten 25 Mol-% 2-Buten und 25 Mol-% 3-Hexen entstehen. Verwendet man Cyclopenten statt 2-Penten, so bildet sich durch Gleichgewichtseinstellung Cyclodecadien $C_{10}H_{16}$, das wiederum mit Cyclopentadecatrien $C_{15}H_{24}$, höheren Homologen und Polypenten im Gleichgewicht steht.

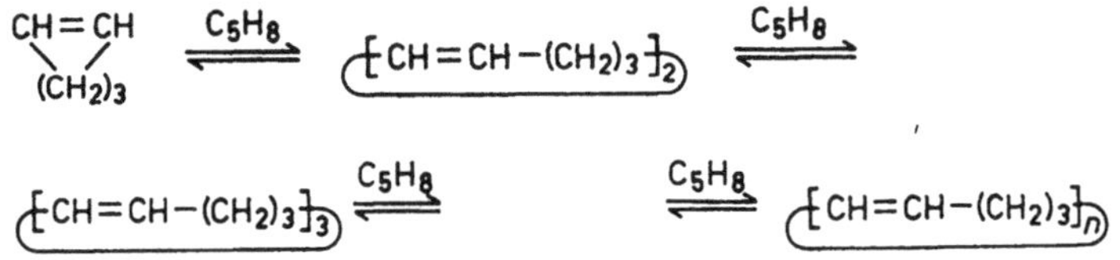

Das Gleichgewicht wird durch den Entropiegewinn auf die Seite des Polymeren verschoben, denn die Makrocyclen haben mehr Konformationsmöglichkeiten als die kleinen Ringe. Mit Molybdän-Katalysatoren gelangt man zum cis-Polypenten, mit Wolfram-Katalysatoren zum technisch interessanteren trans-Polypenten. Man muß annehmen, daß als erster Reaktionsschritt eine Koordination der Monomeren über die Doppelbindung an das Übergangsmetall erfolgt. Über den anschließenden Reaktionsweg besteht zur Zeit noch keine einhellige Auffassung.

Die eingangs erwähnte Möglichkeit der Polymerisation von Cycloolefinen unter Ringerhalt läßt sich beim Cyclopenten durch alternierende Copolymerisation mit Äthylen in Gegenwart des Katalysatorsystems Vanadyl-bis-acetylacetonat und Diäthylaluminiumchlorid erreichen, wobei ein kristallines Polymeres entsteht.

11.5. Copolymerisation cyclischer Monomerer

Wie bei jeder ionischen Copolymerisation ist auch bei der cyclischer Monomerer erforderlich, daß die Nukleophilie und die Elektrophilie der Reaktionspartner aufeinander abgestimmt sind. Daher ist auch hier die Copolymerisation strukturell ähnlicher Monomerer leichter möglich, obwohl auch die von Monomeren sehr unterschiedlicher Struktur bekannt ist, wie z. B. die alternierende Copolymerisation von Propylenoxid mit Kohlendioxid in Gegenwart von Zinkdiäthyl-Wasser-Katalysatoren:

Wegen der Möglichkeit der Stabilisierung des Polyoxymethylens hat die kationische Copolymerisation von Trioxan mit Äthylenoxid technische Bedeutung gewonnen. Werden in die Molekülkette des Polyoxymethylens Monomere mit mindestens zwei Kohlenstoffatomen zwischen den Sauerstoffatomen einpolymerisiert, wie z. B. Äthylenoxid oder 1,3-Dioxolan,

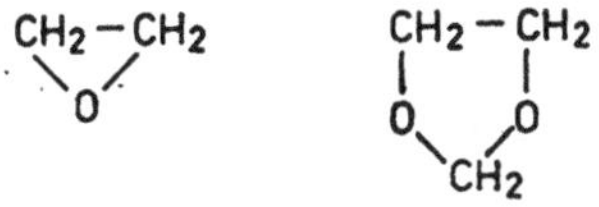

dann wird die Sequenzfolge $[CH_2-O]_n$, die für die Abspaltung des monomeren Formaldehyds notwendig ist, unterbrochen und damit auch die Abbaumöglichkeit, die vom Kettenende her nur bis zu dem Baustein des Comonomeren führt.

$$\sim CH_2-O-CH_2-CH_2-O-CH_2-O-CH_2-OH \longrightarrow$$

$$\sim CH_2-O-CH_2-CH_2OH + 2\,CH_2O$$

Literatur zum Teil II

Abschnitt 6:

D. Jenkins, A. Ledwith: *Reactivity, Mechanism and Structure in Polymer Chemistry*, Interscience-Verlag, New York 1974

T. Tsuruta, K. F. O'Driscoll: *Structure and Mechanism in Vinyl Polymerization*, M. Dekker-Verlag, New York 1969

G. E. Ham: *Vinyl Polymerization*, M. Dekker-Verlag, New York 1969 (2 Bände)

S. Ja. Frenkel: *Einführung in die statistische Theorie der Polymerisation* (russisch), Verlag Nauka 1965

G. P. Gladyshew: *Polymerisation der Vinylmonomeren* (russisch), Verlag Akademii Nauk Kas. SSR, Alma-Ata 1964

F. S. Dainton, K. J. Ivin: Some Termodynamic and Kinetic Aspects of Addition Polymerisation, Quart. Reviews **12** (1958), 61

Abschnitt 7:

G. P. Gladyshew, K. M. Gibov: *Polymerisation bis zu hohen Umsätzen* (russisch), Verlag Akademii Nauk Kas. SSR, Alma-Ata, 1968

A. M. NORTH: *The Kinetics of Free Radical Polymerization*, Pergamon Press, Oxford 1965
J. C. BEVINGTON: *Radical Polymerization*, Academic Press, London 1961
KH. S. BAGDASARYAN: *Theorie der totalen Polymerisation* (russisch), Verlag Akademii Nauk SSSR 1959
C. H. BAMFORD, W. G. BARB, A. D. JENKINS, P. F. ONYON: *The Kinetics of Vinylpolymerization by Radical Mechanism*, Butterworth-Verlag, London 1958
L. KÜCHLER: *Polymerisationskinetik*, Springer-Verlag, Berlin 1951
A. M. NORTH: *Diffusion Control of Homogeneons Free-Radical Reactions* in J. C. ROBB, F. W. PEAKER (Hrsg.) *Progress in High Polymers* II, Heywodd-Verlag, London 1968
G. HENRICI-OLIVÉ, S. OLIVÉ: Kettenübertragung bei der radikalischen Polymerisation, Fortsch. Hochpolym. Forsch. **2** (1960), 496
J. C. H. HWA, J. W. VANDERHOFF (Hrsg.) *New Concepts in Emulsion Polymerization*, Interscience-Verlag, New York 1969
F. A. BOVEY, I. M. KOLTHOFF, A. J. MADALIA, E. J. MEHAN: *Emulsion Polymerization*, Interscience-Verlag, New York 1955
A. D. ABKIN, A. P. SCHEINKER, G. N. GERASIMOV: *Strahlungschemische Polymerisation* (russisch), Verlag Nauka, Moskau 1973
W. C. IWANOV: *Strahlungspolymerisation* (russisch), Verlag Chimija 1967
A. CHAPIRO: *Radiation Chemistry of Polymeric Systems*, Interscience-Verlag, New York 1962
J. HUTCHISON, A. LEDWITH: Photoinitation of Vinyl Polymerization by Aromatic Carbonyl Compounds, Adv. Polym. Sci. **14** (1974), 49
V. J. VOLODINA, A. I. TARASOV, S. S. SPASZKII: Polymerisation von Allylverbindungen (russisch) Usspech. chim. **39** (1970), 276
J. W. BREITENBACH, O. F. OLAJ, F. SOMMER: Polymerisationsanregung durch Elektrolyse, Adv. Polym. Sci. **9** (1972), 47
Y. TABATA: Solid State Polymerization, Adv. Macrom. Chem. **1** (1968), 283
K. E. WEALE: Addition Polymerization of High Pressure, Quart. Reviews **16** (1962), 267

Abschnitt 8:

G. H. HAM: *Copolymerization*, Interscience-Verlag, New York 1964
J. MOACANIN, G. HOLDEN, N. W. TSCHOEGL (Hrsg.): *Blockcopolymers*, Interscience-Verlag, New York 1969
H. A. J. BATTAERD, G. W. TREGEAR: *Graft Copolymers*, Interscience-Verlag, New York 1967
R. J. CERESA: *Block and Graft Copolymers*, Butterworth-Verlag, London 1962
W. J. BURLANT, A. S. HOFFMANN: *Block and Graft Polymers*, Reinhold-Verlag, New York 1961

Abschnitt 9:

G. HEUBLEIN: *Zum Ablauf ionischer Polymerisationsreaktionen*, Akademie-Verlag, Berlin 1975
B. L. ERUSSALIMSKII, S. L. LJUBEZKII: *Ionische Polymerisationsprozesse* (russisch), Verlag Chimija, Leningrad 1974
B. L. ERUSSALIMSKII: *Ionische Polymerisation polarer Monomerer* (russisch), Verlag Nauka, Leningrad 1970
M. SZWARC: *Carbanions, Living Polymers and Electron Transfer Prozesses*, Interscience-Verlag, New York 1968
P. H. PLESCH: (Hrsg.) *The Chemistry of Cationic Polymerization*, Pergamon-Press, London 1963

N. G. GAYLORD, S. S. DIXIT: One Electron Transfer Initiated Polymerization, Makromol. Reviews 8 (1974), 51
L. L. BÖHM, M. CHMELIR, G. LÖHR, B. J. SCHMITT, G. V. SCHULZ: Zustände und Reaktionen des Carbanions bei der anionischen Polymerisation des Styrol, Adv. Polym. Sci 9 (1972), 1
P. H. PLESCH: The Propagation Rate-Constant in Cationic Polymerization, Adv. Polym. Sci. 8 (1971), 137

Abschnitt 10:

W. W. MASUREK: *Polymerisation mit Übergangsmetallverbindungen* (russisch) Verlag Nauka, Leningrad 1974
N. M. CHIRKOW, P. E. MATKOWSKII: *Copolymerisation mit Komplexkatalysatoren* (russisch) Verlag Nauka, Moskau 1974
A. B. DOLGOPLOSK, K. L. MAKOWETSCHKI, E. J. TINJAKOWA, O. K. SCHARAJEW: *Polymerisation mit π-Allylkomplexen* (russisch) Verlag Nauka, Moskau 1968
A. D. KETELY (Hrsg.): *The Stereochemistry of Macromolecules*, M. Dekker-Verlag, New York 1967 (3 Bände)
L. REICH, A. SCHINDLER: *Polymerization by Organometallic Compounds*, Interscience-Verlag, New York 1966
W. L. CARRIK: The Mechanism of Olefin-Polymerization by Ziegler-Natta-Catalysts, Adv. Polym. Sci. 12 (1973), 65
G. HENRICI-OLIVÉ, S. OLIVÉ: 'Koordinative Polymerisation an löslichen Übergangsmetall-Katalysatoren, Adv. Polym. Sci. 6 (1969), 421
T. TSURUTA: Stereoselctive and Asymmetric-Selective (or Stereoselective) Polymerization, Macrom. Reviews 6 (1972), 179
J. BOOR jr: The Nature of the Active Site in the Ziegler-Natta-Type Catalyst, Macrom. Reviews 2 (1967), 115
G. NATTA: Von der stereospezifischen Polymerisation zur asymmetrischen autokatalytischen Synthese von Makromolekülen, Angew. Chemie 76 (1964), 553

Abschnitt 11:

K. L. FRISCH, S. L. REEGEN: *Ring-Opening Polymerization*, M. Dekker-Verlag, New York 1969
R. J. COTTER, M. MATZNER: *Ring Forming Polymerizations*, Academic Press, New York 1969/72
O. WICHTERLE, J. SEBENDA, J. KRALICEK: The Anionic Polymerization of Caprolactam, Fortschr. Hochpolym. Forsch. 2 (1968), 578

Teil III: Stufenwachstumsreaktionen

12. Grundlagen des Stufenwachstums

Makromoleküle entstehen durch Stufenwachstumsreaktionen dadurch, daß mindestens bifunktionelle Monomere über stabile Zwischenstufen schrittweise und unabhängig voneinander reagieren, wie im Abschnitt 3.3. erörtert wurde. Zum Unterschied von den Kettenwachstumsreaktionen besitzen diese Zwischenprodukte die gleiche Reaktivität wie die Monomeren, so daß man mechanistisch keine verschiedenen Elementarreaktionen zu unterscheiden braucht. Infolgedessen geht das Kettenwachstum nicht nur durch Monomeranlagerung sondern auch durch Verknüpfung bereits gebildeter Oligomerer oder polymerer Kettenmoleküle vor sich. Stehen diese stabilen Reaktionsprodukte miteinander im Gleichgewicht, so liegen im Reaktionsgemisch Monomere, Oligomere und Polymere nebeneinander vor. Um eine hinreichende Reaktionsgeschwindigkeit zu erzielen, aktiviert man die funktionellen Gruppen durch Wärmezufuhr, durch Überführung in energiereiche Verbindungen, wie z. B. Säurechloride, Anhydride u.a. oder durch Zusatz geeigneter Katalysatoren, wie z. B. Wasserstoffionen, tertiäre Amine u. a. Dabei aktiviert ein Katalysatormolekül eine Vielzahl von funktionellen Gruppen. Es geht unverändert aus der Reaktion hervor, wird also nicht in das Makromolekül eingebaut und ist somit ein echter Katalysator.

Aus der großen Anzahl der organischen, aber auch der anorganischen Reaktionen, bei denen neue Bindungen geknüpft werden, eignen sich für den stufenweisen Aufbau linearer Makromoleküle hinreichend großen Polymerisationsgrades nur diejenigen, die bestimmten kinetischen, thermodynamischen und mechanistischen Voraussetzungen, die eng begrenzt sind, genügen. So muß z. B. der Umsatz, wie nachstehend gezeigt, sehr hoch sein und bei mindestens 99% liegen. Um diese Schwierigkeit zu umgehen und weitere Reaktionen zur Erzeugung polymerer Stoffe zu nutzen, stellt man vernetzte Polymere her, für die keine so großen Umsätze erforderlich sind. Die Vernetzung leitet man durch Zusatz von mindestens trifunktionellen Monomeren ein. Aus Gründen der Verarbeitungstechnologie wird diese Reaktion in den meisten Fällen bei kleinen Umsätzen abgebrochen, bei denen sich noch verarbeitbare Oligomere oder Polymere niedrigen Polymerisationsgrades, sog. Präpolymere, gebildet haben. Nach der Formgebung wird die Vernetzungsreaktion durchgeführt, die nach den gleichen oder auch anderen Mechanismen wie die Präpolymererzeugnug erfolgen kann.

Nachstehend werden die aus der Kinetik und Thermodynamik der Stufenwachstumsreaktionen sich ableitenden Voraussetzungen für die Erzeugung linearer und verzweigter Makromoleküle dargelegt. Im Anschluß daran werden die wichtigsten Polymerensynthesen erörtert, die nach dem Mechanismus des Stufenwachstums ablaufen.

12.1. Reaktivität der funktionellen Gruppen

Zum Aufbau linearer Makromoleküle sind wie beim Kettenwachstum bifunktionelle Monomere erforderlich. Gehen sie Nebenreaktionen ein, bei denen sie tri- oder höherfunktionell reagieren oder sind höherfunktionelle Monomere oder auch solche Verunreinigungen vorhanden, muß man mit der Bildung vernetzter Polymerer rechnen.

Hinsichtlich der Art des verwendeten Monomeren lassen sich beim Stufenwachstum prinzipiell zwei Möglichkeiten unterscheiden. Entweder es reagieren zwei verschiedene multifunktionelle Monomere miteinander, von denen jedes Monomere nur eine Art von funktionellen Gruppen trägt (z. B. $A{-}A$, $B{-}B$ oder $A{-}\!\!<\!{}^{A}_{A}$), oder es wird ein einziges Monomeres, das aber verschiedene funktionelle Gruppen enthält (z. B. $A{-}B$), eingesetzt, so daß man nachstehende Polymerbildungsreaktionen unterscheiden kann:

$$A - A + B - B \longrightarrow [A - A - B - B]$$

$$A - B \longrightarrow [A - B]$$

Entsprechende Beispiele wurden bereits im Abschnitt 3.3 erwähnt, nämlich die Polykondensation von Terephthalsäure mit Glykol und die der 4-Hydroxymethylbenzoesäure (S. 12).

Bei der Synthese eines Polyesters aus einer ω-Hydroxycarbonsäure treten folgende Reaktionsstufen auf:

$$2\,\mathrm{HO}{-}R{-}\mathrm{COOH} \rightleftarrows \mathrm{HO}{-}R{-}\mathrm{COO}{-}R{-}\mathrm{COOH} + \mathrm{H_2O}$$

$$\mathrm{HO}{-}R{-}\mathrm{COO}{-}R{-}\mathrm{COOH} + \mathrm{HO}{-}R{-}\mathrm{COOH} \rightleftarrows \mathrm{HO}[R{-}\mathrm{COO}]_2{-}R{-}\mathrm{COOH} + \mathrm{H_2O}$$

u. s. w.

allgemein:

$$\mathrm{HO}[R{-}\mathrm{COO}]_n{-}R{-}\mathrm{COOH} + \mathrm{HO}[R{-}\mathrm{COO}]_m{-}R{-}\mathrm{COOH} \rightleftarrows \mathrm{HO}[R{-}\mathrm{COO}]_{n+m+1}{-}R{-}\mathrm{COOH} + \mathrm{H_2O}$$

Da jedes gebildete Zwischenprodukt mit jedem anderen oder auch dem Monomeren reagieren kann, ergibt sich eine Vielzahl von Reaktionen. Wie bereits erwähnt, nimmt man an, daß das Monomere und die anderen Reaktionsprodukte die gleiche Reaktivität besitzen, daß also ihre Geschwindigkeitskonstanten gleich groß sind. Infolgedessen reagieren die freien funktionellen Gruppen der Moleküle unabhängig voneinander. Ihre Reaktivität ist unabhängig von der Kettenlänge der Moleküle.

Letztere Annahme erscheint insofern gerechtfertigt, weil aus der niedermolekularen Chemie bekannt ist, daß die Geschwindigkeitskonstante z. B. der Veresterung homologer Mono- und Dicarbonsäuren mit Ausnahme der ersten Glieder unabhängig von der Länge der Kohlenstoffreste der Säuren ist. Diese Konstanten sind für die Reaktion:

$$CH_3 \left[CH_2 \right]_n COOH + C_2H_5OH \xrightarrow{k} CH_3 \left[CH_2 \right]_n COO-C_2H_5 + H_2O$$

in Tabelle (12–1) angegeben:

Tabelle (12–1): Geschwindigkeitskonstante k der Veresterung der homologen Monocarbonsäuren $CH_3 \left[CH_2 \right]_n COOH$ mit Äthanol bei 25°C

Zahl der Methylengruppen n	0	1	2	3	4	7	8	10	12
$k \cdot 10^4$ (mol/$l \cdot$ s)	22	15,3	7,5	7,5	7,5	7,5	7,4	7,6	7,5

Wegen dieser voneinander unabhängigen Reaktivität der funktionellen Gruppen, kann man bei der Polyestersynthese jeden Reaktionsschritt, der zu irgendeiner Esterbindung führt, einfach als eine Reaktion einer Hydroxyl- und einer Carboxylgruppe betrachten. Die quantitative Behandlung einer Stufenwachstumsreaktion stützt sich somit lediglich auf die Zahl der funktionellen Gruppen, die zu dem betrachteten Umsatz oder Zeitpunkt bereits reagiert bzw. noch nicht reagiert haben. Jede neu geschlossene Bindung bedeutet, daß jeweils zwei funktionelle Gruppen und daher ein Molekül aus dem betrachteten System verschwunden sind.

Die Reaktivität gleicher funktioneller Gruppen in einem Monomermolekül können in bestimmten Fällen aber auch Unterschiede aufweisen. So reagiert bei aromatischen Diisocyanaten die zweite Isocyanatgruppe mit einer geringeren Geschwindigkeit als die erste. Das gleiche gilt beim Glyzerin für die sekundäre gegenüber den primären Hydroxylgruppen. Auf die dadurch auftretenden Komplikationen wird im folgenden nicht eingegangen.

12.2. Lineares Stufenwachstum

Wie einleitend erwähnt, kann man beim Stufenwachstum nur dann lineare Makromoleküle erzeugen, wenn man einen hinreichenden Umsatz erzielt. Da man den Ablauf dieser Reaktionen am einfachsten durch die analytische Bestimmung der funktionellen Gruppen verfolgt, ist es üblich, statt des Umsatzes in % den Umsetzungsgrad p anzugeben. Er ist als der Anteil der funktionellen Gruppen, der seit Reaktionsbeginn reagiert hat, definiert.

Die Zahl der funktionellen Gruppen von Monomeren des Typs $A—B$ ist gleich der Zahl der Monomermoleküle N, bzw. von Monomeren des Typs $A—A$ und $B—B$, falls sie in äquimolaren Mengen vorliegen, gleich $2N$. Sind zu Reaktionsbeginn N_0 Moleküle und nach einer bestimmten Reaktionszeit N_t Moleküle vorhanden, dann ist die Gesamtzahl der funktionellen Gruppen, die reagiert hat: $N_0 - N_t$ bzw. $2(N_0 - N_t)$. Das Verhältnis zu den ursprünglich vorhandenen funktionellen Gruppen N_0 bzw. $2N_0$ ergibt den Umsetzungsgrad p:

$$p = \frac{N_0 - N_t}{N_0} \qquad (12\text{–}1)$$

Bei vollständigem Umsatz erreicht p den Wert 1.

Der Polymerisationsgrad P_n, der die mittlere Zahl der Grundbausteine in der Polymerkette zu dem jeweils betrachteten Zeitpunkt angibt, entspricht dem Verhältnis der ursprünglichen funktionellen Gruppen zu den noch vorhandenen funktionellen Gruppen. Dieses ist identisch mit dem Zahlenverhältnis der ursprünglichen zu den noch vorhandenen Molekülen.

$$P_n = \frac{N_0}{N_t}$$

Durch Einführen des Umsetzungsgrades p folgt wegen $1 - p = N_t/N_0$:

$$P_n = \frac{1}{1 - p} \qquad (12\text{–}2)$$

Aus dieser einfachen, erstmalig von CAROTHERS angegebenen Beziehung ergibt sich, daß für ein technisch brauchbares Polymeres mit einem Polymerisationsgrad $P_n = 100$ ein 99%iger Reaktionsumsatz benötigt wird.

Tabelle (12–2): Abhängigkeit des Polymerisationsgrades P_n vom Reaktionsumsatz gemäß der Beziehung $P_n = 1/(1 - p)$

Reaktions-umsatz [%]	Umsetzungs-grad p	Polymerisations-grad P_n
50	0,50	2
75	0,75	4
90	0,90	10
95	0,95	20
99	0,99	100
99,9	0,999	1000

Der zur Erzeugung von Polymeren mit $P_n > 100$ erforderliche hohe Umsatz kann nur erreicht werden, wenn keine Nebenreaktionen auftreten. Durch diese Bedingung sind die Synthesemöglichkeiten linearer Makromoleküle durch Stufenwachstum begrenzt.

Die Gültigkeit vorstehender Beziehung erfordert eine gleiche Anzahl bzw. äquivalente Konzentrationen der funktionellen Gruppen A und B. Das bedeutet, daß die Monomeren in reiner Form vorliegen müssen und keine monofunktionellen Verunreinigungen enthalten dürfen. Während bei bifunktionellen Gruppen des Typs $A-B$ die Äquivalenz durch die chemische Struktur verankert ist, muß sie bei Reaktionen zweier Monomerer mit jeweils nur einer Art von funktionellen Gruppen des Typs $A-A$ und $B-B$ durch exakt äquivalenten Einsatz dieser Monomeren bei Reaktionsbeginn gesichert sein.

Sind diese Bedingungen nicht erfüllt, dann ergibt sich der Polymerisationsgrad P_n aus folgender Überlegung:

Die Zahl der funktionellen Gruppen zu Reaktionsbeginn seien A_0 und B_0. Dabei soll B_0 im Überschuß vorliegen ($A_0 < B_0$). Das stöchiometrische Verhältnis r ist dann $r = A_0/B_0$. Da jedes Monomermolekül zwei funktionelle Gruppen hat, ist die Gesamtzahl der bei Reaktionsbeginn vorliegenden Moleküle N_0:

$$N_0 = A_0/2 + B_0/2 = (A_0/2)\,(1 + 1/r)$$

Der Umsetzungsgrad p bezieht sich auf den bis zur Zeit t reagierten Anteil der im Unterschuß vorliegenden Gruppen A. Dann ist die Zahl der zu dieser Zeit vorliegenden Gruppen

$$A_t = A_0(1 - p) \quad \text{und} \quad B_t = B_0(1 - rp)$$

wobei zu bedenken ist, daß der Umsetzungsgrad der A-Gruppen genau so groß wie die der B-Gruppen sein muß, weil nur äquivalente Mengen miteinander reagieren können. Die Gesamtzahl der noch vorhandenen Gruppen ist also

$$A_t + B_t = A_0(1 - p) + B_0(1 - rp)$$

Durch Einführen von $B_0 = A_0/r$ und Addieren von $A_0 - A_0$ folgt:

$$A_t + B_t = A_0[2(1 - p) + (1 - r)/r]$$

Da jedes Molekül zwei Endgruppen besitzt, ist die Molekülzahl beim Umsetzungsgrad p:

$$N_t = (A_t + B_t)/2$$

Für den Polymerisationsgrad P_n ergibt sich:

$$P_n = \frac{N_0}{N_t} = \frac{1 + r}{2r(1 - p) + 1 - r} \qquad (12\text{–}3)$$

Der Polymerisationsgrad bei nicht äquivalentem Verhältnis der funktionellen Gruppen ist nicht nur vom Umsetzungsgrad p sondern auch vom stöchiometrischen Verhältnis r dieser Gruppen abhängig. Wird $r = 1$, geht Gleichung (12–3) in Gleichung (12–2) über. Je mehr r und auch p sich dem Wert 1 nähert, um so größer wird der Polymerisationsgrad.

Setzt man bei der Polyestersynthese einer ω-Hydroxycarbonsäure (z. B. 4-Hydroxymethylbenzoesäure) eine Monocarbonsäure (z. B. Benzoesäure) zu, dann wird das Wachstum der Polymerkette durch die Monocarbonsäure blockiert:

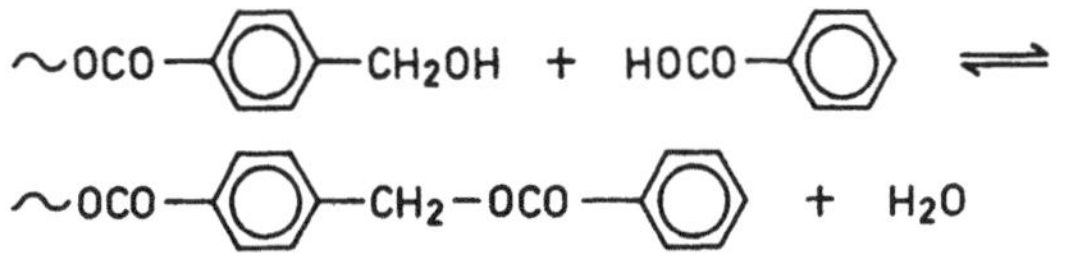

Ist N_S die Molekülzahl bzw. die Konzentration der Monocarbonsäure und N_R die der ω-Hydroxycarbonsäure, dann ergibt sich für das stöchiometrische Verhältnis r unter Berücksichtigung der Funktionalität der Monomeren:

$$r = (N_R/2)/(N_R/2 + N_S)$$

Einsetzen in Gleichung (12–3) ergibt den Polymerisationsgrad:

$$P_n' = \frac{(N_S/N_R) + 1}{(N_S/N_R) + (1 - p)} \qquad (12\text{–}4)$$

Beträgt die zur ω-Hydroxycarbonsäure zugesetzte Monocarbonsäure 1 Mol-%, so fällt bei einem Umsatz von 98% der Polymerisationsgrad von $P_n = 50$ auf $P_n' = 34$.

Da man bei diesen Reaktionen möglichst große Umsätze zu erreichen sucht, strebt der Umsetzungsgrad p dem Wert 1 zu.

$$(P_n')_{p\to 1} = (N_R/N_S) + 1 = \text{const.}$$

Bei sehr hohen Umsätzen nähert der Polymerisationsgrad sich einem konstanten Wert, der vom Verhältnis der eingesetzten bi- und monofunktionellen Monomeren abhängt.

Diese Gesetzmäßigkeit wird in der Technik genutzt, um ein zu starkes Ansteigen des Polymerisationsgrades bei Polykondensaten zu vermeiden. Da diese im allgemeinen freie reaktionsfähige Endgruppen enthalten, kann bei thermischer Nachbehandlung, wie sie beim Schmelzspinnen von Polyamiden auftritt, eine Weiterkondensation mit Anstieg des Polymerisationsgrades eintreten, da gemäß

Gleichung (12–2) bei $p = 1$ der Polymerisationsgrad unendlich groß wird. Durch Zusatz geringer Mengen (etwa 1 Mol-%) monofunktioneller Verbindung, wie z. B. Benzoesäure, verhindert man diese Weiterkondensation und erreicht damit eine „Molmassenstabilisierung" (Abb. 12–1).

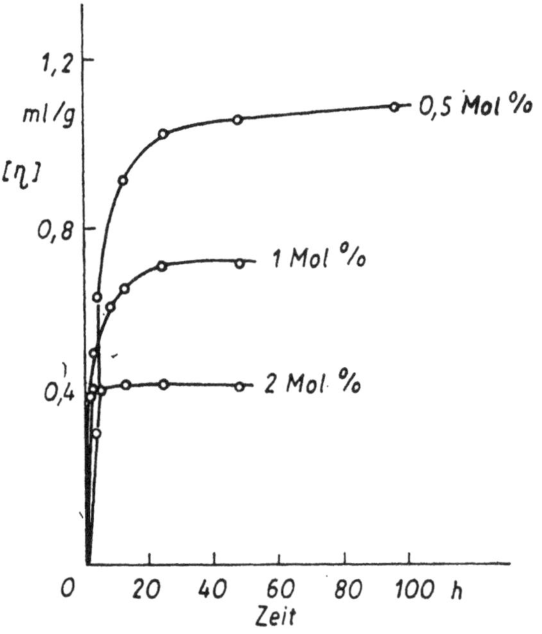

Abb. (12–1): Abhängigkeit der Viskosität des Polycaprolaktams von der Stabilisatormenge (Benzoesäure).

(Nach Werten von A. MATTHES: Makromol. Chemie 5 (1951), 203)

12.3. Verzweigtes Stufenwachstum

Werden bei einer Stufenreaktion tri- oder höherfunktionelle Monomere eingesetzt oder zu bifunktionellen Verbindungen multifunktionelle Monomere hinzugefügt, so wird nach einer bestimmten Reaktionszeit ein plötzlicher starker Anstieg von Umsatz und Polymerisationsgrad festgestellt. Dabei bildet sich schnell ein polymeres Netzwerk aus. Das Polymere erstarrt zu einem Gel. Der Eintritt dieser Gelbildung ist experimentell leicht zu erfassen und gut zu reproduzieren. Er wird als Gelpunkt bezeichnet.

Seine Ursache beruht darin, daß beim Einbau eines multifunktionellen Monomeren die Molekülkette an mehr als zwei Endgruppen weiter wächst. Da die Zahl der wachsenden Endgruppen ansteigt, wird der Monomerverbrauch in der Zeiteinheit und damit die Reaktionsgeschwindigkeit größer. Gleichzeitig wird auch mehr von der multifunktionellen Verbindung eingebaut, so daß ständig weitere Polymerkettenverzweigungen auftreten und der Prozeß einer Selbstbeschleunigung unterliegt. Dieses explosive Wachstum setzt sich so lange fort, bis sich ein unendlich großes vernetztes Makromolekül gebildet hat.

Für die Ermittlung der Abhängigkeit des Gelpunktes vom Umsatz ist die Kenntnis der Funktionalität f der eingesetzten Monomeren notwendig. Haben nämlich die für die Reaktion eingesetzten Monomeren zwei funktionelle Gruppen ($f = 2$), dann ist die mittlere Funktionalität der Monomermischung $\bar{f} = 2$, und es entsteht ein streng lineares Makromolekül. Ist die mittlere Funktionalität größer als 2, dann müssen Kettenverzweigungen und letztlich ein vernetztes Polymeres entstehen. Die mittlere Funktionalität $\bar{f}$ einer Monomermischung ist die durchschnittliche Zahl der funktionellen Gruppen je Monomeres aller vorhandenen Monomerarten:

$$\bar{f} = \frac{\sum N_i f_i}{\sum N_i}$$

N_i ist die Molekülzahl des Monomeren i mit der Funktionalität f_i.

Betrachtet man als Beispiel die Alkydharzbildung aus 2 Molen Glyzerin ($f = 3$) und 3 Molen Phthalsäure ($f = 2$), so ergeben sich im Ganzen 12 Mole funktioneller Gruppen in 5 Molen Monomermolekülen und damit $\bar{f} = 12/5 = 2{,}4$. Die Kondensation dieses äquimolaren Gemisches von 6 Molen Hydroxyl- und 6 Molen Carboxylgruppen muß bei einem bestimmten kritischen Umsetzungsgrad p_c ein unendlich großes Netzwerk ergeben.

Das Reaktionsgemisch, das äquimolare Mengen beider funktioneller Gruppen enthält, hat zu Reaktionsbeginn N_0 Monomermoleküle. Die entsprechende Anzahl der funktionellen Gruppen beträgt $\bar{f} \cdot N_0$. Liegen nach der Reaktion noch N_t-Moleküle vor, so haben $2(N_0 - N_t)$ funktionelle Gruppen reagiert, weil sich stets nur zwei funktionelle Gruppen miteinander umsetzen können. Der Umsetzungsgrad p, der den Anteil der funktionellen Gruppen angibt, der bei der Reaktion verbraucht wurde, ist:

$$p = \frac{2(N_0 - N_t)}{\bar{f}\, N_0} \tag{12–5}$$

und der Polymerisationsgrad:

$$P_n = \frac{N_0}{N_t} = \frac{2}{2 - p\bar{f}} \tag{12–6}$$

Man erkennt, daß für den Sonderfall $f = 2$ vorstehende Gleichungen in Gleichung (12–1) bzw. (12–2) übergehen. Der für die Vernetzungsreaktion charakteristische Gelpunkt tritt dann auf, wenn sich ein unendlich großes Makromolekül mit $P_n = \infty$ gebildet hat. Für diese Bedingung folgt aus der Gleichung (12–5) der kritische Umsetzungsgrad p_c:

$$p_c = \frac{2}{\bar{f}}$$

Mit diesem Zusammenhang ist der Gelpunkt zu erfassen. Er gibt die obere Grenze an, bei der Gelbildung mit Sicherheit eintritt. Andere, aus statistischen Überlegungen abgeleitete Formeln ergeben die untere Grenze, unterhalb der keine vernetzten Makromoleküle entstehen können. Experimentell findet man den Gelpunkt zwischen den Grenzen liegend.

In der Tabelle (12–3) sind die mittels obiger Beziehung berechneten Polymerisationsgrade P_n in Abhängigkeit vom Umsetzungsgrad p für die Kondensation von 1 Mol Phthalsäure mit 1 Mol Glykol ($\bar{f} = 2$) und 3 Mole Phthalsäure mit 2 Molen Glyzerin ($\bar{f} = 2{,}4$) angegeben.

Tabelle (12–3): Abhängigkeit des Polymerisationsgrades P_n vom Umsetzungsgrad p bei verschiedenen mittleren Funktionalitäten

Umsetzungsgrad p	Polymerisationsgrad P_n	
	$\bar{f} = 2$	$\bar{f} = 2{,}4$
0,75	4	10
0,80	5	25
0,833	6	∞ = Gelpunkt

Aus der Tabelle ist ersichtlich, daß bei Reaktionsgemischen, deren mittlere Funktionalität $\bar{f} > 2$ ist, bei vergleichbaren Umsätzen wesentlich größere Polymerisationsgrade erhalten werden. Es ist nicht wie bei der Erzeugung von Linearmolekülen mit $\bar{f} = 2$ ein Umsatz von 98% und mehr erforderlich, um hinreichend große und technisch nutzbare Polymere zu gewinnen. Dieser technologisch außerordentliche Vorteil wird dadurch erkauft, daß bei einem bestimmten Umsatz in einer schnell ablaufenden, häufig irreversiblen Reaktion vernetzte Polymere entstehen, die nicht mehr schmelzbar sind und sich daher nicht thermoplastisch verarbeiten lassen.

12.4. Gleichgewichte bei Stufenwachstumsreaktionen

Die Lage des Gleichgewichtes zwischen Monomeren und Polymeren, das dem Massenwirkungsgesetz unterliegt, wird durch die Gleichgewichtskonstante K_{gl} bestimmt. Bei Stufenwachstumsreaktionen, besonders bei Polykondensationen unterscheidet man auf Grund der Größe dieser Konstanten Gleichgewichts- und Nichtgleichgewichtsreaktionen. Liegt die Gleichgewichtskonstante in der Größenordnung bis 10^2, so wird während der Reaktion im allgemeinen die Gleichgewichtseinstellung zwischen Hin- und Rückreaktion erreicht, z. B. bei der Bildung von

Polyäthylenterephthalat mit $K_{gl} = 0{,}5$ oder der von Polyhexamethylenadipinsäureamid mit $K_{gl} = 250$, beide Werte bei 280 °C gemessen. Sind die Konstanten größer als 10^4, so liegt das Gleichgewicht ganz auf der Seite der Polymeren. Die Rückreaktion fällt unter Reaktionsbedingungen nicht ins Gewicht. Solche Nichtgleichgewichtsreaktionen sind z. B. die Polykondensation von Dicarbonsäurechloriden mit aromatischen Diolen oder Diaminen.

Betrachtet man als typische Gleichgewichtsreaktion die Polykondensation einer ω-Hydroxycarbonsäure, so wird dabei Wasser abgespalten, dessen Konzentration bei der Aufstellung des Massenwirkungsgesetzes neben der der funktionellen Gruppen berücksichtigt werden muß.

Für die Gleichgewichtskonstante K_{gl} ergibt sich mit der Konzentration von Hydroxyl-, Carboxyl-, Estergruppen und des Wassers:

$$K_{gl} = \frac{[\text{Ester}]\,[H_2O]}{[\text{OH}]\,[\text{COOH}]}$$

wobei die Konzentration der Hydroxyl- und Carboxylgruppen gleich groß ist.

Führt man den Umsetzungsgrad p ein, der hier den Bruchteil der gebildeten Estergruppen angibt, dann ist $(1 - p)$ der Anteil der noch freien Hydroxyl- bzw. Carboxylgruppen und p_w der des Wassers in der Reaktionsmischung:

$$K_{gl} = \frac{p \cdot p_w}{(1 - p)^2}$$

Auflösung der quadratischen Gleichung nach p ergibt den durch das Gleichgewicht bedingten Umsatz p in Abhängigkeit vom Verhältnis $K_{gl}/p_w = \gamma$:

$$p = \frac{1}{2\gamma}\left(1 + 2\gamma - \sqrt{1 + 4\gamma}\right)$$

Da p nur Werte zwischen 0 und 1 annehmen kann, muß das Vorzeichen vor der Wurzel negativ sein. Für den Polymerisationsgrad P_n folgt wegen $P_n = 1/(1 - p)$:

$$P_n = \frac{2\gamma}{\sqrt{1 + 4\gamma} - 1}$$

Da der Umsetzungsgrad p bei der Polykondensation Werte annehmen soll, die nahe bei 1 liegen, muß γ sehr groß werden. Vorstehende Gleichungen vereinfachen sich dann zu[1]):

$$p \cong 1 - 1/\sqrt{\gamma} = 1 - \sqrt{p_w/K_{gl}}$$

$$P_n \cong \sqrt{\gamma} = \sqrt{K_{gl}/p_w}$$

[1]) Wird γ sehr groß, kann man 1 gegenüber γ vernachlässigen und wegen seiner Kleinheit $1/(2\gamma)$ ebenfalls.

Da die Gleichgewichtskonstante K_{gl} der Esterbildung in der Größenordnung von 0,1—10 liegt, können nur dann Polymere mit hinreichenden Polymerisationsgrad entstehen, wenn die Wasserkonzentration weit unterhalb 10^{-2} mol/l liegt. Infolgedessen muß man für eine weitgehende Entfernung des bei der Reaktion gebildeten Wassers sorgen, z. B. durch Abdestillieren. Wegen der ansteigenden Viskosität des Reaktionsgemisches können dabei Schwierigkeiten auftreten, die den Einsatz von Dünnschicht- oder Schneckenverdampfern notwendig machen.

Austauschgleichgewichte: Es bestehen nicht nur Gleichgewichte zwischen den Ausgangsmonomeren, oligomeren Zwischenprodukten und den polymeren Endstoffen, sondern natürlich auch zwischen den bereits gebildeten Polymeren. Dabei werden Kettensegmente gegeneinander ausgetauscht, weshalb man diese Reaktionen als Austauschgleichgewichte bezeichnet:

$$P_1-COO-P_2 + P_3-COO-P_4 \rightleftarrows P_1-COO-P_3 + P_2-COO-P_4$$

Gleichgewichte dieser Art, hier am Polyester allgemein formuliert, beobachtet man auch bei Polyamiden, Polyurethanen, Polyacetalen und Polysiloxanen. Da gleichartige Bindungen ausgetauscht werden, ist die Reaktionsenthalpie ΔH gleich Null, während die freie Reaktionsenthalpie ΔG aus der Entropieänderung ΔS resultiert.

Wie aus der formulierten Gleichung hervorgeht, wird bei diesen Reaktionen nicht die Molekülzahl, wohl aber die Molekülgröße geändert, falls die Polymerreste P unterschiedlich groß sind. Austauschgleichgewichte bewirken eine Veränderung des Massenmittels bei gleichbleibendem Zahlenmittel der Molmassen.

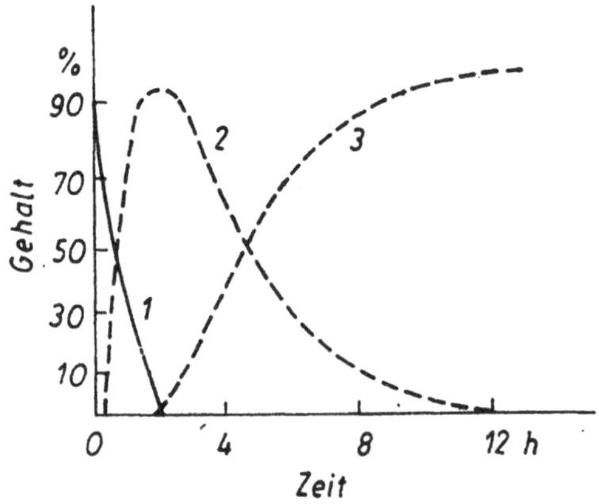

Abb. (12–2): Kondensation von Polyamid 66 mit Polyamid 6 bei 270 °C.

1 — Homopolymere
2 — Blockcopolymere
3 — Stat. Copolymere

(Nach W. W. KORSCHAK, T. M. FRUNSE u. LU I-NAN: Vysokomol. Soedin. 2 (1960), 984)

Dabei stellt sich stets eine Normalverteilung mit der wahrscheinlichsten Uneinheitlichkeit $U_{w,n} = 1$ ein. Infolgedessen werden sehr große Uneinheitlichkeiten verkleinert oder, wenn die Uneinheitlichkeit kleiner als eins ist, vergrößert.

Wegen dieser Reaktion gelingt es nicht, unterschiedliche Polykondensate durch einfache Kondensation der Endgruppen in Blockcopolymere umzuwandeln, weil durch diese Gleichgewichte gleichzeitig ein Austausch von Kettensegmenten erfolgt, der schließlich zur Bildung von statistischen Copolymeren führt. Erhitzt man Polyamid 6 (Polycaprolaktam) mit Polyamid 66 (Polyhexamethylen-adipinsäurediamid) auf 270 °C, so bildet sich über die intermediäre Stufe des Blockcopolymeren ein Copolymeres, das man auch durch direkte Reaktion von Caprolaktam, Hexamethylendiamin und Adipinsäure erhält.

12.5. Cyclisierungsreaktionen

Bei bestimmten Monomeren muß man mit einer Konkurrenz zwischen intermolekularer Polyreaktion und intramolekularer Cyclisierungsreaktion rechnen. Bevorzugt bifunktionelle Monomere vom Typ *A—B* gehen cyclische Dimerisierung oder intramolekulare Ringbildung ein. Als Beispiel sei die Dimerisierung der 2-Aminoessigsäure (= Glykokoll oder Glycin) zu Diketopiperazin genannt:

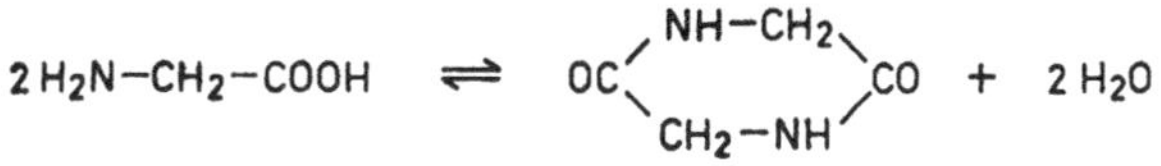

sowie die Cyclisierung der 5-Aminovaleriansäure zu Valerolaktam (= Piperidon):

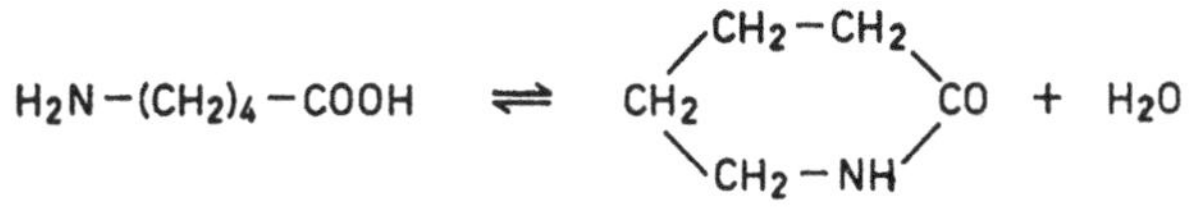

Ringstrukturen können aber auch bei bifunktionellen Monomeren vom Typ *A—A* entstehen, vor allem bei Dicarbonsäuren durch Bildung von Carbonsäureanhydriden bzw. Ketonen. Adipinsäure kann durch irreversible Reaktion in Cyclopentanon übergehen:

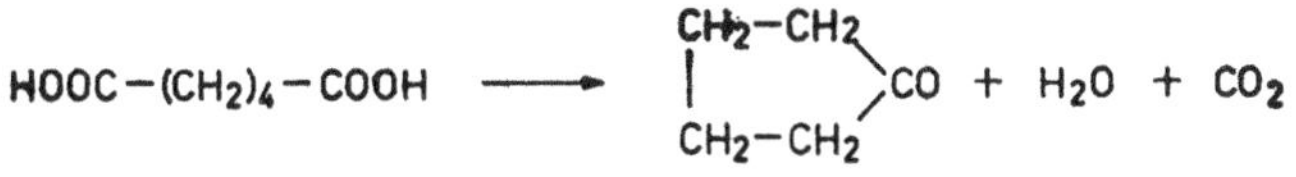

Die Cyclisierungsneigung der Monomeren ist abhängig von der Stabilität der eich bildenden Ringe, die, wie im Abschnitt (11.1.) ausgeführt, bei 5 bis 6 Gliedern tin Maximum und bei 9 bis 10 ein Minimum zeigt. Je geringer die Ringbildungssendenz ist, umso leichter bilden sich aus den offenkettigen Monomeren die entsprechenden Polymeren. Im Falle der aliphatischen ω-Aminocarbonsäuren tritt erst bei Monomeren mit mehr als 5 Kohlenstoffatomen zwischen den funktionellen Gruppen (= 7 Glieder!) eine zu hochmolekularen Produkten führende intermolekulare Reaktion auf:

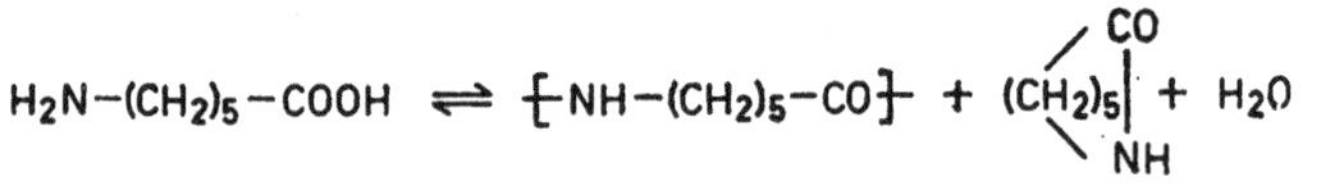

6-Aminocapronsäure Polycaprolaktam Caprolaktam

Bei der Polykondensation der 6-Aminocapronsäure liegt jedoch stets im Gleichgewicht ein gewisser, von der Temperatur abhängiger Anteil an cyclischen Verbindungen vor. Es spielt daher keine Rolle, ob man bei der Polyreaktion von der 6-Aminocapronsäure oder ihrem Laktam ausgeht.

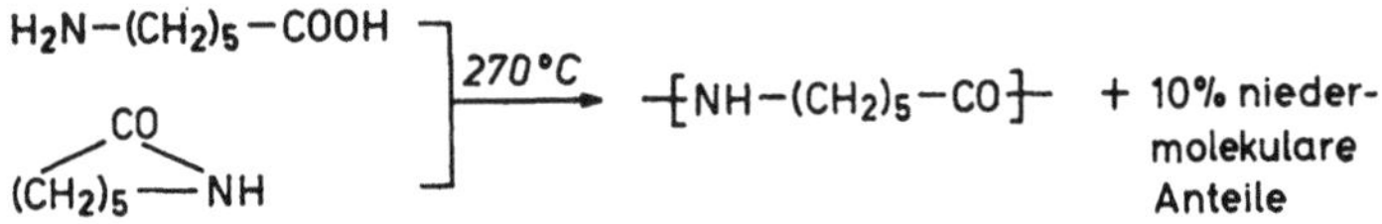

Der dabei im Gleichgewicht vorliegende niedermolekulare Anteil besteht zu ca. 90% aus Caprolaktam, der Rest sind cyclische Oligomere. Bei der technischen Polycaprolaktam-Synthese zur Faserherstellung entfernt man den Hauptanteil der Niedermolekularen durch Extraktion mit heißem Wasser oder durch Vakuumbehandlung der Schmelze, um bessere Fasereigenschaften zu erhalten. Bei den höheren Homologen der ω-Aminocarbonsäuren (7-Aminoönnathsäure, 11-Aminoundecansäure) nimmt wegen deren geringen Ringstabilität die Bildung niedermolekularer Nebenprodukte so stark ab (1%), daß man auf die Extraktion verzichten kann.

12.6. Kinetik der Stufenwachstumsreaktionen

Der bei der Stufenwachstumsreaktion erforderliche hohe Umsatz, der für hinreichend große Polymerisationsgrade notwendig ist, muß innerhalb einer ökonomisch vertretbaren Zeitspanne erreicht werden. Bei der in bezug auf das Zeitgesetz sehr eingehend untersuchten Polyestersynthese kondensiert man eine Dicarbonsäure HOOC—R—COOH mit einem Diol HO—R'—OH in Gegenwart einer katalytisch wirkenden starken Säure. Für den Reaktionsverlauf betrachtet man die zeitliche Änderung der funktionellen Gruppen der Monomeren. Der kinetische Ansatz entspricht dann der Veresterung einer einbasischen Säure mit einem primären Alkohol. Bei irreversibler Reaktion ist dann die Reaktionsgeschwindigkeit gleich der zeitlichen Abnahme der Hydroxylgruppen, die proportional der Katalysator- und der jeweils vorhandenen Hydroxyl- und Carboxylgruppenkonzentration ist:

$$-\frac{d[\mathrm{OH}]}{dt} = k[K]\,[\mathrm{OH}]\,[\mathrm{COOH}]$$

Wegen der für große Polymerisationsgrade geforderten Äquivalenz von Hydroxyl- und Carboxylgruppen müssen ihre Konzentrationen gleich groß sein, so daß gilt:

$$[\mathrm{OH}] = [\mathrm{COOH}] = [M]$$

Dann ist die Reaktionsgeschwindigkeit:

$$-\frac{d[M]}{dt} = k[K]\,[M]^2$$

Nach Integration folgt:

$$\frac{1}{[M]} - \frac{1}{[M]_0} = k[K]\,t,$$

$[M]_0$ ist die Dicarbonsäure- bzw. Diolkonzentration zur Zeit $t = 0$.
Führt man den Umsetzungsgrad p ein, so ergibt sich:

$$[M] = [M]_0\,(1 - p)$$

das ist der Anteil des noch vorhandenen Monomeren zur Zeit t und folglich:

$$\frac{1}{1-p} = 1 + k[K]\,[M]_0\,t$$

Einsetzen von $P_n = 1/(1 - p)$ und $k[K] = k'$ gibt die Zeitabhängigkeit des Polymerisationsgrades:

$$P_n = 1 + k'[M]_0\,t$$

Der Polymerisationsgrad steigt linear mit der Zeit an, wie auch gemäß Abb. (12–3) experimentell gefunden wird. Lediglich in der Anfangsphase der hier betrachteten Reaktion treten Abweichungen auf, deren Ursachen bis ins einzelne noch nicht geklärt wurden. Diese kontinuierliche Zunahme des Polymerisationsgrades während der Reaktionszeit ist ein charakteristisches Merkmal des Stufenwachstums.

In Abwesenheit einer als Katalysator zugesetzten Säure übernimmt die Dicarbonsäure selbst die katalytische Funktion.

Die Reaktionsgeschwindigkeit ergibt sich dann zu:

$$-\frac{d[\mathrm{OH}]}{dt} = k''[\mathrm{OH}]\,[\mathrm{COOH}]^2$$

oder

$$-\frac{d[M]}{dt} = k''[M]^3$$

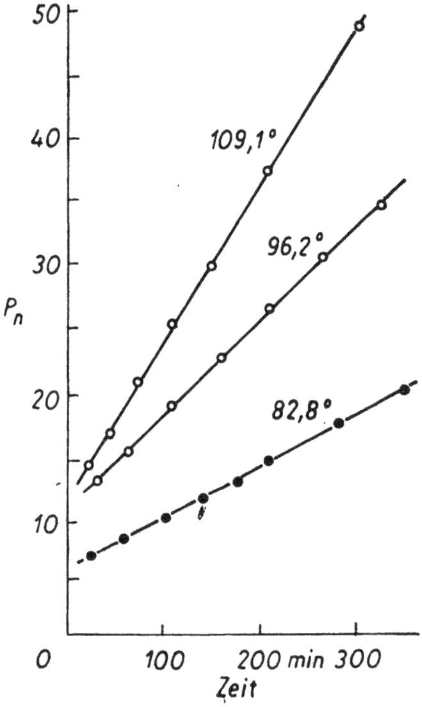

Abb. (12–3): Kondensation von Adipinsäure mit Decamethylenglykol.

Katalysator: 0,1 Mol p-Toluolsulfosäure

(Nach P. J. FLORY: Principles of Polymer Chemistry, Cornell University Press New York 1953, S. 82)

Für den Polymerisationsgrad folgt:

$$P_n^2 = \frac{1}{(1-p)^2} = 1 + 2k''[M]_0^2\, t$$

Ein Vergleich dieses Zusammenhanges mit dem vorher abgeleiteten zeigt, daß ohne zugesetzten Katalysator der Polymerisationsgrad zeitlich bedeutend langsamer zunimmt. Deshalb verzichtet man in der Praxis im allgemeinen nicht auf den Katalysator.

12.7. *Einteilung der Stufenwachstumsreaktionen*

Die Unterteilung der Stufenwachstumsreaktionen bereitet größere Schwierigkeiten als die der Kettenwachstumsreaktionen, bei denen man auf Grund der Art der reaktiven Zwischenprodukte klassifiziert. Erleichternd wirkt dabei, daß Kettenwachstum nur mit cyclischen Monomeren oder solchen mit Mehrfachbindungen erfolgt. Bei Stufenwachstumsreaktionen können demgegenüber Monomere mit sehr verschiedenen funktionellen Gruppen unterschiedliche Reaktionen miteinander eingehen. Hinsichtlich der Unterteilung dieser Reaktionen sind verschiedene Vorschläge gemacht worden, ohne daß eine allgemein gültige Auffassung dazu herrscht.

Im folgenden wird der Klassifizierung der Stufenwachstumsreaktionen das in der organischen Chemie übliche, dem Reaktionsweg entsprechende Einteilungsprinzip von Substitution und Addition zu Grunde gelegt und zwischen Polykondensation und Polyaddition unterschieden. Polykondensation ist eine Stufenreaktion, bei der Makromoleküle durch schrittweise Substitution entstehen. Beim Austausch der Substituenten werden die kleineren als niedermolekulare Produkte abgespalten. Da bei Polyadditionen, bei denen Makromoleküle durch stufenweise Addition an Mehrfachbindungen oder cyclischen Monomeren gebildet werden, keine Abspaltungsreaktion erfolgt, ist diese ein charakteristisches Unterscheidungsmerkmal zwischen beide Reaktionstypen. Es schließt gleichzeitig gewisse experimentelle bzw. technologische Gesichtspunkte ein, deren Einzelheiten sich aus den bereits dargelegten thermodynamischen und kinetischen Voraussetzungen und den im folgenden zu erörternden organisch-chemischen Reaktionsmechanismen ergeben. Letztere können in bezug auf die reagierenden Einheiten polarer, ionischer bzw. kryptoionischer, aber auch radikalischer Natur sein. Wie jede formale Einteilung hat auch diese ihre Grenzen, die dann zu Tage treten, wenn z. B. Polyadditions- und Polykondensationsreaktionen nacheinander, wie bei der Polyimid-Synthese, ablaufen.

13. Stufenwachstum durch Polykondensation

Unter die Polykondensationen werden gemäß der vorstehend dargelegten Definition eine große Anzahl sehr verschiedenartiger Polyreaktionen eingeordnet. Es können daher im folgenden nur an ausgewählten, charakteristischen Beispielen die verschiedenen Reaktionsmöglichkeiten aufgezeigt werden. Soweit möglich, werden dabei solche Synthesen berücksichtigt, die Eingang in die Technik gefunden haben.

13.1. Synthese von Polyestern

Die wichtigste Polykondensation zur Synthese linearer Makromoleküle ist die Umsetzung bifunktioneller Carbonsäurederivate mit Diolen oder Diaminen, bei der Polyester bzw. Polyamide entstehen. Die funktionellen Gruppen reagieren dabei nach einem nukleophilen Substitutionsmechanismus gemäß dem allgemeinen Schema:

$$R-\overset{\overset{\displaystyle O}{\|}}{C}-X + HY \underset{k_2}{\overset{k_1}{\rightleftarrows}} \left[R-\underset{\underset{\displaystyle Y}{|}}{\overset{\overset{\displaystyle OH}{|}}{C}}-X \right] \underset{k_4}{\overset{k_3}{\rightleftarrows}} R-\underset{\underset{\displaystyle Y}{|}}{\overset{\overset{\displaystyle O}{\|}}{C}} + HX$$

$X = $ —OH, —OR, —OCOR, —Cl
$Y = $ —OR', —NHR'

In den meisten Fällen ist der Additionsschritt k_1 geschwindigkeitsbestimmend. Die Gleichgewichtseinstellung wird durch Säuren katalysiert, denn durch die Addition von Protonen oder LEWIS-Säuren an das Sauerstoffatom entsteht ein mesomeres Carbenium-Oxonium-Kation, das als starke Säure leichter mit der angreifenden nukleophilen Base reagiert.

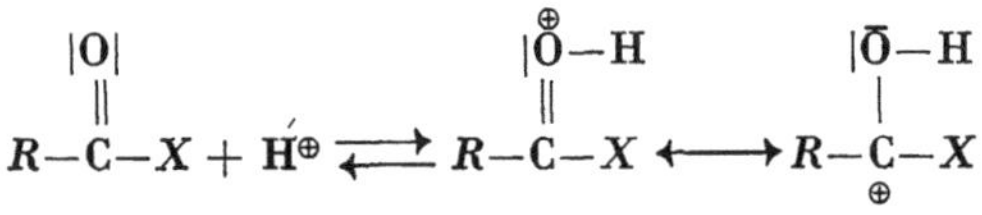

Für die Synthese von Polyestern können verschiedene Carbonsäurederivate eingesetzt werden, wobei neben freien Dicarbonsäuren bevorzugt Dicarbonsäureester, Dicarbonsäureanhydride und Dicarbonsäurechloride Verwendung finden.

$$XCO-R-COX + HO-R'-OH \rightleftharpoons \text{+}CO-R-COO-R'-O\text{+} + 2HX$$

Bei ungünstiger Gleichgewichtslage, d. h. bei kleinen Gleichgewichtskonstanten, muß laufend das entstehende Nebenprodukt HX aus dem Gleichgewicht entfernt werden, wobei im allgemeinen Wasser und Alkohol durch Destillation abgetrennt werden. Um die für große Molmassen notwendige Äquivalenz der funktionellen Gruppen aufrecht zu erhalten, muß vermieden werden, daß während der Umsetzung durch zu starke thermische Belastung des Reaktionsgemisches funktionelle Gruppen verschwinden, z. B. durch inter- bzw. intramolekulare Dehydratisierung:

$$P_n-OCO-R-COO-CH_2-CH_2-OH +$$
$$HO-CH_2-CH_2-OCO-R-COO-P_m \xrightarrow{-H_2O}$$
$$P_n-OCO-CH_2-CH_2-O-CH_2-CH_2-OCO-R-COO-P_m$$

bzw.

$$HO-CH_2-CH_2-OH \longrightarrow CH_3-CHO + H_2O$$

oder daß neue funktionelle Gruppen entstehen: z. B. durch Esterpyrolyse:

$$P_n-OCO-R-COO-CH_2-CH_2-OCO-R-COO-P_m \longrightarrow$$
$$P_n-OCO-R-COOH + CH_2{=}CH-OCO-R-COO-P_m$$

Als charakteristische Beispiele der Polyestersynthesen werden nachfolgend die des Polyäthylenterephthalats, der Polycarbonate, der ungesättigten Polyester und der Alkydharze behandelt.

13.1.1. Polyäthylenterephthalat

Um die für den praktischen Einsatz des Polyäthylenterephthalats (= Polyäthylenglykolterephthalsäureester) notwendigen Polymerisationsgrade zu erreichen, bedient man sich der Umesterungsreaktion von Diäthylenglykolterephthalat. Dabei wird das frei werdende Glykol laufend aus dem Reaktionsgemisch entfernt, um nachstehendes Gleichgewicht nach rechts zu verschieben:

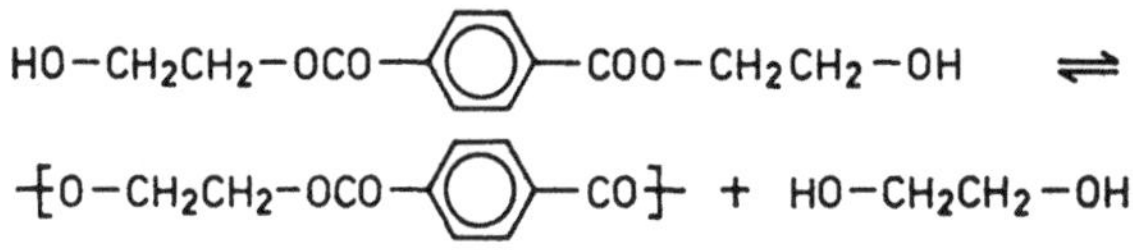

Diese Polykondensation wird in Gegenwart von Antimontrioxid als Katalysator bei etwa 280 °C unter Vakuum durchgeführt, so daß das entstehende Äthylenglykol abdestilliert.

Der notwendige Ausgangsstoff wird durch Umsetzung von Terephthalsäuredimethylester oder von hochreiner Terephthalsäure mit Äthylenglykol gewonnen:

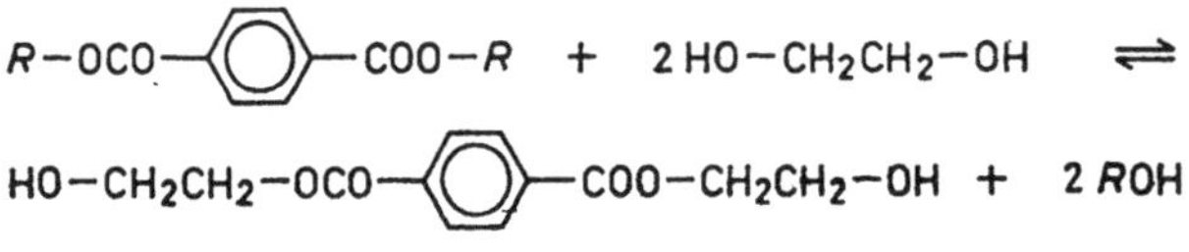

$R = CH_3$ oder H

Bei der als Vorkondensation bezeichneten Umesterung wird reines, vorher umkristallisiertes Dimethylterephthalat mit einem geringfügigen Überschuß von Äthylenglykol bei 185—195 °C in Gegenwart von Schwermetalloxiden oder -acetaten, bevorzugt denen des Cadmiums und Mangans, umgesetzt, wobei Methanol abdestilliert. Neben dem gewünschten Diäthylenglykolterephthalat bilden sich geringe Mengen von Di-, Tri- und Tetrameren. Dieses Vorkondensat wird direkt zur Polykondensation eingesetzt.

Polyäthylenterephthalat mit einem Polymerisationsgrad von etwa 100 schmilzt bei 264 °C und ist mit Ausnahme von Phenolen in allen gebräuchlichen Lösungsmitteln unlöslich. Es wird aus der Schmelze hauptsächlich zu Fasern und Folien verarbeitet.

13.1.2. Polycarbonate

Polycarbonate sind die Polyester der einfachsten bifunktionellen Carbonsäure, nämlich der Kohlensäure. Als Diol dient im allgemeinen das sog. Bisphenol A (= 2,2'-Bis-(4-hydroxyphenyl)-propan). Die Polykondensation kann durch Umsteuerung des Diphenylcarbonats mit dem Diol in Gegenwart basischer Verbindungen erfolgen, anfangs bei 200 °C und später bei 260—300 °C unter vermindertem Druck. Dabei destilliert das Phenol vollständig ab, so daß Polycarbonate mit Polymerisationsgraden von 100—120 entstehen.

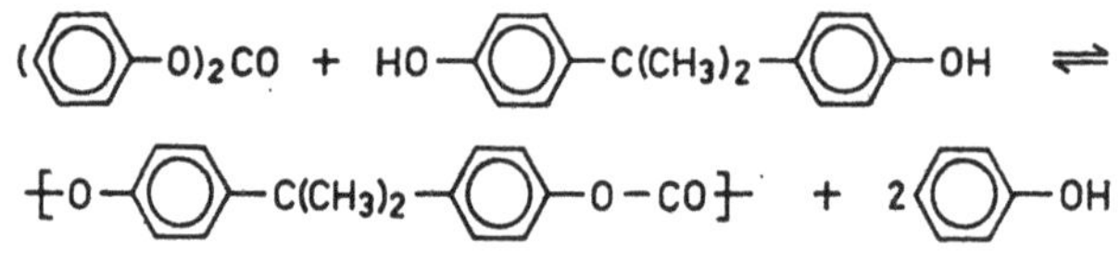

Eine energetisch weniger aufwendige Methode ist die direkte Umsetzung von Bisphenol A mit Phosgen in Gegenwart von Alkalien unter Normalbedingungen.

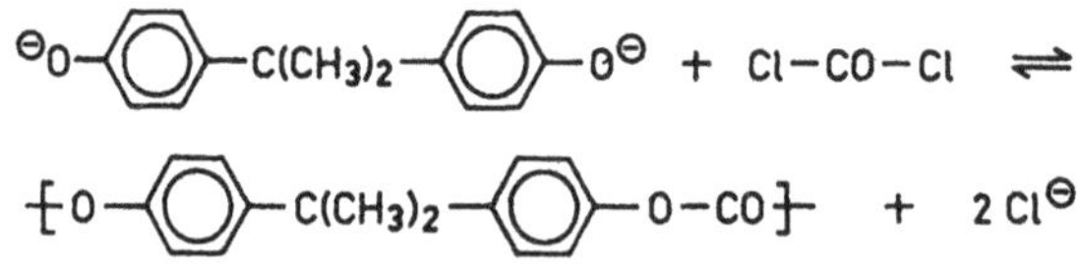

Die Reaktion, die der Acylierungsreaktion nach SCHOTTEN und BAUMANN entspricht, wird zweckmäßigerweise an der Grenzfläche zweier nicht mischbarer Flüssigkeiten durchgeführt. Man bezeichnet sie deshalb als Grenzflächenkondensation.

Während die alkalisch wäßrige Phase das als Salz gelöste Bisphenol A enthält, wird das mit Wasser nicht mischbare organische Lösungsmittel, z. B. halogenierte aliphatische oder aromatische Kohlenwasserstoffe, wie Methylenchlorid, mit gasförmigem Phosgen gesättigt. Bei Raumtemperatur findet an der Phasengrenzfläche die Reaktion statt. Die dabei abgespaltene, durch Alkali neutralisierte Salzsäure geht als Alkalichlorid in dic wäßrige Phase, während das gebildete Polymere sich in der organischen Phase löst. An der Grenzfläche bildet sich dabei ein Polymerfilm aus. Die Reaktionsgeschwindigkeit ist durch die Diffusionsgeschwindigkeit der Monomeren an diese Grenzschicht bestimmt.

Dieser Mechanismus unterscheidet sich insofern von dem des normalen Stufenwachstums, als die zur Grenzfläche diffundierten Monomeren bevorzugt mit den dort befindlichen Polymeren bzw. mit deren freien Kettenenden reagieren. Nur in untergeordnetem Maße durchdringen sie den gebildeten Polymerfilm und starten das Wachstum neuer Ketten. Daher werden bei der Grenzflächenkondensation größere Polymerisationsgrade als bei den anderen Kondensationsverfahren erreicht, ohne daß genaue Äquivalenz der Reaktionspartner erforderlich ist.

In der Technik suspendiert man durch schnelles Rühren die organische in der wäßrig-alkalischen Phase. Dadurch erhält man eine besonders große Oberfläche und daher große Reaktionsgeschwindigkeit. Als Katalysator setzt man, wie bei der SCHOTTEN-BAUMANN Reaktion üblich, tertiäre Amine zu. Die Aufarbeitung ist insofern aufwendiger als bei der Umesterungsmethode, weil nach der Reaktion die das Polymere enthaltene Phase mit Säure und Wasser gewaschen, getrocknet und von Lösungsmitteln befreit werden muß. Die Grenzflächenkondensation ist auch für die Umsetzung von Säuredichloriden mit Diaminen geeignet. Diese

Reaktionen zeichnen sich durch Gleichgewichtskonstanten von 10^3 bis 10^5 aus, so daß sie zu den sog. „Nichtgleichgewichtsreaktionen“ gerechnet werden.

Polycarbonate schmelzen bei 210—230 °C und besitzen eine relativ hohe Einfriertemperatur von ungefähr 150 °C. Sie zeichnen sich durch sehr gute Schlagzähigkeit, hohe Transparenz und bemerkenswerte Dimensionsstabilität aus, haben aber den Nachteil, sich in einigen organischen Lösungsmitteln zu lösen. Sie werden, durch Extrusion verarbeitet, als Konstruktionswerkstoff vielseitig eingesetzt.

13.1.3. Ungesättigte Polyester

Diese Polyester dienen als Ausgangsmaterial für vernetzte Polyesterharze. Sie werden also als Präpolymere eingesetzt, für die, wie im Abschnitt (12.3.) erörtert, keine besonders großen Polymerisationsgrade erforderlich sind, so daß für diesen Zweck bereits Polymerisationsgrade von 10 bis 15 genügen. Die Umsätze der Polykondensationsreaktion müssen daher nur bei 90% liegen. Man setzt äquivalente Mengen ungesättigter Carbonsäuren bzw. deren Anhydride, vornehmlich Maleinsäureanhydrid mit Glykolen, z. B. Äthylen-, Propylen- oder Diäthylenglykol und stark saure Katalysatoren, wie Toluolsulfosäure bei Temperaturen über 200 °C unter Rühren in Inertgasatmosphäre um, wobei das abgespaltene Wasser zuletzt im Vakuum entfernt wird.

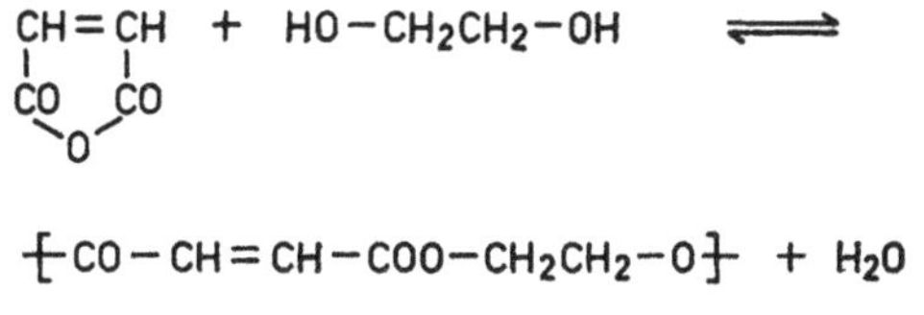

Um für die praktische Anwendung den Gehalt an Doppelbindungen der ungesättigten Polyester zu variieren, wird ein Teil des Maleinsäureanhydrids durch Phthalsäureanhydrid ersetzt. Die Umsetzung der Anhydride erfolgt in zwei Teilschritten unterschiedlicher Geschwindigkeit. Das Anhydrid addiert die Hydroxylgruppe schneller, als die entstehende freie Carboxylgruppe mit dem Diol kondensiert.

Während der Veresterung spielt sich eine bemerkenswerte Nebenreaktion ab, die sich günstig auf die Weiterverarbeitung der entstehenden Präpolymeren auswirkt. Die als Veresterungskatalysator dienende Säure verursacht zusätzlich eine cis-trans-Isomerisierung der in das Polymermolekül eingebauten Maleinsäureeinheiten in energetisch stabilere Fumarsäureeinheiten. Der gebildete Polyester enthält in Abhängigkeit von den Reaktionsbedingungen dann nur noch 10 bis 30% Maleinsäure- neben 90—70% Fumarsäurebausteinen. Letztere zeigen ein besseres Reaktionsverhalten bei der anschließenden Vernetzungsreaktion.

Vernetzung ungesättigter Polyester: Diese als Härten bezeichnete Reaktion, bei der sich das Polyesterharz bildet, wird durch Copolymerisation nach einem radikalischen Mechanismus durchgeführt. Man löst den Ester in 30—50% einer Vinylverbindung, bevorzugt in Styrol, und startet durch Zugabe eines radikalbildenden Initiators die Copolymerisation. Je nach dem Temperaturbereich, in dem der Härtungsprozeß stattfinden soll, verwendet man thermisch zerfallende Initiatoren, wie z. B. Benzoylperoxid und Cyclohexanonperoxid, oder auch Redoxsysteme, indem man zu den Peroxiden noch tertiäre Amine oder Cobaltnaphthenat hinzufügt, wobei letztere Verbindungen als Beschleuniger bezeichnet werden. Bei der Copolymerisation dient neben dem Styrol die in die Polyesterketten eingebauten Doppelbindungen der Fumarsäure- bzw. Maleinsäurebausteine als zweites Monomeres, so daß die Polyesterketten durch Brücken von Styroleinheiten verknüpft werden (Abb. 13–1).

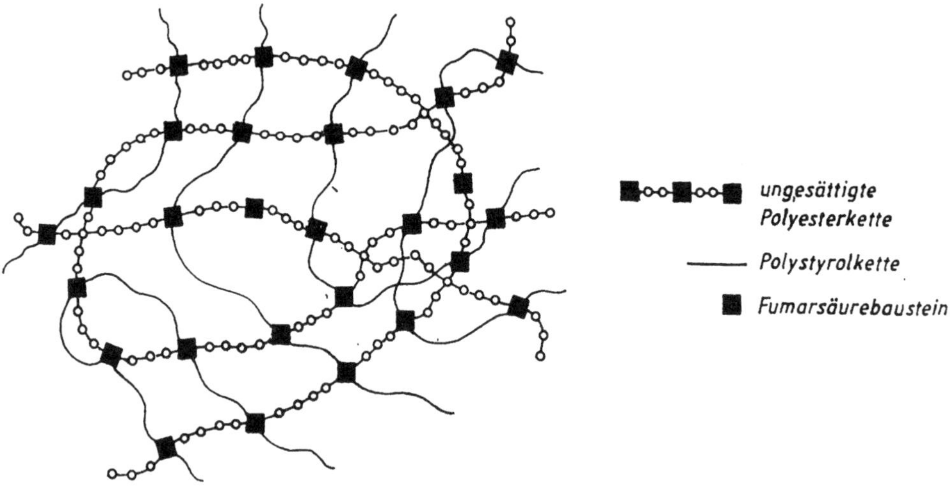

Abb. (13–1): Schematische Darstellung eines vernetzten Polyesterharzes.

Die Länge der Styrolbrücken ist nicht allein von dem Konzentrationsverhältnis der Reaktionspartner, sondern auch von ihrem Copolymerisationsverhalten abhängig. Betrachtet man als Modelle für die in die ungesättigten Polyester eingebauten Fumarsäure- und Maleinsäurebausteine den Fumarsäure- bzw. Maleinsäurediäthylester, so ergeben sich folgende Copolymerisationsparameter:

Styrol — Fumarsäurediäthylester

$r_{St} = 0{,}3 \qquad r_{Fu} = 0{,}07$

Styrol — Maleinsäurediäthylester

$r_{St} = 6{,}52 \qquad r_{Ma} = 0{,}05$

Aus den Gesetzmäßigkeiten der Copolymerisation (Abschnitt 8.2.) folgt, daß im ersten Fall ein alternierendes Copolymeres entsteht. Im zweiten Fall wird aber in das Copolymere bevorzugt Styrol eingebaut, das daher schnell aus dem Reaktionsgemisch verschwindet. Auf den ungesättigten Polyester übertragen, ergibt sich, daß die Fumarsäureeinheiten im Polyester durch wenige Styroleinheiten verknüpft werden, während von den Maleinsäureeinheiten nur ein Teil durch lange Styrolbrücken verbunden sind. Aus diesem Grund wird die Vernetzungsreaktion effektiver, je mehr Maleinsäuregruppen sich während der Polyestersynthese in Fumarsäuregruppen umlagern.

Analytisch ist der Vernetzungsvorgang durch Verseifen der gebildeten Polyester zu erfassen. Dabei bleiben die Copolymermoleküle aus Styrol und Fumarsäureeinheiten erhalten. Ein Analysenbeispiel gibt Tabelle (13–1).

Tabelle (13–1): Zusammensetzung der Copolymeren eines hydrolisierten Polyesters

Konzentrationsverhältnis Styrol/Fumarsäuregruppen		Molekülmassen der Copolymerkette	Fumarsäuregruppen pro Copolymerkette
Eingesetzter Polyester	hydrolisierter Polyester		
3,1	5,4	15000	21
0,5	1,4	11000	38

Aus der ersten und zweiten Spalte der Tabelle ersieht man, daß entsprechend der Copolymerisationsparameter stets mehr Styrol als Fumarsäuregruppen in die Copolymerketten eingebaut wird. Die zweite Spalte gibt zugleich Auskunft über die mittlere Zahl der Styrolbausteine pro Netzkette und die letzte Spalte über die mittlere Zahl der Netzketten, die ein Copolymermolekül enthält. Die Molmassen dieser Copolymeren sind bedeutend größer als die der eingesetzten Polyester, die in diesem Fall bei 1000—5000 liegen.

Ungesättigte Polyester werden in Gegenwart von Füllstoffen (Kreide, Kaolin) oder Verstärkungsmittel gehärtet. Vor allem glasfaserverstärkte Polyesterharze haben große technische Bedeutung, weil durch eingelagerte Glasfasern die Festigkeit und Elastizität der Harze so erhöht wird, daß sie als Rohre, Behälter, Profile u. a. verwendet und im Fahrzeug-, Flugzeug- und Schiffsbau eingesetzt werden können.

13.1.4. Alkydharze

Kondensiert man Phthalsäureanhydrid mit dem trifunktionellen Glyzerin, so erhält man, wie im Abschnitt 12.3. erörtert, ein vernetztes Polymeres, weil die mittlere Funktionalität des Reaktionsgemisches größer als 2 ist.

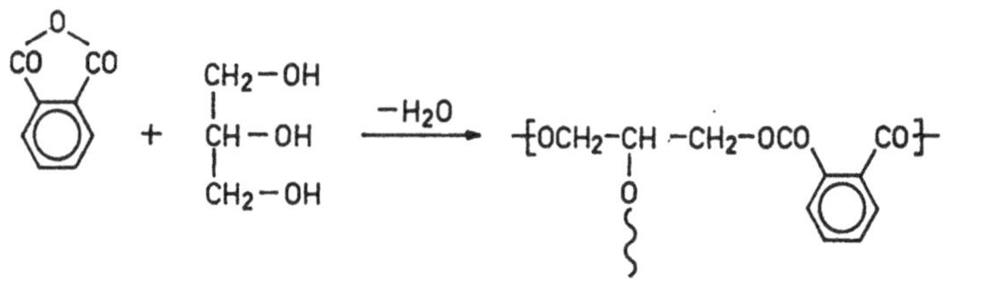

Das entstehende Produkt ist ein harter, nicht schmelzbarer und spröder Stoff. Um ihn in eine für die Anwendung geeignete Form zu bringen, erniedrigt man durch Zusatz von monofunktionellen Verbindungen, und zwar durch Monocarbonsäuren, die Funktionalität des Reaktionsgemisches so weit, daß bei der Polykondensation keine vernetzten, sondern nur verzweigte Polyester entstehen, die noch löslich sind. Als Monocarbonsäuren werden ungesättigte Fettsäuren, vor allem Ölsäure verwendet. Daher besitzen die verzweigten Polyester ungesättigte Gruppen, die unter geeigneten Bedingungen zur Vernetzung der Polymeren dienen können. Diese ölsäuremodifizierten verzweigten Polyester niedriger Molmassen von etwa 1000 bis 3500 sind Präpolymere, die als Lackrohstoffe verwendet und als Alkydharz-Lacke bezeichnet werden. Die Viskosität ihrer Lösungen in organischen Lösungsmitteln wird so eingestellt, daß sie mittels Pinsel streichbar sind.

Vernetzung ölsäuremodifizierter Alkydharze: Die Vernetzungsreaktion, die als Trocknen bezeichnet wird, verläuft bei Normaltemperatur unter dem Einfluß des Luftsauerstoffs. Dazu wird die Lösung des Alkydharzes auf eine Oberfläche gestrichen, auf der sich nach Verdunsten des Lösungsmittels ein Film bildet. Dieser wird wegen der in ihm enthaltenen Doppelbindungen durch den Luftsauerstoff oxidativ vernetzt, wobei sich eine harte unlösliche Polymerschicht (Lackschicht) bildet. Durch Zusatz von Schwermetallionen in Form von Salzen organischer Säuren, z. B. Kobalt-Resinate[1]), wird die dann über einen radikalischen Redoxmechanismus ablaufende Vernetzungsreaktion beschleunigt. Diese Salze nennt man Sikkative[2]) oder Trockenmittel.

13.2. Synthese von Polyamiden

Ähnlich wie bei den Polyestern haben für die Synthese von Polyamiden bisher im wesentlichen Umsetzungen von Dicarbonsäuren und deren Derivate (Ester, Anhydride, Chloride) mit Diaminen größere praktische Bedeutung erlangt. Daneben spielt die Umwandlung cyclischer Laktame eine wichtige Rolle. Auf die sog. alkalische Schnellpolymerisation des Caprolaktams wurde schon im Abschnitt 11.2. hingewiesen.

[1]) Resinate = Salze der Harzsäure, aus Kollophonium gewonnen
[2]) lat.: siccus = trocken

Zur Bezeichnung der Polyamide bedient man sich international einer verkürzten Ausdrucksweise. Danach benennt man Polyamide nach der Zahl der Kohlenstoffatome in den Ausgangskomponenten. Bei Polyamiden aus Diaminen und Dicarbonsäuren wird zuerst die Kohlenstoffzahl des Diamins angegeben. Man bezeichnet Polyamid aus:

Hexamethylendiamin + Adipinsäure	= Polyamid 66
Hexamethylendiamin + Sebazinsäure	= Polyamid 6 10
Caprolaktam	= Polyamid 6

(ausgesprochen: Polyamid „sechs-sechs“ oder Polyamid „sechs-zehn“)

Polyamid wird im englischen Sprachgebiet häufig als Nylon bezeichnet, der Handelsname des ersten technisch produzierten Polyamids 66. Diese Verbindungen und einige Polymere, die über die Zwischenstufe aromatischer Polyamide erzeugt werden, sind nachstehend als typische Beispiele der Polyamid-Synthese behandelt.

13.2.1. Polyamid 66

Als Ausgangsmaterial dient das Salz aus Adipinsäure und Hexamethylendiamin, das sog. AH-Salz. Man mischt die methanolische Lösung der Komponenten, wobei das reine Salz vom Schmelzpunkt 190—191 °C auskristallisiert. Die Dissoziationskonstante der Adipinsäure ist hinreichend groß, um das stark basische Diamin zu neutralisieren und ein quaternäres Ammoniumsalz zu bilden, das die Ausgangskomponenten in genau äquimolaren Mengen enthält, wie es für eine Polykondensation erforderlich ist.

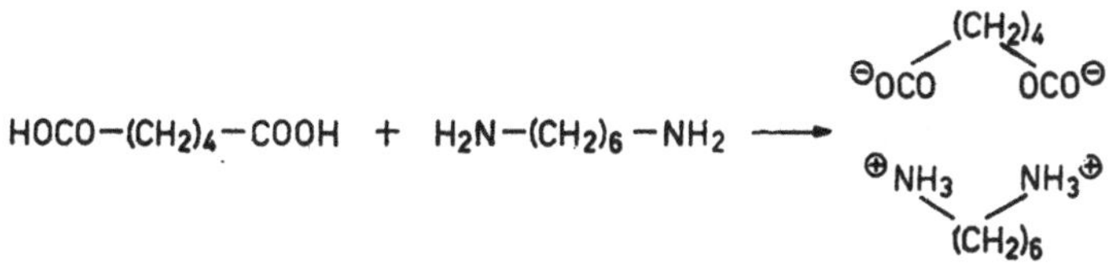

In der folgenden Reaktionsstufe wird eine 60—80%ige wäßrige Lösung des AH-Salzes bei 220 °C unter Luftausschluß vorkondensiert, wobei nach einer Stunde 80—90% des AH-Salzes zum Polyamid umgesetzt sind.

$$[OCO-(CH_2)_4-COO]^{2\ominus} + [NH_3-(CH_2)_6-NH_3]^{2\oplus} \rightleftharpoons$$

$$-[CO-(CH_2)_4-CONH-(CH_2)_6-NH]- + 2\,H_2O$$

Die Gleichgewichtskonstante ist, wie im Abschnitt 12.4. mitgeteilt, hinreichend groß, daß bei dieser Temperatur das Reaktionsgleichgewicht auf der rechten Seite liegt. Daher kann man trotz des wäßrigen Reaktionsmediums einen beachtlichen Umsatz erreichen. Anschließend wird das Wasser, zuletzt unter Vakuum, vollständig entfernt, wobei die Temperatur auf 270—280 °C gesteigert wird und das bei 265 °C schmelzende Polyamid als Schmelze vorliegt. Zur Stabilisierung des Polymerisationsgrades wird dem Reaktionsgemisch etwa 1 Mol-% Essigsäure zugesetzt.

Dieser Syntheseweg hat drei bemerkenswerte Vorteile. Die genaue Äquivalenz der funktionellen Gruppen stellt sich durch die AH-Salzbildung von selbst ein. Das Gleichgewicht liegt weitgehend auf der Seite der Polymeren. Die Umamidierung verläuft gegenüber der Wasserabspaltung so langsam, daß in der letzten Reaktionsphase bei der Polykondensation praktisch kein Hexamethylendiamin freigesetzt wird. Aus diesen Gründen ist es nicht verwunderlich, daß das Polyamid 66 das erste lineare Polykondensat war, das technisch produziert wurde (Carothers, 1939). Auch heute wird es zum großen Teil aus der Schmelze zu Fasern versponnen. Daneben hat die Verarbeitung im Spritzguß und durch Extrusion Bedeutung gewonnen. Analog wie das Polyamid 66 wird Polyamid 6 10 hergestellt, wobei die dafür erforderliche Sebazinsäure aus Rizinusöl gewonnen wird.

13.2.2. Polyamid 6

Polyamid 6 erhält man durch Ringöffnungsreaktion von Caprolaktam:

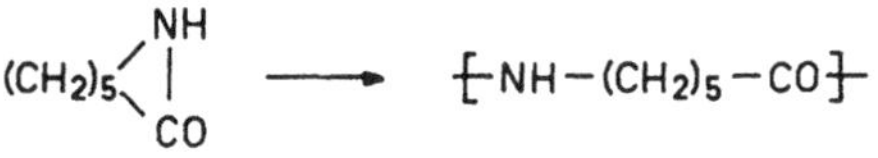

Diese Reaktion muß durch Katalysatoren eingeleitet werden, da reines trockenes Caprolaktam bei 600stündigem Erhitzen auf 250 °C unter Inertgas kein Polymeres bildet. In Abhängigkeit von der Katalysatorart kann eine Stufen- oder ionische Kettenwachstumsreaktion ausgelöst werden. Wasserzusatz bewirkt den ersten Mechanismus und wird als „hydrolytische Polymerisation" bezeichnet, während Alkalizusatz die sog. Schnellpolymerisation durch anionisches Kettenwachstum bewirkt (siehe Abschnitt 11.2.). Beide Reaktionen werden technisch durchgeführt. Daneben ist auch eine kationische Caprolaktam-Polymerisation möglich.

Bei der „hydrolytischen Caprolaktampolymerisation" laufen folgende drei Gleichgewichtsreaktionen simultan ab:

1. Hydrolyse des Caprolaktams zur 6-Aminocapronsäure:

$$(CH_2)_5\left\langle\begin{array}{l}NH\\ |\\ CO\end{array}\right. + H_2O \underset{k_2}{\overset{k_1}{\rightleftharpoons}} H_2N{-}(CH_2)_5{-}COOH$$

2. Addition von Caprolaktam an ein Polyamidmolekül:

$$(CH_2)_5\left\langle\begin{matrix} NH \\ | \\ CO \end{matrix}\right.$$

$$+\ H\!\left[NH-(CH_2)_5-CO\right]_n\!OH \underset{k_4}{\overset{k_3}{\rightleftharpoons}} H\!\left[NH-(CH_2)_5CO\right]_{n+1}\!OH$$

3. Kondensation von Polyamiden unterschiedlichen Polymerisationsgrades:

$$H\!\left[NH-(CH_2)_5-CO\right]_n\!OH + H\!\left[NH-(CH_2)_5-CO\right]_m\!OH \underset{k_6}{\overset{k_5}{\rightleftharpoons}}$$

$$H\!\left[NH-(CH_2)_5-CO\right]_{n+m}\!OH + H_2O$$

Das anfängliche Kettenwachstum geht nach Reaktion 2 vor sich, wobei Caprolaktam-Addition unter Bindungsöffnung und Wasserstoffwanderung eintritt. Die Bildung des hochmolekularen Polycaprolaktams erfolgt durch die Polykondensation 3. Deshalb wurde diese Polyamid-Synthese unter die Polykondensationsreaktionen eingeordnet.

Wie aus eingehenden kinetischen Untersuchungen hervorgeht, lagert sich das Caprolaktam an die freie Aminogruppe der 6-Aminocapronsäure bzw. die des Polyamids an. Die Reaktion wird durch Carboxylgruppen katalytisch eingeleitet. Das Geschwindigkeitsgesetz der Hinreaktion lautet daher:

$$\frac{d[CL]}{dt} = k_3\,[COOH]\,[CL]\,[NH_2]$$

CL — Caprolaktam, COOH — freie Carboxylgruppen, NH_2 — freie Aminogruppen.

Die Aminogruppen, die der Reaktionspartner des Caprolaktams sind, und die Carboxylgruppen, die als Katalysator wirken, werden durch Hydrolyse des Caprolaktams gemäß Gleichung 1 gebildet. Deswegen ist es verständlich, daß die Anwesenheit von Wasser für die Einleitung der Reaktion notwendig ist. Da diese Hydrolyse langsam verläuft, weist die durch Wasser eingeleitete Polyreaktion des Caprolaktams eine Induktionsperiode auf, die durch Zusatz von Aminosäuren oder auch AH-Salz verschwindet (Abb. 13–2), (S. 204).

Die Menge der Aminosäure, die zugegeben wird oder die durch Wasserzusatz nach Reaktion 1 entsteht, bestimmt die Gesamtzahl der entstehenden Polymermoleküle und damit bei vorgegebener Menge des Caprolaktams auch deren Polymerisationsgrad. In Abb. (13–3) ist der Konzentrationseinfluß der 6-Aminocapronsäure auf die Viskosität der Reaktionsmischung in Abhängigkeit von der Zeit dargestellt (S. 204).

Je größer die Aminosäurekonzentration ist, umso schneller nimmt die Viskosität und auch die Menge des umgesetzten Caprolaktams zu. Bei der höchsten Konzentration wird jedoch schnell ein Grenzwert der Viskosität erreicht, weil dann viele Polymermoleküle mit entsprechend kleinen Polymerisationsgraden gebildet werden.

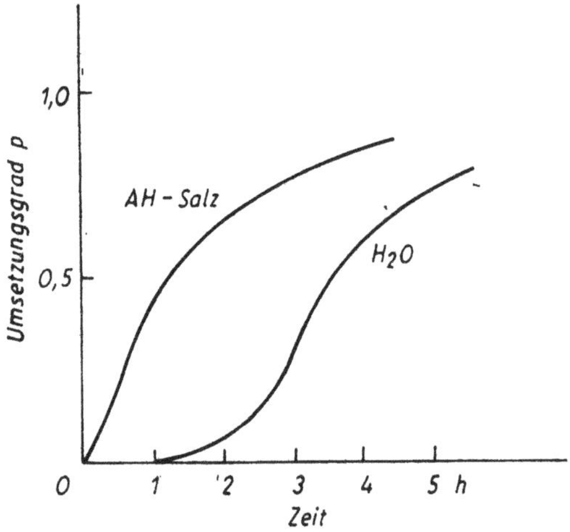

Abb. (13–2): Einfluß von Zusätzen auf den Umsetzungsgrad von Caprolaktam.

(Nach G. M. VAN DER WANT u. CH. A. KRUISSINK: J. Polym. Sci. 35 (1959), 119)

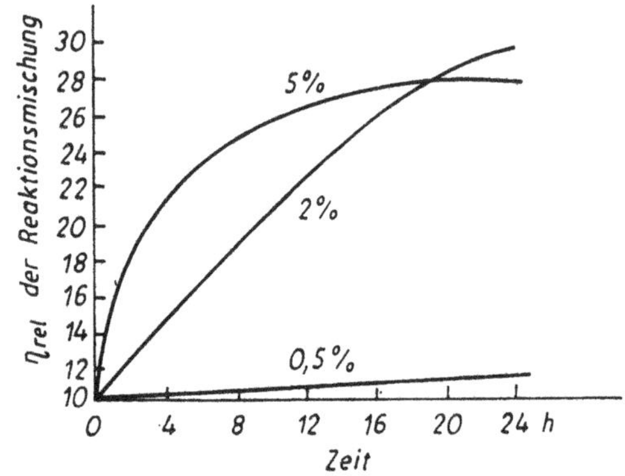

Abb. (13–3): Einfluß von 6-Aminocapronsäure auf die Zeitabhängigkeit der Viskosität von Polycaprolaktam.

Reaktionstemperatur 260 °C

(Nach H. LUDEWIG: Chem. Technik 4 (1952), 524)

Im technischen Maßstab wird Caprolaktam drucklos bei 270 °C in der Schmelze unter Zusatz von Wasser und Carbonsäuren, vornehmlich Essigsäure, als Ringöffnungskatalysator und Molmassenregler in Polycaprolaktam übergeführt. Als Reaktor wird ein Strömungsrohr, das sog. VK-Rohr (vereinfacht kontinuierlich) benutzt. Das Polymere wird wie das Polyamid 66 verarbeitet und eingesetzt.

13.2.3. Aromatische Polyamide und ihre Derivate

Die Struktur der Polyamide läßt sich durch Variation der Dicarbonsäuren und der Diamine in breitem Maße modifizieren. Dabei besteht eine zusätzliche Möglichkeit darin, durch Verwendung substituierter Aromaten und nachträglicher Ringschlußreaktion mit der Amidbindung heterocyclische Bausteine in die Polymerkette einzufügen. Man hat auf diesem Wege eine Vielzahl unterschiedlichster Polyamidstrukturen synthetisiert.

Einen wesentlichen Anstoß für die Herstellung neuer Polymerer auf dieser Basis hat die Entwicklung thermostabiler Polymerer gegeben. Vergleicht man nämlich die organischen Polymeren mit konventionellen Werkstoffen wie Metall oder Keramik, so erkennt man sofort, daß die Polymeren bedeutend niedrigere Schmelz- und Zersetzungstemperaturen haben. Wie in Abschnitt 5.4. über den Zusammenhang von Molekülstruktur und thermisches Verhalten erörtert, werden die Umwandlungspunkte der Polymeren erhöht, wenn steife Polymerketten und starke zwischenmolekulare Kräfte vorliegen. Unter diesen Gesichtspunkten hat man in den letzten 20 Jahren Tausende neue Polymere synthetisiert und ihre Temperaturbeständigkeit geprüft. Nur wenige zeigen technisch interessante Eigenschaften. Sie leiten sich im wesentlichen von solchen Struktureinheiten ab, die auf Grund aromatischer und heterocyclischer Bausteine starre, oft mesomeriefähige Molekülformen bilden. Eine Reihe von ihnen werden über die Zwischenstufe linearer substituierter Polyamide oder daraus abgeleiteter Verbindungen hergestellt, die löslich und verarbeitbar sind, bevor sie durch cyclisierende Kondensation in eine starre und meist unlösliche Form überführt werden. Von den wenigen temperaturbeständigen Polymeren, die bisher technisch produziert werden, sind vor allem die Polyimide erwähnenswert. Als weiteres Beispiel für Makromoleküle mit heterocyclischen Kettenbausteinen wird die Synthese von Polybenzimidazol und Polybenzimidazopyrrolon angeführt.

Polyimide: Das bisher technisch interessanteste Polyimid ist das Poly-phenyliden-pyromellithsäurediimid, das in 2 Reaktionsschritten hergestellt wird. Zuerst wird in einer Polyadditionsreaktion Pyromellithsäureanhydrid mit 1,4-Phenylendiamin bei etwa 50 °C in Dimethylacetamid zur Polyamidsäure umgesetzt.

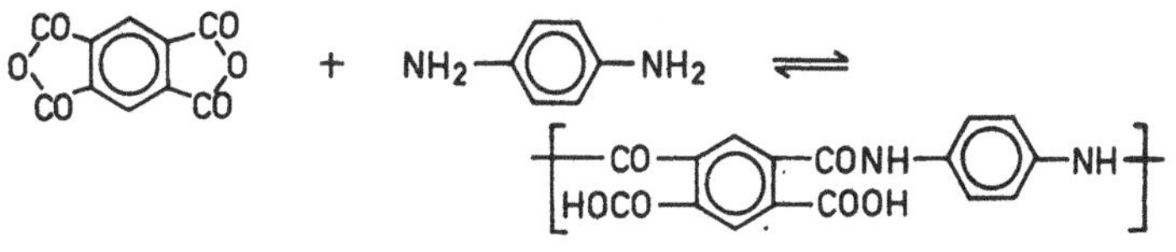

Bei dieser Reaktion ist hohe Monomerreinheit und genaue Stöchiometrie der Reaktionskomponenten notwendig. Die lösliche Polyamidsäure ist verarbeitbar, aber wenig lagerbeständig.

In der zweiten Reaktionsstufe erfolgt Cyclisierung der Polyamidsäure unter Wasserabspaltung durch programmiertes Erhitzen von 150 auf 300 °C.

Wesentlich ist dabei, daß die Cyclisierung quantitativ ist, denn nicht umgesetzte Carboxylgruppen im Polymeren vermindern die angestrebten Eigenschaften be-

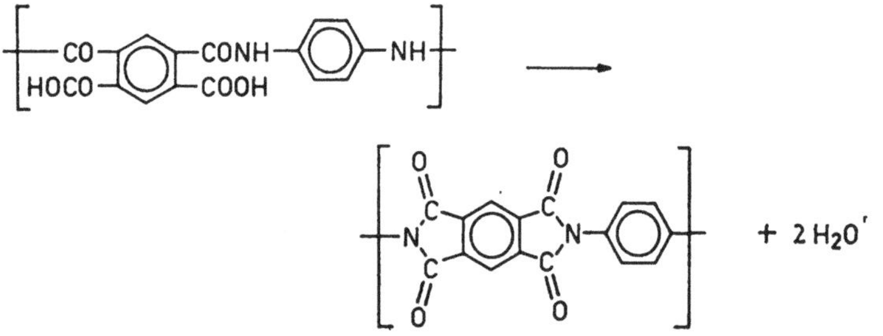

trächtlich. Das Polymere schmilzt bei 900 °C noch nicht. Es hat eine Einfriertemperatur von ungefähr 300 °C und ist bis zu dieser Temperatur an der Luft mechanisch gut beständig. Es wird in der Elektroindustrie zur Drahtisolierung, aber auch als Lagermaterial und als Klebstoff eingesetzt.

Polybenzimidazole: Durch Kondensation von aromatischen Tetraminen mit Phenolestern aromatischer Dicarbonsäuren bildet sich unter Abspaltung von Phenol und Wasser Polybenzimidazol.

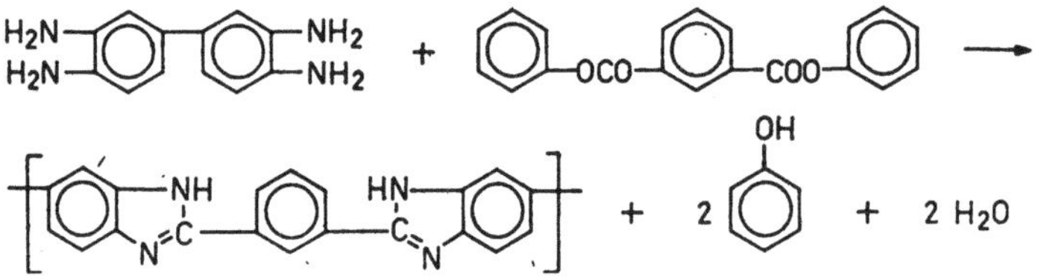

Die Reaktion wird in der Schmelze bei 290 °C durchgeführt und eine Feststoff-Nachkondensation bei etwa 400 °C angeschlossen. Das intermediär entstehende Polyamid wird nicht isoliert. Das Polymere, das als wärmebeständiger Metallkleber bis zu Temperaturen von 500 °C verwendet werden kann, ist oxydationsempfindlich. Durch Blockieren der oxidablen NH-Gruppen kann dieser Mangel beseitigt und die Temperaturbeständigkeit erhöht werden. Man setzt dazu aromatische Tetramine mit Pyromellithsäureanhydrid zu Polybenzimidazopyrrolon (Pyrron) um:

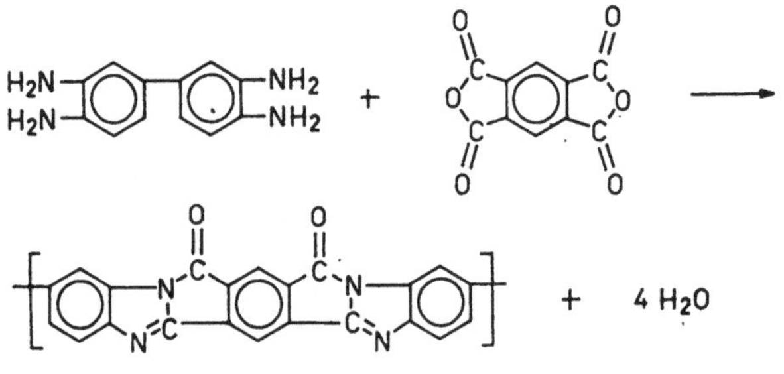

Das Polymere schmilzt und brennt praktisch nicht. Es ist unlöslich und bemerkenswert stabil gegenüber energiereicher Strahlung. Die Formel zeigt, daß in dem Polymeren auf Grund der durchgehenden Verknüpfung von aromatischen und heterocyclischen Ringen ein mesomeriefähiges System vorliegt. Gleichzeitig hat das Polymere eine Leiterstruktur. Wird durch Einwirken von Wärme oder Strahlung eine Bindung gespalten, zerfällt dabei dieses Makromolekül nicht wie ein Linearmolekül sofort in zwei Bruchstücke. Außerdem konzentriert sich die Energiezufuhr nicht auf eine einzige Bindung, sondern die Energie wird durch die Beweglichkeit der π-Elektronen über mehrere Bindungen verteilt und dadurch in ihrer Wirkung abgeschwächt.

13.3. Synthese von Phenol- und Harnstoff-harzen

Durch Kondensation von Formaldehyd mit Phenol oder Harnstoff und seinen Derivaten entstehen vernetzte Polymere, weil die Funktionalität der zuletzt genannten Verbindungen bei dieser Reaktion größer als 2 ist. Durch geeignete Prozeßführung gelingt es, die Reaktion auf der Stufe niedermolekularer Zwischenprodukte festzuhalten und die gebildeten Präpolymeren zu isolieren. Sie werden in einem anschließenden Reaktionsschritt, der mit der Formgebung verbunden ist, in der Wärme vernetzt. Es handelt sich also um typische Vertreter der Duromeren. Ihre Syntheseverfahren besitzen gemeinsame charakteristische Merkmale.

13.3.1. Phenolharze

Die Kondensationsprodukte von Phenol und Formaldehyd sind die ältesten vollsynthetischen makromolekularen Verbindungen, die im technischen Maßstab produziert wurden. Sie gehören auch heute noch zu den wichtigsten thermohärtenden Polymeren. Die Grundlagen der Herstellungs- und Verarbeitungstechnologien wurden empirisch von Baekeland entwickelt und 1910 industriell eingeführt, was insofern bemerkenswert ist, weil man sich zum damaligen Zeitpunkt noch nicht über die makromolekulare Struktur dieser Produkte im klaren war. Da die Kondensation von Phenol und Formaldehyd in wäßriger Phase stark pH-abhängig ist, können mit unterschiedlicher Geschwindigkeit strukturell verschiedenartige Verbindungen erzeugt werden. Die im alkalischen Medium gewonnenen Polymeren heißen Resole, ihre Vernetzungsprodukte Resite, die in saurer Lösung hergestellten Produkte Novolake.

Resole: In alkalischer Lösung liegt Phenol als Phenolation vor, das in der Lage ist, durch elektrophile aromatische Substitution Formaldehyd anzulagern:

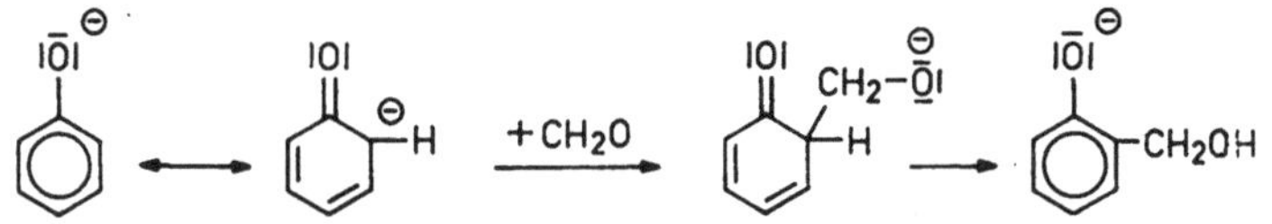

Bei dieser als Hydroxymethylierung bekannten Reaktion dirigiert die phenolische Hydroxylgruppe die Methylolsubstituenten in o- und p-Stellung. Bei einem Überangebot von Formaldehyd bildet sich 2,6- und 2,4-Dimethylolphenol sowie 2,4,6-Trimethylolphenol. Diese Verbindungen sind in alkalischer Lösung stabil und isolierbar. Als alkalische Katalysatoren werden Alkali- und Erdalkalihydroxide benutzt. Dabei beeinflußt die Katalysatorart und der pH-Wert den Ort der Substitution. Mit zunehmendem pH-Wert wird die Substitution in o-Stellung bevorzugt, wobei die Bildung von Chelatkomplexen mit dem Katalysatorkation im Übergangszustand diskutiert wird:

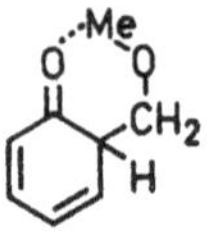

In der Wärme kondensieren die Methylolphenole unter Ausbildung von Methylenbrücken zu zweikernigen Phenolen bzw. Hydroxymethylphenolen. Dabei reagiert Methylolphenol schneller mit einem zweiten Molekül Methylolphenol als mit Phenol:

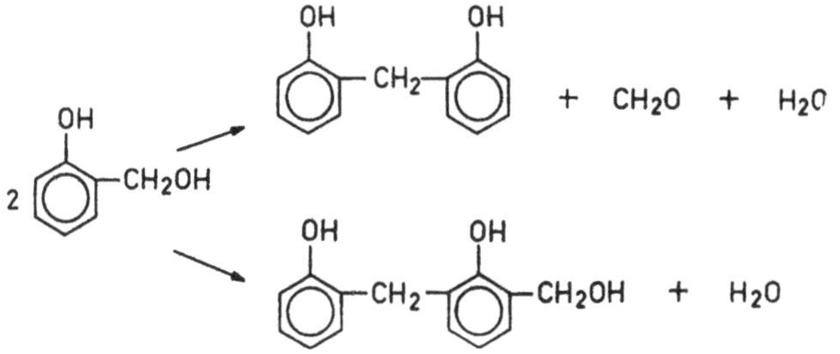

Die Reaktion führt dann weiter zu mehrkernigen Hydroxymethylolphenolen. Sie kann durch Säurezusatz abgestoppt werden.

In der Technik setzt man in wäßrig-alkalischem Medium Phenol stets mit einem geringen Überschuß von Formaldehyd ([Formaldehyd]/[Phenol] $\approx$ 1,2) bei 60—90 °C um, wobei gegen Reaktionsende das Wasser im Vakuum abgetrennt wird. Das gebildete Resol, das aus einem Gemisch von ein-, zwei- und mehrkernigen Methylolphenolen besteht, ist nicht längere Zeit lagerbeständig, weil infolge des Methylolgruppengehaltes die Kondensation mit geringer Geschwindigkeit allmählich fortschreitet.

Vernetzung der Resole: Man härtet durch Erhitzen bis auf etwa 150 °C. Die Struktur der entstehenden Resite hängt von der Temperaturführung ab. Bei etwa 130 °C tritt zwischen den Methylolphenolen Wasser aus, so daß sich Ätherbrücken bilden:

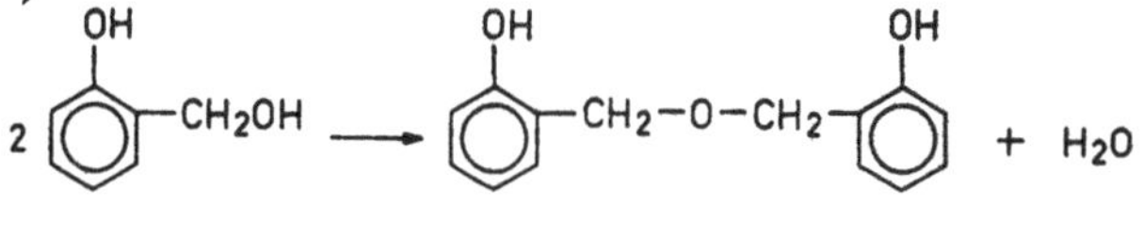

Bis 150 °C entstehen unter Abspaltung von Formaldehyd und Wasser Methylenbrücken zwischen den aromatischen Kernen. Ob bei den Härtungstemperaturen bereits Dehydrierung des Methylolphenols zum hochaktiven Chinonmethin erfolgt, wird neuerdings angezweifelt.

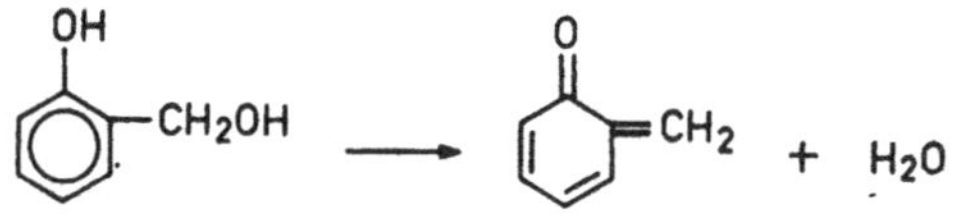

Bei diesem Härtungsprozeß bildet sich ein vernetztes Polymeres heraus, weil die Brückenverknüpfung an den aromatischen Kernen gleichzeitig in 2-, 6- und 4-Stellung erfolgen kann. Da bei dieser Umsetzung Phenol trifunktionell und Formaldehyd bifunktionell reagiert, überschreitet die mittlere Funktionalität der Reaktionsmischung den Wert 2. Ersatz von Phenol durch o- oder p-Kresol, die nur bifunktionell reagieren können, setzen die mittlere Funktionalität der Mischung herab, so daß man die Vernetzungsdichte der Resite steuern kann.

Technisch erfolgt diese Härtung hauptsächlich in der Form, daß man Papier- oder Gewebebahnen mit flüssigen Resolen tränkt und diese dann übereinander geschichtet unter Erwärmen zu Platten verpreßt.

Novolake: In saurer wäßriger Lösung wird der Carbonylsauerstoff des Formaldehyds sofort protoniert, wobei ein mesomeres Kation entsteht.

$$H_2C{=}\overline{\underline{O}} + H^{\oplus} \rightleftharpoons H_2C{=}\overset{\oplus}{\underline{O}}{-}H \longleftrightarrow H_2\overset{\oplus}{C}{-}\overline{\underline{O}}{-}H$$

Die Carbeniumform des Kations reagiert mit Phenol, indem es mit dem aromatischen Ring einen π-Komplex bildet, der sich in eine σ-Verbindung umlagert. Das intermediär entstehende Methylolphenol liegt in saurer Lösung als Oxoniumion vor, das unter Wasserabspaltung in ein reaktives Benzylkation übergeht, welches mit überschüssigem Phenol sofort ein Diphenylmethanderivat bildet.

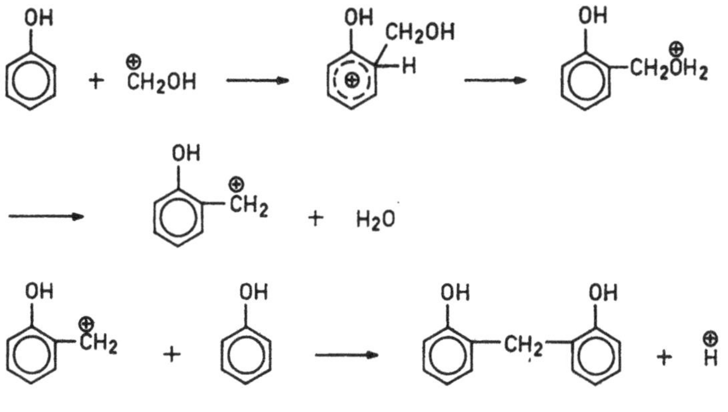

Da die entstehenden Carbenium- und Oxoniumionen sehr reaktiv sind, läuft die Reaktion bis zum stabilen Diphenylmethanderivat schnell und irreversibel ab, wobei zum Unterschied von der alkalischen Kondensation keine stabilen Zwischenprodukte isolierbar sind.

Die gebildeten Diphenylmethanverbindungen kondensieren mit weiterem Formaldehyd und Phenol zu niedermolekularen mit Methylenbrücken verknüpften Mehrkernverbindungen. Damit die Reaktion nicht sofort zu vernetzten Makromolekülen führt, setzt man Phenol im Überschuß zu. Durch das Verhältnis der beiden Komponenten läßt sich die Größe der sich bildenden Präpolymeren einstellen. In Abb. (13–4) ist die Abhängigkeit der entstehenden Molmassen vom Konzentrationsverhältnis Formaldehyd/Phenol angegeben. Man sieht, daß bei einem bestimmten Verhältnis die Molmassen sehr steil ansteigen, weil dann das Konzentrationsverhältnis die Bildung eines dreidimensionalen Netzwerkes zuläßt.

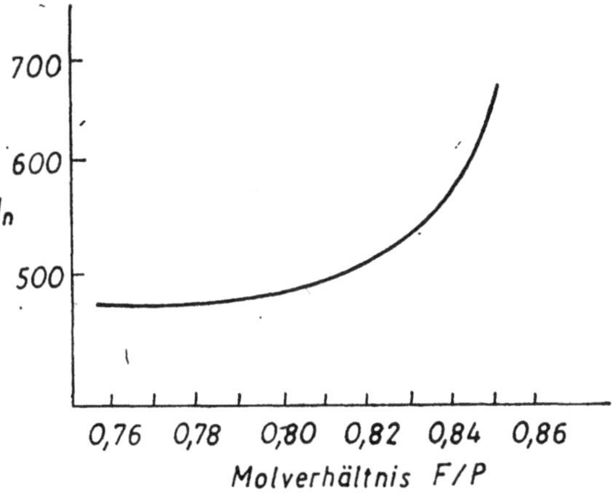

Abb. (13–4): Einfluß des Verhältnisses von Formaldehyd (*F*) zu Phenol (*P*) auf die Molmassen von Novolaken.

(Nach W.A. Keutgen: Encyclopedia of Polymer Science and Technology, Interscience Publisher, New York 1969, Vol. 10, S. 32)

Bei der technischen Herstellung der Novolake geht man ähnlich wie bei den Resolen vor. Als Katalysatoren verwendet man jedoch Protonensäuren wie z. B. Salzsäure oder Oxalsäure. Die Reaktionspartner Formaldehyd und Phenol setzt man in einem Verhältnis von etwa 0,8 bis 0,9 ein.

Am Schluß wird das Wasser vollständig abgetrennt. Wegen des Phenolüberschusses haben die Novolake phenolische Endgruppen. Sie sind daher zum Unterschied von den Resolen lagerbeständig und können zu jedem beliebigen Zeitpunkt vernetzt werden.

Vernetzung von Novolaken: Diese Reaktion erfordert die Verknüpfung der aromatischen Ringe der Novolake mittels Methylenbrücken. Man erreicht dieses durch Zusatz von Hexamethylentetramin, das unter Ammoniakabspaltung bevorzugt in 4-Stellung der Phenolreste reagiert:

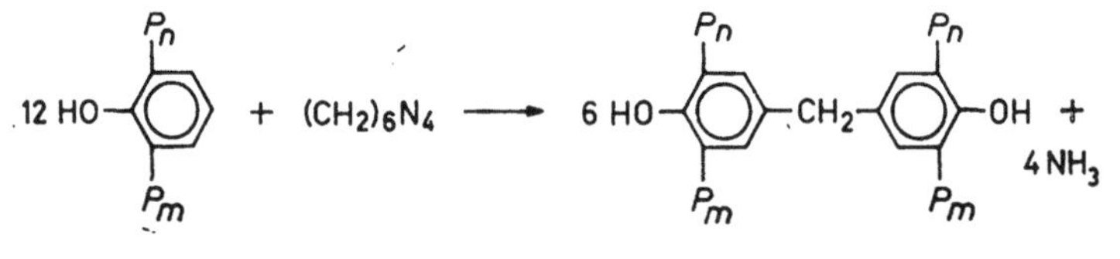

Führt man die Härtung mit großen Anteilen von Hexamethylentetramin durch, so können im vernetzten Polymeren stickstoffhaltige Brückenglieder $—CH_2—NH—CH_2—$ nachgewiesen werden. Vor der Härtung werden den gemahlenen Novolaken im allgemeinen Füllstoffe wie Holzmehl, Kaolin, Glasfasern u. a. zugesetzt. Sie werden dann durch Heißpreßverfahren geformt und gleichzeitig gehärtet. Die braungefärbten Preßmassen haben wegen ihrer guten Isolierungseigenschaften große Bedeutung in der Elektroindustrie (Schalter, Steckdosen, u. a.).

13.3.2. Harnstoff-harze

Die Umsetzungsprodukte von Formaldehyd mit Harnstoff bezeichnet man als Harnstoffharze. Statt Harnstoff können auch andere NH-acide Verbindungen wie Melamin, Guanidin, Dicyanamid und Thioharnstoff eingesetzt werden. Praktische Bedeutung besitzen neben den Harnstoffharzen vor allem die Melaminharze. Sie gehören zu den Duromeren.

Die Kondensation von Formaldehyd mit Harnstoff in wäßriger Lösung, die einer MANNICH-Reaktion entspricht, ist wie die mit Phenol abhängig vom pH-Wert. In neutraler oder schwach alkalischer Lösung entstehen wasserlöslicher Mono- und Dimethylolharnstoff, die in kristalliner Form mit definiertem Schmelzpunkt isolierbar sind.

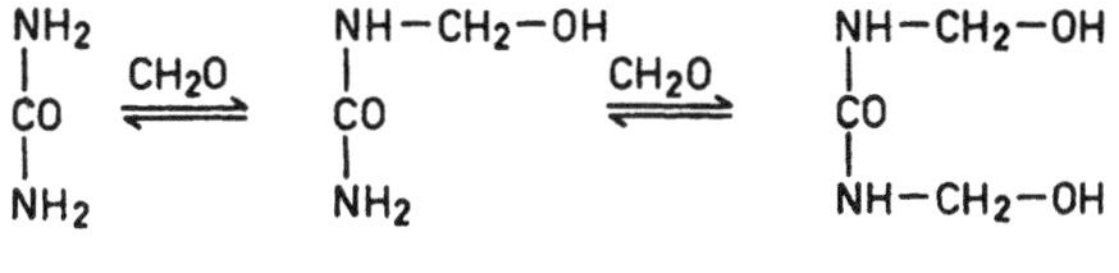

Bei großen Formaldehydkonzentrationen bilden sich auch Tri- und Tetramethylolharnstoff.

In saurer Lösung entstehen schnell vernetzte Strukturen. Die irreversible Reaktion läuft über Oxoniumionen, die Wasser abspalten und mesomere Carbenium-Immonium-Ionen bilden. Diese setzen sich sofort mit Harnstoff zu Dimeren und höhermolekularen Produkten um oder trimerisieren zum cyclischen Trimethylentriaminderivat, das an den noch freien Amidgruppen weiter kondensieren kann, so daß vernetzte Produkte entstehen.

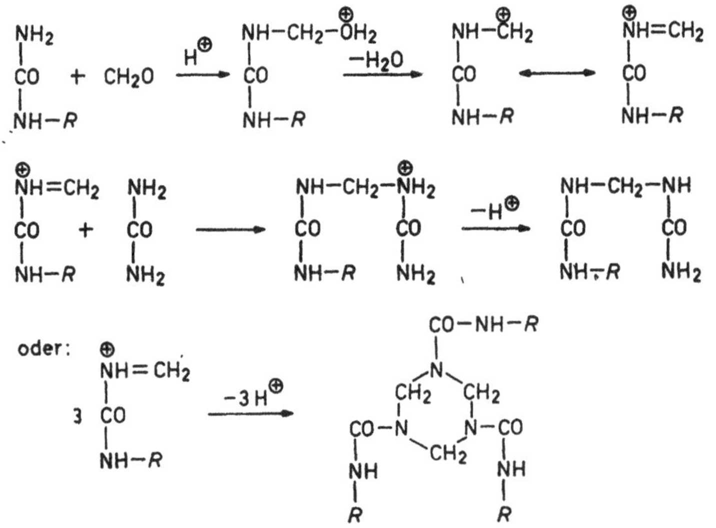

Um die Reaktion zu beherrschen, führt man die Vorkondensation in schwach alkalischer Lösung mit einem Formaldehydüberschuß ([Formaldehyd]/[Harnstoff] = 1,5) durch. Dabei ist ein Zusatz von Puffer nötig, weil sich in alkalischer Lösung durch CANNIZZAROsche Reaktion des Formaldehyds geringe Mengen Ameisensäure bilden können, die den pH-Wert verändern.

$$2\,CH_2O + OH^{\ominus} \longrightarrow HCOO^{\ominus} + CH_3OH$$

Die bei der Vorkondensation anfallenden Präpolymeren werden in Form einer konzentrierten wäßrigen Lösung als Leim (K-Leim) oder Textilhilfsmittel verwendet.

Die Vernetzung wird bei schwach saurer Reaktion durchgeführt, wobei man Ammoniumchlorid oder Protonensäure als Katalysator benutzt. Dabei bilden sich die bereits oben erörterten vernetzten Strukturen aus.

Melaminharze: Melamin, das Amid der Cyanursäure, ist durch Trimerisierung von Cyanamid über das Dicyandiamid zugänglich.

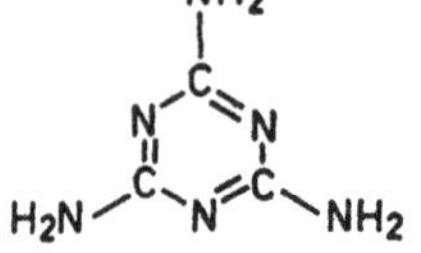

Jede der Amidgruppen kann mit zwei Molekülen Formaldehyd reagieren. Bei der Kondensation in schwach basischem Medium bildet sich daher ein Gemisch von Mono- bis Hexamethylolmelamid. Zur Herstellung von Vorkondensaten setzt man mehr als zwei Mol Formaldehyd ein. Die Vernetzung wird durch Erhitzen ohne Katalysatorzusatz bewirkt. Dabei nimmt man die Bildung von Ringstrukturen an, die durch Trimerisierung von Methylolmelaminverbindungen in analoger Weise entstehen, wie sie bei der sauren Kondensation von Methylolharnstoff besprochen wurden.

Melaminharze sind farblos, weil sie zum Unterschied zu den braun gefärbten Phenolharzen keine chinoiden Strukturen ausbilden, die sichtbares Licht absorbieren. Man verwendet deshalb als Füllstoff Cellulose statt Holz und verformt durch Heißpressen. Melaminharze sind thermostabiler als die des Harnstoffs, aber temperatur- und feuchtigskeitsempfindlicher als Phenolharze.

13.4. Synthese von Polyalkylenpolysulfiden

Durch Kondensation von aliphatischen Dihalogeniden mit Alkalipolysulfiden erhält man Makromoleküle, in denen Alkylgruppen mit kettenförmigen Schwefelsequenzen abwechseln:

$$Cl-CH_2CH_2-Cl + Na_2S_x \longrightarrow [\!-CH_2-CH_2-S_x-\!] + 2\,NaCl$$

Polyalkylenpolysulfide haben in Abhängigkeit von der Sequenzlänge der Schwefelatome kautschukartige Eigenschaften. Man bezeichnet daher das Polymere als Polysulfid-Kautschuk oder Thiokol. Die Schwefelatome sind innerhalb einer Sequenz linear angeordnet, ihre Zahl x wird als Polysulfidzahl bezeichnet. Sie liegt im allgemeinen zwischen 2 und 4. Kautschukelastische Eigenschaften weisen Polymere mit der Polysulfidzahl $x \approx 4$ auf, aber auch mit $x \approx 2$, wenn die Schwefelgruppen durch 4 oder mehr Kohlenstoffatome getrennt sind. Polymere mit $x > 2$ sind uneinheitlich in bezug auf die Sequenzlänge der Schwefelatome, was eine zusätzliche Irregularität der Kettenstruktur und damit größere Kautschukelastizität bewirkt.

Entsprechend dieser Zusammenhänge verwendet man bei der Synthese der Polyalkylenpolysulfide als Alkylendichloride neben Äthylen- und Propylendichlorid vor allem Bis(2-chloräthyl)-formal und Bis-(2-chloräthyl)-äther.

$$Cl-C_2H_4-O-CH_2-O-C_2H_4-Cl \qquad Cl-C_2H_4-O-C_2H_4-Cl$$

Um bei dem entstehenden Polysulfidkautschuk die Formbeständigkeit zu wahren, ist eine geringe Vernetzung der Makromoleküle notwendig. Man erzielt sie durch Zusatz kleiner Mengen trifunktioneller Halogenverbindungen, z. B. durch 0,1—4,0% Trichlorpropan. Die Umsetzung wird in wäßriger Lösung durchgeführt, die die Alkalipolysulfide als Gemisch von Di-, Tri-, Tetra- und Pentasulfid gelöst enthält, und in der mittels Dispergatoren die wasserunlöslichen Alkylendichloride verteilt sind. Das Polymere fällt als Latex an, der sich schnell absetzt. Bemerkenswerterweise wird bei dieser Reaktion das Alkalipolysulfid im Überschuß angewandt. Dadurch werden an den entstehenden Polymeren Merkaptid-Endgruppen gebildet, deren bimolekulare Reaktion eine Kettenverknüpfung bewirkt:

$$P_n\text{—}S_xNa + P_m\text{—}S_yNa \rightleftarrows P_n\text{—}S_{\overline{x+y-z}}P_m + Na_2S_z$$

Diese Gleichgewichtsreaktion führt zur Bildung einer Normalverteilung analog wie die Umamidierung bei Polyamiden. Daher kann man auch durch Mischen zweier verschiedener Thiokole in Gegenwart von Natriumpolysulfid Copolymere herstellen.

Bei dieser Kondensation entstehen feste Polyalkylenpolysulfide mit Molmassen von etwa 10^5. Wegen ihrer geringen Vernetzung lassen sie sich schwer verarbeiten. Deshalb setzt man die Molekülgröße durch reduktive Spaltung von Disulfidbrücken herab.

Als Reduktionsmittel verwendet man Natriumhydrogensulfid mit Natriumhydrogensulfit:

$$P_n\text{—}S_{\overline{x+y}}P_m + NaSH + NaHSO_3 \longrightarrow P_n\text{—}S_xH + P_m\text{—}S_yH + Na_2S_2O_3$$

Flüssige Thiokole mit Molmassen von 10^2 bis 10^3 werden mit Füllstoffen verarbeitet. Durch anschließende Oxydation werden sie wieder in den festen kautschukelastischen Zustand überführt. Als Oxydationsmittel dienen vor allem Bleidioxid oder Cumolhydroperoxid. Auch Luftsauerstoff in Gegenwart von Sikkativen ist wirksam:

$$P_n\text{—}S_xH + P_m\text{—}S_yH + {}^1/_2O_2 \longrightarrow P_n\text{—}S_{\overline{x+y}}P_m + H_2O$$

Letztere Methode wird beim Imprägnieren von Textilien und Leder benutzt. Flüssige Thiokole werden in großen Mengen als Dichtungsmaterial im Bauwesen (Großblockbauweise) sowie im Fahrzeug- und Schiffsbau eingesetzt. Die hochmolekularen Produkte zeichnen sich durch Sauerstoff-, Ozon- und Lösungsmittelbeständigkeit aus.

13.5. Synthese von Polymeren mit anorganischen Kettenbausteinen

Wie alle organischen Verbindungen sind synthetische und natürliche Polymere aus nur wenigen Elementen aufgebaut. Es ist daher naheliegend, für die Synthese von Makromolekülen nach Möglichkeit die Vielzahl der anderen, im Periodischen System noch vorhandenen Elemente auszunutzen. Untersuchungen in dieser Richtung werden durch das Bestreben gefördert, Polymere mit neuen Strukturen und damit auch mit neuen Eigenschaften zu gewinnen, wobei das Interesse u. a. auf schwer entflammbare oder temperaturbeständige aber auch pharmakologisch wirksame Polymere gerichtet ist. Diese Bemühungen stoßen auf die Schwierigkeit, daß Makromoleküle mit anorganischen Kettenbausteinen hydrolyseempfindlich sind und meist geringe Polymerisationsgrade aufweisen. Für die Polymersynthese eignen sich besonders die dem Kohlenstoff verwandten Elemente, wie nachstehende Beispiele der Polysiloxane und der phosphororganischen Polymeren zeigen. Baut man Metalle komplex maskiert in Makromoleküle ein, gelangt man zu den Koordinationspolymeren.

13.5.1. Polysiloxane

Polysiloxane, die den Grundbaustein — $Si(R)_2O$ — enthalten und sich dadurch von den organischen Polymeren unterscheiden, wie im Abschnitt 11.2. auf S. 169 erörtert wurde, entstehen durch Kondensation von Alkyl- oder Aryl-di-chlorsilanen mit Wasser nach dem summarischen Schema:

$$Cl{-}SiR_2{-}Cl + HOH \rightarrow [SiR_2{-}O] + 2\,HCl$$

Diese Reaktion erfolgt stufenweise über die entsprechenden Silanole bzw. Chlorsilanole:

$$Cl{-}SiR_2{-}Cl + H_2O \rightleftarrows Cl{-}SiR_2{-}OH + HCl$$

$$Cl{-}SiR_2{-}OH \left\{ \begin{array}{ll} + H_2O & \rightleftarrows HO{-}SiR_2{-}OH + HCl \\ + Cl{-}SiR_2{-}Cl & \rightleftarrows Cl{-}SiR_2{-}O{-}SiR_2{-}Cl + HCl \\ + HO{-}SiR_2{-}Cl & \rightleftarrows Cl{-}SiR_2{-}O{-}SiR_2{-}Cl + H_2O \end{array} \right.$$

Jedes stabile Zwischenprodukt kann mit einem anderen oder mit den Ausgangsstoffen unter Abspaltung von HCl oder H_2O kondensieren. Die Reaktion verläuft stark exotherm. Die Reaktionsenthalpie des Gleichgewichts

$$2\,(CH_3)_3SiCl + H_2O \rightleftarrows (CH_3)_3Si{-}O{-}Si(CH_3)_3 + 2\,HCl$$

beträgt $\Delta H = -100$ kJ/mol.

Wird Dichlordimethylsilan mit einem Wasserüberschuß umgesetzt, scheidet sich aus der Lösung Öl ab, das aus cyclischen Oligomeren der Formel

$$[(CH_3)_2SiO]_n$$

mit $n = 3 - 10$ besteht. Den Hauptanteil bildet das cyclische Tetramere. Es dient als Ausgangsprodukt (Präpolymeres) für hochmolekulare Polysiloxane, die hauptsächlich durch ionische Ringöffnungspolymerisation gewonnen werden, wie im Abschnitt (11.2.) gezeigt wurde.

Setzt man bei der Kondensation von Dichlorsilan mit Wasser monofunktionelle Monochlorsilane zu, so erhält man neben cyclischen auch lineare Oligomere. Dagegen gelangt man durch Hydrolyse von trifunktionellen Trichlorsilanen über Trihydroxisilane zur Verbindung der Formel:

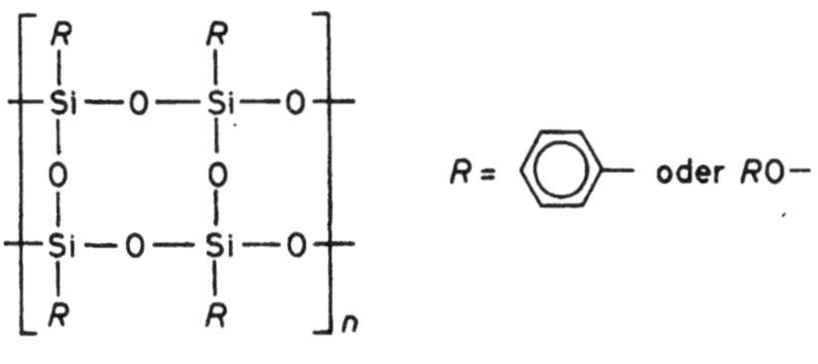

Niedermolekulare Silsesquioxane mit $n = 2, 2^1/_2$ und 3 sind kristalline Verbindungen mit Käfigstruktur. Sie gehen durch Erhitzen in hochmolekulare thermostabile Leiterpolymere mit $n \gg 1$ über.

Polysiloxane geringer Molekülgröße werden als Silikonöle, hochmolekulare Produkte als Elastomere eingesetzt. Enthalten letztere Silanolgruppen, können sie in der Kälte mit Methyltriacetoxysilan oder Tetrabutyltitanat vernetzt werden. Für Heißvulkanisation mittels Peroxid werden Vinylseitengruppen in die Polysiloxane eingebaut.

13.5.2. *Phosphorhaltige Polymere*

Die in der Natur vorkommenden Polynukleotide, die auch als Nukleinsäuren bezeichnet werden, sind Polyester der Phosphorsäure mit Ribose, die mit Purin- bzw. Pyrimidin-Basen substituiert sind:

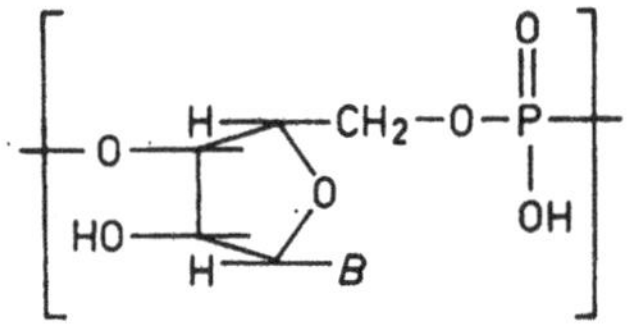

B = Purin- bzw. Pyrimidin-Base

Diese Biopolymeren spielen im Vererbungsprozeß eine zentrale Rolle. Demgegenüber haben synthetische Polymere mit Phosphor als Kettenatome nur eine untergeordnete Bedeutung. Eine Ursache liegt in der Hydrolyseempfindlichkeit der realtiv leicht herstellbaren P—O- und P—N-Bindung. Die stabileren P—C-Bindungen sind dagegen bedeutend schwieriger zugänglich. Bemerkenswert ist, daß der Einbau von Phosphoratomen die Flammfestigkeit der Polymeren beträchtlich erhöht.

Aromatische Polyphosphorsäureester mit Molmassen bis zu 20000 werden durch Grenzflächenkondensation aromatischer Diole mit Arylphosphorylchloriden erhalten.

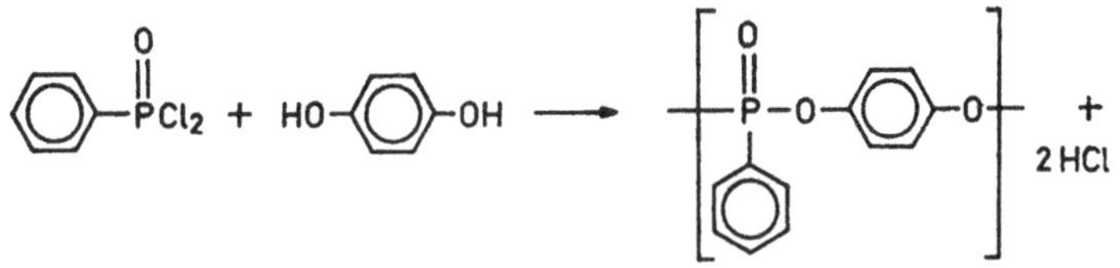

Vorstehendes Kondensationsprodukt ist auf Grund seiner großen Molekülmasse relativ hydrolysebeständig. Es läßt sich zu Fasern verspinnen, die einen Erweichungspunkt von nur 110—120 °C besitzen und deshalb bisher keine technische Anwendung gefunden haben.

13.5.3. *Koordinationspolymere*

Durch organische Liganden lassen sich Metalle in teilweise sehr stabile Koordinationsverbindungen überführen. Durch geeignete Verknüpfung der Liganden können Makromoleküle mit komplexfixierten Metallatomen als Kettenglieder hergestellt werden. Dazu tauscht man die Liganden eines koordinierten oder solvatisierten Metallatoms gegen bifunktionelle mehrzähnige organische Komplexbildner aus, z. B. durch Umsetzen von Berylliumacetylacetonat mit 4,4'-Bis-(acetonacetyl)-diphenyläther:

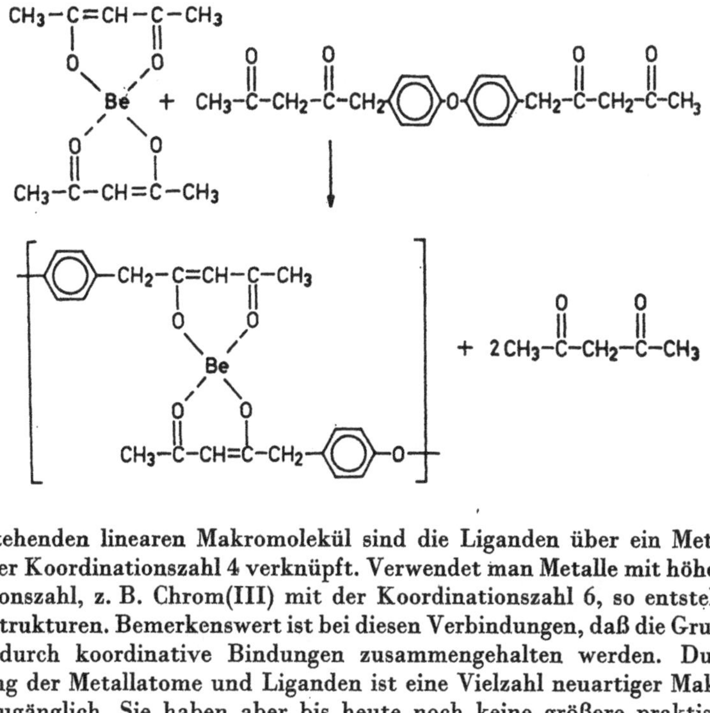

Im vorstehenden linearen Makromolekül sind die Liganden über ein Metallatom mit der Koordinationszahl 4 verknüpft. Verwendet man Metalle mit höherer Koordinationszahl, z. B. Chrom(III) mit der Koordinationszahl 6, so entstehen vernetzte Strukturen. Bemerkenswert ist bei diesen Verbindungen, daß die Grundbausteine durch koordinative Bindungen zusammengehalten werden. Durch Veränderung der Metallatome und Liganden ist eine Vielzahl neuartiger Makromoleküle zugänglich. Sie haben aber bis heute noch keine größere praktische Bedeutung erlangt.

13.6. *Synthese durch Polyrekombinationsreaktionen*

Unter Polyrekombinationsreaktionen versteht man die stufenweise Bildung von Makromolekülen durch eine Folge gegenseitiger Desaktivierungsreaktionen von Radikalen. Vorausgesetzt wird dabei, daß das Monomermolekül nacheinander an zwei verschiedenen Stellen in den radikalischen Zustand überführt werden kann. Dazu sind strukturell bestimmte, eng begrenzte Voraussetzungen erforderlich. Nach jeder Radikalkupplung entsteht ein stabiles, nicht radikalisches Zwischenprodukt, das für den nächsten Reaktionsschritt erneut in ein Radikal überführt werden muß. Das Makromolekül bildet sich also durch Stufenwachstum. Da die Radikalbildung durch Dehydrierung der Monomeren erfolgt, ordnet man die Reaktionen in die dehydrierende Polykondensation ein. Auf diesem Reaktionswege werden die technisch interessanten Polyphenylenoxide gewonnen, aber auch Polyalkylidenarylene sind so zugänglich.

13.6.1. Polyphenylenoxide

Polyphenylenoxide werden durch oxydative Dehydrierung von 2,6-disubstituierten Phenolen erhalten.

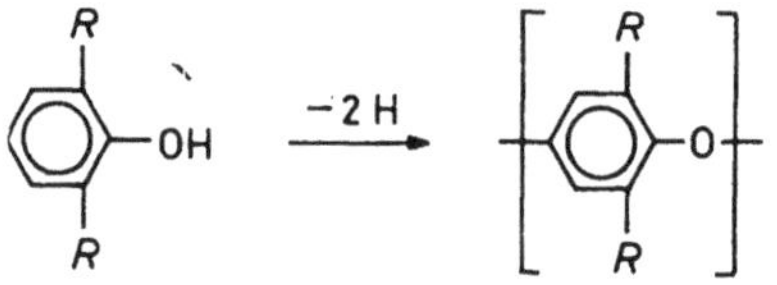

Damit die Kupplung nur in 4-Stellung erfolgt, müssen die 2-Stellungen besetzt sein. Als Substituenten sind besonders Methyl-, aber auch Äthylgruppen geeignet. Sind sie zu voluminös (tert. Butylgruppen) oder zu elektronegativ (Nitro-, Methoxy-, Phenylgruppen), dann erfolgt statt Polymerbildung durch C—O-Kupplung eine C—C-Verknüpfung unter Chinonbildung:

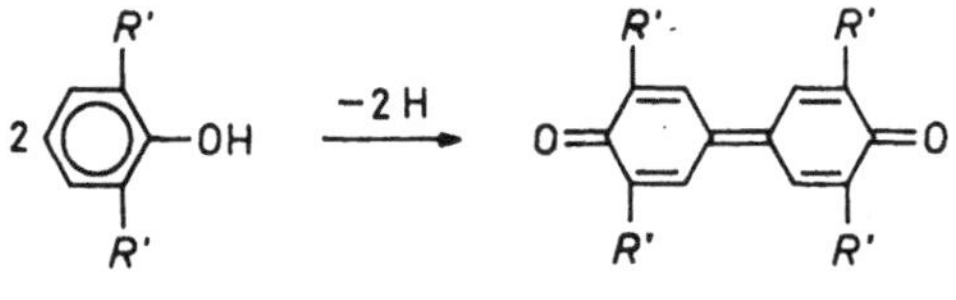

Die Dehydrierung wird durch Einleiten von Luft in ein organisches Lösungsmittel bewirkt, das neben dem disubstituierten Phenol, z. B. 2,2'-Xylenol, Kupfersalze und tertiäre Amine, bevorzugt Pyridin enthält. Die Phenoldehydrierung zu den entsprechenden Phenoxyradikalen erfolgt durch eine Redoxreaktion, in die ein löslicher Kupfer(I)-Pyridin-Komplex eingreift. Das Molverhältnis von Pyridin zu Kupfersalz beeinflußt daher Polymerisationsgeschwindigkeit und Polymerisationsgrad. Kennzeichnend für das Stufenwachstum der Reaktion ist der Anstieg des Polymerisationsgrades mit der Zeit und die Feststellung, daß der Einsatz von Di-, Tri- und Oligomeren zu den gleichen Endprodukten wie das Monomere führt.

Für den Wachstumsmechanismus nimmt man die Bildung von Phenoxyradikalen durch Oxydation an, die anschließend gegenseitig rekombinieren:

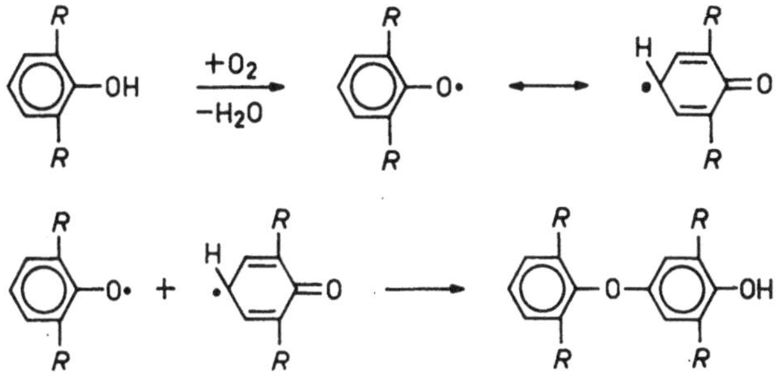

Auf dem angegebenen Wege können aus 2,2'-Xylenol Polyphenylenozide mit Molekülmassen von etwa 30000 mit guten mechanischen Eigenschaften und Anwendungsbereichen von −170 °C bis +190 °C hergestellt werden, da die Erweichungstemperatur über 240 °C liegt.

13.6.2. Polyalkylidenarylene

Die Herstellung dieser Polymeren beruht auf einer schrittweisen Folge von Übertragungsreaktionen und Radikalrekombinationen. Man benötigt daher ein Monomeres mit zwei zur Kettenübertragung neigenden Gruppen, wie es z. B. das 4-Diisopropylbenzol besitzt. Radikalisch zerfallende Initiatoren entreißen einer Isopropylgruppe durch Übertragung ein Wasserstoffatom. Das dabei entstehende stabilisierte Radikal kann mit einem zweiten eine Radikalrekombination eingehen:

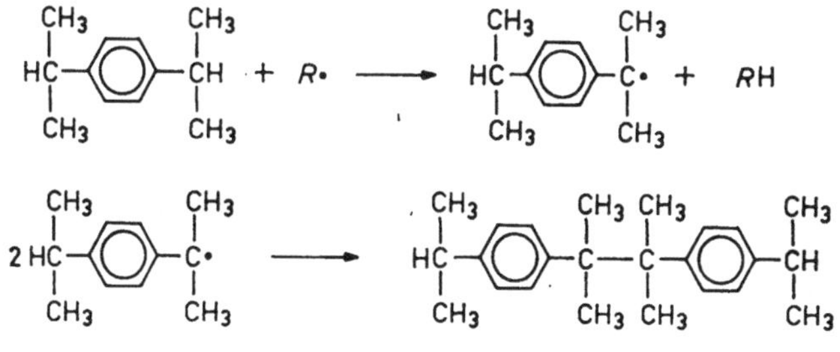

Bei der Fortsetzung der Reaktionsfolge bildet sich ein Makromolekül.

Der Unteschied gegenüber einer radikalischen Kettenreaktion wird dadurch deutlich, daß für eine Monomeranlagerung und damit für eine Bindungsbildung ein Molekül eines in zwei Radikale zerfallenden Initiators verbraucht wird. Da die Übertragungsreaktion gelegentlich auch an den Methylgruppen geschieht, ist das gebildete Polymere nicht frei von vernetzten Anteilen. Daher hat diese Reaktion bisher kein technisches Interesse gefunden.

14. Stufenwachstum durch Polyaddition

Werden Makromoleküle durch schrittweise Addition cyclischer oder Doppelbindungen enthaltender Monomerer gebildet, bezeichnet man die Reaktion als Polyaddition. Dabei ist die Kettenverknüpfung mit der Wanderung eines Wasserstoffatoms verbunden. Der Unterschied zur Polymerisation, die formal ebenfalls als Additionsreaktion betrachtet werden kann, besteht darin, daß bei der Polyaddition stabile Zwischenprodukte auftreten und daher die Gesetzmäßigkeiten des Stufenwachstums gelten. Als wichtigste Polyadditionen werden nachstehend die Synthese von Polyurethanen und Polyepoxiden aufgeführt.

14.1. Synthese von Polyurethanen

Die Grundlage der Synthese von Polyurethanen beruht auf der Addition von Diisocyanaten an bi- oder höherfunktionelle Alkohole. Isocyanate (= Isocyansäureester) reagieren leicht mit Verbindungen, die aktiven Wasserstoff enthalten wie Wasser, Alkohole, Phenole, Thiole, Amine, Carbonsäuren u. a.. Dabei erfolgt ein nukleophiler Angriff dieser Verbindungen an das Kohlenstoffatom der Isocyanatgruppe, wobei sich ein Zwitterion ausbildet, das sich durch Protonenwanderung stabilisiert:

$$R{-}\overline{N}{=}C{=}\underline{\overline{O}} + BH \rightleftarrows$$

$$R{-}\overline{N}{=}\underset{\underset{\oplus}{BH}}{\underset{|}{C}}{-}\overset{\ominus}{\underline{\overline{O}}}| \longleftrightarrow R{-}\overset{\ominus}{\underline{\overline{N}}}{-}\underset{\underset{\oplus}{BH}}{\underset{|}{C}}{=}\underline{\overline{O}} \rightleftarrows R{-}\overline{N}H{-}\underset{B}{\underset{|}{C}}{=}\underline{\overline{O}}$$

BH = HOH, ROH, RNH_2, $RCONH_2$, RCOOH u. a..

Diese Reaktion wird durch tertiäre Amine katalysiert, deren Wirksamkeit nicht nur von ihrer Basizität (pK-Wert), sondern auch zusätzlich von sterischen Effekten abhängig ist.

Die Tabelle (14–1) zeigt, daß das Triäthylendiamin

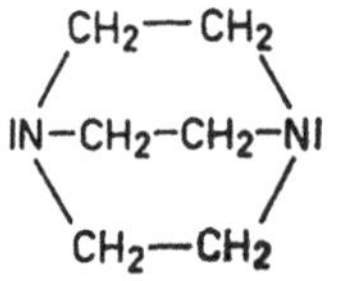

wegen seiner sterisch ungehinderten Elektronenpaare an den Stickstoffatomen besonders aktiv ist. Es führt die technische Bezeichnung „Dabco-Katalysator“.

Tabelle (14–1): Reaktion von Phenylisocyanat mit 2-Äthylhexanol in Benzol bei 23 °C
Reaktanten: $7{,}2 \cdot 10^{-2}$ mol/l
Katalysatoren: $1{,}4 \cdot 10^{-3}$ mol/l

Katalysator	pK	$k \cdot 10^4 (l/\text{mol} \cdot \text{s})$
ohne	—	0,4
N-Äthylmorpholin	6,49	1,6
N,N'-Dimethylpiperazin	5,71	4,3
Triäthylamin	3,36	5,3
Triäthylendiamin	5,4	21,7

Neben Aminen besitzen Salze von Metallen bzw. metallorganischen Verbindungen, wie z. B. Dibutylzinndilaurat, besondere katalytische Wirksamkeit und daher wie die Amine praktische Bedeutung bei der Polyurethan-Herstellung.

14.1.1. Lineare Polyurethane

Durch Umsetzen äquimolarer Mengen von Diisocyanaten mit Diolen entstehen mit der beachtlichen Reaktionsenthalpie ΔH_p von −218 kJ/mol lineare Polyurethane. Aus 1,6-Hexandiisocyanat und 1,4-Butandiol erhält man im Schmelzfluß ein kristallines, bei etwa 190 °C schmelzendes Polyurethan, das zu Fasern und Filmen verarbeitet werden kann.

$$OCN{-}(CH_2)_6{-}NCO + HO{-}(CH_2)_4{-}OH \longrightarrow \;\; \text{\{}CONH{-}(CH_2)_6{-}NHCO{-}O{-}(CH_2)_4{-}O\text{\}}$$

Wegen des Schmelzpunktes, der niedriger als der der Polyamide liegt, werden diese Polyurethane zur Borstenherstellung und anderen technischen Zwecken verwendet. Höhere Schmelzpunkte erhält man durch Einbau von Aromaten. So schmilzt das Polyurethan aus Phenylendiisocyanat und Glykol bei 340 °C. Wegen des hohen Schmelzpunktes wird die Reaktion in Lösung und nicht in der Schmelze durchgeführt.

Bei Temperaturen oberhalb 200 °C tritt nämlich Spaltung der gebildeten Urethangruppen ein, wobei drei Reaktionsmöglichkeiten bestehen: Spaltung in die Ausgangsstoffe Isocyanat und Alkohol (=Rückreaktion), CO_2-Eliminierung und Bildung von sekundärem Amin sowie Fragmentierung in primäres Amin, CO_2 und Olefin:

$$P_n{-}NH{-}CO{-}O{-}CH_2CH_2{-}P_m \begin{cases} \nearrow & P_n{-}NCO + HO{-}CH_2CH_2{-}P_m \\ \rightarrow & P_n{-}NH{-}CH_2CH_2{-}P_m + CO_2 \\ \searrow & P_n{-}NH_2 + CO_2 + CH_2{=}CH{-}P_m \end{cases}$$

Zum Unterschied von der Lösung ist in der Schmelze wegen der höheren Konzentration der Isocyanatendgruppen die Möglichkeit mit bereits gebildeten Polyurethanen zu reagieren größer, so daß es zur Bildung von Allophanaten, den Estern der unbekannten Allophansäure, kommt.

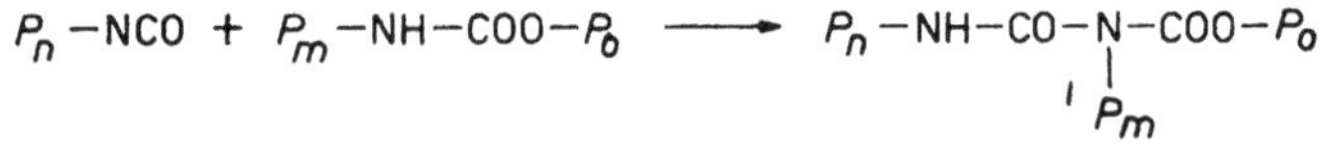

Weiterhin muß mit Trimerisierung der Isocyanate zu Derivaten der Isocyanursäure gerechnet werden.

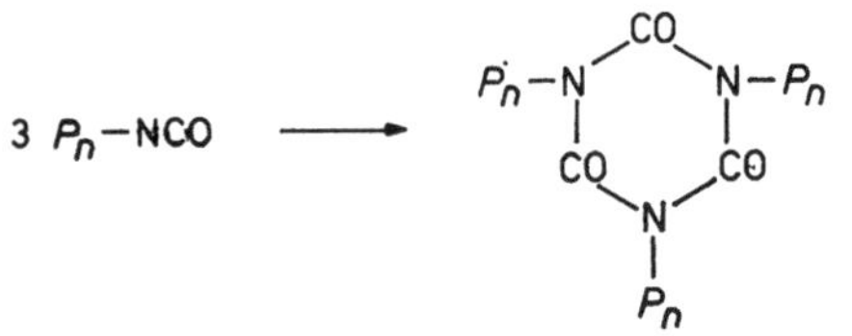

Die beiden letztgenannten Reaktionen führen schließlich zu vernetzten Polyurethanen.

Diisocyanate sind wegen ihrer großen Reaktivität physiologisch nicht unbedenklich. Man führt sie deshalb in weitgehend unschädliche Derivate über, die erst unter Reaktionsbedingungen in der Wärme die Isocyanatgruppe freisetzen. Solche verkappte Isocyanate werden aus Isocyanaten und Phenolen gebildet, die oberhalb 130 °C wieder dissoziieren.

Darüber hinaus ermöglichen verkappte Diisocyanate die Herstellung lagerbeständiger Mischungen mit Di- und Polyolen.

14.1.2. Vernetzte Polyurethane

Polyurethan-Elastomere: Da Elastomere die Beweglichkeit von größeren Kettensegmenten voraussetzen (siehe Abschnitt 5.3.), ist es notwendig, zwischen den Urethangruppen, die Wasserstoffbrückenbindungen untereinander ausbilden können und dadurch das Abgleiten der Molekülketten verhindern, flexible Kettensegmente hinreichender Länge einzubauen. Man verwendet dazu aliphatische Polyester oder Polyäther mit Molekülmassen von etwa 2000, die Hydroxylendgruppen tragen. Sie werden durch Polykondensation von Adipinsäure mit einem geringen Überschuß von Glykol oder durch ionische Copolymerisation von Äthylen- und Propylenoxid gewonnen. Die Synthese der Polyurethan-Elastomeren wird in zwei Stufen durchgeführt:

Herstellung langkettiger Diisocyanate (=Präpolymere):

Sie werden durch Umsetzen der genannten langkettigen Diole mit einem Überschuß von Diisocyanat (Verhältnis 2:3,5) gewonnen. Als Diisocyanate werden bevorzugt 1,5-Naphthalindiisocyanat oder 4,4'-Diphenylenmethandiisocyanat eingesetzt:

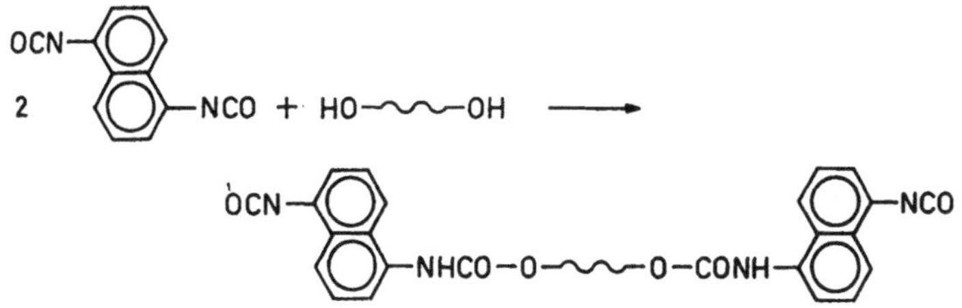

Umsetzung der langkettigen Diisocyanate mit Kettenverlängerern:

Als Kettenverlängerer werden niedermolekulare Stoffe mit mindestens zwei reaktiven Wasserstoffatomen benutzt, die die langkettigen Diisocyanate verknüpfen. Dazu werden vor allem aliphatische Diole (Glykol) oder Diamine (Äthylendiamin, Hydrazin) benutzt. Während im ersten Fall die Verknüpfung über Urethangruppierungen erfolgt, entstehen im zweiten Fall Harnstoffgruppen.

$$\mathrm{OCN}\sim\!\sim\!\sim\mathrm{NCO} \;+\; \mathrm{H_2N}-R-\mathrm{NH_2} \longrightarrow$$

$$-\!\!\left[\mathrm{CO-NH}\sim\!\sim\!\sim\mathrm{NH-CO-NH}-R-\mathrm{NH}\right]\!\!-$$

Bei annähernder Äquivalenz der Reaktionspartner bilden sich weitgehend lineare oder nur schwach vernetzte Polymere, die u. a. zu elastischen Fäden versponnen werden. Wird jedoch der Kettenverlängerer im Unterschuß zugegeben, so reagieren die überschüssigen Isocyanatgruppen mit den bereits gebildeten Polymeren unter Vernetzung. Bei Verwendung von Diolen als Kettenverlängerer entstehen, wie bereits erwähnt:

a) durch Reaktion von Isocyanatgruppen mit Urethangruppen Allophanatstrukturen oder

b) durch Trimerisierung überschüssiger Isocyanatgruppen Isocyanuratstrukturen.

Benutzt man Diamine zur Kettenverlängerung, so bilden sich

c) durch Reaktion von Isocyanatgruppen mit Harnstoffgruppen Biuretstrukturen:

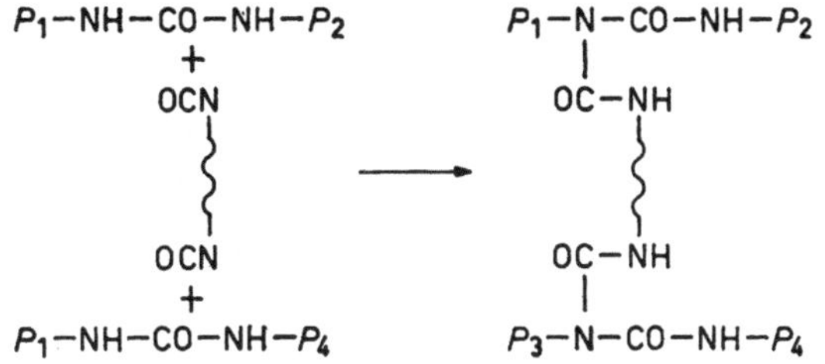

Durch das Verhältnis des Kettenverlängerers zum polymeren Diisocyanat läßt sich die Netzdichte der entstehenden Elastomeren und damit ihre anwendungstechnischen Eigenschaften und Einsatzmöglichkeiten in weiten Grenzen variieren.

Polyurethan-Schaumstoffe: Die Erzeugung vernetzter Schaumstoffe beruht darauf, daß man die Vernetzungsreaktion eines Polymeren bzw. Präpolymeren bei gleichzeitiger Gasentwicklung im Reaktionsgemisch vornimmt. Dabei muß die Geschwindigkeit der Vernetzungsreaktion genau auf die Bildungsgeschwindigkeit des gasförmigen Treibmittels abgestimmt sein. Bei zu schneller Entwicklung entweicht das Gas und treibt das Polymere nicht auf. Bei zu langsamer Entwicklung zerreißt es das gebildete Netzwerk.

Bei Polyurethan-Schaumstoffen kann als Treibmittel Kohlendioxid wirken, das entsteht, wenn man Wasser als Kettenverlängerer benutzt. Bei der Reaktion von Wasser mit Isocyanaten wird als Zwischenprodukt die instabile Carbaminsäure gebildet, die sofort in CO_2 und Amin zerfällt. Letzteres reagiert mit einer weiteren Isocyanatgruppe zu dem entsprechenden Harnstoffderivat.

$$P_n\text{—NCO} + H_2O \longrightarrow (P_n\text{—NH—COOH}) \longrightarrow P_n\text{—NH}_2 + CO_2$$

$$P_m\text{—NCO} + P_n\text{—NH}_2 \longrightarrow P_m\text{—NH—CO—NH—}P_n$$

Setzt man Präpolymere mit Diisocyanatendgruppen mit einem Unterschuß von Wasser um, so bildet sich ein vernetztes Polyurethan-Elastomeres, das geschlossene, durch CO_2 aufgetriebene Poren enthält. Als Treibmittel können auch niedrig siedende halogenierte Kohlenwasserstoffe wie CF_2Cl_2 benutzt werden. Diese Weichschäume werden in großen Mengen als Polstermaterial, Schaumleder u. a. verwendet.

Hartschäume mit hoher Vernetzungsdichte erzielt man im Einstufenverfahren, indem man genau aufeinander abgestimmte Mischungen von Di- bzw. Triisocyanaten, Polyolen, Wasser oder Treibmittel in Gegenwart von hochwirksamen Katalysatoren (Amine + Organozinnsalze) umsetzt. Als Polyole dienen Glyzerin, Pentaerythrit, Monosaccharide u. a.. Diese Schäume können am Einsatzort direkt erzeugt werden. Sie haben viele Anwendungsgebiete, z. B. als Isoliermaterial für Kühleinrichtungen, im Leichtbau, in der Möbelindustrie u. a..

Polyurethan-Lacke und -Klebstoffe: Lacke entstehen bei der Vernetzung von Triisocyanaten mit di- und höherfunktionellen Alkoholen, wobei die Komponenten erst kurz vor dem Lackieren zusammengegeben werden. Klebstoffe enthalten freie Isocyanatgruppen, die bei der Umsetzung von polymeren Diolen mit einem Überschuß von polyfunktionellen Isocyanaten erhalten bleiben.

Der Vorteil beider Anwendungsformen beruht darauf, daß die reaktiven Isocyanatgruppen mit den Hydroxylgruppen an den Oberflächen der zu lackierenden oder zu klebenden Materialien reagieren und chemische Bindungen ausbilden, was eine vorzügliche Haftung bewirkt.

14.2. Synthese von Polyepoxiden

Werden Präpolymere, die Epoxidendgruppen enthalten, mit geeigneten Härtern umgesetzt, gewinnt man vernetzte Polyepoxid-Harze. Bei der Reaktion mit Diolen entstehen dagegen lineare Phenoxy-Polymere. Die Synthese der Monomeren bzw. der Präpolymeren erfolgt nach einem Additions-Eliminierungsmechanismus, die anschließenden Reaktionen durch Polyaddition.

14.2.1. Epoxid-Präpolymere

Zur Herstellung dieser Oligomeren wird Epichlorhydrin mit aliphatischen oder aromatischen Diolen, bevorzugt Bisphenol A, in alkalischer Lösung umgesetzt. Bei der Reaktion des monofunktionellen Phenolations mit Epichlorhydrin addiert sich dieses unter Ringöffnung nukleophil an das primäre Kohlenstoffatom der Epoxidgruppe, worauf in schneller Reaktion unter Eliminierung eines Chloranions der entsprechende Glyzidäther entsteht.

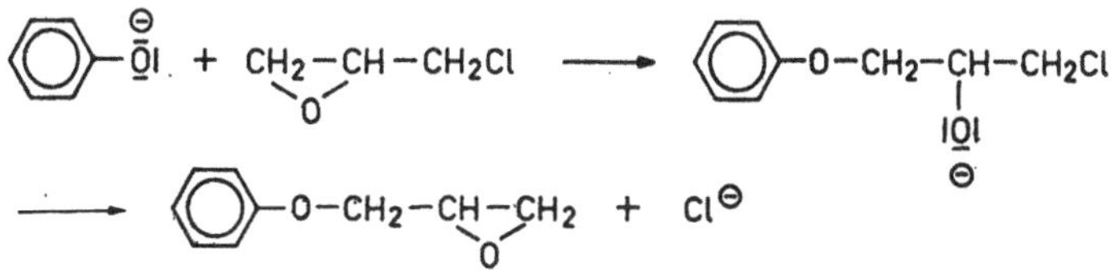

Die gebildete Epoxidgruppe kann dann erneut mit einem Phenolation reagieren. Als Endprodukt entsteht nunmehr ein sekundärer Alkohol.

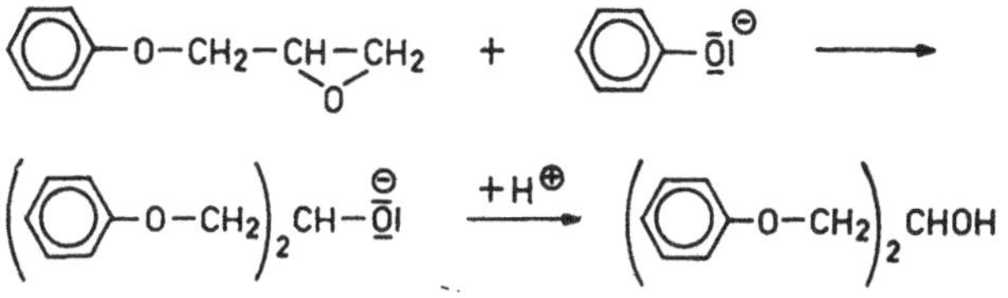

Setzt man statt des Phenolations das Dianion des Bisphenol A ein und läßt es mit einem Überschuß von Epichlorhydrin reagieren, so bildet sich wegen der bifunktionellen Eigenschaft des Epichlorhydrins ein Polyäther mit Epoxidgruppen:

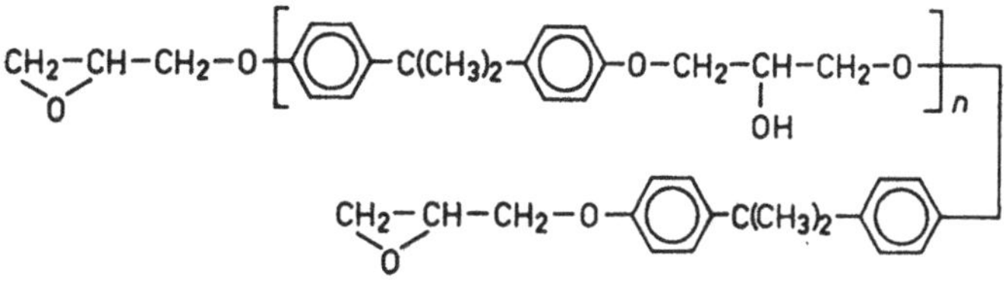

Je nach dem Verhältnis der eingesetzten Reaktionspartner und den Reaktionsbedingungen erhält man Verbindungen unterschiedlichen Polymerisationsgrades. Für Präpolymere zur Epoxidharzerzeugung verwendet man Produkte mit $n < 10$. Diejenigen mit $n = 1$ sind flüssig, die mit $n = 2$—4 niedrig schmelzend und $n > 4$ hochschmelzend.

Da Epichlorhydrin bevorzugt mit der phenolischen Hydroxylgruppe reagiert, weil diese acider als die sekundäre Alkoholgruppe ist, müssen weitgehend lineare Präpolymere entstehen. Für die vernetzten Epoxide ist aber diese Linearität keine notwendige Voraussetzung, so daß an die Reinheit der Ausgangsmaterialien keine so großen Forderungen gestellt werden müssen, wie für die linearen Phenoxy-Polymeren.

Härtung von Epoxid-Präpolymeren: Zur Vernetzung von Präpolymeren mit Epoxidendgruppen können verschiedene Arten von Härtern benutzt werden. Verbindungen, die sich an die Epoxidendgruppen addieren, wie z. B. primäre oder sekundäre Amine, müssen, um zu vernetzen, mindestens trifunktionell sein, weil in diesem Fall das Präpolymere lediglich bifunktionell reagiert. Setzt der Vernetzer sich zusätzlich noch mit den Hydroxylgruppen des Präpolymeren um, das dann polyfunktionell wird, braucht der Härter nur bifunktionell zu sein, wie z. B. die Säureanhydride. Außerdem ist es möglich, eine ionische Polymerisation der Epoxidringe durch Initiatoren wie tertiäre Amine auszulösen gemäß dem im Abschnitt 11.2. erörterten Mechanismus. Da bei dieser Reaktion das Diepoxid tetrafunktionell reagiert, entsteht ein vernetztes Polymeres. Im folgenden werden die beiden zuerst genannten Härtungsverfahren betrachtet.

Die primäre Aminogruppe kann zwei Epoxidgruppen addieren:

$$R\text{—NH}_2 + \underset{\diagdown \text{O} \diagup}{\text{CH}_2\text{—CH}}\text{—}P_n \longrightarrow R\text{—NH—CH}_2\text{—CHOH—}P_n$$

$$R\text{—NH—CH}_2\text{—CHOH—}P_n + \underset{\diagdown \text{O} \diagup}{\text{CH}_2\text{—CH}}\text{—}P_n \longrightarrow R\text{—N(CH}_2\text{—CHOH—}P_n)_2$$

Die Reaktionsfähigkeit des primären und des anschließend entstehenden sekundären Amins unterscheidet sich nur unwesentlich. Wegen der Notwendigkeit für die Vernetzung mindestens trifunktionelle Verbindungen zu verwenden, benutzt man als Amin-Härter primäre Diamine, wie z. B. Äthylendiamin oder sekundäre Polyamine. Der Härtungsprozeß, bei dem 250 kJ/mol frei werden, läuft bei Zimmertemperatur ab (Kalthärtung). Die Reaktionsgeschwindigkeit einer Kalthärtung bei verschiedenen Temperaturen, charakterisiert an der Viskositätszunahme in der Zeit, zeigt Abb. (14–1). Man erkennt auch hier die starke Viskositätszunahme kurz vor dem Gelpunkt der Reaktionsmischung.

Benutzt man als Härter Säureanhydride, wie z. B. das häufig verwendete Phthalsäureanhydrid, so muß man zwei Reaktionsschritte unterscheiden. Da das Säureanhydrid keinen beweglichen Wasserstoff besitzt, kann es primär nicht mit den Epoxidgruppen reagieren, sondern muß sich zuerst an die sekun-

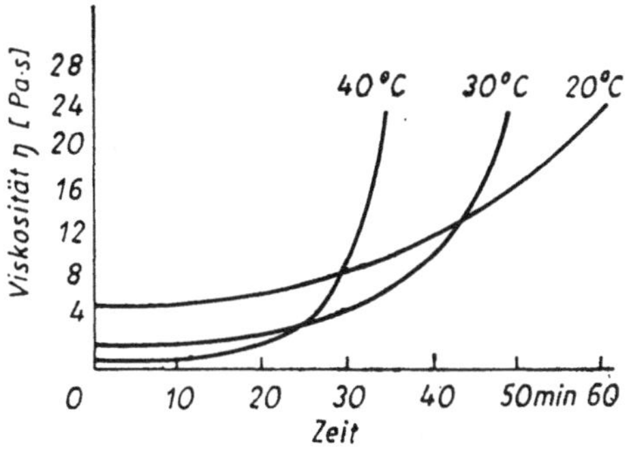

Abb. (14–1): Zeitabhängigkeit der Viskosität eines Epoxid-Präpolymeren (Molmasse: 340—400) bei verschiedenen Härtungstemperaturen mit 10 Gew.-% Amin-Härter.

(Nach K. MEYERHAND in R. VIEWEG: Kunststoffhandbuch, C. Hanser-Verlag, München 1971, Bd. XI, S. 109)

däre Hydroxylgruppe des Präpolymeren addieren.

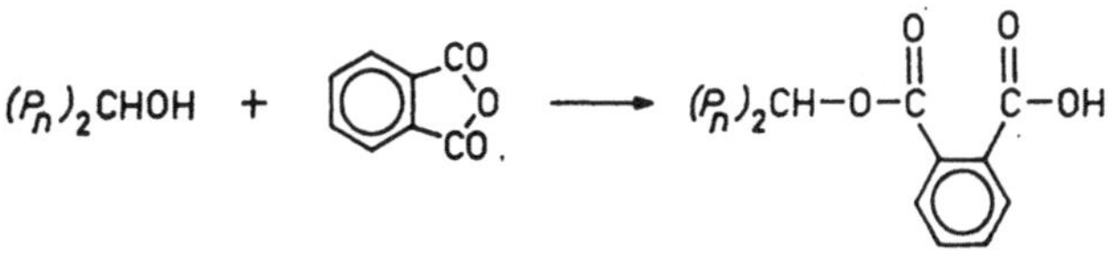

Der saure Halbester kann sich dann erst mit der Epoxidgruppe umsetzen, wobei ein Diester entsteht.

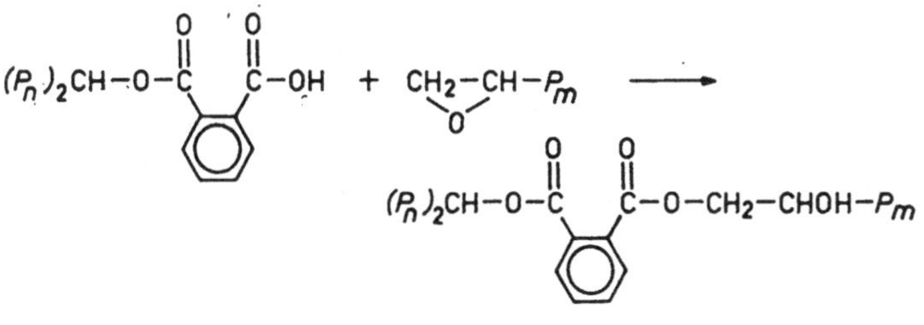

Da Wasserstoffionen außerdem die Addition von Epoxiden an alkoholische Hydroxylgruppen katalysieren, kann unter dem Einfluß des als Zwischenprodukt entstehenden sauren Halbesters zusätzlich nachstehende Reaktion ablaufen:

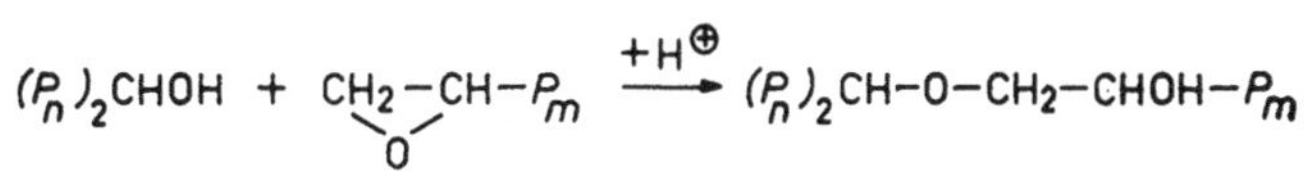

Diese Ätherbildung spielt bei der Anhydrid-Härtung eine bedeutsame Rolle. Sie macht es verständlich, daß für die Vernetzung Anhydridmengen ausreichen, die weit unter der stöchiometrisch erforderlichen liegen. Die Härtung mit Aminen benötigt zum Unterschied von der mit Säureanhydriden Wärmezufuhr. Sie wird im allgemeinen bei Temperaturen über 100 °C durchgeführt.

Epoxid-Harze haben vielseitige Anwendungsgebiete. Sie werden als Klebstoffe, Lacke, Gießharze und in glasfaserverstärkter Form als Konstruktionswerkstoff eingesetzt.

14.2.2. Phenoxy-Polymere

Die oben dargestellte Synthesemethode von Epoxid-Präpolymeren mit Polymerisationsgraden $P_n < 10$ läßt sich auf Makromoleküle mit $P_n \cong 100$ ausdehnen. Solche Verbindungen bezeichnet man als Phenoxy-Polymere. Sie sind linear gebaut und lassen sich aus der Schmelze verarbeiten. Man stellt zuerst aus einem aromatischen Diol, z. B. Hydrochinon, mit einem großen Epichlorhydrinüberschuß einen monomeren Diglycidäther her:

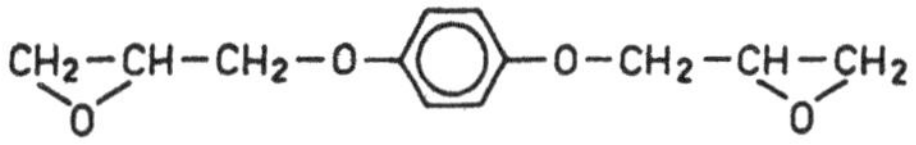

Die gereinigte Verbindung wird anschließend mit einer äquimolaren Menge aromatischen Diols, z. B. Hydrochinon, und einer katalytischen Menge Alkali in der Schmelze oder in hochsiedenden polaren Lösungsmitteln zu nachstehenden Phenoxy-Polymeren umgesetzt:

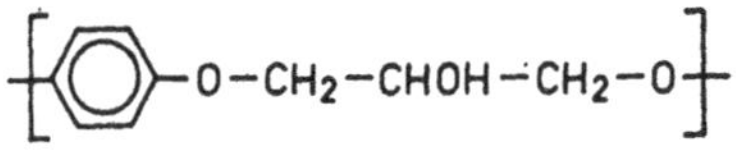

Endständige Epoxidgruppen werden durch Zusatz monofunktioneller Phenole beseitigt.

Phenoxy-Polymere werden als Formmassen, vor allem aber als Beschichtungsmaterial, Grundierungs- und Antikorrosionsmittel verwendet, weil sie wegen ihrer vielen Hydroxylgruppen ausgezeichnete Adhäsion auf Metallen, Holz u. a. besitzen.

Literatur zum Teil III

Abschnitt 12:

D. H. Solomon: *Step Growth Polymerization*, M. Dekker-Verlag, New York 1972

W. W. Korschak, S. W. Winogradowa: *Nichtgleichgewichtspolykondensation* (russisch), Verlag Nauka, Moskau 1972

W. W. Korschak, S. W. Winogradowa: *Gleichgewichtspolykondensation* (russisch), Verlag Nauka, Moskau 1968

W. W. Korschak: *Wärmebeständige Polymere* (russisch), Verlag Nauka Moskau 1969

A. H. Frazer: *High Temperature Resistant Polymers*, Interscience-Verlag, New York 1968

G. E. HAM (Hrsg.): *Kinetics and Mechanism of Polymerization*, Vol. 3: *Condensation Polymerisation*, M. Dekker-Verlag, New York 1967
H. LEE, D. STOFFEY, K. NEVILLE: *New Linear Polymers*, McGraw-Hill-Verlag, New York 1967
L. B. SOLOKOW: *Synthese von Polymeren durch Polykondensation* (russisch), Verlag Chimija, Moskau 1966

Abschnitt 13:

H. LUDEWIG: *Polyesterfasern*, Akademie-Verlag, Berlin 1965
A. WENDE, W. MOEBES, H. MARTEN: *Glasfaserverstärkte Plaste*, VEB Deutscher Verlag für Grundstoffindustrie Leipzig 1969
P. W. MORGAN: *Condensation Polymerization by Interfacial and Solution Methods*, Interscience-Verlag, New York 1965
H. KLARE, E. FRITZSCHE, V. GRÖBE: *Synthetische Fasern aus Polyamiden*, Akademie-Verlag, Berlin 1963
A. BACHMANN, K. MÜLLER: *Phenoplaste*, VEB Deutscher Verlag für Grundstoffindustrie, Leipzig 1973
A. BACHMANN, TH. BERTZ: *Aminoplaste*, VEB Deutscher Verlag für Grundstoffindustrie, Leipzig 1971
E. DACHSELT: *Thioplaste*, VEB Deutscher Verlag für Grundstoffindustrie, Leipzig 1971
H. REUTHER: *Silikone, ihre Eigenschaften und ihre Anwendungsmöglichkeiten*, Steinkopff-Verlag, Dresden 1959

Abschnitt 14:

R. BECKER: *Polyurethane*, VEB Fachbuch-Verlag, Leipzig 1973
B. A. DOMBROW: *Polyurethanes*, Reinhold-Verlag, New York 1965
H. JAHN: *Epoxid-Harze*, VEB Deutscher Verlag für Grundstoffindustrie, Leipzig 1969

Teil IV: Reaktionen an Polymeren

Unter Reaktionen an Polymeren versteht man im allgemeinen diejenigen, die gezielt der chemischen Umwandlung bereits gebildeter Makromoleküle dienen, oder die unbeabsichtigt durch das Einwirken von Licht, Luft, Feuchtigkeit und Wärme vor sich gehen. Zu den ersteren kann man einige bereits behandelte Reaktionen rechnen, wie die Herstellung von Pfropf- und Blockcopolymeren (Abschnitt 8.7.) oder die Vernetzung von Präpolymeren (Abschnitt 13. und 14.). Die chemische Umwandlung benutzt man zur Modifizierung von Polymeren, indem man z. B. bestimmte funktionelle Gruppen in die Makromoleküle einführt oder Polymere herstellt, deren Monomere nicht zugänglich sind.

Reaktionen an Polymeren können unter Erhalt, Zunahme oder Abnahme des Polymerisationsgrades verlaufen. Man bezeichnet Reaktionen, bei denen keine Änderung des Polymerisationsgrades eintritt, als polymeranalog. Reaktionen dieser Art spielten bei der Beweisführung der von Staudinger entwickelten Vorstellung über den Aufbau von Makromolekülen eine bedeutende Rolle. So konnte beispielsweise durch Hydrieren des Naturkautschuks gezeigt werden, daß die Lösung des hydrierten Kautschuks die gleichen, für Makromoleküle charakteristischen Eigenschaften hat wie die des Ausgangsmaterials. Dadurch wurde bewiesen, daß die Grundbausteine des Kautschuks durch chemische Bindungen verknüpft sind und nicht aus Mizellen von Isoprenmolekülen bestehen, die auf Grund ihrer Doppelbindungen assoziieren, wie damals fälschlicherweise angenommen wurde.

15. Polymeranaloge Reaktionen

15.1. Besonderheiten polymeranaloger Reaktionen

Die funktionellen Gruppen der Makromoleküle reagieren im Grunde wie diejenigen der entsprechenden niedermolekularen Verbindungen. So erfolgt z. B. die Verseifung des Polyvinylacetats mit Natriumhydroxid in Aceton-Wasser-Mischung bei 30 °C mit einer Geschwindigkeitskonstante von $k = 0{,}37\,l/\text{mol} \cdot \text{s}$ und die des Isopropylacetats unter gleichen Bedingungen mit $k = 0{,}57\ l/\text{mol} \cdot \text{s}$. Niedermolekulare Stoffe können daher unter bestimmten Umständen als Modellverbindungen der Makromoleküle dienen. Bei Reaktionen an Polymeren darf man jedoch nicht außer acht lassen, daß bestimmte Strukturparameter der Makromoleküle einen Einfluß auf den Reaktionsablauf haben können, so daß er sich wesentlich von den niedermolekularer Modellverbindungen unterscheiden kann. Dabei muß besonders der Einfluß der Molekülgröße, die Vielzahl und die periodische Anordnung der funktionellen Gruppen in einem Makromolekül, sowie die Wechselwirkung der Moleküle untereinander beachtet werden. Letzteres macht sich besonders bei Reaktionen unter heterogenen Bedingungen bemerkbar.

15.1.1. Polymeranaloge Reaktionen in homogener Phase

Wegen der großen Anzahl der funktionellen Gruppen in einem Makromolekül ist die lokale Konzentration dieser Gruppen auch bei starker Verdünnung der Moleküle noch sehr groß. Daher können benachbarte funktionelle Gruppen eines Makromoleküls leicht miteinander zur Reaktion gebracht werden. Ist diese intramolekulare Reaktion irreversibel, kann kein quantitativer Umsatz erreicht werden. Wie in nachstehendem Schema der Umsetzung von Polyvinylalkohol mit Aldehyden hervorgeht, ist es für eine aus statistischen Gründen isoliert gebliebene Hydroxylgruppe nicht mehr möglich zu reagieren, weil die dazu benötigte freie Nachbargruppe fehlt:

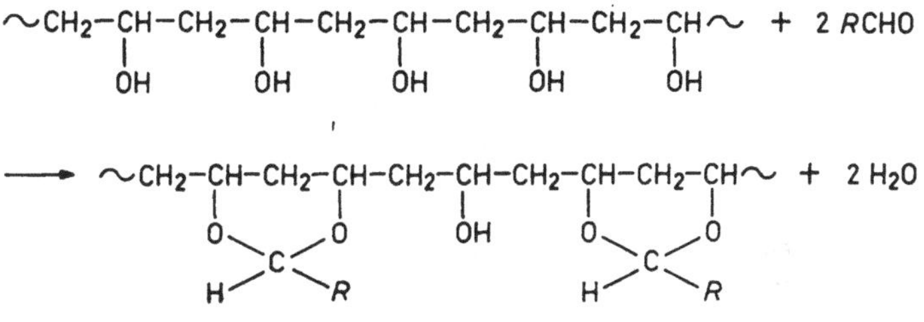

Die Berechnung ergibt, daß bei dieser Art von Reaktionen e^{-2} oder 13,5% aller Substituenten isoliert bleiben und daher der Umsatz nicht 86,5% übersteigen kann. Experimentell findet man z. B. bei der Reaktion von Polyvinylalkohol mit Chloracetaldehyd oder Benzaldehyd 85,8% bzw. 83% Umsatz. Verläuft dagegen die intramolekulare Reaktion reversibel, dann können bei längeren Reaktionszeiten durch Austauschreaktionen höhere Umsätze erreicht werden.

Ist bei einer Reaktion funktioneller Gruppen der Umsatz unvollständig, dann enthält das Makromolekül sowohl umgesetzte als auch nicht umgesetzte Gruppen. Es gelingt dann nicht wie in der niedermolekularen Chemie, die Reaktionsprodukte von den Ausgangsstoffen zu trennen. Infolgedessen muß man bei Reaktionen an Polymeren zwischen der auf die Makromoleküle bezogenen Ausbeute und dem auf die funktionellen Gruppen bezogenen Umsatz unterscheiden.

Weiterhin können bereits umgesetzte Gruppen auf Grund elektrostatischer oder sterischer Effekte die Reaktionsfähigkeit der ihnen benachbarten Gruppen beeinflussen. Dieser Nachbargruppeneffekt, der sowohl zu einem Ansteigen als auch zu einem Abfallen der Reaktionsgeschwindigkeit führen kann, ist besonders eingehend bei der Hydrolyse verschiedener Polymerer studiert worden.

Bei der alkalischen Verseifung von Polyacrylamid nimmt mit zunehmendem Umsatz die Reaktionsgeschwindigkeit ab. In dem Maße wie die Amidgruppen in Carboxylatgruppen umgewandelt werden, tritt infolge zunehmender negativer Ladungen an der Polymerkette eine elektrostatische Abstoßung der die Hydrolyse katalysierenden Hydroxylionen auf und damit eine Verlangsamung der Reaktion ein.

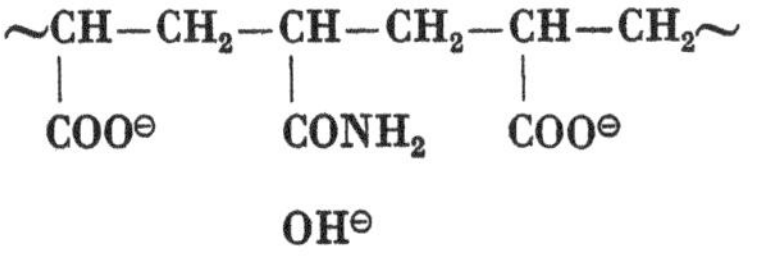

Hat der Umsatz etwa 40% erreicht, erfolgt wegen der elektrostatischen Kräfte zusätzlich ein verstärktes Aufwinden der Polymerkette. Die Hydrolysegeschwindigkeit in dieser zweiten Phase der Reaktion beträgt nur noch ein Zehntel der Anfangsgeschwindigkeit. Daß diese Abnahme mit dem durch die Kettenstruktur bedingten Abstoßungseffekt zusammenhängt, wird durch den Wert der Hydrolysegeschwindigkeit des niedermolekularen Isobutyramids gestützt, der in der gleichen Größenordnung liegt wie der in der Anfangsphase beim Polyacrylamid.

Tabelle (15–1): Geschwindigkeitskonstante k_H [s^{-1}] der Hydrolyse von Isobutyramid und Polyacrylamid

	50°C	65°C
Isobutyramid	2,0	4,9
Polyacrylamid:		
Anfangsphase	1,2	2,5
Umsatz > 40%	0,1	0,3

Der Nachbargruppeneffekt läßt sich besonders gut an Copolymeren untersuchen, weil man dabei durch Veränderung der Zusammensetzung die Wirkung unterschiedlicher Sequenzfolgen auf die Reaktionsgeschwindigkeit erfassen kann. Bei der Hydrolyse von Copolymeren aus α-Äthyl-äthylacrylat und Acrylsäure in gepufferter Lösung von pH = 5—8,5 werden nur Estergruppen verseift, die von zwei Säuregruppen flankiert sind. Dieses folgt aus den Ergebnissen der Hydrolyse von Copolymeren unterschiedlicher Zusammensetzung, deren Triadenverteilung auf Grund der Copolymerisationskinetik berechenbar ist. Dabei betrachtet man die beiden nachstehenden Triaden *SEE* und *SES*:

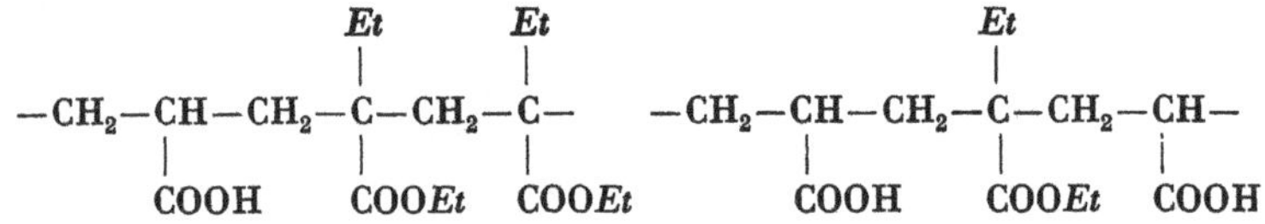

Die Hydrolysegeschwindigkeit in Abhängigkeit von der Art der Triaden ist im Abb. (15–1) dargestellt:

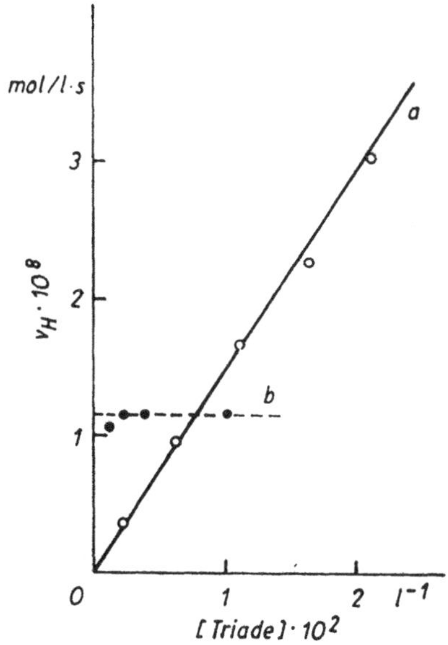

Abb. (15–1): Hydrolysegeschwindigkeit v_H von Copolymeren des α-Äthyl-äthylacrylats und Acrylsäure bei pH = 5—8,5 und 113 °C.

a: Triade = *SES*, b: Triade = *SEE* (Nach G. SMETS u. W. VAN HUMBEECK: J. Polym. Sci. *A* 1 (1963), 1227)

Bei zunehmender Konzentration der Triade *SES* im Copolymeren steigt die Hydrolysegeschwindigkeit an, während bei zunehmender Triadenkonzentration *SEE* die Reaktionsgeschwindigkeit sich nicht ändert. In beiden Versuchsreihen wurde die Konzentration der anderen zugehörigen Triade konstant gehalten. Aus diesen Ergebnissen folgt, daß hier die Nachbargruppen nicht als einzelne isolierte Bausteine, sondern als kinetische Einheit reagieren, und zwar aus sterischen Gründen mit sehr unterschiedlicher Reaktionsgeschwindigkeit.

Bei Untersuchungen polymeranaloger Reaktionen an taktischen Polymeren gleicher Zusammensetzung lassen sich ebenfalls sterisch bedingte Nachbargruppeneffekte nachweisen. Syndiotaktisches Polymethylmethacrylat wird schneller verseift als isotaktisches, weil bei der syndiotaktischen Form sich das als Zwischenstufe auftretende cyclische Anhydrid in der energieärmeren cis-Anordnung ausbilden kann.

15.1.2. *Polymeranaloge Umsetzungen in heterogener Phase*

Wird mit zunehmendem Umsatz der funktionellen Gruppen ein gelöstes Makromolekül unlöslich, so fällt es aus und vereinigt sich mit anderen ausfallenden Polymermolekülen zu einem Agglomerat. Dadurch wird die Zugänglichkeit der noch nicht umgesetzten Gruppen eingeschränkt. Die polymeranaloge Reaktion kann dabei zum Stillstand kommen. Das Reaktionsprodukt enthält dann umgesetzte neben nicht umgesetzten Gruppen, die ungleichmäßig über die Molekülkette verteilt sind. Um einheitliche Reaktionsprodukte zu erhalten, muß man in homogener Lösung arbeiten.

Führt man eine Reaktion an Polymeren durch, die im Reaktionsmedium unlöslich sind, so ist der Umsatz von der Zugänglichkeit der funktionellen Gruppen abhängig. Bei teilkristallinen Polymeren sind wegen der Ordnung und der dichten Packung der Makromoleküle in den kristallinen Bereichen nur der amorphe Teil den Reagenzien und damit der Umsetzung zugänglich. Daher unterscheiden sich die Reaktionsprodukte, die in homogener und in heterogener Phase gewonnen werden. Chloriert man Polyäthylen in homogener Lösung, so besitzt das Reaktionsprodukt mit mehr als 35% Chlorgehalt keine Kristallinität mehr. Erfolgt die gleiche Reaktion in heterogener Phase, so sind noch bis zu einem Chlorgehalt von 55% im Reaktionsprodukt kristalline Bereiche nachweisbar, weil bis dahin die Chlorierung bevorzugt in der amorphen Phase abläuft. Bei gleichem Chlorgehalt unterscheiden sich dadurch natürlich auch die Eigenschaften der chlorierten Polyäthylene.

Von großer praktischer Bedeutung ist die polymeranaloge Umsetzung der Cellulose in heterogener Phase, die seit Jahrzehnten großtechnisch durchgeführt wird. Dabei werden die Hydroxylgruppen der Glukosegrundbausteine umgesetzt, die im teilkristallinen Polymeren in unterschiedlichem Maße zugänglich sind. Infolgedessen ist nur ein Teil von ihnen leicht substituierbar, so daß die Substituentenverteilung der Polymerkette ungleichmäßig wird. Wegen der besseren Verarbeitbarkeit strebt man aber eine regelmäßige Verteilung an. Eine geeignete Maßnahme zur Verbesserung der Zugänglichkeit besteht darin, das Polymere vor der Umsetzung zu quellen. Aus diesem Grunde wird die Cellulose z. B. mit 10 bis 20%iger wäßriger Natronlauge vorbehandelt. Dabei bildet sich eine stark gequollene Cellulose, die sogenannte Alkalicellulose, bei der ein Teil der Hydroxylgruppen in Alkoholatgruppen überführt, der Rest der Natronlauge als Anlagerungsverbindung oder frei vorliegt. Wesentlich ist dabei, daß zwischen den Polymerketten Wasserstoffbrückenbindungen gesprengt werden, was die Voraussetzung für die Quellung ist. Dadurch wird eine nachfolgende polymer analoge Umsetzung erleichtert.

Wegen der unterschiedlichen Zugänglichkeit der Hydroxylgruppen ist die Reaktionsgeschwindigkeit in den kristallinen und amorphen Bereichen der Cellulose verschieden. Auf Grund dessen läßt sich durch Messung der Hydrolysegeschwindigkeit beim heterogenen Abbau das Ausmaß der amorphen Bereiche abschätzen. Durch diese sogenannte Accessibilitätsmessung ist der Ordnungsgrad der Cellulose erfaßbar, der befriedigend mit dem durch Röntgenbeugung oder IR-Spektroskopie ermittelten übereinstimmt.

15.2. Anwendung polymeranaloger Reaktionen

15.2.1. Polyvinylalkohol und seine Derivate

Polyvinylalkohol ist nicht durch Polymerisation von Vinylalkohol zugänglich, weil das Keto-Enol-Gleichgewicht zwischen Vinylalkohol und Acetaldehyd ganz auf der Seite des Aldehyds liegt:

Man polymerisiert deshalb Derivate des Vinylalkohols, die dann durch polymeranaloge Umsetzung in den Polyvinylalkohol überführt werden. Im allgemeinen wird das Polymere durch alkalische Hydrolyse oder Methanolyse von Polyvinylacetat gewonnen:

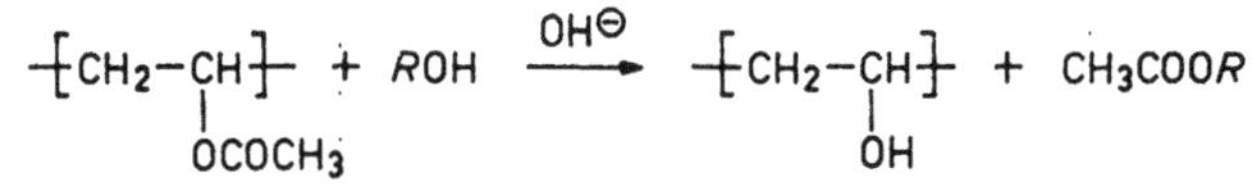

Diese Reaktion zeigt mit zunehmendem Umsatz ansteigende Reaktionsgeschwindigkeit, die deutlich in Abb. (15–2) zu erkennen ist, in der die Zeit-Umsatz-Kurve der Hydrolyse in einer Aceton-Wasser-Mischung dargestellt ist. Man führt dieses Verhalten auf einen Nachbargruppeneffekt zurück.

Eine Acetylgruppe, die zwischen zwei Hydroxylgruppen steht, wird 10^2 mal schneller verseift als diejenige, die von zwei Acetylgruppen benachbart ist. Aus

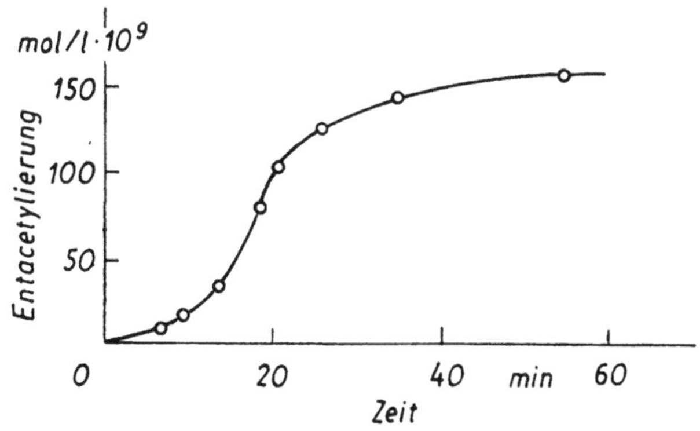

Abb. (15–2): Hydrolyse von Polyvinylacetat in Aceton-Wasser-Mischung (75:25) bei 30 °C.

0,0172 mol/*l* Polyvinylacetat und 0,0170 mol/*l* Natriumhydroxid
(Nach I. SAKURATA: Pure and Applied Chem. **16** (1968), 266)

kinetischen Untersuchungen folgt, daß die Hydrolysegeschwindigkeit der Triaden in folgender Reihenfolge zunimmt:

$$[OAc, OAc, OAc] < [OH, OAc, OAc] < [OH, OAc, OH]$$

Wird irgendeine Acetylgruppe des Polyvinylacetats in eine Hydroxylgruppe überführt, dann werden in schneller Folge auch die benachbarten Gruppen verseift. Infolgedessen bilden sich bei der Hydrolyse bzw. Methanolyse bevorzugt Sequenzen von Hydroxylgruppen aus. Die Ursache sieht man in der Adsorption der katalytisch wirkenden Hydroxylionen durch die bei der Hydrolyse entstandenen Hydroxylgruppen. Dadurch wird die lokale Alkalikonzentration am Ort der bereits begonnenen Verseifung erhöht und die Reaktionsbeschleunigung bewirkt.

Obwohl die Hydrolyse polymeranalog verläuft, wird in manchen Fällen eine Abnahme des Polymerisationsgrades gefunden. Das beruht darauf, daß das eingesetzte Polyvinylacetat verzweigt ist (siehe S. 68). Weil die Seitenketten über die Acetylgruppen mit der Hauptkette verknüpft sind, werden sie zusammen mit diesen bei der Umsetzung abgespalten. Reacetyliert man den gewonnenen Polyvinylalkohol, so haben dieser sowie das Reacetylierungsprodukt den gleichen Polymerisationsgrad, wie es bei einer polymeranalogen Umsetzung erforderlich ist.

Polyvinylalkohol ist zum Unterschied vom Polyvinylacetat wasserlöslich. Durch partielle Verseifung des letzteren erhält man daher Polymere, die sich als Dispergatoren eignen. Die Wasserlöslichkeit der Polyvinylalkoholfaser wird durch Acetalisierung der Hydroxylgruppen mit Formaldehyd beseitigt. Dabei treten neben den bereits behandelten Ringschlußreaktionen benachbarter Gruppen auch intermolekulare Vernetzungsreaktionen auf. Durch polymeranaloge Umsetzung des Polyvinylalkohols mit n-Butyraldehyd gewinnt man Polyvinylbutyrale, die als Lackrohstoffe und als Sicherheitsverbundglas verwendet werden.

15.2.2. Ionenaustauscher

Ionenaustauscher sind vernetzte Polymere mit dissoziationsfähigen Gruppen, die im allgemeinen durch polymeranaloge Substitution gebildet werden. Als Grundlage dienen z. B. makroporöse Styrol-Divinylbenzol-Copolymere, hergestellt durch spezielle Polymerisationsverfahren. Man führt dazu eine Perlpolymerisation in Wasser in Gegenwart von Lösungsmitteln durch, die wie Dichloräthan oder Isooktan sich nicht mit Wasser mischen, das Monomere lösen, aber das Copolymere fällen oder quellen. Bei der Polymerisation bilden sich zuerst einzelne unabhängige, aber stark vernetzte Zentren (Kerne), die sich bei höheren Umsätzen zu losen Netzwerken vereinigen. Dadurch besitzt dieses vernetzte Produkt makroskopische Poren. Unsubstituiert eignet es sich zur Gelchromatographie.

Zur Herstellung der Ionenaustauscher werden die erforderlichen sauren oder basischen Gruppen durch polymeranaloge Substitution in die aromatischen Ringe der Copolymeren eingeführt. Durch Umsetzung mit konzentrierter Schwefelsäure werden stark saure, sulfogruppenhaltige Kationenaustauscher gewonnen.

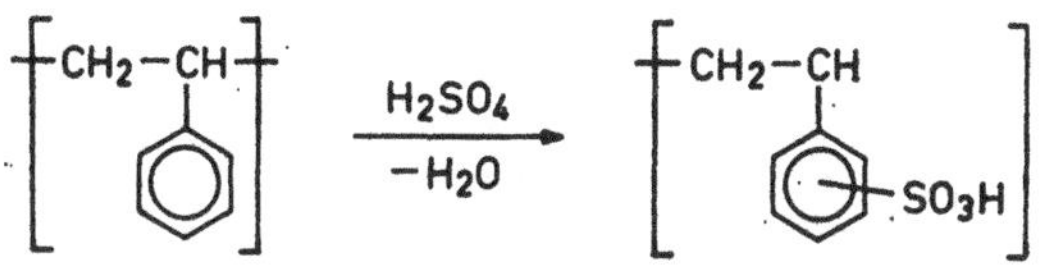

Durch Chlormethylierung und anschließende Quaternisierung mit tertiären Aminen entstehen stark basische Anionenaustauscher.

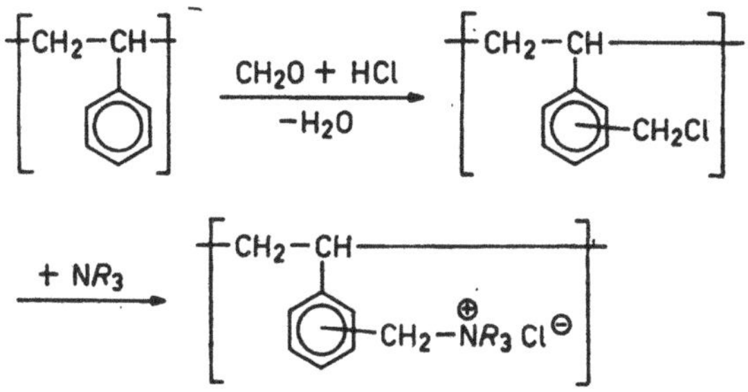

Makroporöse Ionenaustauscher sind wegen ihrer Porenstruktur leicht wasserdurchlässig, ohne dabei sehr zu quellen. Letzteres beruht auf der starken Vernetzung. Ihre Austauschkapazität hängt von der Zahl der dissoziierbaren Gruppen im Grundbaustein und von dem Vernetzungsgrad ab.

15.2.3. Cellulosederivate

Cellulose ist ein Polysaccharid. Seine Grundbausteine, die D-Glukose, sind β-glykosidisch zu einem Makromolekül verknüpft.

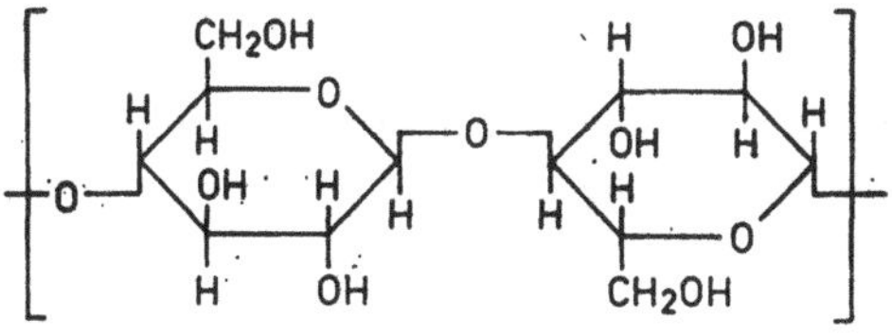

Die Acetalbindungen können durch Säuren unter Abbau bis zur monomeren Glukose hydrolytisch gespalten werden.

Cellulose gehört zu den Naturstoffen. Sie kommt in fast reiner Form im Samenhaar der Baumwolle und in den Stengeln von Flachs, Hanf und Jute vor, aus denen sie mechanisch abgetrennt wird. Den größten Teil der technisch verwendeten Cellulose gewinnt man heute aus Holz, in dem sie neben etwa 30% Lignin und 25% relativ niedermolekularen Hemicellulosen ($P_w \sim 100$) vorliegt. Man isoliert diese Cellulose durch chemische Aufschlußmethoden (alkalischer oder Hydrogensulfitaufschluß) und bezeichnet das erhaltene Produkt als Holzzellstoff.

Der Polymerisationsgrad der nativen Cellulose liegt zwischen 8000 und 15000. Die linearen Molekülketten werden durch die Ringstruktur der Monomeren versteift. Zwischen diesen Ketten bilden sich, ausgehend von den Hydroxylgruppen, Wasserstoffbrückenbindungen aus. Auf Grund der gestreckten Molekülform und der starken zwischenmolekularen Wechselwirkung weist die Cellulose einen großen Ordnungsgrad auf. Die Kristallinität liegt in Abhängigkeit von der Meßmethode zwischen 60—70%. Infolgedessen ist Cellulose zum Unterschied von niedermolekularen Polyhydroxyverbindungen nicht in Wasser löslich, wenngleich sie hydrophile Eigenschaften aufweist. Diese chemische und physikalische Struktur macht die Cellulose besonders als Fasermaterial für Bekleidungszwecke geeignet, wozu sie in Form der Baumwolle seit Jahrtausenden genutzt wird.

Da der beim Holzaufschluß in großen Mengen anfallende Holzzellstoff jedoch nur aus etwa 1 bis 3 mm langen Cellulosefasern besteht, die man zu Papier, nicht aber zu Textilfasern verarbeiten kann, muß man ihn durch einen Spinnprozeß in Fasern hinreichender Länge umformen. Dieses kann nur über die Lösung oder über Cellulosederivate, die durch polymeranaloge Umsetzung gewonnen werden, erfolgen, weil die Cellulose sich bereits weit unterhalb ihres über 400 °C liegenden Schmelzpunktes zersetzt.

Von den Lösungsmitteln für Cellulose hatte eine gewisse Zeit das Kupfer-tetramin-hydroxid $[Cu(NH_3)_4]^{2\oplus} \cdot 2[OH]^{\ominus}$ für die Faser- und Folienherstellung technische Bedeutung erlangt. Bei diesem sogenannten Cuoxam-Verfahren löst man Cellulose in wäßrig-ammoniakalischer Kupfersulfat-Lösung und verspinnt in wäßrige Schwefelsäure, wobei der Kupferkomplex zersetzt und die Cellulose regeneriert wird. Man bezeichnet über den Lösungszustand gewonnene Fasern als Celluloseregenerat-Fasern.

Cellulosederivate lassen sich durch eine Vielzahl von Reaktionen an der primären und den sekundären Hydroxylgruppen der Glukosegrundbausteine gewinnen. Die Umsetzung der Hydroxylgruppen führt zur Sprengung der von ihnen ausgehenden Wasserstoffbrücken. Die Reaktionen sind gleichzeitig mit einem mehr oder weniger starken Abbau der Celluloseketten verbunden. Beide Effekte erleichtern die Verarbeitung. Im technischen Maßstab werden die in nachstehenden Formelbildern schematisch dargestellten polymeranalogen Reaktionen der Cellulose (=cell-OH) durchgeführt:

Veresterung

$$\textit{cell}{-}OH \begin{cases} + HNO_3 & \rightarrow \textit{cell}{-}ONO_2 + H_2O \\ + CH_3COOH & \rightarrow \textit{cell}{-}OCOCH_3 + H_2O \\ + CS_2 + NaOH & \rightarrow \textit{cell}{-}OC(S){-}SNa + H_2O \end{cases}$$

Verätherung

$$\textit{cell}{-}OH \begin{cases} + RCl & \rightarrow \textit{cell}{-}OR + HCl \\ + \underset{\diagdown O \diagup}{CH_2{-}CH_2} & \rightarrow \textit{cell}{-}O{-}CH_2{-}CH_2{-}OH \\ + CH_2{=}CH{-}CN & \rightarrow \textit{cell}{-}O{-}CH_2{-}CH_2{-}CN \end{cases}$$

Cellulosenitrat, auch unkorrekt als Nitrocellulose bezeichnet, wird aus Cellulose und Nitriersäure ($HNO_3 + H_2SO_4$) gewonnen. Ester mit 2 bis 2,5 umgesetzten Hydroxylgruppen im Glukosegrundbaustein dienen als Rohmaterial für Celluloid, das man durch Abmischen mit 20—30% Campher erzeugt. Zur Herstellung von Celluloseacetat wird in Essigsäure gequollene Cellulose mit Acetanhydrid und Säurekatalysatoren im Methylenchlorid oder Eisessig bei 50 °C acetyliert, wobei der Umsatz bis zum Cellulosetriacetat getrieben wird. Dieses kann aus Methylenchlorid-Lösung zu Fasern und Folien verarbeitet werden. Durch vorsichtiges Verseifen läßt sich das Triacetat in das $2^1/_2$-Acetat umwandeln, das aus Acetonlösung versponnen werden kann. Die direkte, partielle Acetylierung der Cellulose zum $2^1/_2$-Acetat ergibt eine ungleichmäßige Substituentenverteilung und damit schlechte Verarbeitungseigenschaften, so daß man den Umweg über das Triacetat vorzieht.

Sehr große technische Bedeutung hat die polymeranaloge Umsetzung der Cellulose zum wasserlöslichen Natrium-Cellulosexanthogenat, ein Zwischenprodukt bei der Herstellung von Celluloseregeneratfasern nach dem Viskoseverfahren. Xanthogenate sind Salze der Dithiokohlensäureester R—O—C(S)—S$^{\ominus}$. Beim Viskoseprozeß wird mit wäßriger Natriumhydroxid-Lösung behandelte und dabei auf einen bestimmten Polymerisationsgrad abgebaute Alkalicellulose mit Schwefelkohlenstoff bei 30 °C zum Cellulosexanthogenat umgesetzt. Es genügen in jedem zweiten Glukosebaustein eine Xanthogenatgruppe, um Cellulose in alkalisch wäßriger Phase zu lösen. Durch längeres Stehen dieser Lösungen, der sogenannten Nachreife, erreicht man neben einem gewissen Abbau eine gleichmäßige Verteilung der Xanthogenatgruppen längs der Molekülketten und damit einen homogeneren Lösungszustand. Beim Verspinnen dieser Lösungen durch Düsen in ein schwefelsäurehaltiges, wäßriges Bad entsteht der Ester der freien, instabilen Xanthogensäure, der sofort unter Rückbildung der unlöslichen Cellulose Schwefelkohlenstoff freisetzt:

$$\textit{cell}\text{—OC(S)—SNa} \xrightarrow{H^{\oplus}} [\textit{cell}\text{—OC(S)—SH}] \rightarrow \textit{cell}\text{—OH} + CS_2$$

In der Technik enthalten die schwefelsauren Spinnbäder zusätzlich etwa 20% Natriumsulfat und geringe Mengen von Zink- und Magnesiumsulfat. Die Salze setzen die Dissoziation der Lösung herab, beeinflussen dadurch den Fällvorgang und erzeugen bestimmte übermolekulare Strukturen, die den Fasern die notwendigen textiltechnischen Eigenschaften verleihen.

Zur Erzeugung von Celluloseäthern wird Alkalicellulose in alkalisch wäßrigem Medium mit Alkylierungsmitteln wie Methylchlorid, Benzylchlorid, Chloressigsäure, Äthylenoxid oder Acrylnitril polymeranalog zur Methyl-, Benzyl-, Carboxymethyl-, Hydroxyäthyl- oder Cyanäthylcellulose umgesetzt. Durch verschieden hohen Umsatz der Hydroxylgruppen und unterschiedlichen Abbau kann man die Eigenschaften der Celluloseäther, vor allem auch die Löslichkeit in weiten Grenzen variieren. Daher lassen sich diese Reaktionsprodukte vielseitig einsetzen z. B. als Suspensionsstabilisatoren, Verdickungsmittel für Anstrichstoffe und Kosmetika, Klebstoffe, Textil- und Papierhilfsmittel, in geringem Umfang auch als Thermoplast (Benzylcellulose).

Große praktische Bedeutung hat die polymeranaloge Umsetzung von Textilfasern aus Cellulose mit bifunktionellen Verbindungen, die zur Vernetzung der Polymermoleküle führt und damit die Knitterfestigkeit der Textilien im trokkenen und die Dimensionsstabilität im nassen Zustand verbessert. Als bifunktionelle Verbindungen werden eingesetzt: Formaldehyd, Dimethylolharnstoffe in Form von Aminoplastvorkondensaten, Epichlorhydrin, Butadiendiepoxid, Divinylsulfon u. a. m.

15.3. Polymeranaloge intramolekulare Cyclisierungsreaktionen

Die Bereitschaft benachbarter funktioneller Gruppen der Makromoleküle miteinander zu reagieren, ist besonders dann ausgeprägt, wenn sich dabei fünf- oder sechsgliedrige Ringe ausbilden. Bei dieser intramolekularen Verknüpfung entstehen Leiterpolymere, die sich, wie in den einleitenden Kapiteln erörtert (siehe Abschnitt 5.4.), wegen ihrer steifen Molekülstruktur durch hohe Umwandlungstemperaturen, aber auch durch Strahlungsbeständigkeit und häufig durch Halbleitereigenschaften auszeichnen.

Beim langsamen Erhitzen von Polyacrylnitril auf 200 °C verfärbt sich das Polymere von gelb über braun nach schwarz. Dabei erfolgt eine Cyclisierungsreaktion benachbarter Nitrilgruppen mit anschließender Dehydrierung, wie es in Abb. (4–2 auf S. 17) formuliert wurde. Fasern aus diesem Produkt besitzen wegen ihrer Flammfestigkeit als Schutzbekleidung und wegen des großen Elastizitätsmodul als Verstärkungsmaterial für vernetzte Polyester Bedeutung.

Aus Vinylisocyanat lassen sich interessanterweise auf zwei Wegen ein Leiterpolymeres gewinnen. Entweder man erzeugt zuerst radikalisch die Kohlenstoffkette und cyclisiert dann die Isocyanatgruppen, oder man polymerisiert zuerst durch Anionen die Isocyanatgruppen zum Polyamid 1 und schließt dann mittels Radikalpolymerisation die Ringe.

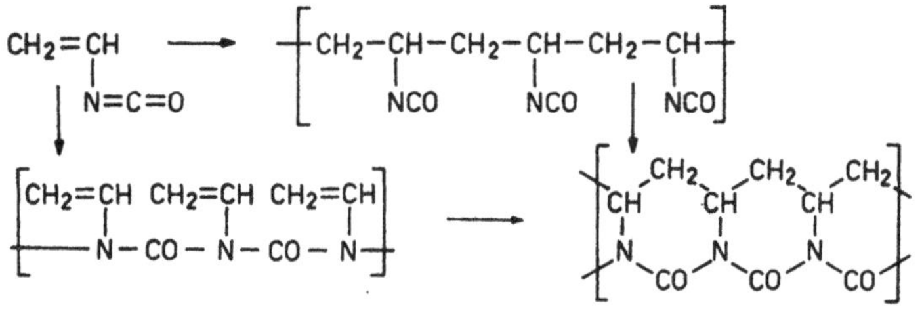

Bei dieser Art von polymeranalogen Cyclisierungsreaktionen ist natürlich die Zahl der annellierten Ringe begrenzt, weil ein Teil der funktionellen Gruppen aus den früher erörterten statistischen Gründen (Abschnitt 15.1.1.) nicht reagieren kann. Außerdem können zusätzlich Nebenreaktionen wie Übertragung und Vernetzung auftreten.

Übertragungsreaktionen begrenzen die Zahl der Ringglieder bei der durch Protonensäuren katalysierten Cyclisierung von Naturkautschuk. Dabei erfolgt zuerst Protonenaddition an eine Doppelbindung des Polyens und anschließend cyclisierende Polymerisation. Wegen der bei kationischem Mechanismus leicht eintretenden Protonenübertragung, aber auch aus sterischen Gründen lagern sich im Mittel nur 2 bis 4 Ringe aneinander.

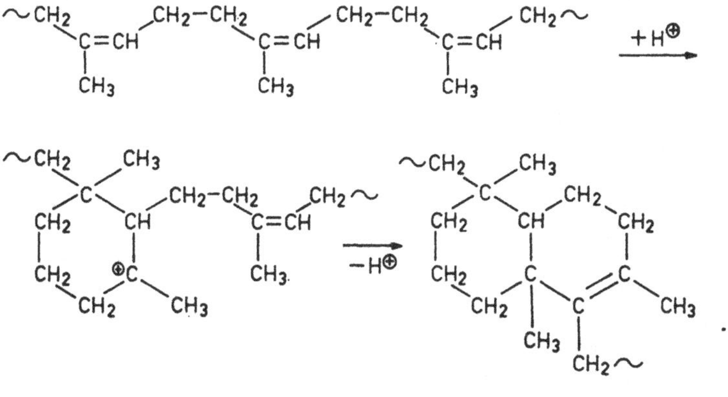

16. Vernetzungsreaktionen von Polymeren

Zu den Reaktionen, die unter Vergrößerung des Polymerisationsgrades ablaufen, gehören neben der bereits im Abschnitt 8.7. behandelten Synthese von Pfropf- und Blockcopolymeren vor allem die Vernetzungsreaktionen, bei denen Makromoleküle zu dreidimensionalen Netzwerken verknüpft werden. Die dabei gebildeten Netzbrücken können aus den gleichen oder aus anderen Grundbausteinen wie die Ausgangsmoleküle bestehen und durch unterschiedliche Mechanismen erzeugt werden. Die wichtigsten Vernetzungsreaktionen der Polymeren, die durch Stufenwachstumsreaktionen gewonnen werden, wurden in den Abschnitten 13. und 14. erörtert. Im folgenden sollen drei verschiedene Vernetzungsmethoden von Makromolekülen, durch Kettenwachstum erzeugt, dargestellt werden.

16.1. Vernetzung von Polyolefinen

Die Einsatzgebiete linearer Polymerer lassen sich durch Vernetzungen erweitern, weil der Erweichungspunkt und die Festigkeit ansteigt und die Löslichkeit der Polymeren abnimmt. Da Polyolefine wie z. B. Polyäthylen keine funktionellen Gruppen besitzen, mit denen man chemische Reaktionen zur Molekülverknüpfung einleiten kann, erzeugt man am Makromolekül Radikalstellen, die dann durch Kombinationsreaktion Vernetzung bewirken.

$$2\sim CH_2-\dot{C}H-CH_2\sim \;\rightarrow\; \begin{array}{c} \sim CH_2-CH-CH_2\sim \\ | \\ \sim CH_2-CH-CH_2\sim \end{array}$$

Diese Radikalstellen bildet man entweder durch Übertragungsreaktionen mit Primärradikalen aus thermisch zerfallenden Initiatoren oder durch Bindungsspaltung mit energiereicher Strahlung. Beide Methoden werden bei der Vernetzung von Polyäthylen benutzt.

Als thermisch dissoziierende Initiatoren können Di-tert.-butylperoxid oder Di-cumylperoxid eingesetzt werden, die bei 150—200 °C die Vernetzung bewirken. Wegen dieses Temperaturbereiches kombiniert man zweckmäßigerweise den Initiatorzerfall mit der Verformung des Polymeren. Die Strahlungsvernetzung hingegen führt man mit dem bereits geformten Polymeren durch. Weil durch energiereiche Strahlung auch Ketten gespalten werden können, muß die Intensität und Dauer der Strahlung so eingestellt werden, daß die Vernetzung überwiegt. Während dieser Reaktion werden gasförmige Produkte frei, und zwar hauptsächlich Wasserstoff, der bei der Bildung der Radikalstellen erzeugt wird. Bei kurzkettenverzweigtem Polyäthylen entstehen durch Abspaltung von Seitenketten auch niedermolekulare Kohlenwasserstoffe, deren quantitative Bestimmung über Art und Menge dieser Verzweigung informiert.

Man hat festgestellt, daß die Radikalkonzentration in bestrahltem Polyäthylen sehr schnell abnimmt. Deshalb müssen die Radikalstellen zweier Makromoleküle unmittelbar benachbart sein, damit sie schnell miteinander reagieren können. Man diskutiert daher die Möglichkeit, daß bei der Spaltung der C—H-Bindung durch Strahlung ein Wasserstoffatom mit einem Überschuß an kinetischer Energie, ein sog. „heißes Radikal", gebildet wird, das befähigt sein soll, mit einem Wasserstoffatom einer unmittelbar benachbarten Kette unter Bildung eines Wasserstoffmoleküls zu reagieren:

$$\begin{array}{ccccc}
\sim CH_2-CH_2-CH_2\sim & & \sim CH_2-\underset{\bullet}{C}H-CH_2 & & \sim CH_2-\underset{\bullet}{C}H-CH_2\sim \\
 & \xrightarrow{h.\nu} & + H^* & \longrightarrow & + H_2 \\
\sim CH_2-CH_2-CH_2\sim & & \sim CH_2-CH_2-CH_2\sim & & \sim CH_2-\dot{C}H-CH_2\sim
\end{array}$$

16.2. Vernetzung von Elastomeren

Voraussetzung für den praktischen Einsatz von Elastomeren ist, wie im Abschnitt 5.3. erörtert wurde, die Vernetzung, weil dadurch zwischen diesen Makromolekülen, die nur durch geringe zwischenmolekulare Kräfte zusammengehalten werden, Verknüpfungsstellen entstehen. Diese sichern die Formbeständigkeit des Elastomeren und erzwingen nach Einwirken einer äußeren Kraft das schnelle Rückstellen der Makromoleküle in die ursprüngliche Lage. Der Vernetzungsgrad beeinflußt somit den Elastizitätsmodul und die maximal mögliche Deformation. Bei zu starker Vernetzung geht die Kautschukelastizität weitgehend verloren. Es werden dann harte Stoffe gebildet (Hartgummi).

Die Vernetzung von Elastomeren mittels Schwefel in der Wärme, die man als Vulkanisation bezeichnet, setzt voraus, daß die Makromoleküle Kohlenstoff-

Doppelbindungen enthalten. Fehlen diese, so muß nach anderen Methoden vernetzt werden, z. B. wie vorstehend bei den Polyolefinen beschrieben.

Bei der Vulkanisation läßt man den Schwefel bei Temperaturen von etwa 140 °C auf die ungesättigten Elastomeren einwirken. Dabei bilden sich zwischen den Makromolekülen Schwefelbrücken aus. Für eine kovalente Molekülverknüpfung benötigt man 40 bis 50 Schwefelatome, deren Anzahl durch Zusatz von sogenannten Vulkanisationsbeschleunigern auf durchschnittlich 1,6 Schwefelatome herabgesetzt werden kann. Der große Schwefelverbrauch für die Vernetzung ohne spezielle Zusätze beruht auf der Bildung langer Polysulfid-Brücken, paralleler Schwefelbrücken zwischen gleichen Makromolekülen und intramolekularer cyclischer Sulfide, wie nachstehend schematisch formuliert:

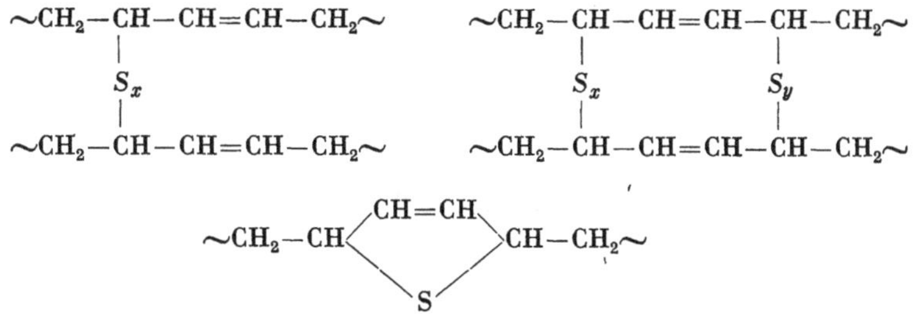

Die Schwefelbrücken entstehen bevorzugt in Allylstellung, wie vorstehend angedeutet. Da die Schwefelvulkanisation nicht von radikalischen Initiatoren oder UV-Licht beeinflußt wird und durch Elektronenspinresonanz keine Radikale nachweisbar sind, nimmt man einen ionischen Reaktionsmechanismus an.

Als Vulkanisationsbeschleuniger verwendet man neben Zinkoxid und Fettsäuren organische Schwefelverbindungen wie 2-Merkapto-benzthiazol, Tetramethylthiuramdisulfid oder das Zinksalz des entsprechenden Hydrogensulfids, das Zinkdimethylthiocarbamat.

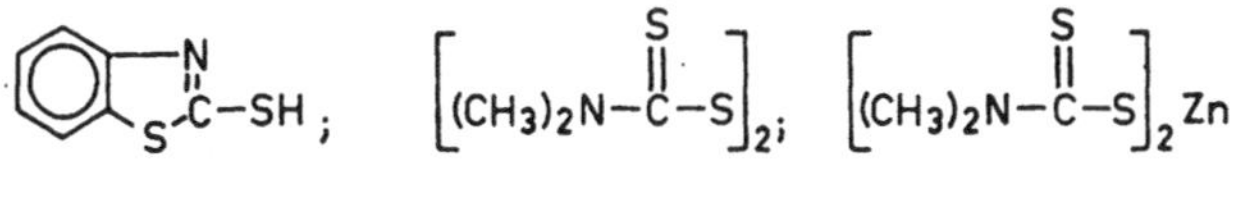

Während die organischen Schwefelverbindungen lediglich die Vernetzungsgeschwindigkeit erhöhen, verringern Zinkoxid und Fettsäuren auch die für die effektive Vernetzung benötigten Schwefelmengen. Der Wirkungsmechanismus dieser Stoffe ist bisher noch nicht im einzelnen aufgeklärt.

Das Erhitzen der Mischung von Elastomeren mit Schwefel erfolgt in Heißpressen, wobei das Vulkanisat geformt wird. Vorher setzt man außer Schwefel noch Füllstoffe und Verstärkungsmaterialien zu. Bei der Fertigung von Reifen verwendet man als Füllstoff Ruß, der gleichzeitig als Radikalfänger und UV-Absorber stabilisierend wirkt, und als Verstärkungsmaterial Reifencord.

16.3. Ionomere

Vernetzungen von Makromolekülen können nicht nur durch kovalente, sondern auch durch ionische Bindungen bewirkt werden. Polymere, deren Moleküle durch elektrostatische Wechselwirkung verknüpft sind, bezeichnet man als Ionomere. Praktische Bedeutung haben bisher die Ionomeren des Polyäthylens gewonnen[1]). Sie werden durch teilweise Neutralisation von Copolymeren des Äthylens mit einem Gehalt von 5—10 Mol-% ungesättigter Carbonsäuren erhalten. Durch die Bildung von Alkali- oder Erdalkalisalzen entstehen zwischen den Makromolekülen ionische Bindungen. Diese Vernetzungsart unterscheidet sich von der kovalenten Vernetzung dadurch, daß nicht jeder ionischen Gruppe der Molekülkette ein bestimmtes Gegenion und damit eine bestimmte Bindung

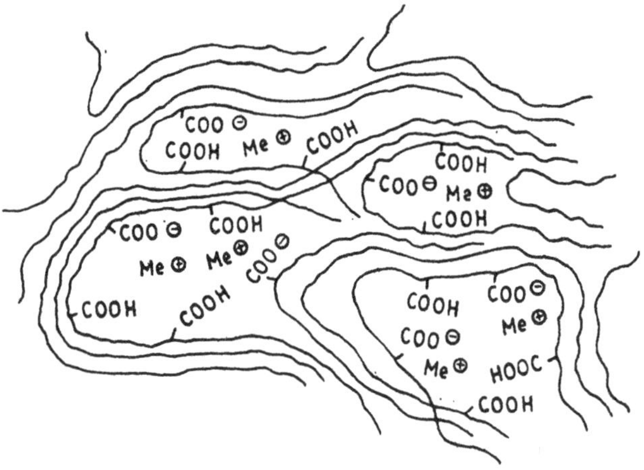

Abb. (16–1): Strukturmodell eines Ionomeren.

zugeordnet werden kann. Vielmehr stellt man sich die Vernetzungsstellen als Bezirke im Molekülverband, als sogenannte Cluster vor, die eine größere Anzahl von ionischen Gruppen enthalten, denen statistisch Gegenionen zugeteilt sind. Diese Anhäufungen ionischer Gruppen sind inselförmig in Molekülbereichen höherer Ordnung eingeschlossen.

Auf Grund dieser Vorstellung ist es verständlich, daß diese Art der Vernetzung nicht nur von zweiwertigen sondern auch von einwertigen Kationen bewirkt wird (Abb. (16–1)).

Bemerkenswerterweise sind diese ionischen zum Unterschied von kovalenten Vernetzungen thermoreversibel. Während sich das Ionomere bei Normaltemperatur wie ein Duromeres verhält, tritt bei höherer Temperatur durch Disso-

[1]) Daneben spielt der Carboxylkautschuk, ein Copolymeres aus Butadien und Methacrylsäure eine gewisse Rolle.

ziation eine Umverteilung der Gegenionen ein, so daß die Molekülketten nicht mehr fixiert, sondern gegeneinander verschiebbar sind. Daher können diese Ionomeren thermoplastisch verformt werden.

17. Abbaureaktionen von Polymeren

Reaktionen, bei denen der Polymerisationsgrad der Makromoleküle verringert wird, nennt man Abbau. Dabei können sich zusätzlich noch Veränderungen der chemischen Konstitution der Grundbausteine einstellen.

Dieses ist vor allem dann der Fall, wenn das Polymere längere Zeit dem Einfluß der Umwelt, besonders dem Licht und der Luft ausgesetzt ist. Deshalb soll die Verminderung des Polymerisationsgrades bei gleichzeitiger Veränderung anderer Konstitutionsmerkmale des Makromoleküls als Alterung getrennt behandelt werden.

Die Abbaureaktion eines Makromoleküls wird durch Spaltung kovalenter Bindungen der Hauptkette hervorgerufen. Die dazu erforderliche Energie kann auf physikalische oder chemische Art aufgebracht werden. Zu ersterem gehört das Einwirken von Wärme, Licht, Ultraschall oder mechanischer Energie durch Schwingmahlung, zum zweiten u. a. die Hydrolyse von Polykondensaten oder die reduktive Spaltung von Polyalkylenpolysulfiden.

Beim Abbau sind zwei Reaktionsmöglichkeiten zu unterscheiden:

Depolymerisation: $P_{n+1} \rightarrow P_n + M$

Kettenspaltung: $P_{n+m} \rightarrow P_n + P_m$

Bei der Depolymerisation werden vom Kettenende her die Grundbausteine in Form von Monomermolekülen nacheinander abgespalten. Die Depolymerisation ist somit die Rückreaktion der Polymerisation. Bei der Kettenspaltung zerfallen die Makromoleküle in unterschiedlich große Bruchstücke. Diese Reaktion ist die Umkehr der Kettenverknüpfung.

17.1. *Depolymerisation*

Im Zusammenhang mit den thermodynamischen Grundlagen des Kettenwachstums wurde die Depolymerisation als Umkehrung der Wachstumsreaktion erörtert (Abschnitt 6.2.). Es wurde festgestellt, daß aktive Polymere so lange depolymerisieren, bis die der Temperatur entsprechende Monomerkonzentration im Gleichgewicht vorliegt, wobei ein abgeschlossenes Reaktionssystem vorausgesetzt wurde. Dabei besteht ein Zusammenhang mit der Struktur der Polymeren insofern, daß Makromoleküle mit großen Substituenten wegen der in der Molekülkette herrschenden Spannung relativ leicht depolymerisieren und daher auch niedrige ceiling-Temperaturen besitzen.

Inaktive Makromoleküle können jedoch nicht ohne weiteres depolymerisieren. Sie müssen für den Start der Reaktion aktiviert werden, entweder durch homolytische Bindungsspaltung oder durch Bildung ionischer Endgruppen. Thermische Bindungsspaltung kann wie beim Poly-α-methylstyrol statistisch längs der Molekülkette erfolgen oder wie beim Polymethylmethacrylat an den Endgruppen, wo sich homolytisch leicht spaltbare Bindungen in Nachbarschaft zur endständigen Doppelbindung befinden, die beim Disproportionierungsabbruch entstanden sind. Dabei entstehen stabilisierte Allylradikale.

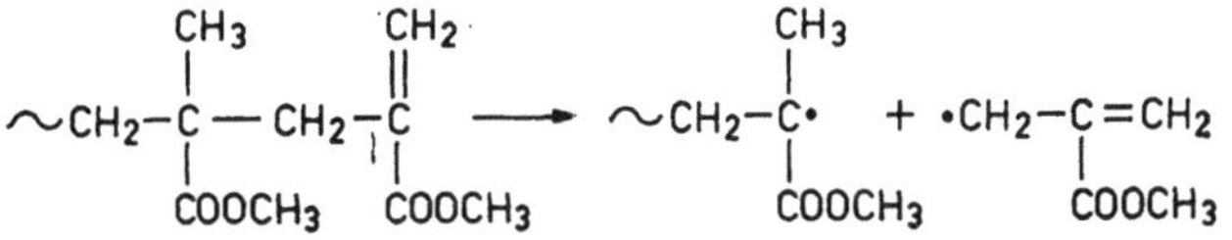

Die bei der homolytischen Bindungsspaltung an den Makromolekülen gebildeten Radikalstellen sind die Startzentren für die Depolymerisation.

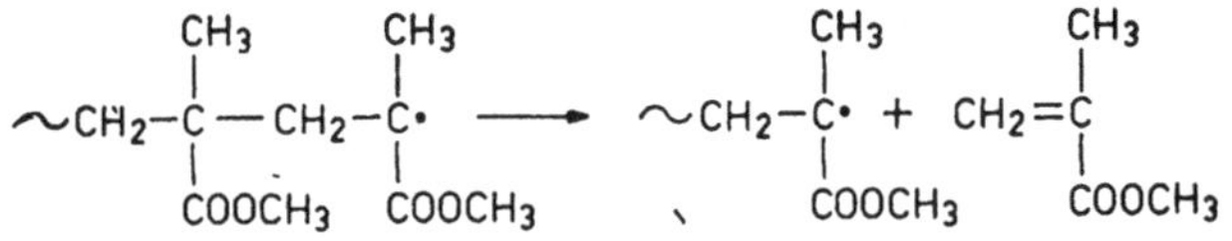

Erfolgt die Depolymerisation im offenen System, so daß das Monomere ständig abgeführt werden kann, dann verläuft die Reaktion so lange, bis das aktivierte Makromolekül vollständig in Monomeres umgewandelt ist oder das aktive Ketten

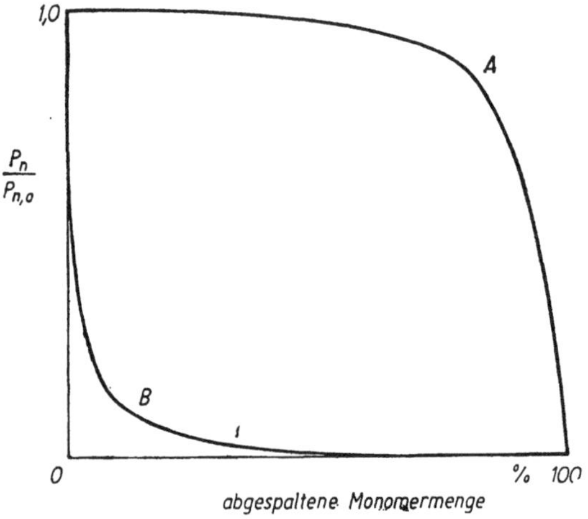

Abb. (17–1): Änderung des relativen mittleren Polymerisationsgrades und der abgespaltenen Monomermenge beim thermischen Abbau (schematisch).

A = Depolymerisation, *B* = Kettenspaltung

ende durch Übertragungsreaktion oder Abbruch mit einem anderen Radikal desaktiviert wird. Man kann daher ähnlich wie bei der Kettenwachstumsreaktion eine kinetische Kettenlänge der Depolymerisation definieren. Sie gibt das Verhältnis der Geschwindigkeit der Depolymerisation zur Geschwindigeit der Reaktionen an, die das aktive Zentrum an der betreffenden Kette vernichten (vgl. Abschnitt 7.5.). Die kinetische Kette der Depolymerisation, die identisch mit der Zahl der abgespaltenen Monomermoleküle je Aktivierungsakt ist, bezeichnet man als „Zip"-Länge. Sie liegt bei leicht depolymerisierenden Polymeren wie Poly-α-methylstyrol oder Polymethylmethacrylat in der Größenordnung von 10^2 bis 10^3, bei Polymeren mit vernachlässigbarer Fähigkeit zur Depolymerisation wie Polyäthylen bei 10^{-2}.

Sind die Makromoleküle größer als die Zip-Länge, dann verringert sich die mittlere Molmasse der Polymeren bei der Depolymerisation, sind sie kleiner, dann verschwinden die jeweils aktivierten Makromoleküle vollständig aus der Reaktionsmischung. Der Rückstand des Polymeren, dessen Menge mit zunehmender Depolymerisationszeit immer kleiner wird, weil laufend Monomeres freigesetzt wird, behält aber stets den ursprünglichen Polymerisationsgrad (Abb. 17–1 Kurve *A*). Beim Polymethylmethacrylat trägt nur die Hälfte der Makromoleküle auf Grund des Disproportionierungsabbruchs leicht homolytisch spaltbare Allylbindungen, so daß die Depolymerisation nur bis zur Zersetzung der Hälfte des Polymeren schnell voranschreiten kann.

17.2. Kettenspaltung

Polymere, die keine Neigung zur Depolymerisation zeigen wie Polyäthylen, werden durch thermische Behandlung statistisch gespalten. Da die entstehenden Bruchstücke nicht vom Kettenende abbauen, zerfallen sie im weiteren Verlauf der Reaktion in noch kleinere Teile. Dadurch sinkt der Polymerisationsgrad des Ausgangsproduktes schnell ab, ohne daß Monomeres dabei gebildet wird (Abb. 17–1 Kurve *B*). Behandelt man Polyäthylen in inerter Atmosphäre bei 300—500 °C, so entstehen bei einer Abnahme der Molmassen um 2 Zehnerpotenzen nur 2% flüchtige Produkte. Der formale Mechanismus einer solchen Kettenspaltung ist identisch mit dem der Hydrolyse von Polykondensaten bzw. von Cellulose. Zwischen den hier dargestellten Extremfällen des Abbaus durch Depolymerisation oder Kettenspaltung gibt es natürlich Polymere, bei denen beide Prozesse nebeneinander ablaufen wie z. B. beim Polystyrol. Hier nimmt beim Abbau sowohl der Polymerisationsgrad bei gleichzeitiger Monomerentwicklung ab. Im Diagramm der Abb. (17–1) ergibt sich für diesen Fall eine Kurve, die in der Nähe der Diagonalen liegt.

Da die Spaltprodukte, die beim Abbau von Polymeren entstehen, abhängig von der Molekülstruktur sind, kann man die gaschromatographische Bestimmung der Spaltprodukte, die bei der thermischen Zersetzung im Inertgas entstehen, als analytische Methode benutzen. Sie wird als Pyrolyse-Gaschromatographie bezeichnet, mit der man die Zusammensetzung von Polymeren in relativ kurzer Zeit qualitativ und quantitativ bestimmen kann.

Bei der Analyse der Spaltprodukte ist zu berücksichtigen, daß bei einer beachtlichen Anzahl von Polymeren die Bindungsstärke der Substituenten geringer als die der Hauptkette ist, so daß jene eher abgespalten werden, als die Hauptkette zerfällt. Ein bekanntes Beispiel ist das Polyvinylchlorid, das bei Wärmeeinwirkung Salzsäure abspaltet:

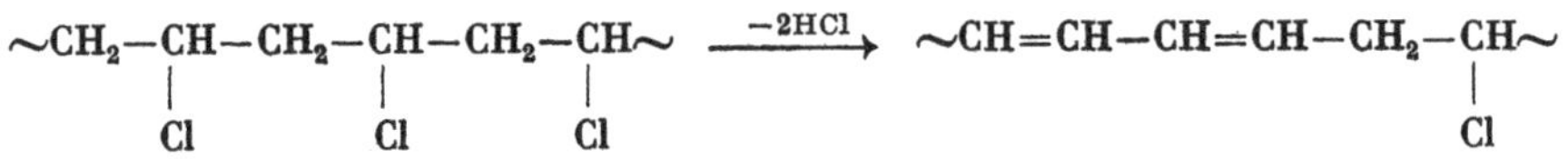

Bei dieser Reaktion bilden sich Polyensequenzen, die sichtbares Licht absorbieren. Daher verfärbt sich Polyvinylchlorid je nach dem Ausmaß der thermischen Belastung von gelb über dunkelbraun bis schwarz. Diese Abspaltung tritt schon bei relativ niedrigen Temperaturen ein und macht sich bei der thermoplastischen Verarbeitung, vor allem in Gegenwart von Luft, bemerkbar. Da die abgespaltene Salzsäure autokatalytisch wirkt, neutralisieren die einfachsten Wärmestabilisatoren des Polyvinylchlorids wie z. B. Natriumcarbonat diese Säure. Diese Reaktion ist nicht eine Abbaureaktion im engeren Sinne, denn es verändert sich dabei die chemische Struktur der Grundbausteine, ohne daß sich dabei der Polymerisationsgrad zu verringern braucht. Weil sie eine unerwünschte Abbau- und Alterungsreaktion darstellt, rechnet man sie meist nicht zu den polymeranalogen Umsetzungen.

17.3. Kinetik der Abbaureaktionen von Polymeren

Die Kinetik des Abbaus von Polymeren läßt sich besonders einfach mittels des Spaltungsgrades S der Molekülketten erfassen, der den Bruchteil der gespaltenen Bindungen eines unendlich großen Makromoleküls angibt. Da für ein Molekül mit den Polymerisationsgrad $P_n = \infty$ der Spaltungsgrad $S = 0$ ist, kann man jedem Molekül eines bestimmten Polymerisationsgrades einen Spaltungsgrad zuordnen entsprechend dem Zusammenhang:

$$S = \frac{1}{P_n} \tag{17-1}$$

Haben alle spaltbaren Bindungen des Makromoleküls die gleiche Reaktivität, unabhängig von ihrer Lage in der Kette und der Größe der Kette, dann erfolgt die Spaltung statistisch, und es gilt unter konstanten Reaktionsbedingungen für die zeitliche Änderung des Spaltungsgrades:

$$\frac{dS}{dt} = k_s (1 - S)$$

k_S — Geschwindigkeitskonstante der Kettenspaltung

Ist S_0 der Spaltungsgrad des Ausgangspolymeren und S_t der Spaltungsgrad des Polymeren nach der Reaktionszeit t, so ergibt sich nach Integration:

$$\frac{\ln(1 - S_0)}{\ln(1 - S_t)} = k_s t$$

Durch Substitution mit Beziehung (17–1) folgt:

$$\ln\left(1 - \frac{1}{P_0}\right) - \ln\left(1 - \frac{1}{P_t}\right) = k_s t$$

Ist der Polymerisationsgrad des Ausgangspolymeren P_0 und der des abgebauten Polymeren P_t sehr viel größer als eins, so gilt mit sehr guter Näherung[1]):

$$\frac{1}{P_t} = \frac{1}{P_0} + k_s t \qquad (17\text{–}3)$$

Die Gleichung besagt, daß der reziproke Polymerisationsgrad des abgebauten Polymeren proportional der Abbauzeit ist. Der Zusammenhang gilt für statistische Kettenspaltung unabhängig vom Mechanismus, der die Reaktion auslöst.

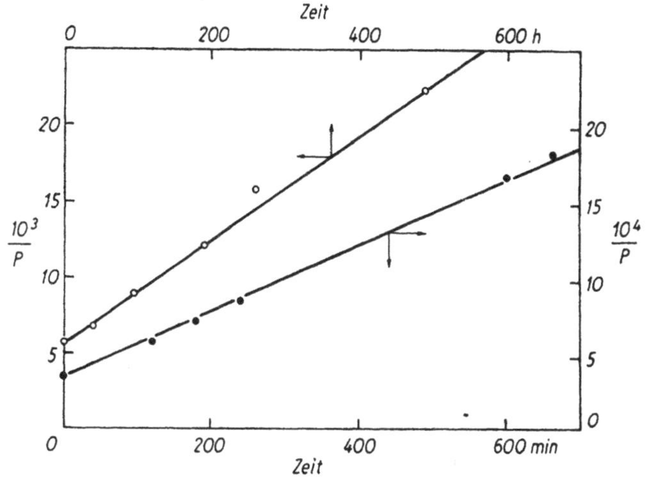

Abb. (17–2): Statistische Kettenspaltung

- o Hydrolyse von Polyäthylenterephthalat in 5 n Salzsäure bei 70 °C
- • Thermische Spaltung eines statistischen Copolymeren aus 90,8 Mol-% Styrol und 9,2 Mol-% α-Chloracrylnitril bei 155 °C.

(Nach Werten von D. A. RAVENS: Polymers 1 (1960) 375 und N. GRASSIE: Adv. Polym. Sci. Tech. 26 (1967), 191)

[1]) wegen $\ln\left(1 - \frac{1}{a}\right) = -\frac{1}{a} - \frac{1}{a^2} \ldots \approx -\frac{1}{a}$

Vorausgesetzt wird lediglich, daß die Abbaubedingungen z. B. Katalysatorkonzentration, Temperatur u. a. konstant sind.

In Abb. (17–2) ist der statistische Abbau von Polyäthylenterephthalat durch Hydrolyse mittels wäßriger Salzsäure und der thermische Abbau von Polystyrol, das wenig statistisch eingebautes α-Chloracrylnitril enthält, dargestellt. Man erkennt trotz unterschiedlicher Reaktionsmechanismen die Gültigkeit des Zusammenhanges (17–3). Zum Abbau des Copolymeren ist zu bemerken, daß bei der Reaktionstemperatur von 155 °C Polystyrol thermisch nicht abgebaut wird, die Kettenspaltung daher an den isoliert eingebauten, leicht zersetzlichen α-Chloracrylnitril-Einheiten erfolgt.

Wird bei der Kettenspaltung zusätzlich durch Depolymerisation Monomeres freigesetzt, wie es im Abschnitt (17–1) beim Polymethylmethacrylat beschrieben wurde, so muß Gleichung (17–3) erweitert werden zu:

$$\frac{1 - X_m}{P_t} = \frac{1}{P_0} + kt \tag{17–4}$$

Hierbei ist X_m der Molanteil des bei der Abbaureaktion abgespaltenen Monomeren. In Abb. (17–3) ist dieser Zusammenhang bei einer Zersetzungstemperatur

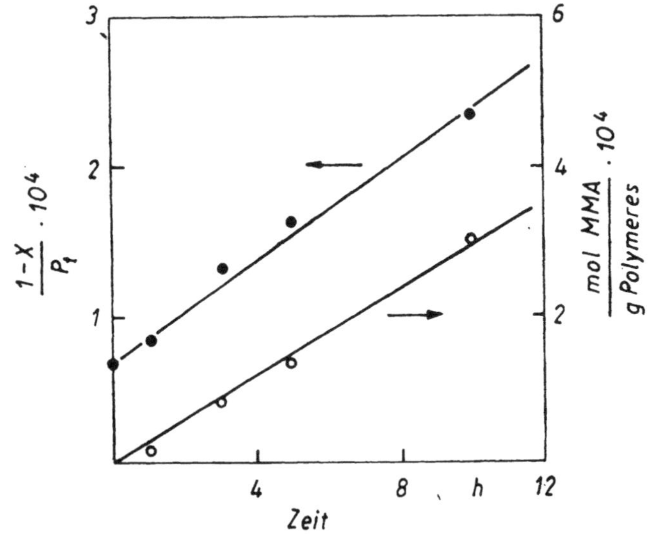

Abb. (17–3): Depolymerisation und Kettenspaltung eines statistischen Copolymeren aus 94 Mol-% Methylmethacrylat und 6 Mol-% α-Chloracrylnitril bei 155 °C.

• Zeitliche Änderung des Polymerisationsgrades gemäß Gleichung (17–4)
o Menge des freigesetzten Methylmethacrylats (MMA)

(Nach Werten von N. GRASSIE: Adv. Polym. Sci. Techn. **26** (1967), 191) von 155 °C für ein Polymethylmethacrylat, das 6 Mol-% α-Chloracrylnitril enthält, dargestellt. Zum Unterschied vom oben angeführten Polystyrolcopolymeren depolymerisiert das Polymethylmethacrylatcopolymere unter den angegebenen Reaktionsbedingungen merklich. Die abgespaltene Menge des monomeren Methylmethacrylats ist, wie ebenfalls aus Abb. (17–3) hervorgeht, direkt proportional der Zersetzungszeit. Daraus folgt, daß bei jeder Kettenspaltung Radikale entstehen, die depolymerisieren und eine bestimmte Menge Monomeres freisetzen.

17.4. Alterung von Polymeren

Der Begriff Alterung umfaßt einen sehr komplexen Vorgang. Man versteht im allgemeinen darunter die durch den Einfluß der Umwelt bedingte Veränderung des Polymeren im festen Zustand, also in erster Linie verursacht durch den Luftsauerstoff, das Licht und ggf. die Wärme. Dabei kann es einerseits zum Abbau des Polymerisationsgrades kommen, aber es kann auch Vernetzung eintreten. Gleichzeitig erfolgt meist, durch Oxydation eingeleitet, eine chemische Veränderung einzelner Grundbausteine des Polymeren. Wenn man von Ausnahmen wie der im Abschnitt (13.1.4.) beschriebenen Trocknung der Lacke absieht, sind diese Reaktionen unbeabsichtigt und unerwünscht, weil sie die Eigenschaften des Polymeren verschlechtern und dadurch den Einsatz der Polymeren stark begrenzen. Man versucht deshalb den Alterungsprozeß durch Zusatz von Stabilisatoren zu verhindern oder zumindest zu verzögern.

Von besonderer Bedeutung für diesen Vorgang ist der Einfluß der Luft, deren Sauerstoff die organischen Makromoleküle oxydativ angreift. Die Oxydation verläuft wie bei niedermolekularen Kohlenwasserstoffen nach einem Kettenmechanismus mit den Teilreaktionen: Start, Kettenfortpflanzung und Abbruch.

Bei der Startreaktion werden Radikale gebildet, die entweder durch direkten Angriff des Sauerstoffs auf Kohlenwasserstoff-Bindungen oder durch homolytische Bindungsspaltung entstehen. Letzteres kann, wie im vorigen Abschnitt beschrieben, durch thermische Energie geschehen, wobei vor allem labile Bindungen dissoziieren, die in Form von Schwachstellen (siehe Abschnitt 7.2.2.) oder von Peroxidgruppierungen durch Einpolymerisieren von Sauerstoffmolekülen (siehe Abschnitt 7.4.) in die Molekülkette gelangt sind. Enthalten die Makromoleküle chromophore Gruppen z. B. Carbonylgruppen, entstanden durch oxydative Schädigung, kann der kurzwellige Anteil des sichtbaren Lichts Bindungsspaltung bewirken (vgl. Photoinitiatoren Abschnitt 7.1.1.).

Die Kettenfortpflanzung der Oxydation geht derart vor sich, daß in schneller Reaktion sich an das primär entstandene Polymerradikal Sauerstoff anlagert:

$$P_n^\bullet + O_2 \longrightarrow P_n{-}O{-}O^\bullet$$

Diese Reaktion benötigt keine Aktivierungsenergie, dann der Sauerstoff reagiert als Biradikal. Das gebildete Peroxy-Radikal kann mit einem weiteren Polymermolekül Übertragungsreaktion eingehen, wobei ein makromolekulares Hydroperoxid entsteht:

$$P_n\text{—O—O}^\bullet + \sim\text{CH}_2\text{—}\underset{\substack{|\\ R}}{\text{CH}}\text{—CH}_2\sim \longrightarrow P_n\text{—OOH} + \sim\text{CH}_2\text{—}\underset{\substack{|\\ R}}{\dot{\text{C}}}\text{—CH}_2\sim$$

Dabei greift das Peroxy-Radikal analog wie die im Abschnitt 7.3. behandelten Kohlenstoff-Radikale bevorzugt reaktive Wasserstoffe an, z. B. in Allylstellung, an tertiären Kohlenstoffatomen usw. Diese Übertragungsreaktion ist als langsamster Schritt der Kettenreaktion geschwindigkeitsbestimmend. Die gebildeten Radikale können selbst wieder Sauerstoff addieren, so daß die Reaktionskette fortgesetzt wird. Wegen dieses Reaktionsmechanismus sind Polymere mit labilem Wasserstoff besonders oxydationsempfindlich.

Die wichtigste Abbruchreaktion der Oxydationskette ist die Kombination zweier Peroxy-Radikale, bei der Sauerstoff frei wird.

$$2\,P_n\text{—O—O}^\bullet \longrightarrow P_n\text{—O—O—}P_n + O_2$$

Die bei dieser Reaktionsfolge gebildeten Hydroperoxide bzw. Peroxide sind potentielle Radikalbildner, die bei entsprechender Aktivierung, z. B. bei erhöhter Temperatur, erneut in Radikale zerfallen.

$$P_n\text{—OOH} \longrightarrow P_n\text{—O}^\bullet + \text{HO}^\bullet$$

$$2\,P_n\text{—OOH} \longrightarrow P_n\text{—OO}^\bullet + P_n\text{—O}^\bullet + H_2O$$

Da bei dieser Dissoziation aus einer Peroxidverbindung zwei Radikale entstehen, tritt eine Verzweigung der Kettenreaktion ein, die eine Selbstbeschleunigung der Oxydation bewirkt. Deshalb spricht man von Autoxydation. Der Zerfall der polymeren Hydroperoxide kann aber auch zur Molekülkettenspaltung führen, wobei Carbonylgruppen gebildet werden.

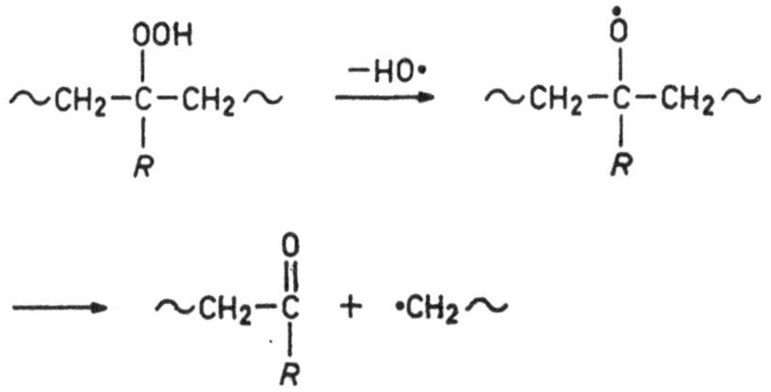

Durch Rekombination der radikalischen Zwischenprodukte sind auch Vernetzungsreaktionen möglich.

Metallionen zersetzen durch Oxydation oder Reduktion die Hydroperoxide.

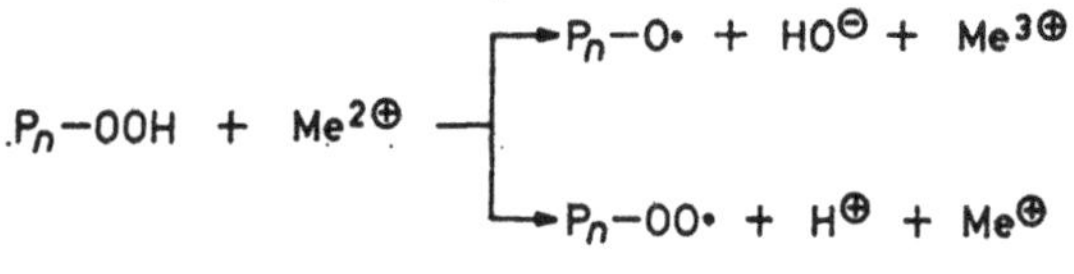

Diese Redoxreaktion hat eine niedrigere Aktivierungsenergie als der homolytische Zerfall der Hydroperoxide. Durch Metallionen wird daher die Oxydation beschleunigt bzw. bei niedrigeren Temperaturen ausgelöst. Deshalb vermeidet man im Polymeren Verunreinigungen von Metallen entsprechender Redoxpotentiale wie z. B. Eisen.

17.5. Stabilisierung von Polymeren

Um Abbaureaktionen im Polymeren zu verhindern oder zu verzögern, setzt man Stabilisatoren zu, die in geeigneter Weise in die vorstehend beschriebenen Reaktionen eingreifen. Als Antioxydanzien werden in erster Linie Radikalinhibitoren verwendet, die den Kettenmechanismus der Oxydation abbrechen. Ihre Wirkung beruht auf dem gleichen Prinzip wie die in Abschnitt 7.4. besprochenen Inhibitoren radikalischer Polymerisationsreaktionen bzw. Stabilisatoren für Monomere. Es werden deshalb auch die gleichen Substanzklassen wie die bereits erwähnten tertiären aromatischen Amine oder Phenole eingesetzt. Ein viel verwendetes Antioxydanz ist das Di-tert.-butyl-p-kresol ($R = C(CH_3)_2$):

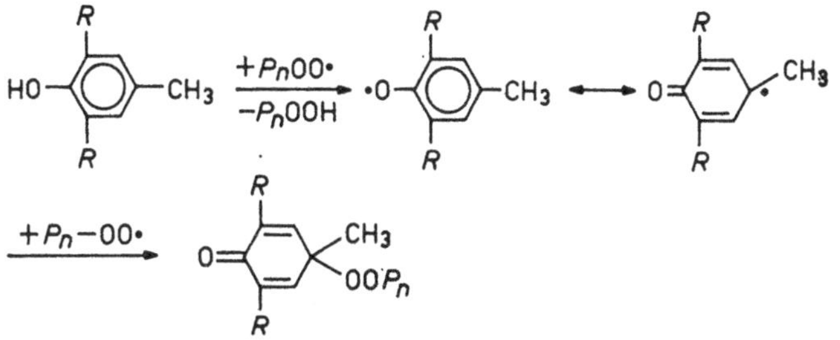

Zusätzlich gibt man Stoffe zu, die die entstandenen Hydroperoxide reduzieren, ehe sie in Radikale zerfallen. Solche Reduktionsmittel sind z. B. tertiäre Amine oder tertiäre Phosphine, die in die entsprechenden Oxide umgewandelt werden:

$$P_n\text{–OOH} + R_3N \longrightarrow P_n\text{–OH} + R_3NO$$

Eventuell im Polymeren vorhandene Schwermetallspuren werden durch Komplexbildung dem Oxydationsprozeß entzogen, indem man organische Phosphine oder Dithioçarbamate zusetzt.

Um die Wirkung der UV-Strahlung des Lichtes aufzuheben, die zur Bildung von Radikalen führen kann, benutzt man Verbindungen, die UV-Licht absorbieren, ohne daß dabei Radikale entstehen. Die einfachsten Verbindungen dieser Art sind Derivate der Salizylsäure und des 2-Hydroxybenzophenons, die eingestrahlte Energie in langwellige Strahlung umwandeln.

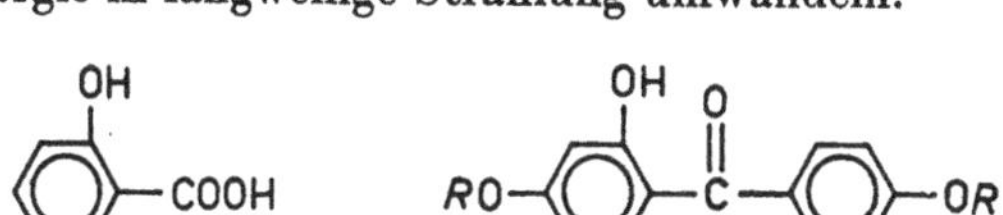

Durch Kombination verschiedener Stabilisatoren erreicht man in manchen Fällen eine Wirkung, die größer ist, als die Summe der Wirkung der Einzelkomponenten. Man bezeichnet dieses Verhalten von Stabilisatorkombinationen als synergistischen Effekt.

Literatur zum Teil IV

Abschnitt 15:

B. Philipp, G. Reinisch, G. Rafler: Chemische Modifizierung von Polymeren, Plaste und Kautschuk *19* (1972), 190

N. A. Plate, A. D. Litmanovich: Theoretische und experimentelle Gesichtspunkte der Untersuchung polymerhomologer Reaktionen (russisch), Vysokomol. Soedin. Ser. A. *14* (1972), 2503

E. M. Fettes (Hrsg.): *Chemical Reactions of Polymers*, Interscience-Verlag, New York 1964

F. Helfferich: *Ion Exchange*, McGraw-Hill-Verlag, New York 1962

R. Griesbach: *Austauschadsorption in Theorie und Praxis*, Akademie-Verlag 1967

N. J. Nikitin: *Chemie des Holzes und der Cellulose* (russisch), Verlag Akademii Nauk SSSR 1962

E. Ott und H. M. Spurlin: *Cellulose and Cellulose Derivates*, Interscience-Verlag, New York 1954 (3 Bände)

Abschnitt 16:

W. Hoffmann: *Vulkanisation und Vulkanisationshilfsmittel*, Berliner Union, Stuttgart 1965

O. B. Litwin: *Grundlagen der Chemie und Technologie des Kautschuks* (russisch), Verlag Chimija, Moskau 1972

Abschnitt 17:

W. L. Hawkins: *Polymer Stabilization*, Interscience-Verlag New York 1972

K. Thinius: *Stabilisierung und Alterung von Plastwerkstoffen*, Akademie-Verlag, Berlin 1969 (2 Bände)

R. T. Conley: *Thermal Stability of Polymers*, M. Dekker-Verlag, New York 1969

L. Reich, S. T. Stivala: *Autoxidation of Hydrocarbons and Polyolefines*, M. Dekker-Verlag, New York 1968

J. Voigt: *Die Stabilisierung der Kunststoffe gegen Licht und Wärme*, Springer-Verlag, Berlin 1967

N. Grassie: *Chemistry of High Polymer Degradation Processes*, Butterworth-Verlag, London 1966

S. L. Madorsky: *Thermal Degradation of Organic Polymers*, Interscience-Verlag, New York 1966

H. H. G. Jellinek: *Degradation of Vinyl Polymers*, Academic Press, New York 1955

Sachwortverzeichnis

BERICHTIGUNGEN

S. 23	Zeile 14	statt	im lies Im
S. 55	Zeile 18	statt	anionische lies anodische
S. 63	obere Formel	statt	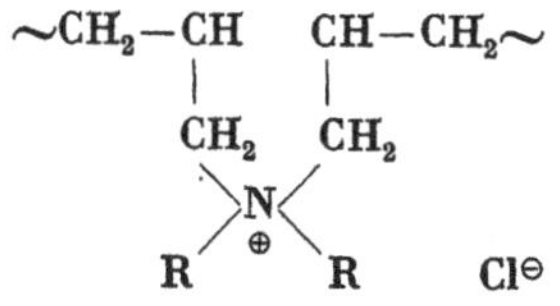
		lies	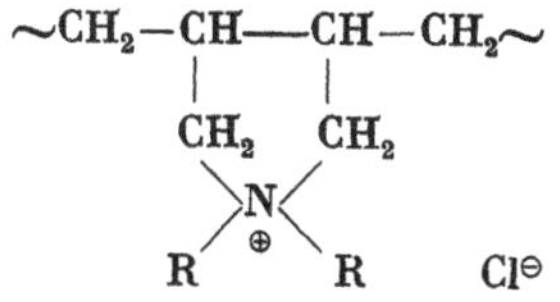
S. 90	Gleichung (7–9)	statt	$v_{Br,L}$ lies $v_{Br,E'}$
S. 109	Zeile 16	statt	Verusche lies Versuche
	letzte Formelzeile	statt	$[A]$ $[B]$ lies $[A^{\cdot}]$ $[B^{\cdot}]$
S. 126	Zeile 4	statt	108 lies 118
S. 130	Zeile 1	statt	t_w lies $\bar{k}_w$
S. 152	vierte Formelzeile	statt	$CH_3{=}CH{-}Pn$ lies $CH_3{-}CH_2{-}Pn$
S. 158	Zeile 10	statt	β-Metall lies σ-Metall
	Zeile 12	statt	σ-ständige lies β-ständige
S. 200	Zeile 8	statt	$_R$Polyester lies Polyester
S. 219	Zeile 3	statt	Polyphenylenozide lies Polyphenylenoxide
S. 228	Zeile 1	statt	Amine lies Säureanhydride
	Zeile 2	statt	Säureanhydride lies Amine
S. 234	Zeile 33	statt	polymer analoge lies polymer-analoge
S. 251	vorletzte Zeile	statt	dann lies denn

6419 ULBRICHT, Grundlage der Synthese von Polymeren

Bei Fragen zur Produktsicherheit wenden Sie sich bitte an:
If you have any questions regarding product safety,
please contact:

Walter de Gruyter GmbH
Genthiner Straße 13
10785 Berlin
productsafety@degruyterbrill.com